INTRODUCTION TO
SOLAR CELL Engineering

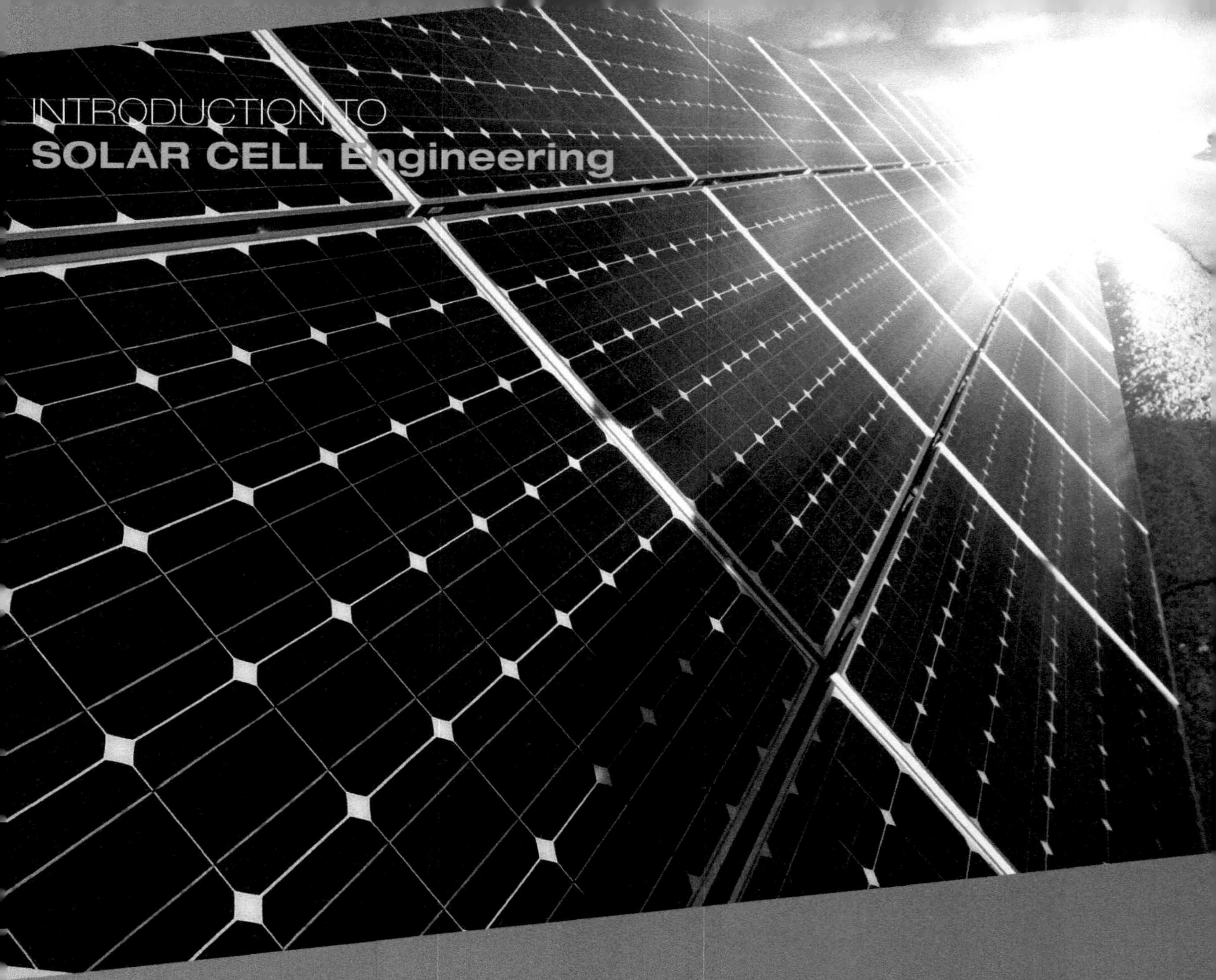

태양전지공학 개론

이준신 · 강광선 · 김도영 · 김준동 · 윤경훈 · 이충훈 · 이해석 · 임동건 공저

태양에너지 | 태양전지의 기초이론 | 실리콘 태양전지 기판재료
실리콘 태양전지 제조 | 실리콘 태양전지 모듈 | 박막형 실리콘 태양전지
화합물 박막 태양전지 | 유기물/나노 태양전지 | 태양광 발전 시스템 | 태양전지 응용

도서출판 그린

머리말

공해와 환경파괴를 유발시키는 기존의 에너지와는 다르게 재생산이 가능하며, 무한한 청정에너지원이 태양광 발전이다. 태양은 우리 인류에게 적어도 앞으로 50억 년 이상은 무료로 에너지를 사용할 수 있게 할 에너지원이다. 항구적인 청정에너지 기술로서 기대되어 온 태양광 발전 시스템의 실용화 전망은 의외로 빠르게 자리 잡아가고 있다. 현재의 태양전지 시장은 신재생에너지의 50%에 육박하는 규모를 형성하면서 급성장하고 있는 분야다. 미래기술로 부상하는 태양전지 분야에 조그만 힘이 될 수 있기를 기원하며 태양전지 원론, 태양전지 공학, 태양전지 입문 등의 책을 집필하였다. 그러나 실제 현장에서 교재로 사용 하시는 교수님과 학생들이 기존의 교재가 복잡하고 어렵게 작성 되었다는 평가를 받아왔다. 이번에 어려운 가운데서도 보다 용이하게 학부생들이 태양전지에 대한 이해도를 높이기 위한 교재를 개발하려고 노력하였다. 태양전지는 한국의 대표적인 산업으로 손꼽는 반도체 산업으로 전기전자 및 재료, 기계, 물리, 화학 등의 다양한 분야에서 기초 학습 자료로 사용 가능할 것이다.

이 책의 내용 구성을 보면, 기초 원리부터 체계적으로 정리하기 위하여 1년의 집필시간을 가졌으며 임동건교수가 1, 7장, 이해석교수가 2, 4장, 이충훈교수가 3장, 김도영교수가 5장, 이준신교수가 기획 수정, 총괄 및 6장, 김준동교수가 8장, 강광선 교수가 9장, 윤경훈박사가 10장을 나누어서 집필하였다. 이 모든 과정을 기획하고 총괄하여 이준신 교수가 취합 정리하였다. 제 1장에서는 태양에너지 제 2장에서는 태양전지의 기초이론을 소개하였다. 제 3장에서 제 5장까지는 실리콘 태양전지를 다루었고 제 6장에서는 박막형 실리콘 태양전지 제 7장에서는 화합물 태양전지 제 8장에서는 유기물/나노태양전지를 다루었다. 제 9장에서는 신재생에너지 발전설비 자격증 시험 관련하여 태양광 발전 시스템을 학습한다. 마지막으로 제 10장에서는 태양전지응용을 설명하였다. 각 챕터의 저자들은 이전의 출판된 저서에서 너무 학문적으로 편향되어 실무적용의 애로점을 해소하기 위해서 산업현장의 신규인력과 대학의 초급학생이 태양전지 관련내용을 파악할 수 있도록 하였다.

본 저서가 태양전지 분야에 공부하는 학생들과 산업계에 종사하는 분들에게 유익한 교재가 되기를 바라며, 아울러 본 교재개발은 2012년도 산업통상자원부의 재원으로 한국에너지기술평가원(KETEP)의 지원을 받은 인력양성사업의 결과물(*No.* 20124010203280, *No.* 20134030200250)이기도 하다. 교정 작업에 도움을 주신 이준신 교수 실험실 대학원생에게 감사를 표합니다. 이 책을 출판할 수 있도록 도와준 모든 분들에게 감사드립니다.

2013년

저자 씀

목차

제3장 실리콘 태양전지 기판재료 / 63

제4장 실리콘 태양전지 제조 / 101

제5장 실리콘 태양전지 모듈 / 157

제6장 박막형 실리콘 태양전지 / 187

제7장 화합물 박막 태양전지 / 229

제8장 유기물/나노 태양전지 / 255

제9장 태양광 발전 시스템 / 283

제10장 태양전지 응용 / 321

제 1 장

태양에너지

1.1 서론

태양전지란 빛 에너지를 전기에너지로 바꾸는 에너지 변환 소자이며 반도체 소자이다. 빛을 전기로 바꿀 수 있다는 가능성은 1839년 프랑스 물리학자 에드몬드 베크렐(Alexandre Edmond Becquerel)에 의해 시작되었다. 베크렐은 전해액에 담긴 은전극에 빛을 비추면 전류가 발생하는 것을 발견했으며, 이 현상을 이용하여 1883년 미국인 과학자 찰스 프릿츠(Charles Fritts)는 얇은 금박을 입힌 반도체 셀레늄을 사용하여 1%의 효율을 가지는 최초의 태양전지를 만들었다. 하지만 빛에서 전력을 얻을 수 있다는 현상은 1904년에 이르러서야 아이슈타인이 광전효과에 관한 이론을 발표함으로써 과학적으로 설명되었다. 그리고 1954년 미국 벨 연구소가 처음으로 상용화된 태양전지인 p-n 접합 결정질 실리콘 태양전지를 만들었으며, 이때 효율은 약 6% 정도가 되었다. 그 이후 태양전지는 우주용 전원으로 주로 활용되다가 1973년 오일쇼크를 계기로 미국, 유럽, 일본 등을 중심으로 지상용 전원으로 개발되어 지금에 이르게 되었다. 그러니 태양전지가 지상용 전원으로 활용되게 된 가장 주요한 원인은 바로 화석연료의 고갈로 볼 수 있다. 하지만 태양전지의 필요성을 설명하는 데에는 화석연료의 고갈이라는 점뿐만 아니라 지구 온난화 등을 포함한 환경적인 요인 및 산업적인 측면도 있다.

인류가 영원히 사용할 수 있다고 생각했던 화석에너지는 지금과 같은 양으로 계속해 사용한다면 그리 멀지않은 미래에 고갈될 것으로 예상된다. 석유 소비의 급증과 생산량의 감소로 인한 가격상승은 다른 대체에너지원 개발에 대한 관심을 증가시키는 데에는 도움이 되었다. 하지만 여기서 간과해서는 안 되는 것은 태양전지도 에너지원이라는 사실이며, 아직은 다른 에너지원에 비해 가격이 싸지 않다는 점이다. 결국 태양전지의 활용을 높이기 위해서는 가격의 문제를 해결해야 한다. 최근 큰 관심을 받고 있는 세일가스 등이 그 좋은 예가 될 수 있다. 엄청난 매장량을 가진 세일가스는 안전한 채굴방법만 개발된다면 향후 석유의 좋은 대안이 될 것으로 예상된다. 따라서 세일가스에 대한 관심이 증가됨으로써 태양광을 비롯한 대체에너지에 대한 관심이 줄어들고 있다는 점을 주목할 필요가 있다.

태양전지의 필요성을 설명하는 더 중요한 관점은 지구 온난화이다. 현재에도 석유와 석탄에너지원은 이산화탄소를 배출하며 지구환경에 심각한 위협을 가하고 있고, 원자력 발전 역시 안전성과 핵폐기물 처리 문제 등으로 새로운 설치를 꺼리고 있다. 지구 온난화를 해결하기 위해서는 에너지원을 가격만으로 접근할 수 없다. 우리가 매일 사용하는 전기를 만들기 위해서는 에너지 변환 과정에서 이산화탄소를 배출하는 화석연료를 사용한다. 배출된 이산화탄소는 지구대기권에 남아 마치 지구 전체가 비닐하우스를 덮어쓰고 있는 것과 같은 온실효과를 가져온다. 18세기 산업혁명 이후 화석연료의 사용으로 이산화탄소의 대기 중 농도가 급속히 증가하여 지구의 온도가 상승하여 빙하 및 북극, 남극에 있는 얼음이 녹고 또 해수의 체적이 팽창하여 해면의 수위가 상승했다. 지구의 온도는 2100년에는 현재보다 2℃ 상승할 것이며 바다의 수위는 약 50cm 올라갈 것으로 예측된다. 결과적으로 지구에 큰 변화가 올 것이며 기상이변으로 지구의 많은 지역이 사막으로 변하게 될 것이고, 사막화 현상은 삼림감소를 초래, 이산화탄소 흡수가 적어져 온실효과는 심각한 상태에 이를 것이다. 이러한 온실 효과 및 지구 온난화 현상이 가속화되는 것을 방지하려면 그 원인이 되고 있는 가스의 배출량을 감소시키는 것이 급선무이다. 화석에너지의 사용증가에 따른 지구온난화를 막기 위한 기후 변화협약에 따라 세계 각국은 미래에 환경친화적인 기술만이 존속 가능하도록 하는 프로그램을 개발하고 있다. 또한 환경오염이나 환경파괴에 근원이 되는 산업은 환경세, 오염세 등의 막대한 자금을 지출해야만 사용이 가능해질 것이다. 이러한 상황에서 인류가 선택할 가장 좋은 방법은 새로운 에너지를 개발하는 것이다. 에너지 절약도 단기적으로 큰 도움이 되지만 장기적으로 볼 때 해결책이 될 수 없으므로 대체에너지원 개발은 더 이상 미룰 수 없다. 이에 따라 세계 선진국가들은 이산화탄소의 발생을 초래하는 화석연료의 사용을 줄이고 각 국가 특성에 가장 적합한 대체에너지 개발에 박차를 가하고 있다. 대체에너지로는 태양광, 태양열, 바이오매스, 풍력, 조력, 지열, 연료전지, 수소에너지, 폐기물에너지 등이 있다.

산업적인 측면에서 태양전지의 필요성을 살펴보면 태양광 산업은 매년 고속성장을 하고 있으며 향후에도 큰 성장이 예상되는 미래유망 산업이다. 여러 전문기관에서 전망한 수치를 종합하여 살펴보면 태양광 산업 시장은 매출액 기준으로

2020년에는 전체 반도체 산업보다 더 큰 규모로 성장할 것으로 전망하고 있다. 2010년까지 태양광 산업은 그야말로 초고속 성장을 보여주었다. 2011년 유럽의 재정위기로 인하여 유럽시장이 붕괴될 것이라는 전망이 태양광 시장의 암울한 미래를 예언하였다. 하지만 2011년 실제상황은 달랐다. 유럽의 시장이 축소된 만큼 미국, 중국 시장이 크게 성장하면서 2011년에도 2010년 대비 76% 이상 성장하며 2011년 한 해에만 29.5GW를 설치하였다. 향후에도 태양광 산업은 연 평균 16% 이상의 성장이 예상되며, 2013년부터 2020년 까지 460GW이상의 규모를 가질 것으로 예상된다.

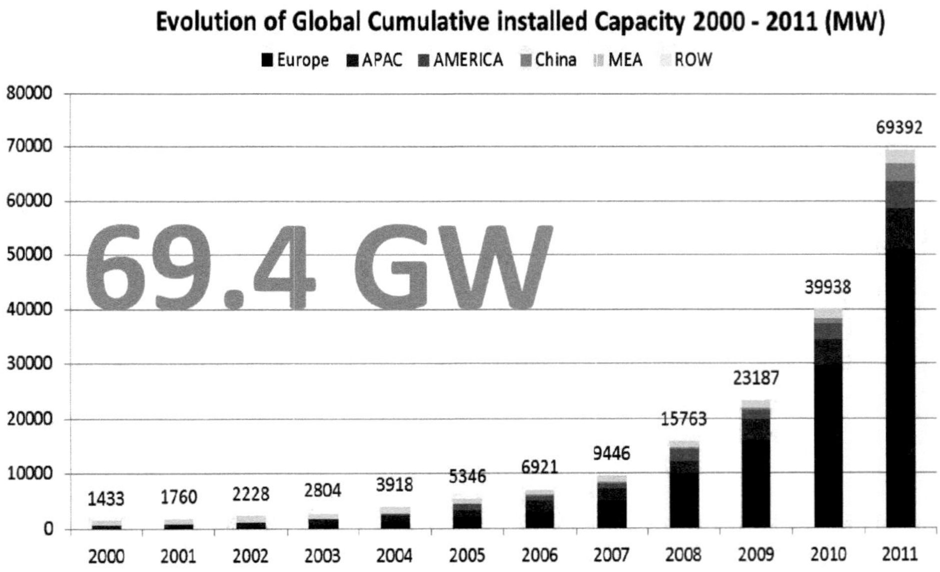

2000년부터 2011년까지 세계 태양광 모듈 누적 설치량 (Source: EPIA)

주요 선진국의 태양광 관련 육성전략을 살펴보면 미국은 2025년까지 전력의 25%를 재생에너지로 공급하는 목표를 수립하고, 주요 전략으로 가격경쟁력이 있는 태양광 시스템 개발을 포함하고 있다. 일본은 1970년대 석유 위기 이후 Sunshine Project, New Sunshine Project, Moonlight program, Top Runner program 등의 정책을 통해 에너지 효율제고와 신에너지 기술의 도입을 위해 노력하여 왔으며, 2007년에는 2050년까지 세계 온실가스 배출량을 50% 감축하기 위한 중장기 지구온난화 대응방안을 포함한 Cool Earth 50을 발표하였다. Cool Earth 50

에서는 21개의 혁신적 에너지기술을 우선개발 기술로 선정하였으며 이 중 혁신적 태양광 발전 포함하고 있다. 독일은 2000년에 온실가스 배출량 축소 및 신재생에너지 산업분야 경쟁력 향상을 목적으로 재생에너지법(Emeuerbare-Energie-Gesetz; EEG)을 제정하였다. 2008년 관련법을 개정하였으며, 재생에너지법을 기반으로 고정가격제, R&D 투자, 태양광 지붕 프로그램, 솔라밸리 조성 등을 지원한다. 독일의 경우 신재생에너지 관련 중소기업에는 투자액의 50%를 보조하고 있으며 신재생에너지 R&D 투자 중 46%를 태양광 분야에 집중하고 있다. 이런 개별 국가차원의 노력과 병행해서 국제기구의 협력이 진행되고 있다. 사막에 대규모 원자력 발전소 수기에 해당하는 수 GW급 태양광 발전소를 설립하여 인접 국가들에 전력을 공유하는 방안이다. 예를 들면 몽골 고비사막을 태양광 에너지원으로 활용해 동아시아 전력망을 연결하는 '아시아 수퍼 그리드'가 있다. 수퍼 그리드란 2개 이상의 국가가 신재생에너지를 이용해 생산한 전기를 국가간 전력망을 통해 공유하는 신개념의 스마트그리드이다.

우리나라 상황을 고려하여 태양광 산업의 필요성을 살펴보면 우리나라의 에너지 해외의존도는 97% 이상이다. 이런 엄청난 에너지 수입국에서 에너지 수출의 신화를 이룩할 수 있는 산업은 태양전지를 기반으로 한 태양광 산업이다. 태양전지는 기본적으로 p-형과 n-형 실리콘 반도체를 접합한 반도체이다. 우리나라는 반도체 제조 공정과 생산시설 측면에서 세계 최고수준이며 이런 기반시설을 이용한다면 다양한 대체에너지원 가운데에서 가장 먼저 글로벌 경쟁력을 갖춘 분야가 될 것이다. 이렇듯 태양광 산업은 국내 기술력과 기반시설이 갖추어져 있기 때문에 정책적으로 잘 육성한다면 미래 국가성장동력으로 발전시킬 수 있을 것이다.

1.2 | 태양광의 특성

태양은 지구와 달리 전체가 거대한 초고온·초고압 기체의 구이다. 태양의 중심부 온도는 거의 1,600만 K에 이르며, 광구라고 불리는 외부 표면의 온도는 약

6,000K이다. 따라서 태양은 6,000K 온도를 가진 흑체와 유사한 복사를 한다. 지구표면에 달하는 태양에너지는 우주라는 진공의 공간을 통해 전자파의 형태로 도달한다. 그것은 평균 1억 5,000만 km라는 지구와 태양과의 거리를 생각하면, 지구표면에서는 거의 평행광선으로, 전자기학적으로 말하면 여러 가지 주파수를 갖는 평면파의 집합이라고 생각하면 된다.

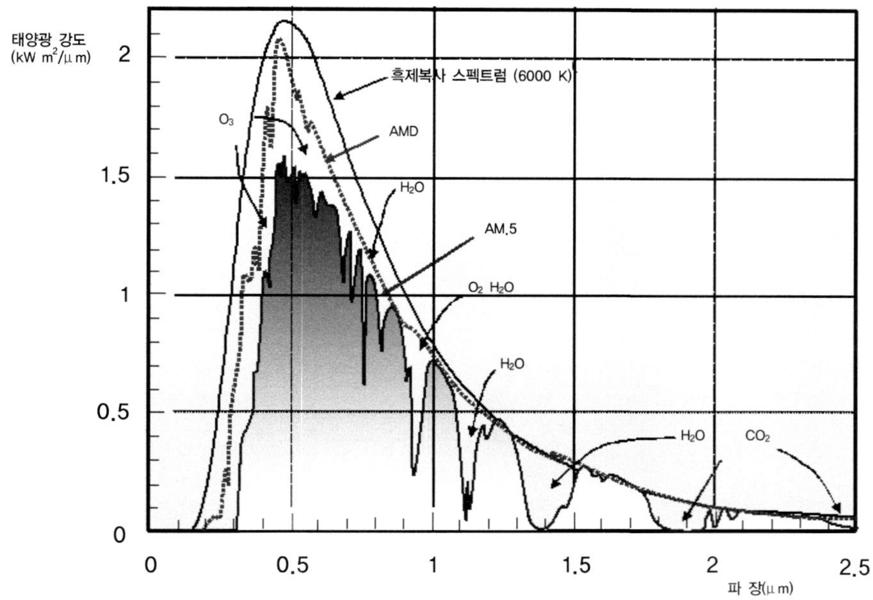

[그림 1.1] 대기권 외(AM0) 및 지표상(AM1.5)의 태양에너지 스펙트럼

[그림 1.1]은 태양에너지 스펙트럼을 나타내고 있다. 가는 실선으로 보이는 태양표면에서 방사되는 복사스펙트럼(6,000K의 흑체복사 스펙트럼)은 우주의 공간을 통과하여 지구 대기권 가까이에 도달하면 AM0의 그래프처럼 바뀌게 된다. 대기권으로 들어오는 태양광은 흡수와 산란에 의해 그 특성이 크게 바뀌기 때문에 최종적으로 지표에 도달할 때는 AM1.5의 스펙트럼과 같은 형태로 바뀌게 된다. 여기서 AM은 air mass의 약자이며, 대기권 통과 공기량을 의미한다. 지구상에 어떤 지점에 입사되는 태양광은 그 장소의 위도, 시간, 기상의 상황에서 여러 가지로 변화한다. 따라서 기준 값이 필요하게 되었는데 그 때 사용하는 것이 AM이며, 태양과 천정각 분할선으로 다음과 같이 정의한다([그림 1.2] 참조). AM0은 대기권 밖의 태양광 스펙트럼을 의미하며, 태양광이 지구상에 수직으로 입사할

때(θ=0)를 AM1이라고 한다. AM1.5(θ=48.2)는 태양전지의 표준 값으로 사용한다. 실제 태양전지 제품의 표준으로 사용되는 스펙트럼은 AM1.5G (여기서 G는 global의 약자)인데, 그 의미는 태양으로 부터의 직접 복사되는 값만이 아니라 대기 중으로부터 산란된 간접복사를 모두 합한 값을 말하며 AM1.5G 스펙트럼의 총 에너지 밀도는 100MW/cm^2이다. [표 1.1]에 NASA에서 발급한 AM1.5 표준 스펙트럼 강도를 파장별로 제시하였다.

$$AM(Air\,Mass) = \frac{1}{\cos\theta}$$

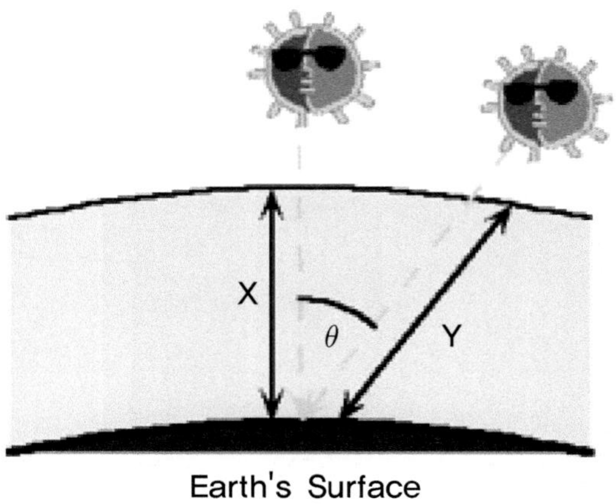

[그림 1.2] Air mass의 의미

[표 1.1] 태양광 스펙트럼 - AM1.5

파장 (mm)	전력밀도 mW/(cm^2-mm)	파장 (mm)	전력밀도 mW/(cm^2-mm)	파장 (mm)	전력밀도 mW/(cm^2-mm)
0.295	0	0.720	113.383	1.236	38.381
0.305	0.132	0.7277	97.430	1.264	32.388
0.315	2.096	0.730	111.093	1.276	34.411
0.325	11.348	0.740	108.644	1.228	34.569
0.335	18.223	0.750	107.044	1.314	28.424
0.345	23.443	0.7621	73.308	1.335	17.528
0.355	28.601			1.384	0.242
0.365	35.588	0.770	103.601	1.432	3.006
0.375	38.680	0.780	101.842	1.457	6.714
0.385	38.178	0.790	100.358	1.472	5.989
		0.800	98.811	1.542	24.085
0.395	49.218	0.8059	86.028	1.572	22.614
0.405	75.172	0.825	93.274		
0.415	82.245	0.830	92.387	1.599	22.014
0.425	84.226	0.835	91.495	1.608	21.176
0.435	89.055	0.8465	40.711	1.626	21.126
0.445	107.707	0.860	85.746	1.644	20.185
0.455	116.243	0.870	84.302	1.650	19.968
0.465	118.061	0.875	83.510	1.676	18.050
0.475	121.272	0.8875	81.712	1.732	16.159
0.485	1180.43	0.900	80.783	1.782	13.665
		0.9075	79.387	1.862	0.201
0.495	125.383	0.915	77.897	1.955	3.943
0.505	124.228	0.925	21.712		
0.515	121.101	0.930	16.372	2.008	7.258
0.525	124.487	0.940	24.912	2.014	8.001
0.535	129.951	0.950	23.130	2.057	7.257
0.545	127.347			2.124	7.029
0.555	127.614	0.955	25.561	2.156	6.476
0.565	127.774	0.965	27.969	2.201	6.829
0.575	129.251	0.975	52.964	2.266	6.252
0.585	128.455	0.985	49.664	2.320	5.703
0.595	126.261	1.018	58.503	2.338	5.357
0.605	126.179	1.082	48.620	2.356	5.001
0.615	125.543	1.094	44.874	2.388	3.193
0.625	124.019	1.098	48.672	2.415	2.810
0.635	124.379	1.101	50.057	2.453	2.410
0.645	123.396	1.128	10.086	2.494	1.582
0.655	118.832			2.537	0.259
0.665	122.840	1.131	11.687		
0.675	121.008	1.137	10.868		
0.685	120.072	1.144	15.544		
		1.147	13.919		
0.695	118.124	1.178	37.429		
0.6983	97.353	1.189	38.337		
0.700	117.331	1.193	42.485		
0.710	115.270	1.222	38.257		

태양정수는 지구 대기권 가까이에 도달한 태양 복사에너지 밀도를 말하며, 그 값은 1.4kW/m^2 정도이다. 따라서 태양에서 지표에 도달하는 총 복사에너지는 태양정수에 지구의 투영면적을 곱한 것이며, 이를 계산해보면 약 177×10^{12} kW가 된다. 지구에 도달한 태양에너지는 다양한 경로를 통해 에너지를 잃게 되며, 그 과정을 [그림 1.3]에 나타내었다. 지구에 도달한 태양복사 에너지의 약 30% 정도는 다시 우주에 반사되어 약 70%가 지표에 도달한다. 지표에 도달한 태양 에너지 값은 125×10^{12} kW 정도이다. 참고로 전 세계에서 소비되는 전력이 약 380×10^6 kW인 점을 고려하면 태양으로부터 얼마나 풍부한 에너지가 전달되어 오는지를 알 수 있다. 지구에 도달한 태양 복사에너지를 구할 때 날씨도 고려해야 한다. 흐린 날의 경우 맑은 날의 20% 정도의 간접복사에 의한 태양광이 전달된다. 간접복사는 대기권으로 들어온 태양광이 대기에 의해 산란된 후 지표에 도달한 빛을 의미하는데 빛의 산란효과에 의해 파란색 파장이 주를 이룬다. 태양전지의 관점에서 태양광을 다룰 때 또 고려해야할 것이 일사시간이다. 태양에서 오는 에너지는 하루 동안 일정한 값을 유지하지 않는다. 따라서 하루 동안 받는 총에너지를 정오의 양으로 환산하여 지속시간으로 표현할 수 있는데 그것을 일사시간이라 한다. 결국 일사시간이 긴 지역이 태양전지 설치에 더 유리한 지역으로 볼 수 있다. 우리나라의 1일 평균 일사시간은 3.84시간 정도이다.

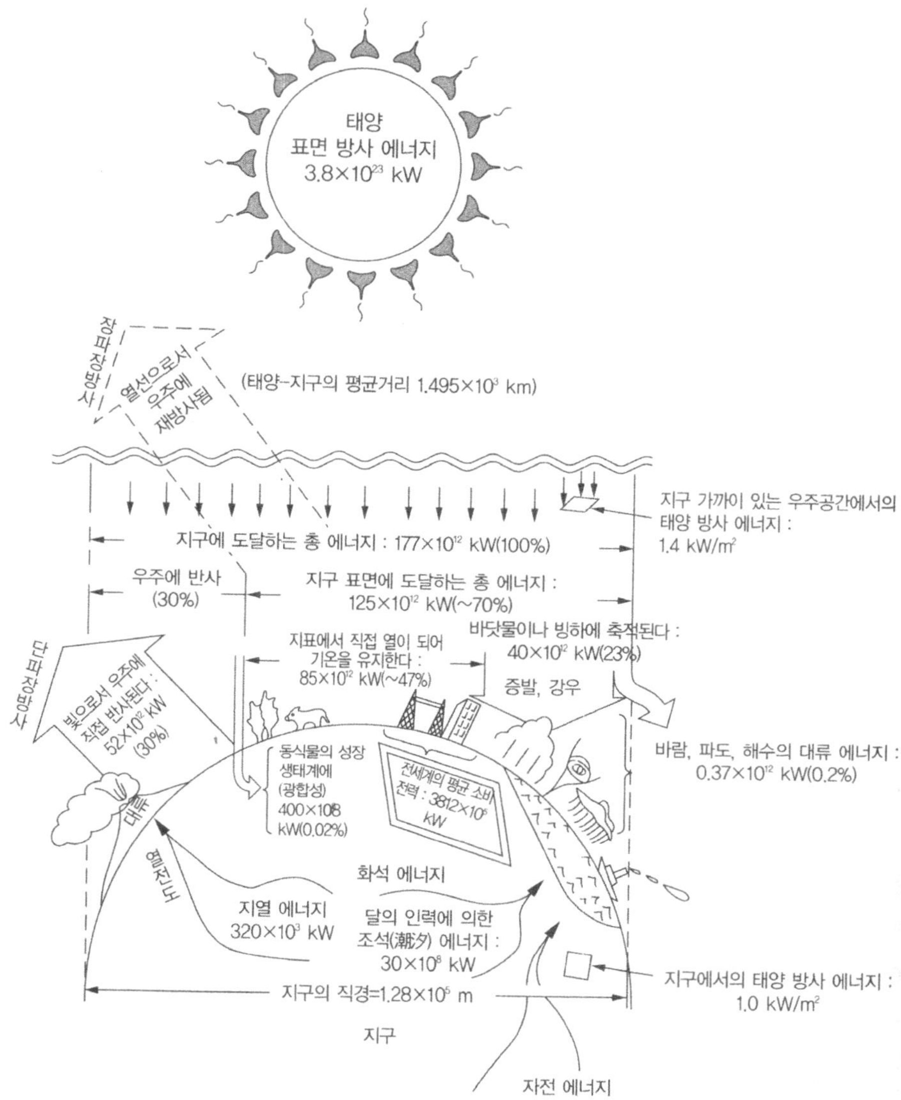

[그림 1.3] 지표에 주어지는 태양복사 에너지와 지구보유 에너지

태양전지 성능 평가는 인공광원을 이용한 솔라 시뮬레이터를 통해 이루어진다. 솔라 시뮬레이터의 내부는 광원과 광학계 및 AM1.5G 필터로 구성되어지는데, 이때 중요한 것이 정밀한 태양광 스펙트럼을 낼 수 있는 광원이다. 정밀한 태양광 스펙트럼을 낼 수 있는 광원으로는 제논(Xenon) 램프가 가장 많이 활용되는데 그 이유는 제논 램프가 실제 태양광 스펙트럼과 가장 유사한 특성을 가지고 있기 때문이다.

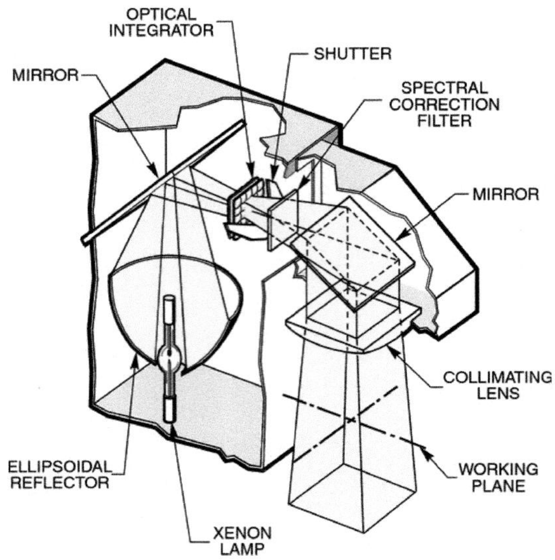

[그림 1.4] 솔라 시뮬레이터의 내부구조

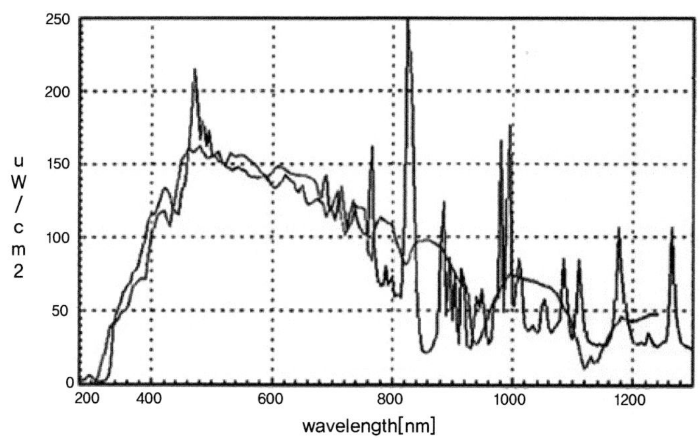

[그림 1.5] 제논 램프와 표준 AM1.5G 스펙트럼 비교도

예제 1.1

우리나라의 경우 20%의 변환효율을 가지는 1 m^{2}의 면적의 태양전지를 가지고 있는 태양광 시스템(시스템에서 오는 전력 손실 "0"이라고 가정)으로 얻을 수 있는 1일 전력량과 1년간의 전력량을 계산하시오.

풀이 우리나라 1일당 평균 일사시간은 3.84시간 이므로 태양전지의 출력을 계산하면 1m^{2}의 태양전지로는 1일당 1 kW/m^2 × 20% × 3.84 h= 0.768 kWh/m^{2}이며, 1년당은 0.384 kWh/m^2·일 × 365일= 276.48 kWh/m^{2}이다.

1.3 태양광 발전 시스템의 장점

태양전지에 의해서 태양에너지를 직접 전기에너지로 변환하는 태양광 발전 시스템은 다른 에너지 시스템과는 다른 몇 가지의 독특한 특징을 갖고 있다. 이를 정리하여 나열하면 다음과 같다.

(1) 가동부분이 없고 깨끗한 에너지의 발생

광으로부터 전기에너지로의 변환은 다른 발전시스템처럼 가동부분을 필요로 하지 않는다. 요컨대 화력이나 원자력 발전과 같이 수차나 터빈 등 회전기를 필요로 하지 않는다. 따라서 잡음이나 방사능 누설이나 폭발의 위험도 없고, 물론 유해한 가스의 발생도 없는 무공해 청정에너지 변환법이다.

(2) 유지가 간편하고 자동화, 무인화가 용이

회전기나 고온고압의 부분이 없다는 것은 말하자면 기계적으로 마모하는 것도 없고, 윤활유도 불필요하다. 즉 운전유지가 간편하고, 시스템의 무인화나 자동화가 용이하다.

(3) 규모의 대소에 관계없이 일정효율로 발전

태양전지의 변환효율은 그 이용 시스템의 규모의 대소에 관계없이 대개 일정하다. 예를 들면 7 MW의 대규모 태양광 발전소에서도, 전자계산기용의 20 mW의 작은 태양광 모듈이라도, 사용되는 전지의 수량이 변할 뿐이고, 같은 변환효율로 발전할 수 있다. 이 장점은 태양전지가 내부 광전효과라는 양자효과에 의한 에너지 변환과정에 근거하는 본질적인 것으로, 원자력발전이나 광-열발전 시스템과 같이, 열에너지를 중심으로 하는 발전법으로서는 모방할 수 없는 특징이다.

(4) 태양광 모듈은 반도체 산업을 기반으로 하여 양산성이 뛰어나 저가화에 유리

태양전지는 조밀한 모듈 구조로 제조되기 때문에, 양산성이 뛰어나 수요의 확대에 따라서 제조 공정 최적화에 의한 저가화를 꾀할 수 있다.

(5) 확산광에 의해서도 발전

솔라 전자계산기가 형광등 아래서도 동작하는 것 같이, 태양광 발전은 직사일광이라도, 비오는 날에도, 확산광이라도, 입사광의 에너지에 상응하는 발전이 가능하다.

(6) 태양광 발전은 버리는 에너지를 이용

태양광 발전은 타 에너지원에 비해 아직은 효율이 낮은 편이다. 하지만 태양광 발전은 버리는 에너지를 이용한다. 예를 들어 화력발전으로 종합효율이 38%라 말하는 것은, 62%의 중유를 쓸데없이 태우고 있는 것이다. 하지만 태양전지의 변환효율이 20%라고 말하는 경우, 그 연료는 무료로, 원래 버리고 있는 에너지를 20% 전기로 바꿔 유효하게 이용한다고 하는 점에 큰 차이가 있는 것이다.

연습문제

1. 태양전지에 이용되는 빛 스펙트럼을 그리고 파장별 에너지에 대해서 논하시오.

2. 태양전지에 이용되는 태양광의 스펙트럼에 영향을 주는 인자를 조사하시오.

3. 태양전지에 이용되는 인공 태양광의 스펙트럼의 종류에 대해서 논의하시오.

4. 현재 사용되고 있는 에너지와 그 한계량에 대해서 설명하시오.

5. AM 0, AM 1, AM1.5, AM1.5G 스펙트럼이 어떤 차이가 있는지를 그 원인과 더불어 설명하시오.

참고문헌

[1] 이재형, 임동건, 이준신, 태양전지원론, 홍릉과학출판사, (2005)

[2] 이준신, 김경해, 태양전지공학, 도서출판 그린, (2007)

[3] 하마카와 요시히로, 태양전지, 한동순 옮김, 기술정보 (2009)

[4] Vesselinka Petrova-Koch, Rudolf Hezel, Adolf Goetzberger, High-Efficient Low-Cost Photovoltaics, Springer, (2009)

제2장

태양전지의 기초이론

제1장에서 태양광의 에너지 스펙트럼을 학습하였다. 본 장에서는 태양에너지가 어떻게 전기에너지를 생성하는지를 학습한다. 태양전지는 빛에너지를 흡수하여, 전기에너지의 근원인 전하(정공, 전자)를 생성한다. 생성된 전기입자(전하)는 어떻게 태양전지 내에서 움직이는지를 살펴본다. 생성된 전하는 음극성 전자와 양극성 정공으로 이루어지며, 태양전지 내에서 영원히 존재할 수 없어 소멸되기 전에 전자와 정공을 분리해야 한다. 전자와 정공이 분리되면 외부전극으로 전자와 정공을 수집해서 전기로 사용이 가능하다. 이상의 태양광 발전 과정인 빛에너지 흡수, 전하생성, 전하분리, 전하수집 과정을 본 장의 초반부에 설명하고, 중반 이후는 태양전지의 전기적 특성에 대한 기초지식 습득을 목표로 한다.

2.1 빛 흡수 및 전하생성 작용

태양광의 스펙트럼은 파장으로 말하면 0.3 μm(자외선)에서 3 μm(적외선)인 범위에서 파장별로 서로 다른 세기 강도를 가지고 있다. 이와 같은 빛을 물질, 특히 반도체에 조사한 경우, 입사광은 그 물질에 의해 다음과 같은 영향을 받는다.

① 표면에서 반사, 굴절, 산란된다.
② 물질에 의해 흡수된다.
③ 물질을 통과한다.

표면에서의 반사와 물질의 투과에 의해 빛의 흡수는 감소하며, 그 결과 전기의 근본인 전하 생성이 감소한다. 전하 생성을 증가시키기 위해서는 최대한 빛의 흡수를 증가시켜야 한다. 표면의 거칠기에 따라서 표면에 도달한 빛은 여러 방향으로 흩어지는 산란현상이 존재하며, 빛이 입사된 각도와 배출되는 각도가 동일할 때를 반사로 정의한다. 태양전지에서는 반사를 줄이기 위해서 반사방지막을 이용하고, 또한 표면에 피라미드 조직 구조물을 형성하여, 거울과 같은 평탄한 평면보다 3배 이상 빛이 표면에서 반사경로를 가지도록 하여 빛의 반사를 줄여준다. 빛은 진행하는 매질이 달라지면 진행 경로에 변경이 생기며, 물질마다 굴절하는 정도를 나타내는 지수를 굴절률이라 한다. 공기의 굴절률은 1 이며 공기보다 밀도가 높은 액체(물 1.5)나 고체(질화막 2.3, 실리콘 3.8)에서는 경로가 휘는 정도가 틀리게 되어 이는 다시 반사도에 영향을 준다.

빛 흡수는 반도체의 두께에 의존한다. 초기에 입사된 빛의 세기(Intensity)는 I_o 이고, $I(x)$는 표면으로부터 x에서의 빛의 세기이고, δI는 [그림 2.1]에 나타낸 것처럼 x에서의 두께 δx 을 갖는 미세 부피 내에서 광자 흡수에 의해 생기는 빛의 세기 변화라고 가정하자. 그러면 δI는 이 부피에 도달하는 광자의 수 $I(x)$와 두께 δx 에 의존할 것이다. 그러므로

$$\delta I = -\alpha I \, \delta x \tag{2.1}$$

이 되는데, 여기서 α는 흡수계수(absorption coefficient)로 파장에 의존하는 상수이며, 단위는 거리의 역수(cm^{-1})이다.

$$\alpha = -\frac{\delta I}{I \delta x} \tag{2.2}$$

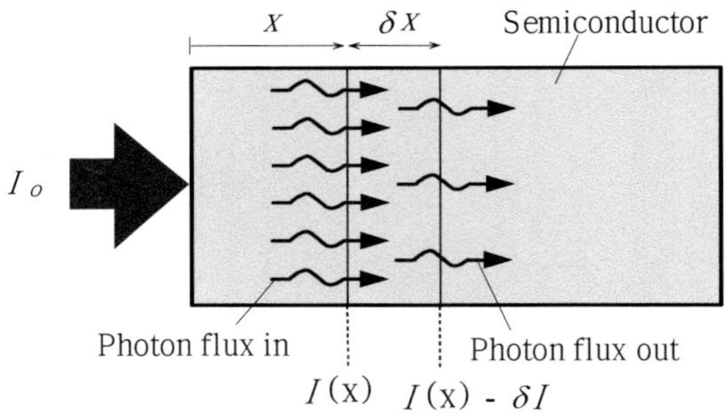

[그림 2.1] 폭 δx을 갖는 미세 요소 부피 내의 광자 흡수

일정한 파장을 갖는 빛이 조사되는 경우에 대하여 식 (2.2)을 적분하면 투과하는 빛의 세기가 두께에 따라 지수 함수적으로 감소한다는 Beer-Lambert 법칙을 얻는다.

$$I(x) = I_o \exp(-\alpha x) \tag{2.3}$$

즉 빛의 세기는 물질에서 흡수하는 정도에 따라서 지수함수 적으로 급격하게 감소함을 알 수 있다.

예제 2.1

태양전지에 사용되는 실리콘의 흡수계수가 $10^3\ cm^{-1}$인 경우와 $10^4\ cm^{-1}$ 때에 초기 입사한 빛이 70%, 50%, 10%, 0.1%로 감소하는 두께를 구하시오.

풀이 $I(x) = I_o \exp(-\alpha x)$에서 흡수계수가 $10^3\ cm^{-1}$와 $10^4\ cm^{-1}$ 때이고, 감쇠하는 두께 x는 $x = -\frac{1}{\alpha} \times \ln \frac{I(x)}{I_o}$이므로 빛 감쇄는 아래도표로 정리된다.

$I(x)/I_o$	x (흡수계수가 $10^3\ cm^{-1}$)	x (흡수계수가 $10^4\ cm^{-1}$)
70%	3.5 mm	0.35 mm
50%	6.9 mm	0.69 mm
10%	23 mm	0.23 mm
1%	46 mm	0.46 mm
0.1%	69 mm	0.69 mm

즉 비정질 실리콘과 같이 흡수계수가 $10^4\ cm^{-1}$로 큰 경우는 0.69 mm 정도의 얇은 두께에서도 빛 흡수가 완료되고, 결정질 실리콘 같이 흡수계수가 $10^3\ cm^{-1}$로 감소하면 69 mm로 비교적 두꺼운 두께에서 빛 흡수가 완료된다. 흡수계수가 작은 경우에 물질의 두께도 얇다면 투과하는 성분이 증가하여 광전변환에 손실요소가 된다.

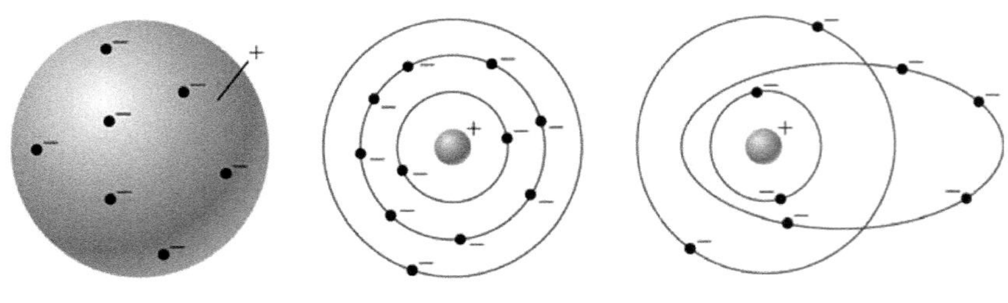

(a) (b) (c)

[그림 2.2] 다양한 원자구조 모델

(a) 전자구름 형태 구조의 톰슨(Thompson) 모델, (b) 양전하를 중심으로 특정 위치에 전자가 회전운동하는 보어(Bohr) 모델, (c) 타원형 궤도에 전자가 운동하는 윌슨-소머펠드(Wilson-Sommerfeld) 모델

빛의 흡수에 의한 전자와 정공 생성은 참으로 이해하기 난해한 부분이나, 본 절에서 그 개념을 정리한다. [그림 2.2]에 물질을 구성하는 원자에 대한 다양한 원자구조 모델을 제시하였다. 전자구름 형태 구조의 톰슨(Thompson) 모델, 양전하를 중심으로 특정 위치에 전자가 회전 운동하는 보어(Bohr) 모델, 타원형 궤도에 전자가 운동하는 윌슨-소머펠드(Wilson-Sommerfeld) 모델이 있다. 이 중에서 보어

의 모델이 고전적으로 가장 많이 인용된다. 모델의 핵심은 전자가 특정 에너지 레벨(에너지 수준, 에너지준위) 에서 보다 바깥쪽으로 이동하기 위해서는 외부로부터 에너지를 받아야 하고, 반대로 에너지를 외부로 방출하면서 에너지 준위가 낮은 안쪽으로 이동한다. 이때 전자들은 음과 양의 인력과 회전하는 원심력이 평형을 이루어 일정 위치궤도에 유지하게 된다.

태양전지에서는 원자가 에너지를 받으면 더 높은 에너지 궤도인 바깥쪽 궤도로 천이하여 원자핵으로부터 구속을 덜 받는 움직임이 자유로운 자유전가가 된다. [그림 2.3]에서 보어의 모델을 이용하여 전자의 위치에너지와 에너지 준위를 나타내었다. 실리콘은 전자가 14개(K 껍질에 2개, L 껍질에 8개, M 껍질 4개)를 가지며 최외곽(M 껍질)에 전자를 4개 가지는 구조이다.

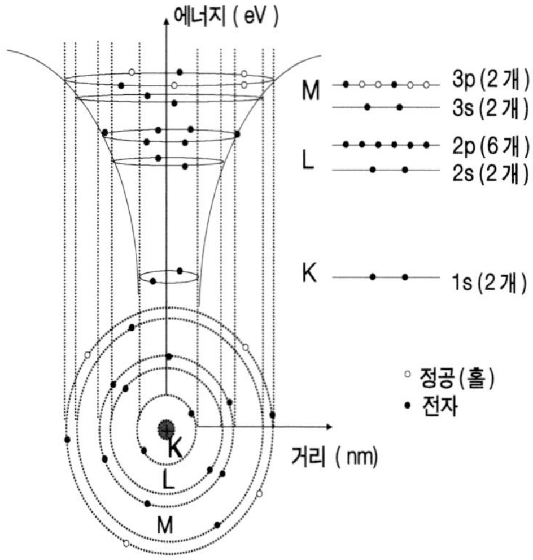

[그림 2.3] 보어모델을 이용한 실리콘 원자의 전자와 홀 개념도

반도체와 같은 고체는 원자가 독립적으로 존재하기보다는 일정한 배열로 아주 가까운 거리에 주기성을 가지고 배치하게 된다. 원자가 서로 가까이 근접하면서 최외곽 전자는 서로 공유하며 에너지 밴드(energy band)를 형성하게 된다. 이런 에너지 밴드는 전자가 모두 채워지는 밴드(충만대 또는 가전자대)와 전자를 가질 수 있으나 비어 있는 밴드(전도대)로 구분된다. [그림 2.4]에서는 충만대(valence band, E_v)에서 전도대(conduction band, E_c)로의 전자 이동, 즉 전자 생성과 전자가 이동하면서 생성되는 빈자리 정공의 개념을 나타내었다.

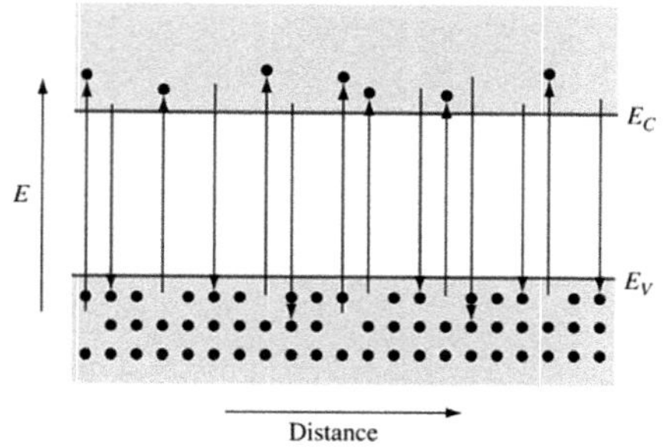

[그림 2.4] 에너지 밴드 개념을 이용한 전자와 정공 생성과 소멸 개념도

광흡수의 물리적 메카니즘을 생각해 보자. 광을 반도체에 조사하면 광이 갖고 있는 에너지를 전자에 주어, 전자는 보다 높은 에너지 상태로 이동한다. 이를 원자구조 모델을 통해 설명하면 원자 주위에 전자가 공간상에서 특정한 위치에 존재를 하고, 빛 흡수를 통해서 전자가 핵으로부터 구속을 덜 받는 위치로 이동하여 자유롭게 이동 가능한 자유전자가 생성이 된다. 이런 자유전자는 전기전도에 기여하는 전도전자이기도 하다. 빛 흡수를 통해서 전도전자가 생성될 때에는 원래 전자가 위치해 있던 자리에 빈공간이 생기며 이를 개념상 전자의 반대 극성을 가지는 정공(홀, hole)이라 한다. 결국 빛 흡수에 의한 전하생성은 전자와 정공이 쌍으로 생성되는 것을 의미한다.

예제 2.2

단색의 빛이 평평한 실리콘 웨이퍼 표면에 수직으로 입사할 경우, [그림 2.5]를 참고하여 단색 빛의 파장이 300nm, 1000nm일 때, 반사되는 비율을 구하시오.

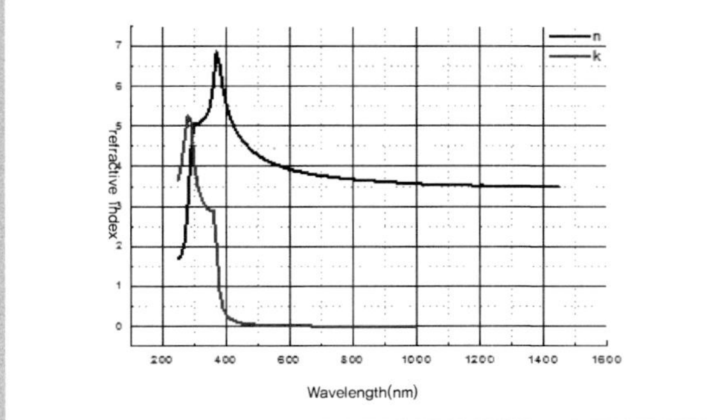

[그림 2.5] 실리콘의 파장별 굴절률 (n)과 소멸 계수 (k)

$$R = \frac{(n-1)^2 + k^2}{(n+1)^2 + k^2} \tag{2.4}$$

풀이 300nm일 때 실리콘의 n=5.1, k=4.1이다. 따라서, 식에 대입하면

$$R = \frac{(5.1-1)^2 + 4.1^2}{(5.1+1)^2 + 4.1^2}$$

R≒0.62이다. 1000nm에서의 실리콘 n=3.6, k=0이다. 위의 식에 대입하면, R≒0.32이다. 그러므로, 실리콘은 300nm에서 약 62%의 빛이 반사되고, 1000nm에서 약 32%의 빛이 반사된다.

2.2 캐리어의 재결합 소멸

여기에 의한 캐리어의 발생과는 반대관계에 있는 캐리어의 재결합에 대해 생각해 보자. 광조사에 의해 생성된 전자가 영원히 전도대역에 존재할 수 있는 것인가? 광조사에 의해 가전자대에 있는 전자가 전도대로 이동된다고 하면 가전자대에는 전자가 빠져나간 구멍, 즉 정공이 존재한다. 전도대로 이동한 전자는 전체의 계로서 열평형 상태로 돌아가려고 하기 때문에 어떤 시간 τ를 경과한 후 다시 충만대(valance band)에 있는 정공과 재결합하여 전자와 정공이 쌍으로 소멸한다. τ를 소수 캐리어의 수명시간 또는 라이프타임(lifetime)이라 한다. 재결합 소멸과정에서 전자는 금지대폭에 해당하는 에너지를 격자진동으로서 또는 광의 에너지로서 잃게 된다. 외부에너지 유입으로 전자-정공이 생성되고, 외부로 에너지를 발산하면서 전자-정공이 소멸한다. 보통 전도대와 가전자대 간에서 직접 재결합하는 것은 드물고 불순물 준위와 트랩 준위를 경유하여 재결합하는 경우가 많다. 소수 반송자 수명은 태양전지의 성능을 결정하는 가장 중요한 인자이다. 광생성된 전자와 정공은 수 마이크로초라는 짧은 수명시간을 가지므로 수명시간 이내에 재결합되기 전에 분리하고 수집하지 않으면 태양전지에서 전기에너지 발생이 어렵다. 소수 반송자 수명은 일반적으로 아래와 같은 경향을 가진다.

① 다수 캐리어 농도가 높으면(도핑이 많은 경우, 비저항 낮은 경우) τ는 작다.

② 단결정 실리콘이 여러 개의 결정으로 이루어진 다결정 실리콘에 비해서 τ은 크다.

③ 캐리어 농도가 같더라도 산소농도, 탄소농도 함유량이 많고 결정 결함이 많은 소위 저급의 결정에서는 τ가 작게 된다.

태양전지에서 소수 캐리어 수명이 클수록 생성된 전자와 정공을 전기로 활용할 수 있어 높은 캐리어 수명을 달성해야 한다. 캐리어 수명이 길수록 재결합 소멸이 작아지며 광생성된 전하의 확산거리(Diffusion Length, L)이 길어지므로 캐리어 분리와 수집이 용이하며 광생성 전류를 증가 하여 효율을 향상시킨다. 이상에서 논한 재결합 과정은 반도체 내에서 일어나지만 이외에도 태양전지의 성능에 크게 영향을 미치는 것으로는 표면 및 계면에서의 재결합 소멸이 있다. 결정표면에서는 공유결합이 끊어진 빈자리를 가진 원자가 많아, 광생성된 전자가 이들 빈 자리와 재결합하여 소멸하게 된다. 예제 2.1에서 학습한 대로 광흡수에 의해 생성되는 전하는 표면의 수 마이크로미터 이내에서 대부분 생성되므로 표면의 결합을 줄이는 접근법은 태양전지 효율향상에 필수적이다.

예제 2.3

태양전지에서 소수반송자 수명이 클수록 생성된 전자와 정공을 더욱 많이 전기로 활용할 수 있다. 재료의 소수반송자 수명 (τ_{eff}) 은 벌크 소수반송자 수명 (τ_b) 과 표면 소수반송자 수명 (τ_s) 으로 이루어져 있다. 즉, $\frac{1}{\tau_{eff}} = \frac{1}{\tau_b} + \frac{1}{\tau_s}$ 의 관계식을 가지고 있다. 실리콘 웨이퍼의 조건이 다음과 같을 때 τ_{eff}을 구하시오. (양면의 표면 재결합이 동일하다고 가정하면, $\tau_s = \frac{W}{2S} + \frac{1}{D}\left(\frac{W}{\pi}\right)^2$ 식이 성립됨.)

웨이퍼 두께 (W) = 200 μm, 소수반송자 확산계수 (D) = 27cm^2/s
벌크 라이프타임 (τb) = 1ms, 표면 재결합 속도 (S) = 1000cm/s

풀이 재료 양면의 표면 재결합이 동일하면, $\tau_s = \frac{W}{2S} + \frac{1}{D}\left(\frac{W}{\pi}\right)^2$ 와 같은 관계식이 성립한다. 위의 조건을 대입하면, $\tau_s = \frac{200 \times 10^{-6}}{2 \times 10} + \frac{1}{27 \times 10^{-4}}\left(\frac{200 \times 10^{-6}}{\pi}\right)^2$ 이다. 따라서, $\tau_s = 1.15 \times 10^{-5}$s이다. 실리콘 웨이퍼의 라이프타임 ($\tau_{eff}$) 을 계산하면, $\frac{1}{\tau_{eff}} = \frac{1}{1 \times 10^{-3}} + \frac{1}{1.15 \times 10^{-5}}$ 이다. 그러므로, $\tau_{eff} = 1.14 \times 10^{-5}$s = 11.4μs이다. 대부분의 경우 $\tau_b \gg \tau_s$ 이므로, 표면 재결합의 제어가 매우 중요하다.

예제 2.4

아래와 같은 가정 하에서 주어진 입사광의 세기에서 전자와 정공쌍 생성률과 전자의 변화율을 계산하시오. p-형 실리콘 재료가 온도 25°C에서 조사광 세기 $I_v(x) = 50$ mW/cm^{2}이고 이때의 파장은 $\lambda = 0.75\,\mu$m, 소수 반송자 수명은 $\tau = 10^{-7}$ sec이다.

풀이 흡수계수가 이 파장에서 $\alpha \approx 0.7 \times 10^4$ cm^{-1}이라면 광자의 에너지는

$$E = h\upsilon = \frac{1.24}{0.75} = 1.65\ \mathrm{eV}$$

이다. 만약 광자 한 개가 전자 한 개를 생성한다는 1:1 대응의 분광특성을 가진 경우로 가정하고, 위 식에서 joule 단위와 eV 변환 요소를 감안하면 생성률은 아래와 같이 주어진다.

$$g' = \frac{\alpha I_v(x)}{h\upsilon} = \frac{(0.7\times 10^{4})(0.05)}{(1.6\times 10^{-19})(1.65)} = 1.33\times 10^{21}\mathrm{cm}^{-3}\mathrm{sec}^{-1}$$

여기서 조사광이 시간에 항상 일정한 정상상태를 가정하면, 과잉전자의 농도는 $\delta n = g'$t로 주어진다. 여기서 t 는 Si의 소수 반송자 수명시간으로 $\tau = 10^{-7}$ sec이다. 따라서 변동된 전자수는 아래와 같다.

$$\mathrm{D}n = (1.33\times 10^{21})(10^{-7}) = 1.33\times 10^{14}\mathrm{cm}^{-3}$$

2.3 | 광생성 전하분리

이제 광생성된 전기입자를 빨리 외부로 분리해내지 않으면 소멸하여 전기에너지로 사용하기가 어렵다는 것을 알게 되었다. 그러면 어떻게 전자와 정공을 분리할 수 있을까? 현재 태양전지에서 사용하고 있는 방법은 태양전지 자체 내에 전기의 높낮이를 형성하는 방법이다. 광조사에 의해 생성되는 전자와 정공이 극성을 가지고 있으므로 전압차이를 주면 전자는 전압이 높은 쪽으로 분리되고 정공은 전압이 낮은 쪽으로 분리된다. 이는 마치 수압 차이로 물이 높은데서 낮은 곳으로 흐르는 원리와 동일한 개념이다. 태양전지에서는 전기 높낮이를 접합(p-n 접합, pin 접합, 쇼트키 금속-반도체 MS 접합, 금속-절연체-반도체 MIS 접합, 이종접합)을 사용하여 형성한다. 접합은 초보자에게는 어려운 개념이므로 주의 깊게 읽기 바란다. 접합을 이해하기 위해서는 반도체의 유형을 이해해야 한다. 도핑(doping)이란 반도체의 전기 전도성을 제어하기 위해 의도적으로 불순물(dopant)

을 반도체에 주입시키는 것으로 불순물인 원자가 반도체 내부에 존재하는 원자의 위치를 차지하게 되는 치환(substitution)이 일어나서 자유전자나 정공의 수를 조절한다. 예를 들면 [그림 2.6]에서와 같이 IV족의 원소인 실리콘이 규칙적으로 배열된 결정에서 하나의 실리콘 원자를 대신에 그 자리에 실리콘보다 하나 더 많은 가전자(valence electron)를 가지는 V족 원소인 인(P)이나 비소(As)를 넣게 되면 [그림 2.6]과 같이 주위의 실리콘과 결합을 하고 남게 되는 여분의 전자는 묶여 있는 정도가 매우 약하여 조금만 에너지를 얻더라도 모원자로부터 쉽게 분리가 된다. 따라서 이 전자는 모원자를 (+)로 대전된 이온의 형태로 남겨놓고 주변의 격자 사이로 움직일 수 있는 자유전자가 된다. 이와 같이 자신은 (+)로 대전되고 주변의 결정구조에 하나의 자유전자를 제공하는 불순물을 도너(donor)라고 하고, 이것에 의해 도핑된 반도체를 n-형 반도체라 한다. n-형 반도체의 경우 도너에 의해서 생성된 전도대역 내 전자의 수가 많아지게 된다. n-형 반도체 하나만의 경우에서는 전자가 전기적으로 음극성이고 도핑원자가 양이온화되므로 항상 전기적으로 음과 양이 동수로 존재하는 중성조건을 가진다. 보통 태양전지에서는 n-형 도핑을 단위부피(cm^{-3})당 10^{16}개에서 10^{21}개까지 범위에서 조절한다. 참으로 많은 양극성 이온과 자유전자의 개수를 가지도록 할 수 있는 것으로 생각되나 실제 실리콘원자의 개수가 단위 부피당 약 10^{22}개에 이르므로 아무리 과다한 도핑이더라도 순수한 실리콘 원자만으로 구성되는 진성(intrinsic)의 2% 이하에서 도핑된다.

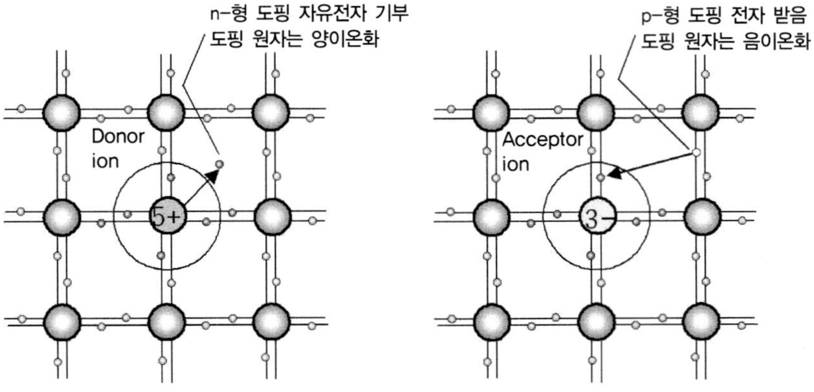

[그림 2.6] 도너로 도핑된 n-형 반도체와 억셉터로 도핑된 p-형 반도체

이와 반대로 주위의 IV족 반도체 원자에 비하여 하나의 가전자를 덜 갖는 원자를 도핑할 때, 예를 들면 실리콘에 III족 원소인 붕소(B), 알루미늄(Al)을 넣게 되면, 이 III족의 붕소 원자가 주위의 실리콘 원자와 공유결합을 하는 데 있어서 하나의 전자가 부족하게 된다. 이 빈자리(정공)는 주변의 실리콘 원자에 속해 있던 전자에 의해서 점유되며, 이와 같은 과정을 반복하게 되면 전자는 이 빈자리를 이용하여 움직일 수 있다. 이와 같이 주변으로부터 한 개의 전자를 제공받아 자신은 (-)으로 대전된 이온이 되고, 그 주변에 빈자리(정공, hole)를 남기는 불순물을 억셉터(acceptor)라고 하며, 이러한 반도체를 p-형 반도체라 한다. p-형 반도체의 경우 정공이 훨씬 증가한다. p-형 반도체 하나만의 경우에서는 정공이 전기적으로 양극성이고 도핑원자가 음이온화되므로 항상 전기적으로 음과 양이 동수로 존재하는 중성조건을 가진다. 보통 태양전지에서는 p-형 도핑을 단위부피(cm^{-3})당 10^{16}개 정도로 1~3 ohm·cm인 비저항을 가진다.

이제 p-형 반도체와 n-형 반도체의 특성을 알았다. 그러면 이런 반도체를 어떻게 해서 전기적인 높낮이를 높낮이를 형성할 수 있을까? [그림 2.7]과 같이 실리콘 시료의 한쪽은 n-형으로 그리고 다른 쪽은 p-형으로 도핑된 경우 어떤 일이 일어나는지 생각해 보자. p-형과 n-형 영역 사이에 p-n 접합(p-n junction) p-n 접합 (p-n junction) 이라고 부르는 급격한 불연속성이 선을 중심으로 한쪽은 전자가 많고 다른 한편은 정공이 많은 경우이다. p-n 접합이 형성되는 즉시 p-형 쪽의 정공들은 n측을 향해서 우측으로 확산한다. 밀도가 높은 곳에서 낮은 곳으로의 확산은 평형을 이루기 위한 자연법칙이다. 마찬가지로 전자 농도가 많은 n-형의 전자들은 좌측으로 확산한다. 정공과 전자들은 서로를 향해서 확산하고 접합 영역 근처에서 만나서 재결합하여 전자와 정공이 소멸한다. 결과적으로 접합 영역에서 n-형 지역에는 양이온이 남고 p-형 지역에는 음이온이 남는다. 이 영역을 공핍층(depletion layer) 또는 공간전하층(space charge layer, SCL)이라고 하며 반도체 내부에서 전기적으로 높은 지역과 낮은 지역을 형성한다(내부전위, built-in potential). 이제 어려운 개념인 p-n 접합을 통한 전기의 높낮이 형성개념을 이해하였다. 이제 p-n 접합 반도체에 광전하가 생성되면 내부전위차에 의해 전하 분리가 되므로, 분리된 전하를 외부로 수집해서 사용만 하면 된다.

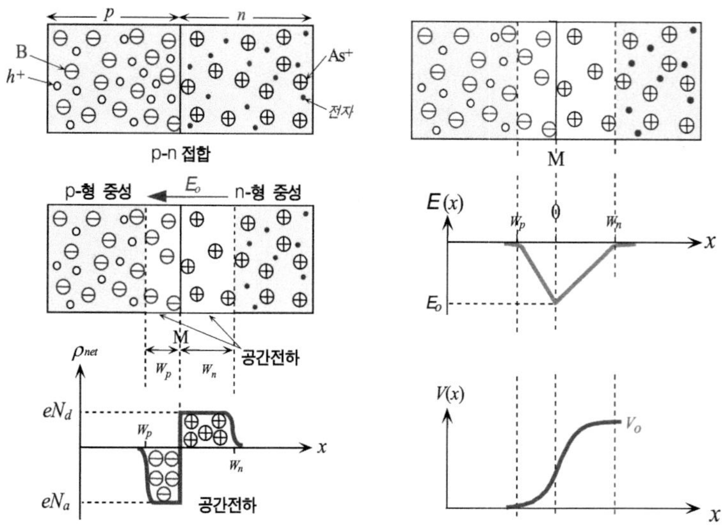

[그림 2.7] p-n 접합을 통한 내부전위 형성

예제 2.5

한쪽 끝에 빛이 지속적으로 조사되는 무한히 긴 n-형 반도체 내 소수 운반자의 농도 분포 $p_n(x)$를 구하시오. 광생성은 표면 근처에서 발생한다고 가정하고, 재결합하기 전에 소수 운반자에 의해 확산되는 평균 거리가 L_h 임을 보이시오.

풀이 지속적인 빛의 조사는 정상 상태임을 의미하고, 이차 미분 방정식의 일반 해는 다음과 같다.

$$Dp_n(x) = A\exp\left(-\frac{x}{L_h}\right) + B\exp\left(\frac{x}{L_h}\right) \tag{2.5}$$

여기서 A와 B는 경계조건으로부터 구해져야 하는 상수들이다. 무한대로 긴 막대에서는 $x=\infty$에서 $Dp_n(\infty) \approx 0$이므로, $B=0$이 된다. $x=0$에서 $Dp_n = Dp_n(0)$이므로 $A = Dp_n(0)$이다. 그러므로 x지점에서 (광주입된)과잉(광주입된) 정공 농도는 다음과 같다.

$$Dp_n(x) = Dp_n(0)\exp\left(-\frac{x}{L_h}\right) \tag{2.6}$$

광주입된 정공의 평균 위치를 구하기 위하여 다음의 평균값의 정의를 사용한다.

$$\bar{x} = \frac{\int_0^\infty x\triangle p_n(x)dx}{\int_0^\infty \triangle p_n(x)dx}$$

$Dp_n(x)$를 대입하고 적분을 하면 $\bar{x} = L_h$ 가 얻어진다. 확산거리 L_h 는 재결합 전에 소수 운반자에 의해 확산된 평균거리라고 귀결된다. 결과로서 $1/L_h$ 는 단위 길이당 정공이 전자와 재결합하는 평균확률임을 추론할 수 있다.

예제 2.6

n측에 비해 p측이 매우 높게 도핑이 된 $N_a \gg N_d$인 p^+n 접합을 고려하자. 접합의 양쪽에서의 전하의 양이 Q이고 동일해야(그래서 전하의 접합이 전체적으로 중성이어야)하므로

$$Q = e N_a W_p = e N_d W_n \qquad (2.7)$$

이 되고 확실히 공핍 영역은 근본적으로 n측으로 확장한다. $N_a \gg N_d$일 때 폭은 다음과 같다.

$$W_0 = \left[\frac{2\epsilon V_0}{e N_d}\right]^{1/2} \qquad (2.8)$$

p측이 $10^{18}\ cm^{-3}$의 억셉터 원자로 도핑되고 n 측이 $10^{16}\ cm^{-3}$의 도너 원자로 도핑된 p-n 접합 실리콘 다이오드에서 공핍층 폭은 얼마인가?

풀이 위의 식을 적용하기 위해 내부전위를 구해야 하는데 이는 다음과 같다.

$$V_0 = \frac{kT}{e} ln\left(\frac{N_a N_d}{n_i^2}\right)$$

$$V_0 = (0.0259\ \mathrm{V})\ln\left[\frac{(10^{18})(10^{16})}{(1.45\times10^{10})^2}\right] = 0.816\,\mathrm{V}$$

그리고 나서 $N_d = 10^{16}\ cm^{-3} = 10^{22}\ m^{-3}$, $V_o = 0.816$ V, $\epsilon_r = 11.9$를 W_o에 관한 식에 넣으면 다음을 얻는다.

$$W_0 = \left[\frac{2\epsilon V_0}{e N_d}\right]^{1/2} = \left[\frac{2(11.9)(8.85\times10^{-12})(0.816)}{(1.6\times10^{-19})(10^{22})}\right]^{1/2}$$

$$= 3.3\times10^{-7}\mathrm{m}\ \text{혹은}\ 0.33\ \mathrm{mm}$$

거의 모든 공핍영역(전체의 99%)이 n측에 존재한다.

2.4 | 광생성 전하수집

태양전지를 제작할 때 대개 p-형 재료를 기판재료로 사용하는데, 이것은 전자의 이동도가 크므로 p-형에서 생성된 전자가 접합까지 확산한 뒤 내부전위차에 의해서 n-형으로 이동해 가는 비율이 높기 때문이다. 즉 분리에 효율성이 높기 때문이다. 그러나 분리되기 전에 기판재료가 저급이거나 너무 두꺼우면 접합부위에서 분리되기 전에 광생성된 전자-정공쌍이 재결합하여 소멸된다. 만일 빛에 의해 생성된 전자와

정공이 p-n 접합(정확히는 공간전하층의 끝)에 도달한다면 이들은 내부 전계에 의해 접합을 가로질러 반대편으로 휩쓸려 내려간다. 전자는 n-형 지역 공간상의 양이온들에 끌려서 신속하게 n-형 에미터(emitter)로 이동하고 이동 후에는 일정간격으로 배치한 금속전극에 수집되어 부하에 전류를 흐르게 한다. 반대로 정공의 경우는 p-형 베이스(base) 기판쪽의 전극으로 이동 수집된다. 태양전지의 에미터와 베이스가 서로 연결되어 있는 경우(예를 들어 태양전지가 단락되어 있는 경우) 빛에 의해 생성된 캐리어(또는 광생성 전류)는 외부 회로에 전력을 공급한다.

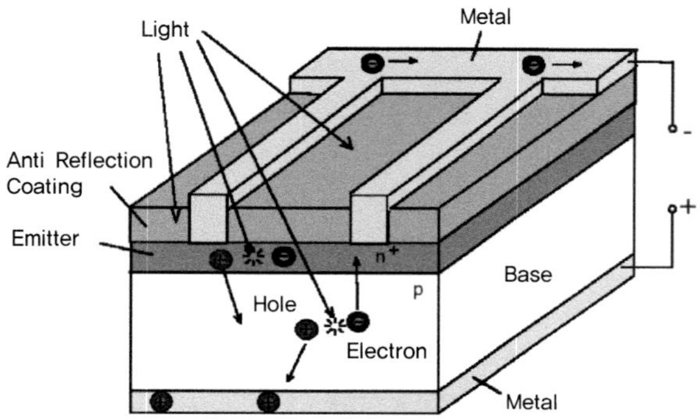

[그림 2.8] 광생성 전하수집 과정과 태양전지 구조

빛에 의해 생성된 캐리어의 수집 그 자체만으로는 전력을 생산할 수 없다. 전력을 생산하기 위해서는 전류뿐만 아니라 전압도 발생되어야 한다. 태양전지 내에서 "광기전력 효과(photovoltaic effect)"라 알려진 과정에 의해 전압이 발생된다. 광기전력 효과란 p-n 접합에 빛을 조사시킬 때 전자-정공 쌍이 생성되고 분리되면 n-형 에미터 쪽에는 전자가 과다하게 많고 다른 p-형 베이스 쪽에는 홀이 많이 모이게 됨으로 접합 양단에 두 전극을 서로 띄어 개방(open)하면 광기전력(또는 전위차)이 발생하는 현상이다. 이를 개방전압(open-circuit voltage, V_{oc})라 한다. 태양전지 출력전압의 극성은 태양전지 내부에 형성된 전위차의 반대극성이다. [그림 2.8]에서 외부회로를 연결하여 단락(short)하면 입사광 양에 비례한 광전류가 외부회로에 흐르게 되는데, 이때 이 전류를 단락전류 (short-circuit current, I_{sc})라 한다.

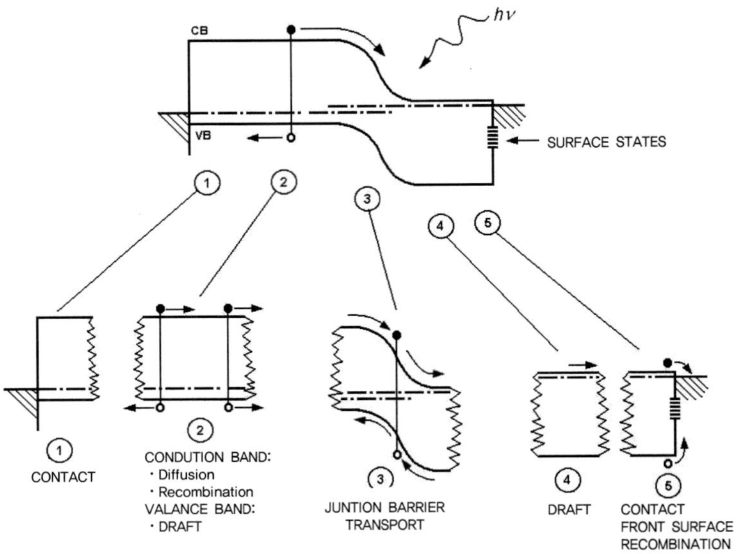

[그림 2.9] 부하에 연결된 태양전지의 에너지 밴드 다이어그램

태양광이 조사되어 광에너지가 변환되는 과정을 고찰해 보았다. 광흡수와 전하 생성, p-n 접합을 통한 전하분리와 전극을 통한 수집과정을 요약하면 [그림 2.9]로 요약 가능하다. p-형(2번)과 n-형(4번)에서 광흡수를 통해서 전자-정공 쌍을 생성하고, p-n 접합(3번)에서 전자와 정공을 분리하여, 전면전극(1번)과 후면전극(5번)에서 분리된 전자와 정공을 수집하여 에너지 변환을 완성한다.

2.5 | 태양전지의 전류-전압 곡선

태양전지는 넓은 면적의 다이오드로 볼 수 있으므로 이것의 전류-전압(I-V) 특성 곡선은 암(Dark) 상태에서의 다이오드 전류-전압 곡선에 광(Light)생성 전류를 중첩시키면 된다. 즉 암 상태에서의 다이오드 전압-전류 곡선을 아래쪽으로 광생성 전류 I_L만큼 이동시키면 된다[그림 2.10]. 이때 다이오드 방정식은 다음과 같이 주어진다.

$$I = I_d - I_L = I_0[\exp\left(\frac{qV}{nkT}\right) - 1] - I_L \quad (2.9)$$

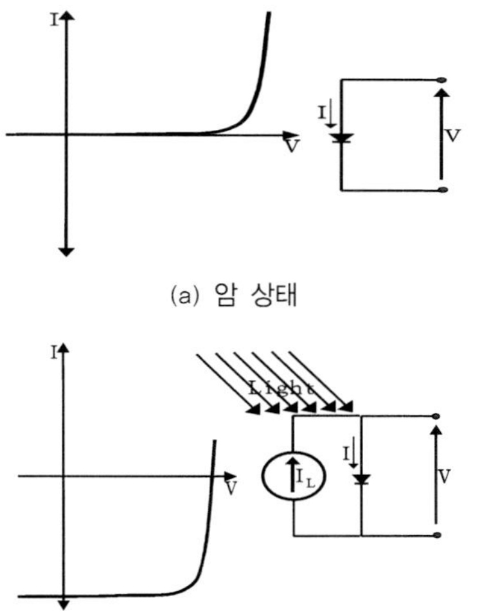

(a) 암 상태

(b) 광 상태

[그림 2.10] 태양전지의 전류-전압 곡선

2.6 단락전류

단락전류(short-circuit current, I_{SC})는 태양전지 양단의 전압이 0일 때(예를 들어 태양전지가 단락되었을 경우) 흐르는 전류를 의미한다. 단락전류는 광에 의해 발생된 캐리어의 생성과 수집에 기인하므로 이상적인 태양전지의 경우 단락전류와 광생성 전류는 동일하다. 그러므로 단락전류는 태양전지로부터 달성할 수 있는 최대 전류이다. [그림 2.11]은 전류-전압 곡선 상에서의 단락전류를 나타낸 것이다.

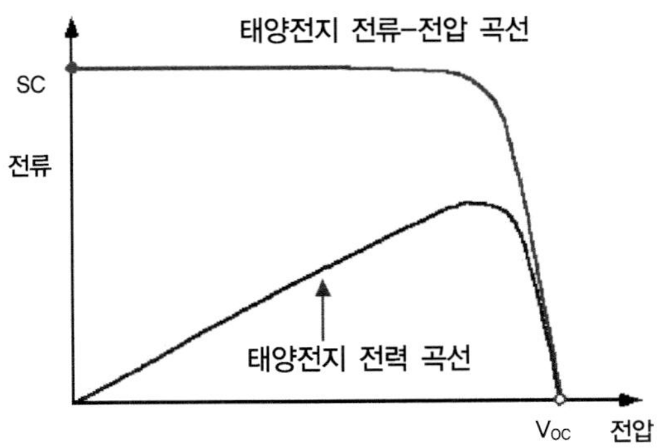

[그림 2.11] 태양전지 전류-전압 곡선에서의 단락전류

단락 전류는 다음 같은 요소들에 의해 영향을 받는다.

- 태양전지의 면적
  태양전지 면적 의존성을 없애기 위해 보통 단락전류 대신 단락전류밀도(short-circuit current density, J_{SC})로 나타낸다.
- 입사광자 수(예를 들어 입사광원의 출력)
- 입사광 스펙트럼
- 태양전지의 광학적 특성(빛의 흡수 및 반사)
- 태양전지의 수집확률
  광에 의해 생성된 캐리어가 p-n 접합에 의해 수집될 확률로서, 주로 표면 패시베이션(passivation)과 베이스에서의 소수 캐리어 수명에 의존한다.

실리콘 태양전지의 경우 AM1.5에서 얻을 수 있는 최대 전류는 약 46 mA/cm^{2}이다. 실험실에서 제작된 전지는 42 mA/cm^2 이상의 단락전류밀도를 나타내기도 하며, 상업적으로 판매되는 전지의 경우 28~35 mA/cm^{2}의 값을 갖는다.

2.7 | 개방전압

개방전압(open-circuit voltage, V_{OC})은 전류가 0일 때 태양전지 양단에 나타나는 전압으로 태양전지로부터 얻을 수 있는 최대 전압에 해당한다.

식 (2.9)에서 $I=0$(전극 단자 개방)로 하고 $I_L = I_{sc}$라 하면

$$V_{oc} = \frac{nkT}{q} ln[(I_{sc}/I_0)+1] \qquad (2.10)$$

이 된다. I_{sc}는 직렬저항, 병렬저항의 영향이 무시될 때 입사광 세기에 비례하는 값이고, $I_{sc} \gg I_o$인 범위에서 V_{oc}는 입사강도의 대수에 비례한다. [그림 2.12]은 대표적인 Si와 GaAs 태양전지에 대해 I_{sc}와 V_{oc}의 관계를 나타낸 것이다. Si와 GaAs를 비교하면 GaAs의 금지대폭이 Si보다 크기 때문에 I_0의 값은 Si보다 작고, GaAs의 V_{oc}는 0.45 V 정도 높다. p-n 접합이 잘 형성되면 금지대폭이 큰 반도체일수록 개방

전압은 커지며, 상대적으로 단락전류는 작게 된다. I_L 또는 I_{sc}는 R_s와 R_{sh}가 무시될 때 입사광의 세기에 비례하므로 $I_{sc} \gg I_0$인 범위에서 V_{oc}는 입사광의 세기에 비례한다. 그러나 실제 입사광 세기의 범위에서 V_{oc}의 I_{sc} 의존성은 작기 때문에 V_{oc}는 거의 변하지 않는다. 또한 에너지 밴드갭(E_g)이 커지면 I_0은 상당히 감소하므로, V_{oc}는 증가한다. 그러나 광조사에 의해 생성되는 전류(photogenerated current)는 감소한다. 밴드갭이 커질수록 흡수되는 태양광 스펙트럼 영역이 축소되고 전류는 감소한다. 따라서 최대 효율을 얻을 수 있는 밴드갭은 1.4~1.5 eV이다.

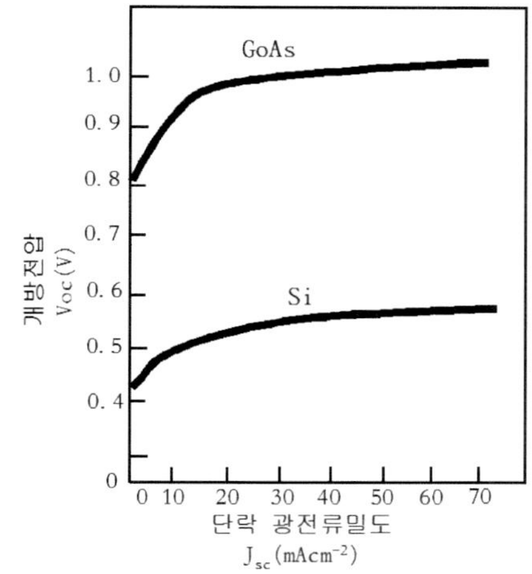

[그림 2.12] 개방전압과 단락전류의 관계

예제 2.7

아래의 조건에서 p-n 접합 실리콘 태양전지의 상온상태의 개방전압을 계산하시오.

$N_a = 5 \times 10^{18}\,\text{cm}^{-3}$ $\quad$ $N_d = 10^{16}\,\text{cm}^{-3}$

$D_n = 25\,\text{cm}^2/\text{sec}$ $\quad$ $D_p = 10\,\text{cm}^2/\text{sec}$

$\tau_0 = 5 \times 10^{-7}\,\text{sec}$ $\quad$ $\tau_{p0} = 10^{-7}\,\text{sec}$

광전류 밀도는 $J_L = I_L / A = 15\,\text{mA/cm}^2$으로 가정하라.

풀이 누설전류는

$$J_o = \frac{I_s}{A} = \left(\frac{eD_n n_{po}}{L_n} + \frac{eD_p n_{po}}{L_p}\right) = e n_t^2 \left(\frac{D_n}{L_n N_a} + \frac{D_p}{L_p N_d}\right)$$

식에서 계산할 수 있다. 여기서 확산거리는 아래 식으로 계산한다.

$$L_n = \sqrt{D_n \tau_{n0}} = \sqrt{(25)(5\times10^{-7})} = 35.4 \text{ mm}$$

$$L_p = \sqrt{D_p \tau_{n0}} = \sqrt{(25)(10^{-7})} = 10.0 \text{ mm}$$

그러므로 누설전류 값은

$$J_o = (1.6\times10^{-19})(1.5\times10^{10})2\times\left\{\frac{25}{(35.4\times10^{-4})(5\times10^{18})} + \frac{10}{(10\times10^{-4})(10^{16})}\right\}$$
$$= 3.6\times10^{-11} A/cm^2$$

이다 따라서 개방전압은 아래식으로 구할 수 있다.

$$V_{oc} = \frac{kT}{q}(1+\frac{I_L}{I_o}) = \frac{kT}{q}ln(1+\frac{J_L}{J_o})$$
$$= (0.0259)\ln(1+\frac{15\times10^{-3}}{3.6\times10^{-11}}) = 0.514 \text{volt}$$

이다. 여기서 누설전류는 불순물 주입 농도가 증가하면 감소하므로 개방전압을 상승시키기 위해서는 누설전류 감소가 필요하다.

예제 2.8

만약 입사광을 증폭하는 경우에 광전류를 증가시킬 수 있으며 기존에 1SUN에서 광전밀도가 JL = IL /A = 15 mA/cm^{2}이던 태양전지가 JL = IL /A = 150 mA/cm^{2}로 10배 증가했다면 개방전압은 얼마나 상승하는지 계산하시오. 이때 변수는 이전 문제와 동일한 가정을 한다.

$N_a = 5\times10^{18}\text{cm}^{-3}$	$N_d = 10^{16}\text{cm}^{-3}$
$D_n = 25\text{cm}^2/\text{sec}$	$D_p = 10\text{cm}^2/\text{sec}$
$\tau_0 = 5\times10^{-7}\text{ sec}$	$\tau_{p0} = 10^{-7}\text{ sec}$

풀이 누설전류의 값이 동일하게 $J_o = 3.6\times10^{-11}$ mA/cm^{2}로 고정되어 있다면, 개방전압은 아래식을 계산할 수 있다.

$$V_{oc} = \frac{kT}{q}\left(1+\frac{I_L}{I_o}\right) = \frac{kT}{q}ln\left(1+\frac{J_L}{J_o}\right)$$
$$= (0.0259)\ln\left(1+\frac{150\times10^{-3}}{3.6\times10^{-11}}\right) = 0.574 \text{ volt}$$

따라서 개방전압은 누설전류와 광전류의 비율에 민감하지는 않다. 그러나 실제 태양전지 제작응용에서는 누설전류가 크게 mA/cm^2 이상으로 커지면 개방전압도 크게 낮아진다.

2.8 곡선인자

태양전지의 곡선인자(Fill Factor, FF)는 개방전압과 단락전류의 곱에 대한 출력의 비로 정의되며, [그림 2.13]의 전류-전압 곡선에서 채울 수 있는 최대 직사각형의 면적에 해당한다. 곡선인자는 최적 동작전류 I_m과 최적 동작전압 V_m이 I_{sc}와 V_{oc}에 가까운 정도를 나타내며, I_{sc}, V_{oc}와 더불어 전지의 효율에 직접적인 영향을 미치는 중요한 파라미터이다.

$$\mathrm{FF}=\frac{I_m\cdot V_m}{I_{sc}\cdot V_{oc}} \tag{2.11}$$

$$=\frac{V_m}{V_{oc}}\left[1-\frac{\exp\left(\dfrac{qV_m}{nkT}\right)-1}{\exp\left(\dfrac{qV_{oc}}{nkT}\right)-1}\right] \tag{2.12}$$

일반적인 상용화 태양전지의 FF는 0.7~0.85 정도이다. 곡선인자는 이상적으로 개방전압만의 함수로 표시할 수 있으며, 개방전압을 최적화할 경우 이상적인 최대 FF 값은 0.9 정도이다. 일반적으로 FF는 경험적으로 다음과 같이 구할 수 있다.

$$\mathrm{FF}=\frac{\nu_{oc}-\ln(\nu_{oc}+0.72)}{\nu_{oc}+1} \tag{2.13}$$

여기서 ν_{oc}는 정규화된(normalized) 개방전압으로 다음과 같이 표현된다.

$$\nu_{oc}=\frac{q}{nkT}V_{oc} \tag{2.14}$$

한편 곡선인자에 영향을 주는 다른 요인으로는

① 이상적인 다이오드 특성으로부터 벗어나는 정도를 나타내는 n 값
② 태양전지의 직렬저항, 병렬저항

이 있으며, 개방전압이 클수록, 또는 n 값이 작을수록 FF는 증가한다. 보통의 Si 태양전지에서 V_{oc}는 0.6 V, n = 1.5~1.0, FF = 0.7~0.8이고, GaAs 태양전지에서는 V_{oc}가 0.95 V, n = 1.0~2.0, FF = 0.78~0.85이다.

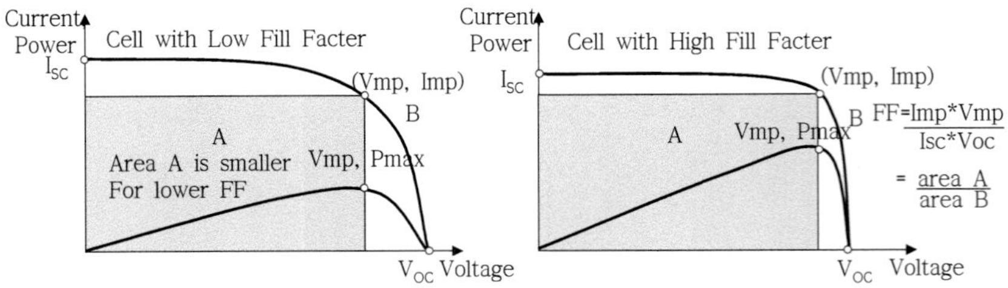

(a) 낮은 곡선인자를 갖는 경우 (b) 높은 곡선인자를 갖는 경우

[그림 2.13] 곡선인자에 따른 출력특성

2.9 직 · 병렬저항

태양전지의 직렬저항(series resistance, R_s)은 다음의 세 가지 원인에 의해 발생된다.

① 태양전지의 에미터와 베이스를 통한 전류 흐름. 즉 에미터와 베이스의 수직 저항성분

② 금속전극과 에미터, 베이스 사이의 접촉저항

③ 전면 및 후면 금속전극의 저항

비록 큰 직렬저항에 의해 태양전지의 단락전류가 감소하기는 하지만 직렬저항에 의해 주로 영향 받는 파라미터는 FF이다. 한편 직렬저항은 태양전지의 개방전압에 큰 영향을 미치지 않지만 개방전압 부근에서 전류-전압곡선은 직렬저항에 의해 크게 영향을 받는다.

또한, 태양전지는 병렬저항(shunt resistance, R_{sh})으로 인해 큰 출력 손실을 가져오는데, 병렬저항은 태양전지 제조과정 중의 결함에 의해 발생한다. 낮은 병렬저항은 누설전류로 인해 태양전지의 p-n 접합을 가로질러 흐르는 광생성 전류 및 전압을 감소시킨다. 병렬저항은 태양전지에 입사되는 빛의 세기가 약한 경우 더욱 큰 영향을 미친다. 누설전류에 기인하는 병렬저항 R_{sh}에 관해 구체적으로 생각해 보자. $1\,cm^2$의 면적을 갖는 전지에 대해서 $R_{sh} > 1\,k\Omega$ 이상이면 R_{sh}의 영향은 태양

전지 특성에 나타나지 않는다. 통상의 태양전지에서는 $R_{sh} \gg 1\,\mathrm{k}\Omega$이지만, 특히 결함이 많고, 접합부에서의 누설전류가 많은 경우 또는 다결정 태양전지에서 접합이 완전히 되지 않는 경우에는 R_{sh}가 문제가 된다.

태양전지의 전류-전압 특성[식 2.9]은 직렬저항(R_s) 과 병렬저항(R_{sh})을 고려할 경우, 다음과 같이 나타낼 수 있다.

$$I = I_d - I_L = I_0[\exp\left(\frac{q(V+R_sI)}{nkT}\right) - 1] - \frac{V+R_sI}{R_{sh}} - I_L \qquad (2.15)$$

2.10 | 변환효율

변환효율(conversion efficiency)은 태양전지의 성능을 나타내는 가장 중요한 인자로서 태양으로부터 입사된 에너지에 대한 태양전지의 출력에너지 비로서 정의된다. 효율은 입사되는 태양광 스펙트럼이나 세기, 그리고 전지의 온도에 영향을 받기도 하므로 태양전지의 변환효율은 정해진 표준 조건에서 측정되어야 한다. 지상에서 사용되는 태양전지의 경우 효율은 25℃, AM 1.5, 100mW/cm^2 입사광 조건에서 측정되며, 우주용인 경우 AM 1.0, 100mW/cm^2 조건에서 측정된다. 측정 장치로는 자연 태양방사광 스펙트럼과 동일한 특성의 광을 이용하는 solar simulator를 이용한다.

태양전지에 연결된 부하저항의 크기를 조정함으로써 [그림 2.13]에서와 같이 어떤 최적 동작 점에서 최대의 출력 $P_{\max}$이 얻어지게 된다.

$$P_{\max} = V_m \cdot I_m \qquad (2.16)$$

여기서 P_{max}가 커지기 위해서는 특성곡선에서 I_m과 V_m이 I_{sc}와 V_{oc}에 가까워야 한다. 최종적으로 태양전지의 변환효율은 입사전력에 대해 출력에 나타나는 최대 전력에너지의 비로서 정의되며, 다음과 같이 구할 수 있다.

$$\eta = \frac{P_m}{P_{input}} = \frac{I_m \cdot V_m}{P_{input}} = \frac{V_{oc} \cdot J_{sc}}{P_{input}} \cdot \mathrm{FF} \qquad (2.17)$$

현재 상용화 결정 Si 태양전지의 일반적인 변환효율은 15~20% 정도이다.

예제 2.9

300K에서 측정한 태양전지의 개방전압이 600mV이고, 단락전류 2A, 이상 계수(ideality factor)가 1.3 이라면, 직렬저항이 0.08Ω이고, 병렬저항이 2Ω 일 때, 곡선인자(fill factor)를 구하시오.

풀이 Normalized voltage (v_{oc}) 는 $v_{oc}=\dfrac{V_{oc}}{(nkT/q)}$ 이므로, $v_{oc}=\dfrac{0.6}{(1.3\times 0.0259)}=17.82\,V$ 이다. 이상적인 곡선인자 (FF_0) 는 $FF_0=\dfrac{\nu_{oc}-\ln(\nu_{oc}+0.72)}{\nu_{oc}+1}=\dfrac{17.82-\ln(17.82+0.72)}{17.82+1}=0.79$로 구해진다. 특성 저항 (characteristics resistance, R_{CH}) 는 $R_{CH}=\dfrac{V_{oc}}{I_{SC}}$ 이므로, $R_{CH}=\dfrac{0.6}{2}=0.3\Omega$ 이다. 따라서 $r_{sh}=\dfrac{R_{SH}}{R_{CH}}=\dfrac{2}{0.3}=6.67$이므로,

$$FF=FF_0\left\{1-\frac{(\nu_{oc}+0.7)}{\nu_{oc}}\frac{FF_0}{r_{sh}}\right\}=0.79\left\{1-\frac{(17.82+0.7)}{17.82}\frac{0.79}{6.67}\right\}=0.69$$ 이다.

2.11 | 수집확률, 양자효율

캐리어 수집확률(collection probability)은 태양전지의 특정 영역 내에서 흡수된 광에 의해 생성된 캐리어가 p-n 접합에 의해 수집될 확률을 나타낸다. 수집확률은 광생성 캐리어의 확산거리와 비교하면 이동해야 할 거리가 커질수록 캐리어의 수집확률은 감소한다. 또한 수집확률은 전지의 표면 특성에 의해서도 변화된다. 공핍층 내에서 광생성 전자-정공쌍은 전계에 의해 빠르게 이동하여 수집되므로 이 영역에서의 수집확률은 1이다. 하지만, 접합으로부터 멀리 떨어진 경우 캐리어의 수집확률은 줄어든다. 만일 접합으로부터 확산거리 이상 떨어진 곳에서 캐리어가 생성된 경우 이 캐리어의 수집확률은 아주 작다. 유사하게, 접합에서보다 높은 재결합률을 갖는 표면 같은 영역 근처에서 생성된 캐리어는 수집확률이 감소한다. [그림 2.14]는 수집확률에 미치는 표면 패시베이션(surface passivation)과 확산거리의 영향을 나타낸 것이다.

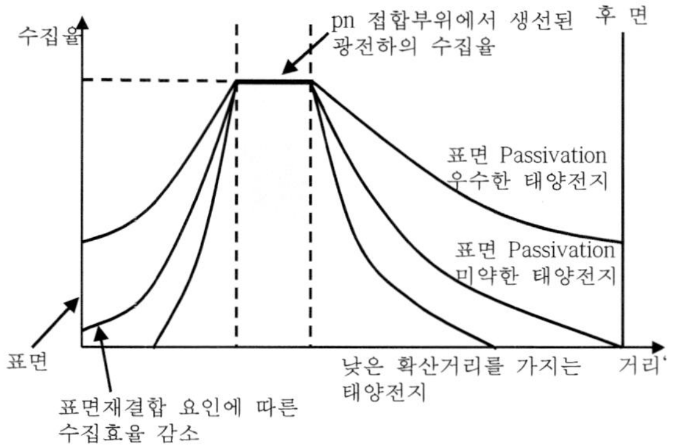

[그림 2.14] 수집확률과 표면 패시베이션 및 확산거리와의 관계

태양전지의 광생성 전류 [식 2.9]는 캐리어의 수집확률과 생성률에 의해 결정된다. 광생성 전류는 전지의 각 지점에서의 캐리어 생성률과 수집확률을 곱한 것을 전체 전지 두께에 대해 적분함으로써 계산할 수 있다.

$$J_L = q\int_0^W G(x)\,CP(x)\,dx \qquad (2.18)$$

여기서 W는 태양전지의 두께, $G(x)$는 캐리어 생성률, $CP(x)$는 수집확률이다. [그림 2.15]는 태양전지 내의 거리에 따른 캐리어 생성률과 수집확률을 나타낸 것이다.

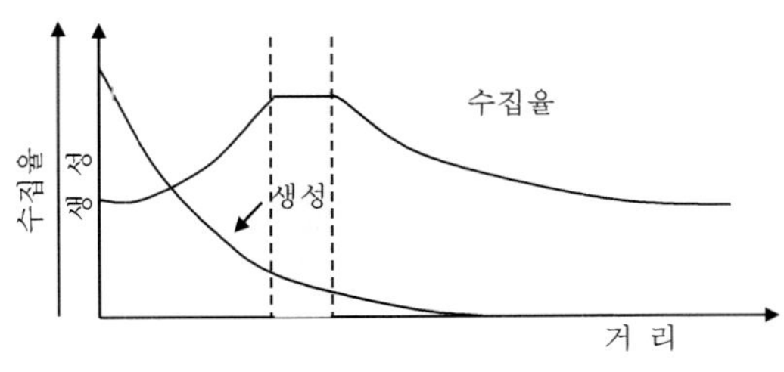

[그림 2.15] 태양전지 내의 거리에 따른 캐리어 생성률과 수집확률

양자효율(quantum efficiency)은 태양전지에 입사되는 광자 수에 대한 태양전지에 의해 수집되는 캐리어 수의 비를 의미하며, 입사되는 광자의 파장 또는 에너지의 함수로서 주어진다. 만약 일정 파장의 모든 광자가 흡수되고, 그 결과 소수 캐리어가 모두 수집된다면 특정 파장에서의 양자효율은 1이다. 금지대폭(밴드갭)보다 작은 에너지를 갖는 광자에 대한 양자효율은 0이다. [그림 2.16]은 이상적인

태양전지에 대한 양자효율 곡선을 나타낸 것이다. AM1.5 조건에서 350 nm보다 짧은 파장에서의 빛 세기는 매우 약하므로 보통 이 이하의 파장에서 양자효율은 측정하지 않는다.

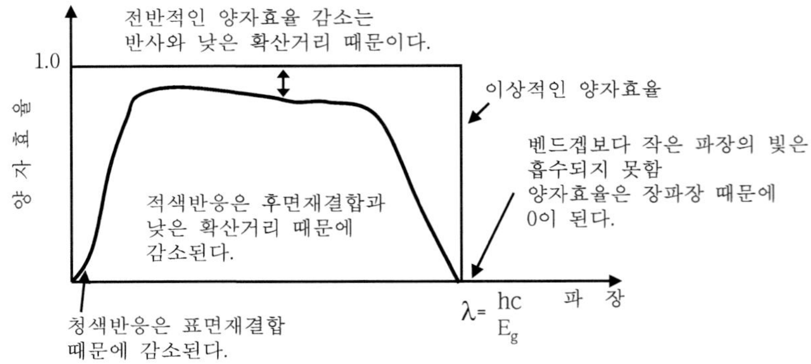

[그림 2.16] 실리콘 태양전지의 양자효율

이상적으로 양자효율은 그림에서 보듯이 직각 형태이지만, 대부분의 태양전지의 경우 재결합 손실(recombination loss)로 인해 양자효율은 감소한다. 따라서 양자효율은 수집효율과 같은 메카니즘에 의해 영향을 받는다. 예를 들어 전면 패시베이션(front surface passivation)은 표면 근처에서 생성된 캐리어에 영향을 미친다. 또한 태양광 스펙트럼 중 단파장 영역의 빛(blue light)은 표면에 매우 가까운 곳에서 흡수되므로 큰 전면 재결합은 양자효율 스펙트럼에서 단파장 쪽의 효율을 감소시킨다. 유사하게, 장파장 영역의 빛은 태양전지의 내부에서 흡수되며, 캐리어의 낮은 확산거리(diffusion length)는 태양전지 내에서의 수집확률에 영향을 미친다. 그 결과 양자효율 스펙트럼에서 장파장 쪽의 효율이 감소한다.

실리콘 태양전지의 외부 양자효율(external quantum efficiency)은 투과(transmission)와 반사(reflection)와 같은 광학적 손실에 영향을 받는다. 그러나 종종 반사되거나 투과된 빛에 의해 손실된 부분을 제외하고 남은 빛에 대한 양자효율을 구하는 것이 유용한 경우도 있다. 내부 양자효율(internal quantum efficiency)은 전지로부터 반사 또는 투과되지 않은 광자가 수집 가능한 캐리어를 생성할 효율을 의미한다. 내부 양자효율은 전지의 반사나 투과를 측정함으로써 외부 양자효율로부터 계산할 수 있다.

분광반응도(spectral response)는 개념적으로 양자효율과 유사하다. 양자효율은 입사되는 광자 수에 대해 태양전지 내에서 생성되는 전자 수의 비를 의미하는 반면, 분광반응도는 입사되는 전력에 대해 태양전지에 의해 생성되는 전류비이다. 이상적인 분광반응도의 경우 반도체의 금지대폭보다 작은 에너지를 갖는 광자는 반도체 내에서 흡수될 수 없기 때문에 장파장에서 제한된다. 또한 직각 모양의 양자효율 곡선과는 달리 분광반응도는 단파장에서 감소한다. 이들 파장에서 각 광자는 상대적으로 장파장에서보다 큰 에너지를 가지므로 동일한 전력에 대해 광자의 수는 줄어든다. 또한 금지대폭 이상의 에너지 성분은 태양전지에 의해 흡수되지 못하고 열로 소비된다. 그 결과 단파장에서의 분광반응도는 감소하게 된다.

분광반응도는 태양전지로부터 측정되며, 이것으로부터 양자효율이 계산된다. 양자효율은 분광반응도에서 특정 파장에서의 빛 세기(전력)를 그 파장에서의 광자속(photon flux)으로 바꿈으로써 결정할 수 있다.

$$QE = \frac{hc}{q\lambda} SR \tag{2.19}$$

여기서 SR은 분광반응도, q는 전자의 전하량, λ는 입사광자의 파장, h는 플랑크 상수, c는 광속도, QE는 양자효율이다.

한편 구체적으로 파장 λ인 광을 조사한 경우의 단락광 전류 $J_{sc}(\lambda)$를 구해보자. 먼저 태양전지의 광 흡수효율 η_{cell}을 다음과 같이 정의한다.

$$\eta_{cell} = \frac{\text{단락광전류}}{(\text{단위시간당입사포톤수}) \times \text{전자전하}} \times 100(\%) \tag{2.20}$$

즉 태양전지에 1개의 광자가 입사했을 때 외부회로에 1개의 전자가 유출되면 수집효율 $\eta_{cell} = 100\%$가 된다. 실제로는 반도체 내부에서의 재결합 및 표면 재결합과 같은 손실 등으로 인하여 수집효율은 100%가 되지 않는다. 여기서는 태양전지가 본래 가져야 할 수집효율(internal collection efficiency ; 그리드 면적 제외한 태양전지 면적의 분광 반응도)을 취하고 표면반사는 없다고 본다.

2.12 | 실리콘 태양전지의 고효율화

고효율 태양전지를 만들기 위한 가장 단순한 접근법은 어떻게 하면 광조사에 의해 생성되는 전자-정공쌍을 많이 만들 수 있을까와 이를 손실됨이 없이 외부로 끌어내는가에 달려있다. 광생성 전하를 많이 광생성 전하를 많이 발생시키기 위해서 빛을 많이 받도록 해야 한다. 왜냐하면 광생성 전하는 곧 전류 크기를 결정하는 요소이기 때문이다. 이러한 광생성 전하에 대한 장애요소가 표면전극, 표면 반사, 장파장의 투과 또는 열손실이다. 이를 극복하기 위해서는 빛을 가두는 효과(light trapping effect) 및 빛의 경로를 늘리는 반사방지막, 표면 texturing, 후면에 모든 전극을 일체화하는 구조, 서로 다른 밴드갭을 가진 태양전지를 적층한 다접합(multi-junction) 태양전지와 같은 방법과 미래형 태양전지인 1개의 포톤으로 다수의 전자-정공쌍을 많이 만들 수 있는 반송자 다중화 태양전지가 방안이다.

다양한 기법을 통해서 광생성된 전자-정공쌍(electron hole pair, EHP)을 많이 만든 후에는 전자와 정공을 분리해서 외부로 수집해야 한다. 분리는 마치 물이 높은데서 낮은 곳으로 흐르듯이 광생성된 전자와 정공도 p-n 접합 전위차(금속/반도체, 금속/절연막/반도체 접합 전위차)에 의존하여 분리될 수밖에 없다. 광생성된 전자와 정공을 분리하는 p-n 접합 전위차는 태양전지의 개방전압의 한계를 결정한다. 분리를 원활하게 하기 위해서 전위 차이를 크게 해 주면 표면 및 벌크 재결합 상승으로 인한 손실이 동시에 발생하기 때문에, 고효율 태양전지를 제작하기 위해서는 p-n 접합의 도핑 농도와 재결합 손실을 따로 분리해서 고려할 수 없다. 이에 대한 대안으로 전극이 직접 접촉하는 부분에 고농도의 n^{++}(〉10^{20} cm^{-3})도핑 영역을 만들고 나머지 전극이 없는 부분, 즉 빛을 수광하는 영역은 n^{-}(〈10^{17} cm^{-3}) 저농도 도핑영역을 만들어 전면 에미터층을 형성한다. 또한, 후면은 p(10^{16} cm^{-3})/p^{++}(2×10^{18} cm^{-3})형태의 후면 전계(back surface field)를 형성한다. 이때 고농도 층에 지나치게 불순물을 주입할 경우 전극부분의 재결합이 상승하여 에너지 변환 손실로 이어진다. 따라서 전면의 p-n 접합, 후면의 p/p^{++}영역에서의 재결합률도 작게 하여 누설전류를 줄이고 병렬저항 성분을 증가시켜야만 고효율을 기대할 수 있다.

이렇게 해서 광생성 전하를 많이 발생시키고 분리를 위한 접근을 마쳤다고 해도 실리콘 태양전지에서 광생성된 전하는 전면이나 후면까지 확산을 통해서 이동하기 때문에 소수 반송자 확산거리, 즉 확산해서 이동할 수 있는 거리가 길어야한다. 이는 반송자의 수명시간이 길수록 확산거리도 길어지게 된다. 이러한 이유에서 p-형 기판재료를 사용한다. 소수 반송자인 전자의 확산거리가 긴 것을 이용하여 고효율을 달성한다. 또한, 수명을 길게 하기 위해서는 재결합이 발생할 수 없도록 실리콘 내부 결함을 작게 해야 한다. 이는 3장에서 기술한 실리콘 제조 방법에 따라서 기판의 성능을 조절할 수 있으며, 어떻게 하면 산소, 탄소, 철, 니켈, 코발트 등의 불순물이 최소한으로 포함되면서 결정결함이 없는 실리콘을 저온, 저가에서 만들 수 있는지가 고효율을 달성하는 중요한 요소기술들 중 하나이다.

현재는 결함이 많은 저가의 재료에서 불순물을 석출하거나, 결함을 passivation 하는 방법을 적용하여 태양전지 구조를 최적화하는 것이 태양전지 산업의 중요한 기술경쟁력을 담당하고 있다. 마지막으로 수집되는 과정에서 태양전지 자체가 가지고 있는 저항성분에 의한 광전류 감소에 기인한 효율감소이다. 이 성분을 $1\Omega \cdot cm^2$ 이하로 하기 위해서 그리드설계, 불순물 농도 제어에 의한 면저항, 기판의 비저항, 금속접합의 접촉저항 성분을 모두 함께 고려하여 설계할 수 있다.

효과적인 광포획, 생성, 분리, 수집 방법들을 다음과 같이 요약할 수 있다.

i) 광을 효과적으로 포획

①은 빛의 반사를 감소시키고 반사된 광을 재활용한다. ②는 전극면적을 감소시키면서 반사된 광을 재활용한다. 또한 전극에서 광이 투과되도록 한다. ③은 빛의 반사를 증가시키면서 투과된 광을 재활용한다.

ii) 전하를 효과적으로 생성

①은 잉여 에너지를 전하생성에 이용한다. ②는 전하를 발생시키나 손실이 없다.

③은 금지대 내에 전하가 존재할 수 있는 에너지 상태를 만들어 준다.

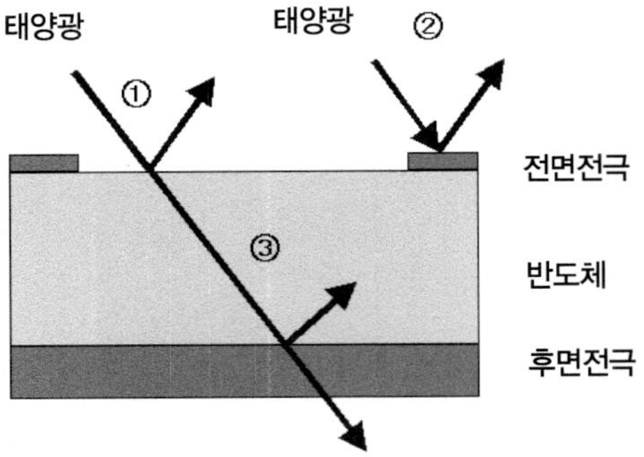

[그림 2.17] 광을 효과적으로 포획하는 방법

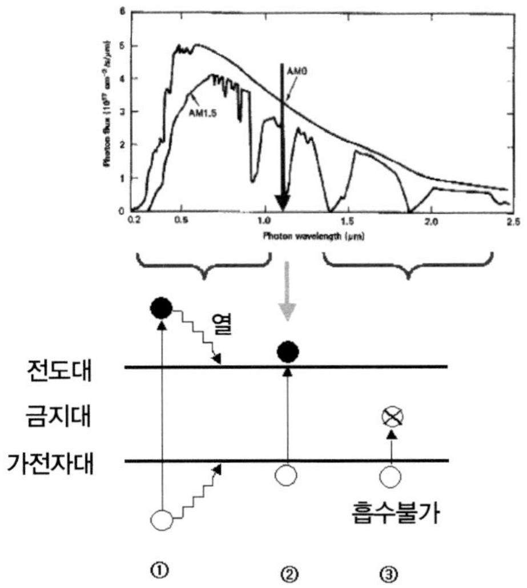

[그림 2.18] 전하를 효과적으로 생성하는 방법

iii) 전하를 효과적으로 분리

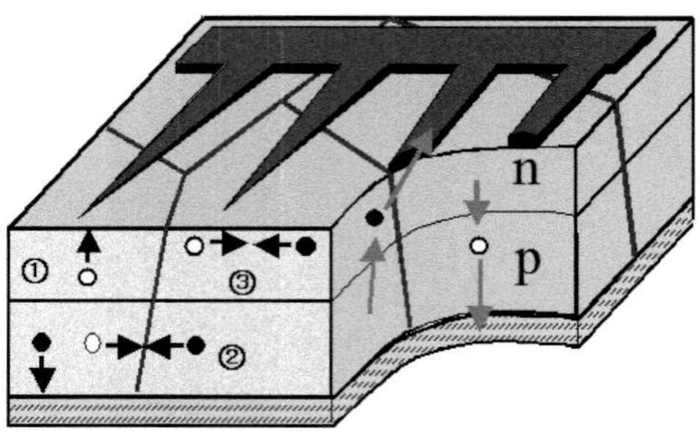

[그림 2.19] 전하를 효과적으로 분리하는 방법

①은 표면으로 전하가 이동하는 것을 제어한다. ②는 결정입계의 면적을 줄이면서 결정입계 내의 재결합 장소를 줄인다. ③은 결정립의 재결합 장소를 줄인다.

iv) 전하를 효과적으로 수집

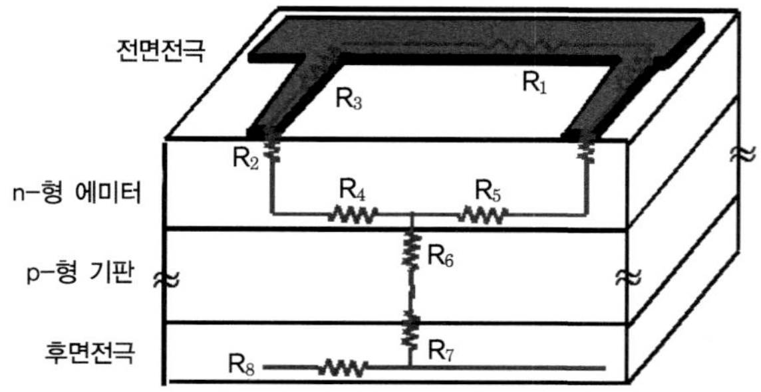

[그림 2.20] 전하를 효과적으로 수집하는 방법

직렬저항에 의한 에너지 손실과 누설전류를 줄인다.

v) 태양전지는 빛이 표면으로 입사하게 되면, 입사된 빛이 최대한으로 반사됨 없이 전기적 에너지로 변환하여야 한다. 이를 위해서 표면에 반사방지막을 형성하거나 표면에서 입사된 빛이 난반사가 되도록 피라미드 구조를 만들어 입사광이 여러 각도에서 실리콘 내부로 흡수되도록 한다. 이러한 텍스쳐링 구조를 형성하기 위해 습식 및 건식식각 방법 등이 있다.

vi) 다결정 실리콘은 여러 개의 결정들로 구성되며 이들 결정 사이의 경계면(grain boundary)은 에너지변환 손실의 주요원인이다. 이를 해결하기 위해서 passivation 등의 방식을 통해 효율을 증가시킬 수 있다.

태양전지에 광조사를 할 경우 출력특성을 좌우하는 것은 단락전류(short circuit current, I_{sc}), 개방전압(open circuit voltage, V_{oc}), 충실도(곡선인자, fill factor, FF) 세 가지이다. 단락전류는 Si의 금지대폭 1.1 eV 이상의 에너지를 가지는 포톤(photon)이 1 대 1로 전자-홀쌍을 생성한다고 가정하고 태양광의 각 파장에 따른 포톤수를 이용해서 계산하면 AM 1.5 (83.2 mW/cm^2)에서 단락전류 밀도 J_{sc}는 37.2 mA/cm^2, AM0 (135.3 mW/cm^2)에서 54.2 mA/cm^{2}로 예측할 수 있다.

개방전압 V_{oc}의 근본적인 한계는 실리콘의 밴드갭보다 클 수 없으며, 이상적인 p-n 접합의 경우, 개방전압 V_{oc}는 식 (2.10) $V_{oc}=\frac{kT}{q}ln(\frac{I_{sc}}{I_o}+1)$ 으로 나타낼 수 있다. V_{oc}을 크게 하기 위해서는 가능한 I_o (reverse saturation current)가 작아야 하며, 산화막이나 질화막 내부에 존재하는 양전하를 이용하여 실리콘 표면층에 역전층을 형성하여 누설을 줄이거나 금속/절연막/반도체 접합으로 개방전압을 올리면서도 광 생성된 전하는 극히 얇은 절연층을 통과해 광전류 손실이 크지 않도록 한다. Si의 경우 고성능의 태양전지로서 달성 가능한 V_{oc} 최고치는 700 mV로 보고 있다.

태양전지 곡선인자 FF는 개방전압의 함수로 나타낼 수 있으며, 실험적으로, 식 (2.13) $FF=\frac{\nu_{oc}-\ln(\nu_{oc}+0.72)}{\nu_{oc}+1}$ 으로 나타낼 수 있다. V_{oc}= 700 mV 일 경우, 식 (2.13)을 이용하면 FF = 0.846이 얻어진다. 따라서 AM1.5 (83.2 mW/cm^2)의 조건에서 한계 에너지 변환효율은 $\eta_{max}=\frac{37.2\times 700\times 0.846}{83.2}=26.5\%$ 이다.

고효율의 실리콘 p-n 접합 태양전지를 제작하고 설계함에 있어서 변환효율의 손실 요인을 분석하고 체계화할 필요가 있다. 1954년 태양전지가 최초로 제작된 이래로 많은 연구자에 의해서 이론적인 최고 변환효율을 계산하는 작업들이 이루어져 왔다. 이 과정에서 분석된 태양전지의 손실 요인들을 [그림 2.21]에 나타내었다. 실리콘계 태양전지의 손실 요인은 물질 자체의 특성에서 오는 손실로써 기판 물질을 바꾸는 방법 외에는 특별히 제거할 방법이 없는 부분과 제조 공정의 최적화로 어느 정도 제거가 가능한 손실요인으로 나눌 수 있다. [그림 2.21]에서 가장 많은 손실 요인을 제공하고 있는 부분은 실리콘의 에너지 밴드갭(energy band gap)에 관련된 것으로서 밴드갭보다 낮은 에너지를 가지는 포톤은 실리콘 태양전지에 EHP를 형성시키지 못하고 태양전지를 투과해 버린다. 또한 높은 에너지를 가지는 포톤은 태양전지에 한 개의 EHP를 형성시키지만 남는 에너지는 열로써 방출되므로 태양전지는 큰 에너지의 일부분만을 이용하게 될 수밖에 없다. 이들 두 가지 요인은 태양전지의 재료로 이용되는 물질이 결정되면 피할 수 없는 것으로써 이들을 효과적으로 이용하고자 하는 노력으로는 큰 에너지 밴드갭을 갖는 물질을 전면에, 낮은 에너지 밴드갭을 갖는 물질을 후면에 접합하는 다중 접합(multi-junction) 태양전지에 대한 연구도 진행되고 있다. 약 2.4%를 차지하는 곡선 인자에 기인한 손실 요인은 p-n 접합 태양전지가 넓은 의미에서 다이오드이므로 전류-전압 특성이 지수 함수적으로 증가할 수밖에 없다. 따라서 정확한 사각형의 전류-전압 곡선을 얻을 수 없다. 그래서 아무리 잘 만들어도 충실도가 100%가 될 수 없는 데에서 한계 값이 존재한다.

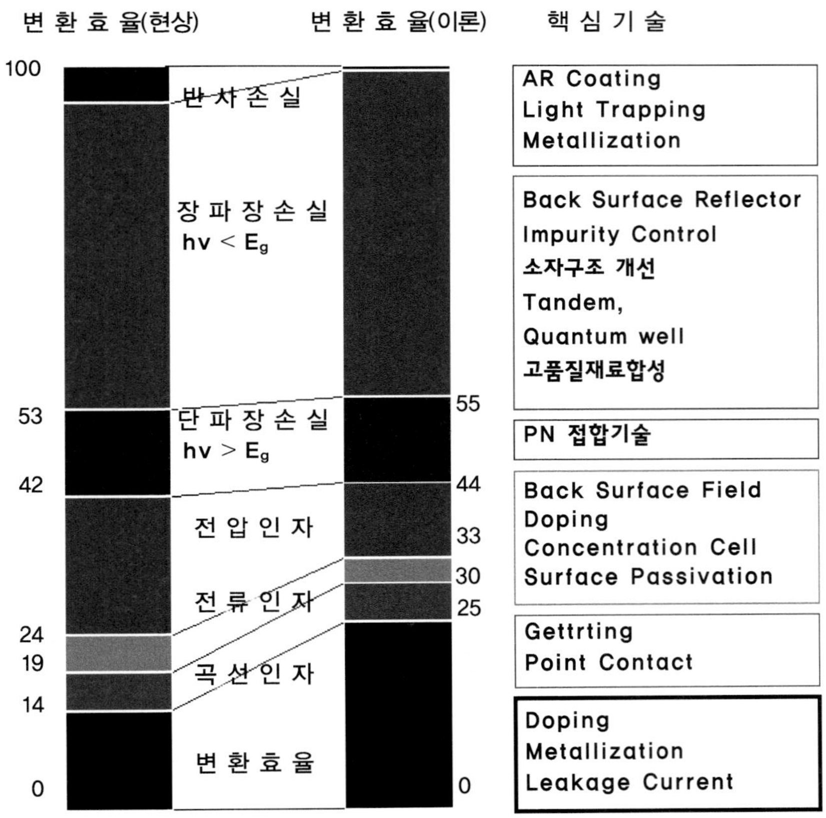

[그림 2.21] 실리콘 태양전지의 효율저하요인

이러한 요소들은 태양전지에서 피할 수 없는 손실 요인이며, 나머지 요소들은 최적화된 공정의 개발로 어느 정도 감소가 가능하다. 그렇다면 개선이 가능한 에너지 손실 요인을 살펴보면 다음과 같다.

i) 표면반사에 의한 손실

낮은 반사는 적당한 확산조건 하에서의 고농도 불순물에서 얻어진다. 또한 반사방지막을 이용하면 2% 이하의 손실로 줄일 수 있다.

ii) 장파장 손실에 의한 불완전흡수(투과)

태양광이 태양전지의 전자–정공쌍의 발생에 기여하기 위해서는 광에너지 $h\nu$ (h : 플랭크 상수, ν: 진동수)가 재료의 금지대폭 E_g보다 커야 한다. 만일 광에너지 $h\nu$가 재료의 금지대폭 E_g보다 작을 경우($h\nu < E_g$) 빛은 전자–정공쌍의 발생에 기여하지 못한다. 실리콘 태양전지의 전기 발생에 기여하는 ($E_g \le h\nu$) 태양광의 파장 λ은 ,

$$h\nu = h\frac{c}{\lambda} = \frac{1.24}{\lambda}$$

의 관계식으로부터 구할 수 있다(단, c는 광속).

$$\lambda = \frac{1.24}{E_g},\ \lambda \le \frac{1.24}{1.1},\ \lambda = 1.13\ \mu\text{m}$$

위의 식에서 1.13μm보다 짧은 파장의 빛이 실리콘 태양전지에 흡수될 경우 전기에너지 발생에 기여하게 된다.

iii) 단파장에서 열 손실

E–H쌍의 생성시 포톤에너지의 일부분이 흡수되는 포톤은 E–H쌍을 만들기에 충분한 에너지를 가지고 있다. 그 충분한 에너지는 에너지갭이다. 그러나 흡수된 포톤에너지 중 에너지갭을 넘는 초과 에너지는 격자의 진동에 따른 열로 소모되어 전력의 손실이 된다($E = hc/\lambda$). 또한, p-n 접합에서의 확산에 의한 E–H쌍의 불완전 수집에 의한 손실이 있다. 포톤 흡수로 만들어진 대부분의 EHP는 p-n 접합의 공핍층에서 발생하지 않기에 접합으로부터 확산거리 내에 있는 EHP만이 모여질 것이다. 그리고 접합으로부터 확산거리 밖의 EHP는 대부분 재결합할 것이다. 그래서 100% 아래로 수집효율을 떨어뜨린다.

iv) 전압인자(Voltage Factor = V_{oc}/E_g)

a) EHP 발생 이용 에너지량 = E_g

b) 가장 많이 이용할 수 있는 전압 = 개방전압

항상 (a) 〉(b)이다. 그 이유는 최대 이용 순방향 전압은 n^-, p^- 페르미 레벨 차로 페르미 레벨은 금지대 내부에 위치하므로 장벽높이의 전압은 결코 직사광선으로부터 흡수할 수 없는 극도의 고주입에서만 얻어진다.

v) 직렬저항 손실

내부 직렬저항에 의해 부가적인 효율 손실을 가져온다. n층의 농도, 두께, 금속전극간격, p층 비저항, p층 두께, 상하부 금속 접합의 접촉저항, 금속 자체의 저항성분 등이 모두 직렬저항과 관계된다. 이 직렬저항이 커지면 단락전류의 감소를 가져오며 곡선인자 또한 감소하게 되어 효율이 떨어진다.

표준적인 태양전지는 통상 저항률 0.3~1 $\Omega \cdot cm$의 p-Si 기판을 이용하며, 확산 방식으로 n층을 형성하여 p-n 접합을 만들고(접합깊이 0.5μm 부근) 표면 불순물농도는 2~4 $\times 10^{20} cm^{-3}$이다. 표면부근에 있는 불순물밀도가 상당히 높으므로 이 영역에 있는 소수캐리어의 수명이 작게(확산거리가 짧다) 되어 광조사에 의해 형성된 전자-정공이 접합부분까지 도달할 수가 없어 광전류에 기여하지 못하게 된다. 그 결과 변환효율은 11~14% 정도에서 달성되었다.

단락전류를 개선하기 위해서 접합깊이를 0.2~0.3μm로 하고 불순물 농도를 작게 해서 표면에 소위 불순물 도핑에 의한 "dead layer"를 줄여 단파장 영역의 광응답 특성을 개량한 바이올렛(violet) 셀이 미국 COSMAT사에서 개발해 AM1.0 스펙트럼에서 변환효율 15%를 얻었다. 이를 개량해서 cosmat non-reflective solar cell(CNR)은 실리콘 표면을 피라미드 texturing해서 실리콘 표면의 반사율이 35~45%에서 25%로 감소되고 Ta_2O_5 반사방지막과 결합하여 반사율을 7% 이하까지 감소하여 변환효율 18%를 달성하였다. 바이올렛 셀과 texture 구조의 결합으로 AM0의 단락 전류밀도가 36mA/cm^2에서 46mA/cm^2로 증가했다. 여기에 부가적인 기술들을 결합하면 단락전류밀도는 이론치의 90% 이상의 값이 얻어질 수 있다. n^+p 구조에서는 p층의 이면 전면에 대해서 옴성 전극부에서 광조사에 의해 생성되어진 소수캐리어의 재결합이 일어나고 그 부분이 광전류에 기여하지 않게 된다. n^+pp^+ 구조로 해서 pp^+ 사이에 존재하는 에너지 차가 소수 캐리어의 전자에 대한 장벽으로 작용하여 후면 재결합을 감소시키고 표면 위의 확산거리를 크게 해서 장파장 영역의 광응답특성을 개선한 BSF(back surface field) 구조(HL 구조)를 독일의 베테분겐사에서 제안하였다. BSF 구조의 효과는 p^+층이 다수캐리어 정공에 대해서 양호한 옴성전극이 되어 직렬저항을 감소시키고, 또한 pp^+ 간의 에너지 차가 개방전압의 상승을 초래하는 등의 장점도 가지고 있다. 이러한 BSF 구조를 적용하여 저항률이 0.3~1$\Omega\cdot$cm의 p-Si 기판을 이용한 태양전지에서 550mV의 개방전압을 600mV로 개선시킬 수 있었다.

개방전압의 증가는 태양전지의 효율향상에 도움을 주고 곡선인자를 향상시키게 된다. 개방전압의 향상을 위해서는 태양전지의 역방향 포화전류밀도 I_o를 저감하지 않으면 안된다. 이 전류는 n^+층으로부터 p층으로의 전자주입, p층으로부터 n^+으로의 정공의 주입으로 결정된다. n^+층이 엷은 것을 고려해서 p-n 접합 특성을 분석한다면, 광 조사를 하지 않을 경우 태양전지의 역방향 포화전류 밀도는,

$$J_{no} = qn_i^2 \frac{D_n}{L_n \cdot N_A} \tag{2.21}$$

$$J_{po} = pn_i^2 / N_D (S_p + \frac{X_j}{\tau_p})$$

로 나타낸다. 이곳에서 n_i은 진성캐리어 밀도, D_n, L_n은 p층에서의 전자의 확산계수와 확산거리, τ_p, S_p는 n^+층에서의 정공의 수명 및 표면재결합속도, N_D, N_A는 n^+, p층의 도너 및 억셉터 농도, X_j는 접합깊이이다. 식 (2.21)에서는 n^+층이 얇기 때문에 주입된 소수 반송자가 표면에서 재결합하여 발생하는 표면재결합 전류를 포함하고 있다. n^+층에서 불순물을 고농도로 첨가하면 ① 결정격자에 변형을 가하기 때문에 금지대폭 E_g를 낮추게 한다. 이는 또한 진성캐리어 농도 n_i을 증가하게 한다 ($N_D = 10^{19}$ cm^{-3} 불순물농도의 경우, DE_g = 60~100 meV의 변화를 초래하고, $n_i \propto \exp(DE_g/kT)$에 의해서 n_i^2은 50배 증가된다). ② 격자결함의 증가와 및 오제(Auger) 재결합의 증가에 의해 소수캐리어인 정공의 수명 τ_p을 낮게 하고 이에 따라서 역방향 포화전류밀도 J_{po}를 증가하게 한다. 게다가 ③ n^+층이 엷게 되어 평면에서의 재결합 효과가 나타나고 J_{po}의 증가를 불러일으킨다. 역방향 포화전류밀도 J_o는 J_{no}와 J_{po}의 합으로 주어지게 된다. 기판 0.1 $\Omega\cdot$cm의 p-Si 기판을 사용할 때, 표면재결합 속도 $S_p = 10^3$ cm/s 이상에서는 J_o가 증가하게 된다.

연 습 문 제

1. 태양전지 에너지 광-전 변환과정과 반송자의 흐름에 대하여 논하시오

2. 태양전지 흡수효율에 대해서 기술하고 왜 흡수효율이 100%가 되기 못하는지에 대하여 기술하시오. 각 파장에 따른 분광 반응도를 단결정, 다결정, 비정질 실리콘 태양전지로 구분하여 조사하시오.

3. 단파장 반응도 개선을 위해서 취할 수 있는 방법을 기술하시오. 장파장에서 개선을 위해서 어떤 방법이 있으며 왜 장파장과 단파장 분광 반응도 개선을 위해서 서로 다른 방법을 사용해야 하는지 원인을 쓰시오.

4. 입사광 파장이 300 nm에서 1,500 nm까지 가변될 때 100 nm씩 증가하면서 각 파장별로 완전한 흡수를 위해서 요구되는 실리콘의 두께를 계산하시오.

5. 태양전지 변환효율에 영향을 미치는 단락전류, 개방전압, 곡선인자에 대해서 조사하고 각각의 성능 개선을 위해서 필요한 방안을 적으시오.

6. 직렬저항과 병렬저항이 태양전지에 미치는 결과를 기술하시오. 또한 직렬저항이 어디에서부터 오는지와 태양전지에서 병렬저항은 어디서 기인하며 어느 정도의 값을 가지는지 조사하시오.

참고문헌

[1] 犬石, 浜川, 白勝 : 半導體物性 II, 朝倉書店(1977)132~133.

[2] 後川, 浜川, 高橋 : 太陽光電池, 森北出版(1980)70~72.

[3] 浜川圭弘 : 太陽光發電入門, オーム社(1981)51~55.

[4] 高倉, 浜川 : 電氣學會論文誌 98-C(1978)273.

[5] 浜川圭弘 : 金屬(1991) 3月号, 22~30.

[6] Y. Matsumoto, G. Hirata, T. Takakura, H. Okamoto and Y. Hamakawa : J Appl. Phys. 67(1990) 6538

[7] 이준신, 신재생에너지 활용을 위한 고효율 실리콘 태양전지, 생능출판사, (2001)7.

[8] 이재형, 임동건, 이준신, 태양전지원론, 홍릉과학출판사, (2005)18.

제3장

실리콘 태양전지 기판재료

3.1 ┃ 실리콘 원료 제조 기술

실리콘 웨이퍼 제작에 쓰이는 원료는 석영이다. 지각 내에서 산소 다음으로 많이 존재하는 원소인 실리콘(Silicon)은 27.6%를 차지하며 자연계에서는 주로 석영(SiO_2), 규산염(예, 장석) 등으로 존재한다. 실리콘은 순도에 따라 반도체 소자용 실리콘(Electronic Grade: EG-Si)과 태양전지용 실리콘(Solar Grade: SoG-Si)으로 나누어진다. 반도체 소자용 실리콘은 9~12N(N은 순도를 나타내는 표현, 예 4N → 99.99% four-nine이라고 함.)의 고순도를 사용하고 태양전지용 실리콘은 상대적으로 낮은 순도인 6N 이상을 필요로 하지만 높은 변환효율을 갖는 태양전지를 생산하기 위해서는 8N 이상의 순도를 갖는 실리콘을 필요로 한다.

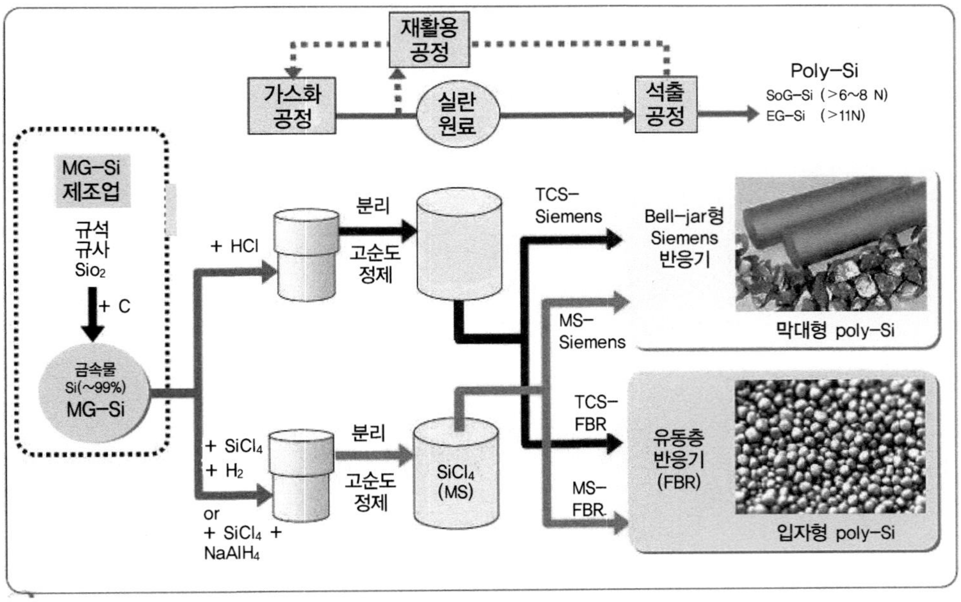

[그림 3.1] 폴리실리콘 생산 경로

[그림 3.1]은 poly-Si이 원료(석영, SiO_2)에서부터 반도체용(EG-Si)과 태양전지용(SoG-Si) poly-Si을 만드는 과정을 그림으로 표현한 것이다. 각 단계를 거쳐 보다 높은 순도의 poly-Si을 얻게 된다. 그림에서 보듯이 poly-Si을 얻는 방법은 지멘스 공법(Siemens)과 유동층 반응 기공법(FBR : Fluidized Bed Reactor), 두 가

지의 원료(삼염화실란, TCS, Tri-Chloro Silane, $SiHCl_3$과 모노실란, MS, Mono Silane, SiH_4)로 구분하여, 총 4가지의 공법으로 나눌 수 있다.

먼저 불순물이 많이 함유된 원료인 석영을 탄소와 함께 전기로에 넣어 고온(1460℃)으로 가열한다. 반응식은 다음과 같다.

$$SiO_2 \quad + \quad 2C \rightarrow Si \quad + 2CO$$

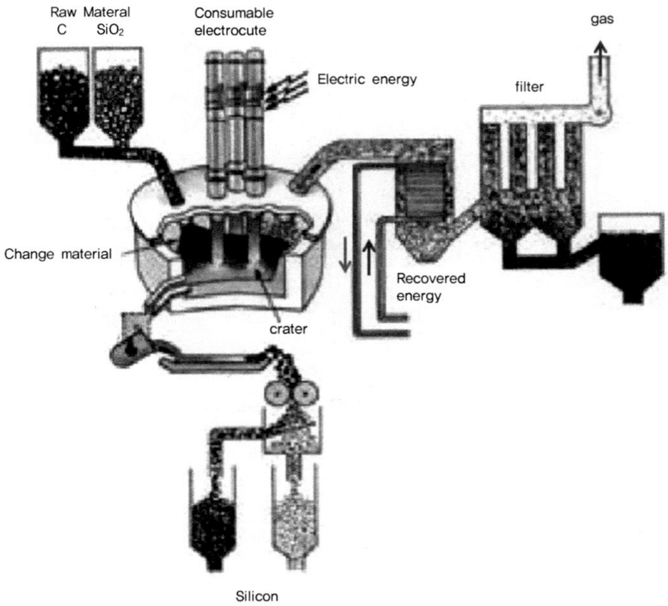

[그림 3.2] 금속실리콘(Metallurgical Grade-Silicon) 제조 공정

위와 같은 반응을 거쳐 약 98~99%의 순도를 가지는 금속실리콘(MG-Si, Metallugical Grade Silicon)을 얻으며, 추가적으로 물리적/화학적 정제 과정을 거쳐 고순도의 금속실리콘을 얻게 된다. [그림 3.2]는 금속 실리콘을 얻는 과정을 그림으로 나타낸 것이다.

이렇게 얻어진 금속실리콘은 폴리실리콘 원료인 실란(Silane)으로 만들기 위해, 분말형태의 금속실리콘을 300℃에서 염산(HCl)과 반응시켜 삼염화실란($SiHCl_3$)을 만들며, 이때 발생하는 부산물인 $SiCl_4$를 이용하여 모노실란(SiH_4)를 만든다. 현장에서는 폭발의 위험성이 있는 모노실란보다는 안전한 삼염화실란이 더 많이 쓰이고 있다.

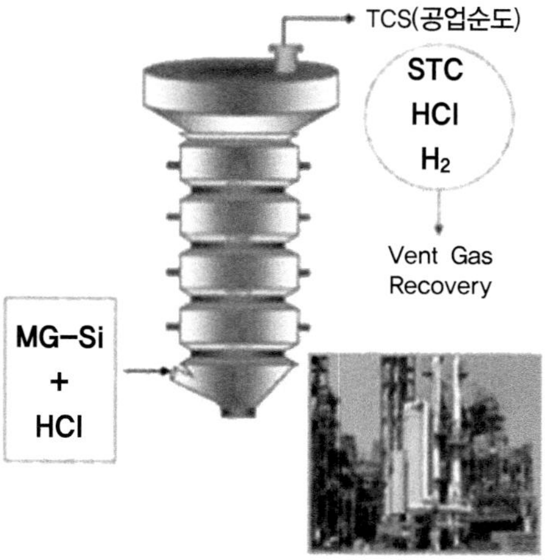

[그림 3.3] 삼염화실란($SiHCl_3$) 합성 공정

삼염화실란과 모노실란 반응식은 [표 3.1]로 정리하였다.

[그림 3.3]은 삼염화실란 합성 공정을 그림으로 표현한 것이다. 이 과정에서 Fe, Al, B와 같은 불순물은 할로겐화합물($FeCl_3$, $AlCl_3$, $SiHCl_3$)로 만들어져 제거된다.

[표 3.1] 실란합성 및 폴리실리콘 합성 반응식

구 분	실란 합성	폴리실리콘 합성
삼염화 실란($SiHCl_3$)	$Si+HCl \rightarrow SiHCl_3+SiCl_4+H_2$	$SiHCl_3+H_2 \rightarrow Si+SiHCl_3+SiCl_4+HCl+H_2$
모노실란(SiH_4)	$SiCl_4+Si+H_2 \rightarrow SiCl_3+SiCl_4+H_2$ ↓ $SiHCl_3 \rightarrow SiH_2Cl_2+SiCl_4$ ↓ $SiH_2Cl_2 \rightarrow SiHCl_3+SiH_3Cl$ ↓ $SiH_3Cl \rightarrow SiH_4+SiH_2Cl_2$	$SiH_4 \rightarrow Si+H_2$

삼염화실란은 증발 온도가 31.8℃로 매우 낮다. 이 점을 이용하여 불순물로부터 삼염화실란을 정제하기 위하여 석유화학에서 쓰이는 분별증류법을 이용하며, 이 과정을 거친 삼염화실란은 불순물(Al, P, B, Fe, Cu, Au)의 농도가 1ppba(1ppba= 1atom/10^9atoms)보다 작다. 마지막으로 삼염화실란을 1100℃에서 200~300시간 동안 수소와 반응시켜 고순도의 실리콘을 얻게 된다. 이 과정에는 지멘스 공법과 유동층 반응기 공법이 사용된다.

모노실란은 앞서 언급했듯이 삼염화실란 제조 과정에서 발생하는 $SiCl_4$를 열분해하여 얻는 방법이다. 이 방법은 [표 3.1]에서 보듯이 4번의 열분해 과정을 거치게 된다.

3.1.1 지멘스 공법(Siemens)

먼저 지멘스 공법은 1950년대 지멘스에 의해 개발되어 지금까지 세계적으로 가장 많이(~90%) 쓰이고 있는 공법으로써, 금속실리콘을 염소(HCl)와 반응시켜 기체 상태의 염화실란(Chloro-Siliane)으로 만들고 여러 번의 정제(증류)과정을 거쳐 삼염화실란 기체로 만든다. 이후 수소와 함께 ∩모양의 고온 실리콘 막대(Rod)와 원료가스인 삼염화실란 또는 모노실란을 반응시켜서 폴리실리콘을 얻는 공법이다. 원료로 삼염화실란을 사용했을 때 실리콘 막대의 온도를 1100℃로 유지해야 하므로 전기 사용량이 많고, 설비 투자비가 높으며 반연속식 공법이므로 생산속도가 느리다는 단점을 안고 있지만 부산물을 재사용 할 수 있다는 장점을 가지고 있다. 원료를 모노실란으로 했을 때는 상대적으로 낮은 증착온도(550 ~ 800℃)로 전력소모를 줄일 수 있지만 폭발의 위험성과 제조 과정에서 실리콘 분말이 다량으로 발생하는 단점을 가지고 있다. 두 원료 중 안전성이 높은 삼염화실란이 더 많이 사용되고 있다.

이와 같이 지멘스 공법은 여러 가지 장단점을 가지고 있지만 높은 순도의 폴리실리콘을 얻는데 유리하기 때문에 널리 사용되고 있다. [그림 3.4]는 지멘스 공법을 그림으로 표현한 예이다.

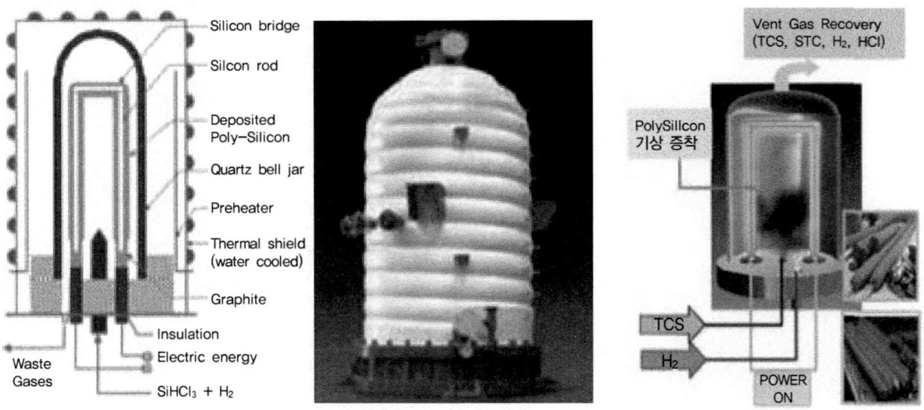

[그림 3.4] TCS를 원료로 한 지멘스(Siemens)공법

3.1.2 유동층 반응기 공법(FBR : Fluidized Bed Reactor)

유동층 반응기 공법은 1970년대 미국의 Texas사에 의해 시작되었으며, 가스가 흐르는 도가니에 실리콘 Seed를 투입하고, 모노실란이나 삼염화실란을 주입하면 낙하하는 실리콘 Seed 주변에 지름 1.0~1.5cm 가량의 동그란 실리콘이 석출되는 방식이다. 연속 공정이 가능하기 때문에 지멘스 공법보다 약 100배 이상 실리콘 석출 속도가 빠르지만, 노출 면적이 크기 때문에 품질이 떨어지는 것이 단점이지만 대량생산에 적합하고 태양전지 산업이 성장함에 따라 점점 더 많은 연구가 이루어지고 있다. 현재는 10%정도가 이 방법으로 생산하고 있다. [그림 3.5]는 유동층 반응기 공법을 그림으로 표현한 것이다.

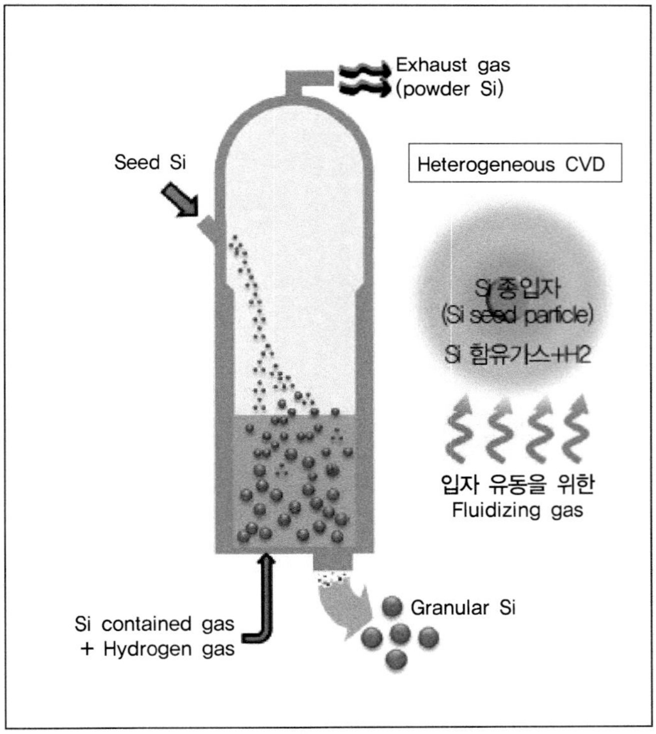

[그림 3.5] 유동층 반응기(FBR(fluidized bed reactor))

이렇게 얻어진 폴리실리콘은 잉곳 제조의 원료로 쓰인다. [표 3.2]는 지멘스 공법과 유동층 반응기 공법의 장단점을 표로 정리하였으며, [그림 3.6]은 원료에 따른 폴리실리콘 석출 원리를 그림으로 표현한 것이다.

[표 3.2] 지멘스 공법과 유동층 반응기 공법을 비교 및 장단점

구분	지멘스(Siemens)	유동층 반응기(FBR)
석출반응기형태	Bell-Jar형 석출반응기	유동층 반응기
제조 원리	전기저항 가열된 Si봉 표면에 Si석출	유동중인 Seed입자 표면에 Si석출
제조 형태	Rod 형태(덩어리형태로 포장)	과립(입자)형태
생산 방식	반연속식	연속적 생산가능
장점	· 가장 많이 사용되어 기술적으로 안정화됨 · 높은 순도의 제품 생산	· 넓은 표면적 때문에 오염의 위험성 높음 · 입자형으로 광범위한 활용범위 · 생산단가 낮음(10~50kWH/Kg-Si)
단점	· Core Rod 예열과정 및 고온 공정으로 인해 생산단가가 높음(60~120kWH/Kg-Si) · 포장 시 추가공정 필요 (파쇄 → 분리→ 에칭 → 세정 → 건조 → 포장) · 높은 시설투자비	· 제품의 표면적이 넓어 오염의 위험성이 높음 · 특허에 따른 활용범위 제한 · 입자 저장 상태에서 그대로 활용 · 운전 조건이 까다로워 상용화 어려움

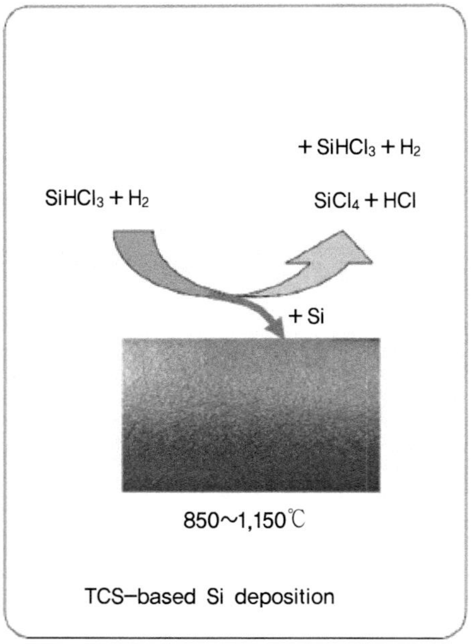

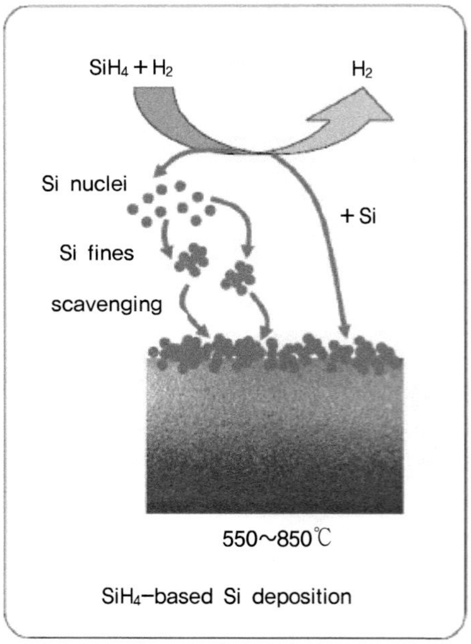

[그림 3.6] 원료실란과 Si 석출원리(좌 : TCS, 우 : SiH_4)

3.2 | 실리콘 잉곳 제조 기술

3.2.1 결정성장 이론

결정성장의 이론은 크게 두 가지로 나눌 수 있는데, 층성장 이론과 나선성장이론이 있다. 층성장 이론은 결정이 생성될 때 핵이 형성이 되고 다음에 주변의 원자나 이온이 핵에 부착이 될 때 에너지가 높은 격자 위치에 우선적으로 끌려가서 쌓이게 되어 격자층이 형성된다. 계속적으로 Step이 2차원적으로 확장됨에 따라 결정이 성장된다는 이론이며, 나선성장 이론은 과포화도가 높고 결정성장의 속도가 낮은 경우에 일어나는 현상으로 뒤틀린 격자 면에서부터 나선방향으로 원자나 이온이 지속적으로 부착되어 결정이 성장된다는 이론으로 Carborundum (SiC)의 경우가 대표적이다.

3.2.2 단결정 실리콘 잉곳 제조 기술

단결정 실리콘 잉곳을 제조하는데 사용되는 기술로는 쵸크랄스키법(CZ : Czochralski method)과 부유대역법(FZ : Float Zone)있다. 특히, 단결정 웨이퍼 중 약 75% 이상이 쵸크랄스키 방법으로 생산되고 있다.

(1) 쵸크랄스키법(CZ: Czochralski method)

가장 일반적인 쵸크랄스키법은 액상 용탕으로부터 실리콘 결정을 성장시키는 기초 기술이며, 1816년 쵸크랄스키가 납(Pb)의 표면 장력을 측정하기 위하여 고안한 장치에서 시작되었다. 금속 결정의 성장에서 시작하여 약 150년 뒤에 이르러 산화물 결정, 그리고 반도체 실리콘 단결정의 제조 기술로 발전하였다. 쵸크랄스키법의 장점은 결정이 도가니에 직접 접촉하지 않기 때문에 도가니에 의한 반응, 수축 응력 등의 제약이 적고 결정 방위로 단결정을 성장시킬 수 있으며 대형 단결정을 반복적으로 얻을 수가 있다. 하지만 사용하는 도가니의 녹는점보다 높은 녹는점을 갖는 물질은 성장이 불가능하다. 쵸크랄스키법을 이용한 결정 성장 장비의 단결정 성장 시 중요한 요소로는 결정 인상속도와 결정 회전 속도의 두 가지가 있고 결정성장로 내의 온도 분포와 밀접하게 연관되어 있다. 그리고 이들 세 가지

요소와 더불어 성장 결정의 크기, 도가니의 형상 및 지름, 도가니 내 융액의 깊이, 결정의 융점, 융액의 점성, 인상 결정의 방위, 결정 성장 시의 온도 제어 등 여러 요소가 서로 복잡하게 작용하고 있다.

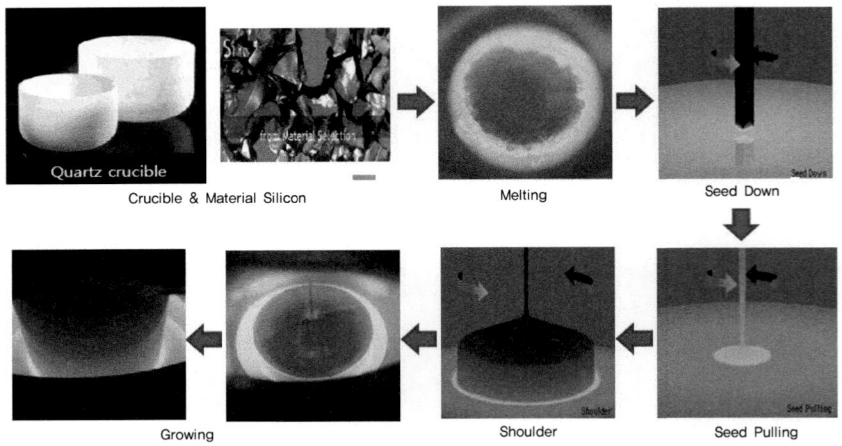

[그림 3.7] 쵸크랄스키법(CZ)을 이용한 잉곳 제작 공정도

쵸크랄스키법(CZ) 공정은 [그림 3.7]과 같이 폴리실리콘 원료를 석영 도가니에 담은 후, 소량의 3족 또는 5족의 원소(Dopant)를 첨가하여 n-type 또는 p-type의 잉곳을 제작한다. 보편적으로 B, In, As, Sb 등의 Dopant를 사용한다.

이렇게 준비된 석영 도가니를 Silicon이 녹는 점인 1412℃의 고온으로 가열하며 결정 성장을 방해할 수 있는 SiO_2나 Si_3N_4의 생성을 막기 위하여 성장기 내부에 공기의 출입을 막는다. 성장기 내부는 고순도의 Ar 기체를 주입하여 약 20~30 torr의 압력을 유지하며, 흑연(Graphite) 가열 장치를 이용하여 용융 상태의 실리콘과 성장 중인 잉곳에 적절한 온도를 유지한다. 적절한 성장조건을 찾기 위하여 온도, 진동, 가스 주입 등의 변수를 이론적으로 해석할 수 있는 컴퓨터 시뮬레이션을 이용한다. [그림 3.8]은 쵸크랄스키 성장로의 예이다.

이후 동일한 결정 방향을 가진 단결정 종자(Seed)를 용융액 표면의 가운데 부분에 접촉시키고 실리콘 내에서 균일한 Dopant의 확산이 이루어지도록 Seed와 석영 도가니를 서로 반대 방향으로 회전시키며, Seed를 조금씩 들어 올리면서 잉곳을 성장시킨다. 성장 공정은 결정 내의 결함을 최소화시키기 위하여 초반에는 빠른 속도로 Seed를 올리며, 이후 원하는 잉곳의 지름을 얻기 위하여 적절한 속도(속도가 느릴수록 지름이 커짐)로 조정한 후 일정한 인상속도로 성장시킨다 [그림 3.9]. 성장하는 잉곳은 용융액 표면 사이에 표면 장력이 발생하게 되어 얇은 실리콘 막들이 잉곳 표면에 지속적으로 붙게 되며 동시에 냉각이 이루어지게 된다. 표면에서 냉각이 진행되는 동안에 용융액 속의 실리콘 원자들은 Seed와 동일한 방향의 결정 방향성을 가지고 성장하게 된다 [그림 3.10]. 이렇게 성장된 잉곳은 길이가 2m 이상으로 사람의 키보다 높이 성장되는 경우가 보통이다. [그림 3.11]은 이러한 경우를 보여주고 있다.

한편, 도펀트의 농도가 높아 고용체(완전하게 균일한 상을 이룬 고체의 혼합물)를 형성하지 않고 도펀트가 침전될 수 있기 때문에 적절한 도펀트 농도 유지해야 한다. 용융상에 분포되는 도펀트들은 고체(잉곳)와 액체(용융액)에서 서로 다른 평행 농도를 가지는데, 서로 다른 불순물 농도의 비를 편석계수(segregation coefficient)라고 한다.

$$k = C_S / C_l$$

C_S는 고체 도펀트의 평형농도이며, C_l은 액체 도펀트의 평행농도이다. 도펀트의 편석계수 k는 1보다 작고, 많이 사용되는 도펀트인 B의 k=0.8, In의 k=0.35 이다. 편석계수가 1인 경우에 용융상에 첨가된 도펀트의 농도와 잉곳의 도펀트 농도는 같지만 편석계수가 1보다 작은 경우 용융상의 도펀트 농도가 결정상의 농도보다 높아 결정성장이 진행되면서 용융상의 도펀트 농도가 높아지게 되어 잉곳의 위 부분보다 아래로 갈수록 도펀트의 농도가 높아진다.

[그림 3.8] 쵸크랄스키 성장로의 예

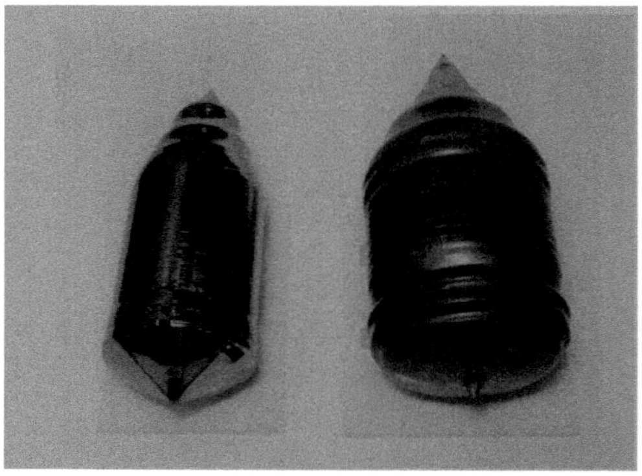

[그림 3.9] 300mm(12in)와 400mm(16in) 실리콘 잉곳

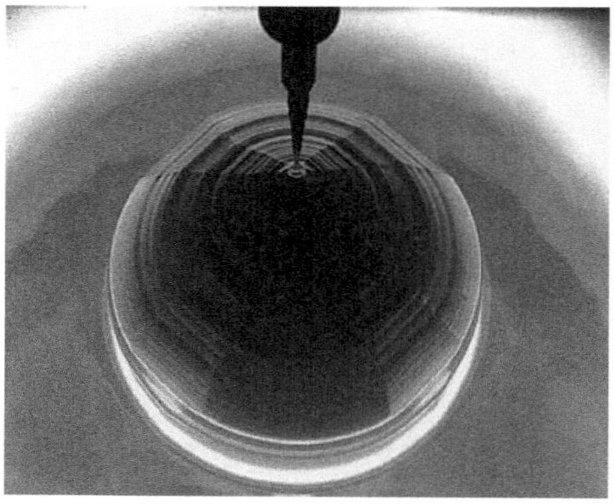

[그림 3.10] 성장중인 실리콘 잉곳

[그림 3.11] 성장한 초크랄스키 잉곳

(2) 부유대역법(Floating Zone, FZ)

결정을 성장하는 CZ 방법 외에 상업적으로 단결정 실리콘을 생성하는 유일한다른 방법이 부유대역법(Floating Zone, FZ)이다. 이 방법은 단결정을 형성시키 위하여 개발된 것이 아니라 고순도 실리콘을 생산하기 위해 불순물을 제거하는 방법으로 개발된 공정이다. 부유대역법으로 생산되는 웨이퍼는 크기가 자유롭지 못한 단점을 가지고 있어서 현재 상업적으로의 활용은 저조한 상태이다.

부유대역법은 다결정 실리콘 봉을 이용하여 용융화 영역으로 천천히 이동시키면서 용융화 과정을 거쳐서 단결정 실리콘으로 성장되도록 하는 방법이다. 그러나 부유대역법 은 말 그대로 부유대역에서 다결정 실리콘이 단결정화되면서 접촉되지 않고 단결정을 성장시키는 방법으로 산소 불순물의 유입 가능성이 적고, 결정 성장로 내부에 흑연 가열기를 사용하지 않아 탄소 불순물의 유입이 적어 인위적인 첨가 불순물이 적어 초 고순도의 잉곳 제작이 가능하다. [그림 3.12]는 부유대역법 결정성장로 장치의 구조를 보여주고 있다.

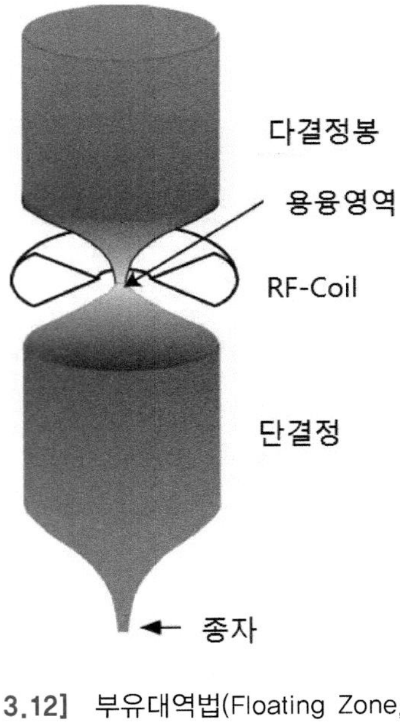

[그림 3.12] 부유대역법(Floating Zone, FZ)

부유대역법에 의한 단결정 성장 과정은 실리콘 내부의 일정한 영역에 Radio Frequency의 고주파를 사용하여 집중적으로 에너지를 공급하여 단결정 Seed 위에 다결정 실리콘 용융액이 접촉되어 단결정으로 성장하도록 하는 방법이다. 다결정 실리콘 봉을 상부에서 하부로 이동시키고 단결정 Seed를 하부에 장착한다. RF 코일이 있는 부분에서 다결정 실리콘 봉은 용융화되어 단결정 Seed와 만나 용융화된 Floating Zone의 실리콘은 표면장력에 의해 단결정 봉 끝에 접촉된다. 단결정을 성장하기 위하여 다결정 봉과 단결정 Seed는 일정한 속도로 회전하게 되고 다결정 끝부분에서 용융된 실리콘은 표면장력에 의하여 이탈되지 않게 되며 다결정 봉의 적절한 하강 속도와 회전속도에 따라 실리콘 단결정 Seed 위에 단결정 성장이 이루어진다. Floating Zone에서는 RF 코일에 의해서 계속 다결정 봉 위쪽으로 에너지가 가해져 단결정 Seed와 단결정 성장 속도에 따라 다결정의 용융 속도도 결정되어 다결정 봉이 모두 단결정화 될 수 있도록 제어된다.

단결정 실리콘의 지름과 그 품질은 다결정 봉 및 단결정 Seed의 상대적 하강속도의 비에 의해 결정이 되어 두 봉의 속도를 조절함에 따라 단결정의 크기를 제어할 수 있다. 원하는 불순물의 분산을 좋게 하기 위하여 가스를 이용하여 마지막 가열과정을 수행하게 된다. [그림 3.13]은 FZ Furnace의 한 예이다. 현재는 초고순도의 결정을 필요로 하는 특수 소자나 초고효율 태양전지와 같은 특수한 용도의 활용을 위해 사용되고 있는 방법이다. FZ법은 생산할 수 있는 웨이퍼 크기의 제한이 있다는 점과 생산 단가가 비싸다는 문제 때문에 태양전지 및 집적 회로 제조 공정에서는 일반적으로 사용되고 있지는 않다.

[그림 3.13] Floating Zone Furnace

예제 3.1

실리콘 잉곳 10^{16} 붕소원자/cm^3 의 농도로 쵸크랄스키 법으로 제조된다. 이농도로 잉곳이 제조되기 위한 용탕 내의 붕소 원자의 농도는 얼마인가? 도가니 내의 초기 실리콘 질량이 450kg이라면 얼마나 많은 붕소(원자량 10.8)를 넣어야 하는가? 용융 실리콘의 밀도는 2.53g/cm^3 이다.

풀이 붕소의 편석계수는 0.8이다. 성장하는 동안 $C_s=k_0C_l$이라 가정하면 용탕의 초기 붕소의 농도는 다음과 같다. $\frac{10^{16}}{0.8}=1.25\times10^{16}$ 붕소원자/cm^3 붕소의 양이 곧 용탕의 부피의 실리콘의 무게로 알 수 있다. 450kg의 실리콘의 부피는 다음과 같다.

$$\frac{450\times10^3}{2.53}=1.78\times10^5 cm^3$$

1.25×10^{16}atoms/$cm^3\times1.78\times10^5cm^3=2.22\times10^{21}cm^3$ 붕소원자

계산하면.

$$\frac{2.22\times10^{21}atoms\times10.8g/mol}{6.02\times10^{23}atoms/mol}=3.98\times10^{-2}g \text{ of boron} = 39.8mg \text{ of boron}$$

실리콘을 도핑하는데 적은 양의 붕소가 사용된다.

3.2.3 다결정 실리콘 잉곳 제조 방법

다결정 실리콘 잉곳의 제조 방법으로는 일방향응고법(DS : Directional Solidification), Casting(Silso), 열교환법(HEM : Heat Exchanger Method), 전자기 연속 주조법(EMC : Electromagnetic Continous Casting) 등이 있다. [그림 3.14]는 다결정 실리콘 웨이퍼를 제작하는 공정을 그림으로 나타낸 것이다.

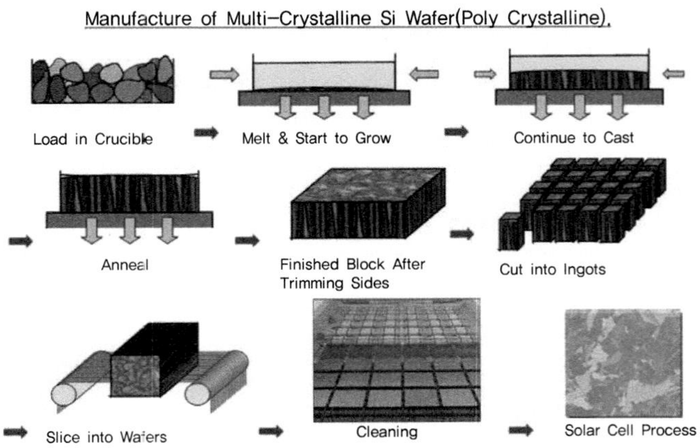

[그림 3.14] 다결정 실리콘 웨이퍼 제조 공정

(1) 방향성 응고법(DS : Directional Solidification)

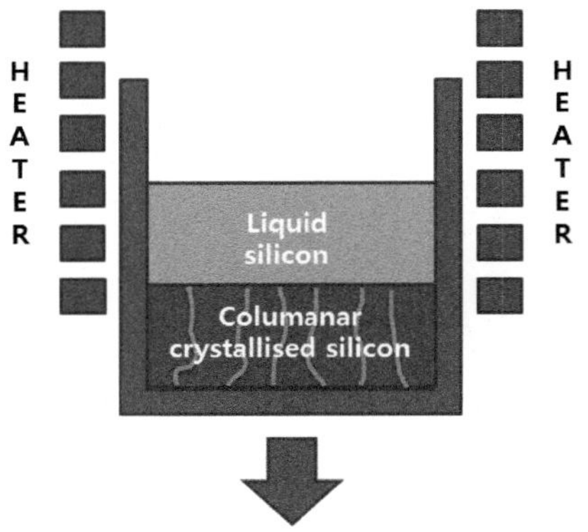

[그림 3.15] 방향성응고법에 의한 다결정 실리콘 잉곳 제조

방향성 응고법은 도가니(Crucible)에 폴리실리콘을 넣고 히터로 가열하여 용융시킨다. 용융이 완료되면 [그림 3.15]와 같이 도가니를 아래로 이동하여 도가니를 천천히 냉각시키면 방향성 응고가 시작된다. 장점으로는 제조 방법이 간단하고 가격이 저렴하며, 사각 실리콘 잉곳을 제조할 수 있어 웨이퍼의 공정 손실률이 낮다. 단점으로는 도가니로부터 불순물이 혼입될 수 있는 오염문제와 도가니를 1회 이상 사용하기 어렵다는 것이다. 이를 개선하기 위해 도가니의 내벽에 BN, $CaCl_2$, Si_3N_4등을 코팅하여 도가니로부터의 불순물 혼입을 줄이려는 연구가 진행 중이다.

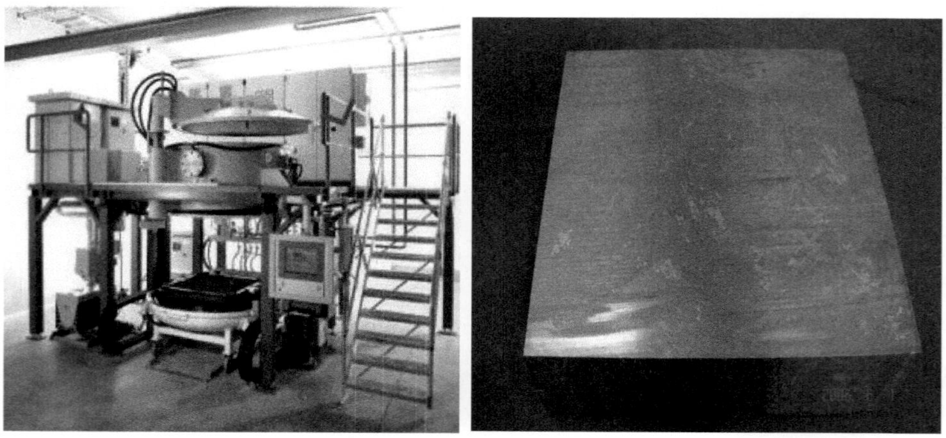

(a) (b)

[그림 3.16] (a)방향성 응고법 제조장치, (b)제조된 다결정 잉곳

(2) Casting법(Silso)

독일의 Wacker사에 의해 개발된 공정으로 석영 도가니에서 실리콘을 완전히 용융시킨 후 차가운 흑연 도가니에 부어서 응고시키는 방법(Solar World에서는

SOPLIN 공정이라 불림)이다. [그림 3.17]은 Casting법을 간단한 그림으로 표현한 것이다.

[그림 3.17]에서 보듯이 석영으로 만들어진 도가니에서 폴리실리콘을 완전히 녹여 600~1200℃로 예열된 흑연 도가니에 부어 천천히 냉각시킨다. 이때 불활성 가스인 Ar 가스 분위기를 만들어주며, 열응력이 최소가 되도록 냉각속도를 조절한다. 제조 공정이 단순하고 생산 속도가 빠르지만 도가니 냉각 시 열응력이 남아 주상구조가 일부영역에 한정되어 형성된다는 단점을 가지고 있지만, 도가니 내부를 코팅하여 단점을 보완하고 있다.

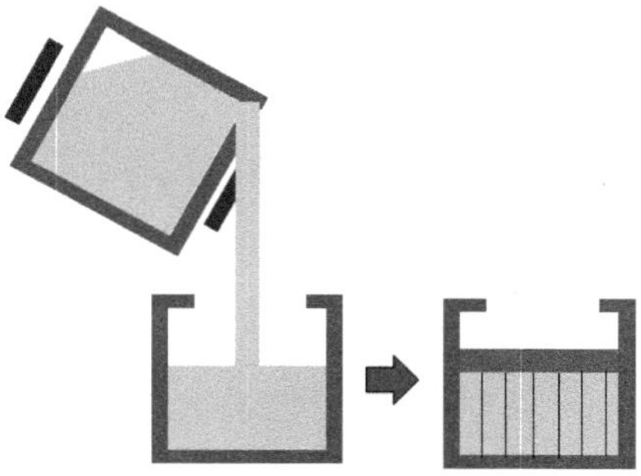

[그림 3.17] Casting법에 의한 다결정 실리콘 잉곳 제조

(3) Mono-like Silicon 제조 방법

단결정 태양전지는 다결정 태양전지에 비해 생산단가가 높으며, 제작 후 일정 시간이 지나면 광열화(Light Induced Degradation) 현상이 발생하여 태양전지 효율이 1%~2% 많게는 3% 정도가 감소하게 된다. 광열화 현상은 웨이퍼 내부의 산소와 B(Dopant) 간의 결합에 의해 결함이 생성되어 소수반송자(Minority Carrier Lifetime)의 수명을 감소시키고 결과적으로 태양전지의 변환효율이 낮아지는 현상이 발생한다. CZ법에 의해 제작된 웨이퍼는 O_i가 많이 포함되어 이러한 현상이 현저하게 나타난다.

광열화 현상이 적고 생산 단가가 낮은 다결정 태양전지 효율 개선을 위한 방법으로 시도된 것이 Mono-like 태양전지이다. Mono-like로 제조된 Ingot은 다결정 Ingot의 생산 방법을 이용하지만 단결정과 비슷한 특성을 가지는 Ingot을 말한다. Grain을 크게 함으로써 다결정 웨이퍼에서 흔히 볼 수 있는 Grain boundary, Twin boundary를 줄여 단결정과 비슷한 wafer를 생산하는 것이다. [그림 3.18]은 최근에 GT Solar사에서 개발한 Mono-like Ingot 제조 장치이다. [그림 3.19]는 Mono-like Ingot으로 제조한 웨이퍼를 이용하여 제작된 태양전지를 보여주고 있다. Mono-like Wafer를 이용하여 광열화 현상이 없는 태양전지를 제작하여 19% 이상의 변환효율을 보인다고 한다.

[그림 3.18] GT Solar사의 Mono-like Ingot 제조 장치

[그림 3.19] Mono-like Wafer로 제작된 태양전지 (출처 : TSEC Corporation, Jan 20th, 2012)

[그림 3.20] Mono-like Ingot 제조의 원리도

[그림 3.20] 은 Mono-like Ingot 제조가 가능한 원리를 보여주는 그림이다. Molten Silicon 아래에 있는 Seed Plate가 용융되기 전에 응고를 시작하여 Seed Plate가 핵이 되어 단결정 성장이 이루어지도록 하는 원리이다.

(4) 열교환법(HEM : Heat Exchange Method)

열교환법은 석영으로 제작된 도가니에 다결정 실리콘을 채워 넣은 다음 회전이나 이동이 없는 고정 상태로 히터에 열을 가하여 고체 실리콘을 용융한다. 이때 사용되는 석영 도가니는 일반적인 석영 도가니와 달리 냉각 시에 열팽창계수의 차이에 의한 응력을 최소화하도록 특수 제작된 20~30% 정도의 기공이 존재하는 다공성 실리카 도가니를 이용하고, 내부에 Si_3N_4 등의 도가니 보호층을 코팅하여 사용한다.

다른 공정과 달리 초기 열교환법 공정에서는 단결정 Seed를 도가니 밑면에 사용하기 때문에 전체적인 결정구조가 단결정과 유사한 특성을 가지게 된다. 냉각은 도가니 하부에 열교환기를 설치하여 불활성 가스를 흘려서 도가니의 하부부터 응고를 시작하여 잉곳을 제작한다.

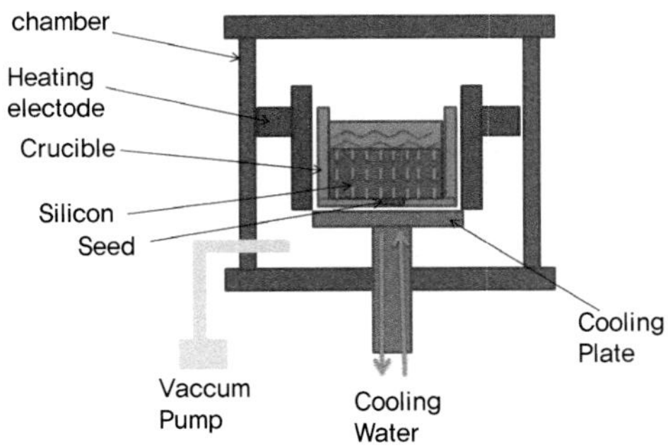

[그림 3.21] 열교환법에 의한 다결정 실리콘 잉곳 제조

[그림 3.21]은 열교환법에 의한 다결정 실리콘 잉곳 제조 장치를 보여주고 있다.

(5) 전자기 연속 주조법(EMC : Electromagnetic Continuous Casting)

최근 일부 선진국을 중심으로 집중적으로 연구 개발되고 상용화되기 시작한 방법으로 사용되는 도가니는 수직방향으로 여러 개의 슬릿이 나 있으며 내부가 수냉되는 냉도가니(Cold Crucible)를 사용한다.(슬릿이 없으면 표피효과(Skin Depth Effect)에 의하여 고주파 코일의 자기장 변화에 의해 발생하는 유도전류가 발생하지 않는다.) 기본적인 원리는 Crucible을 둘러싸고 있는 코일에 RF 전류를 인가하면 자기장(B)의 변화가 유발되고 용탕에 유도전류(J)가 발생하게 되어 용탕을 가열(Joule Heat)시키게 되며, 유도전류는 자기장과 작용하여 용탕에 전자기력 즉, Lorentz Force를 발생시키게 된다. 이때 전자기력은 플레밍의 왼손법칙에 따라 코일전류의 바뀌더라도 항상 중심방향으로 향하게 되어 전자기압(Electromagnetic Pressure)과 같이 작용하는 효과(Pinch Effect)가 있어 용탕과 도가니 벽면과의 접촉이 일어나지 않게 된다. 전자기 연속 주조법을 사용하게 되면 도가니와 용탕의 접촉이 없으므로 불순물 혼입을 억제할 수 있고, 도가니의 재사용으로 손실이 없으며, 그로 인해 도가니의 교체공정을 생략할 수 있어서 다결정 잉곳을 연속적으로 제조할 수 있는 장점으로 생산성이 크게 향상되는 이점이 있다.

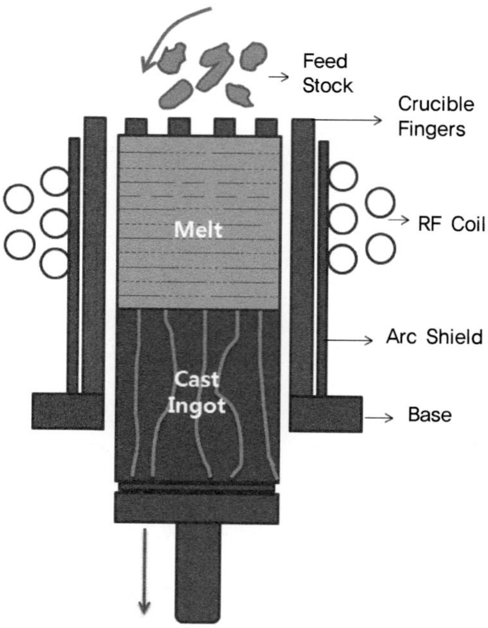

그림 3.22 EMC 법

3.3 실리콘 웨이퍼 제조 기술

실리콘 웨이퍼 제조 공정은 실리콘 잉곳을 얇은 판으로 만드는 공정으로 단결정 웨이퍼와 다결정 웨이퍼로 분류한다. 단결정 실리콘 잉곳과 다결정 실리콘 잉곳은 성장시키는 방법의 차이 때문에 잉곳의 모양이 달라 웨이퍼 제조 방법에 차이가 있다.

3.3.1 단결정 실리콘 웨이퍼 제조 기술

단결정 실리콘 잉곳은 앞에서 언급한 CZ(초크랄스키)법과 FZ(부유대역, Floating zone)법으로 성장시키면 원기둥의 모양을 가진다. CZ법으로 성장시킨 단결정 실리콘 잉곳의 윗부분과 아랫부분은 제거(잉곳의 윗부분과 아랫부분은 불순물이 많고, 지름이 일정치 않다.)하고 남은 잉곳 부분으로 웨이퍼를 제조한다.

단결정 실리콘 웨이퍼의 제조 공정은 [그림 3.23]과 같은 과정으로 진행된다.

[그림 3.23] 단결정 웨이퍼 제작과정

(1) Brick 제작 및 검사

실리콘 잉곳을 웨이퍼로 제조하기 위해 잉곳을 사각 블록화 시키는데 이 공정을 Squaring이라 한다. 이렇게 사각 블록화한 잉곳의 모서리와 표면을 연마하고, 원하는 사이즈로 절단한 것이 Brick이다[그림 3.24]. 이렇게 제작된 Brick은 여러 가지 검사를 거쳐 평가를 받게 된다.

[그림 3.24] Brick 제작 공정

(2) Mounting 그리고 Sawing

Mounting은 제작된 Brick을 Slicing하기 위해 받침대에 고정시키는 공정이다. Brick을 Slicing할 때 그 두께가 얇아 파손되기 쉽다. 특히 Slicing 마지막에 와이어에 의해 튕겨나가 파손될 가능성이 높기 때문에 고정시키는 것이 중요하다. 일반적으로 Brick을 받침대에 고정시키기 위해 왁스를 이용한다.

Sawing은 [그림 3.25]에서 보듯이 받침대에 고정된 Brick을 와이어를 이용하여 얇게 잘라내는 공정으로 손실률이 40% 정도로 높다.

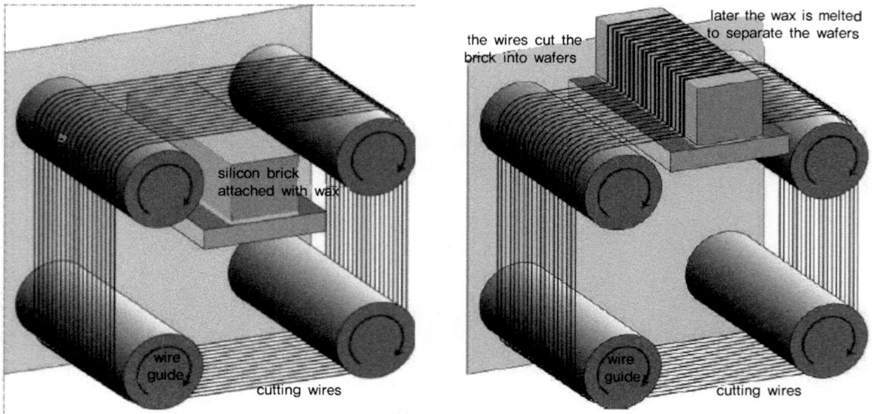

[그림 3.25] Sawing 공정 모식도

(3) Cleaning, Separation, Spin Dry

Cleaning은 Slicing 후 하는 Pre-Cleaning(1차 세정)과 Mounting 공정에서 Brick을 부착시킬 때 사용한 왁스를 제거한 후에 실시하는 Final-Cleaning(2차 세정) 공정으로 나뉜다.

Pre-Cleaning은 Slicing 공정 중 생긴 표면의 손상을 제거하는 공정이다. 주로 KOH 용액을 세정에 사용한다.

Separation은 Mounting 공정에서 Brick을 받침대에 부착시키기 위해 사용한 왁스를 녹여 Slicing한 웨이퍼를 분리시키는 공정이다. 얇은 두께로 인해 파손되기 쉬워 Separation은 물속에서 수압을 이용하여 분리한다.

Final-Cleaning은 Separation하여 얻은 낱장의 웨이퍼를 마지막으로 세정하는 공정이다.

Spin Dry는 Cleaning을 끝낸 웨이퍼 표면에 묻어있는 수분을 제거하는 공정으로 웨이퍼를 빠른 속도로 회전시켜 표면의 수분을 제거한다.

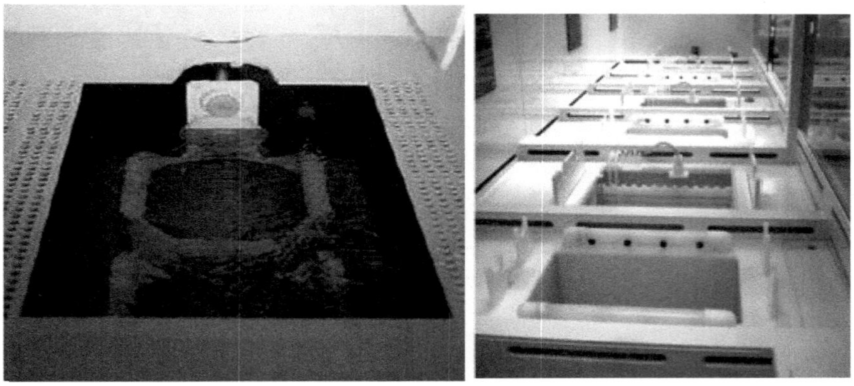

[그림 3.26] 웨이퍼 세정 공정

(4) Sorting

Sorting은 제조한 웨이퍼의 품질을 검사하여 분류하는 공정으로 Inspection과 Packaging 두 공정을 합쳐 부르는 공정이다.

Inspection은 세척 후 건조시킨 웨이퍼를 검사하는 공정이다. 웨이퍼의 두께와 평탄도, 비저항, 입자(Particle), 금속 불순물(Metallic impurities), 크랙(Crack) 등 웨이퍼의 물리적 특성과 웨이퍼 Type등의 검사를 실시한다.

Packaging은 검사를 통과한 웨이퍼를 분류하여 오염 및 습기가 없게 사용자에게 전달되도록 진공 포장하는 공정이다.

3.3.2 다결정 실리콘 웨이퍼 제조 기술

다결정 실리콘 웨이퍼 제조 공정은 단결정 실리콘 웨이퍼 제조 공정과 거의 흡사하지만 만들어진 잉곳의 모양의 차이가 있어, 단결정 웨이퍼 공정 중 Squaring 과정이 생략되며, 이 차이 때문에 단결정 실리콘 웨이퍼는 팔각모양을 갖고, 다결정 실리콘 웨이퍼는 사각모양을 갖는다. [그림 3.27]에 잘 표현되어 있다.

사각모양으로 만들어진 다결정 실리콘 잉곳의 경우 가장자리 표면 부분에 불순물 함유량이 높아 이 부분을 제거를 하고, Brick을 만들면 사각 형태로 만들어진다. 이후 공정은 단결정 웨이퍼 제조 공정과 동일하다.

[그림 3.27] 다결정 웨이퍼 제작과정

3.3.3 리본법

기존의 단결정 실리콘 웨이퍼의 높은 가격의 원인에는 불순물이 많이 함유된 잉곳의 상·하 부분의 제거와 웨이퍼 제작과정 중 발생하는 손실률이 40% 이상으로 큰 비중을 차지한다. 이를 해결하기 위해 개발된 것이 리본법이며, 1970년대 중반 미국에서 처음 개발되어 현재 전체 태양전지 웨이퍼 시장의 약 5% 정도의 점유율을 차지하고 있다.

리본성장법은 실리콘 원재료를 용융시켜 수평 주조로에서 연속적으로 뽑아냄과 동시에 냉각시켜 다결정 실리콘 웨이퍼를 만들어, 생산 가격을 낮추는데 좋은 방법이다. 실리콘 리본을 통해 만들어진 다결정 웨이퍼를 태양전지생산에 적용하면 전체 모듈 가격의 25%이상을 낮출 수 있다고 전문가들은 예상하고 있다. 하지만 웨이퍼의 품질은 방향성 응고법으로 만들어진 다결정 실리콘 웨이퍼보다 떨어지고, 표면의 굴곡이 심해서 스크린 프린팅 공정을 하기 어렵다는 단점이 있다.

리본법의 종류에는 EFG (Edge-defined Film Growth), SR (String Ribbon), RGS (Ribbon Growth on Substrate), DW (Dentric Web) 등이 있다.

(1) EFG방법 (Edge-defined Film Growth)

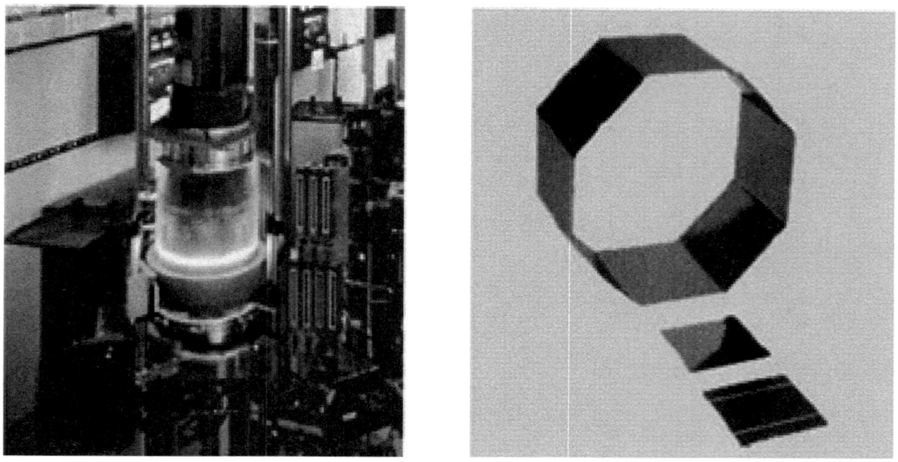

[그림 3.28] EFG법에 의한 다결정 웨이퍼 제조 장치 및 방법

독일의 SCHOTT Solar 회사에서 상용화에 성공한 뒤 판매되고 있는 기술로써 실리콘의 높은 표면장력(실리콘의 용융점 근처에서의 표면장력 값이 720mN/m, 물(20˚C, 72.75nN/m), 수은(15˚C, 487mN/m))을 이용한 방법으로서 용융된 실리콘이 흑연 다이에 접촉하게 되면 모세관 현상으로 다이의 얇은 공간을 채우게 되고 이렇게 채워진 실리콘을 Seed결정을 이용해서 위쪽방향으로 끌어올리면서 응고시켜 연속적으로 리본형태의 기판을 생산하는 방법이다. 생산성을 높이기 위한 방법으로 [그림 3-28]에서 보듯이 8각 기둥형태로 기판을 성장시키고 이를 각 면

별로 레이저 절단을 해서 한번 성장에 8개의 기판을 얻기도 한다. 이렇게 얻은 웨이퍼의 최종 사이즈는 보통은 $12.5 \times 12.5 cm^2$의 크기를 갖게 된다. 최근 이 방법으로 제조된 태양전지가 17.8%의 변환효율을 보인 바 있다.

(2) SR (String Ribbon)

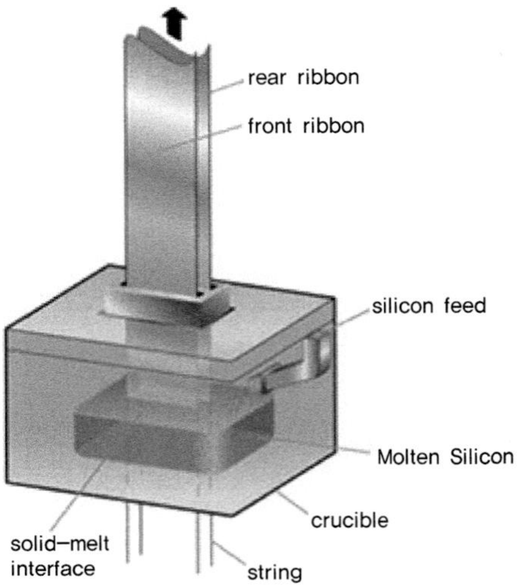

[그림 3.29] SR법에 의한 다결정 웨이퍼 제조 방법

Mobil-Tyco, Solar Energy Corp., Energy Materials, Corp., Motorola와 IBM에서 공동으로 개발하고 Evergreen Solar Inc.에서 상용화시킨 기술로 [그림 3.29]에서 보듯이 아주 높은 온도에서도 견딜 수 있는 두 가닥의 실을 8cm정도 간격을 유지하고 실리콘이 녹아 있는 도가니의 아래 부분에서 위쪽방향으로 끌어올리면서 두 실 사이에서 리본을 만드는 방법이다.

리본을 성장시키는 다른 방법들 경우 성장 중에도 1℃ 이내의 균일한 온도 제어가 중요하지만 SR법은 10℃ 이내에서 온도를 제어하기 때문에 상대적으로 공정제어가 용이하며, 두 가닥의 실의 간격이 최종적으로 나온 리본의 두께나 면적을 제어하는 것이 변수가 될 수 있다.

(3) RGS (Ribbon Growth on Substrate)

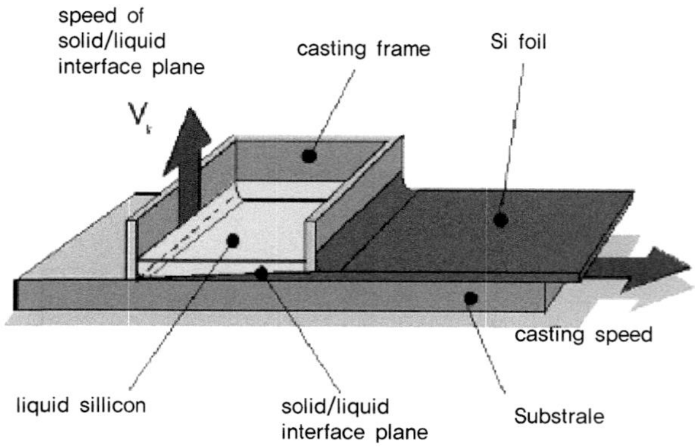

[그림 3.30] RGS방법에 의한 다결정 웨이퍼 제조

RSG방법은 [그림 3.30]에서 보는 바와 같이 흑연 재질의 기판위에 위치된 캐스트프레임에 용융된 실리콘을 채운뒤 아래에 있는 기판을 빠른 속도로 이동시키면서 리본을 만드는 방법이다. 캐스팅 프레임의 역할은 용융된 실리콘의 저장 장치로 쓰일 뿐만 아니라 리본의 폭을 결정한다.

RGS 방법은 보통은 초당 10cm 정도의 리본 형성속도를 가지므로 높은 생산성을 가진다.

형성되는 리본의 두께는 하부기판의 이송속도, 표면장력, 캐스팅 다이의 모양 등에 따라 결정된다.

(4) DW (Dentric Web)

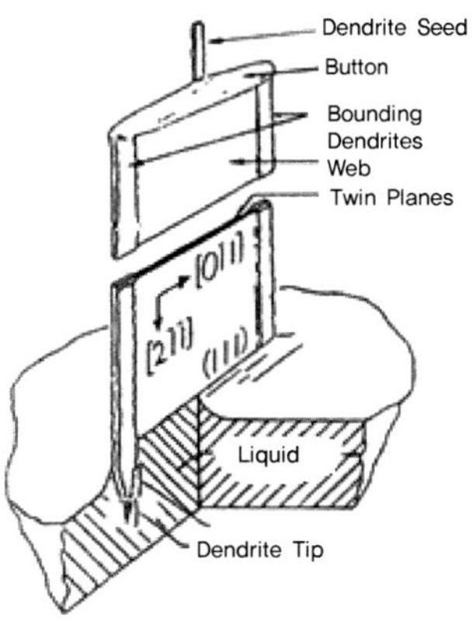

[그림 3.31] DW법에 의한 다결정 웨이퍼 제조 방법

다른 별도의 실험 장치 없이 용융된 실리콘에서 바로 단결정의 얇은 기판을 성장시키는 방법으로 과냉된 실리콘 용탕에 시드를 위쪽 방향에서 내려 접촉시키면 광냉되어 있는 실리콘이 시드부분을 시작점으로 응고하게 된다[그림 3.31].

처음에 가로방향으로 어느 정도 성장시킨 후 수직으로 올리게 되는데 이미 응고되어 있는 양 끝의 실리콘이 지지대 역할을 하면서 수직으로 길이 방향 성장을 하게 된다. 단결정의 리본을 얻을 수 있지만 10분의 1도 정도의 정밀한 온도 제어가 필요하고 생성된 리본의 두께의 중간부분에서 트윈 결함이 발생되기도 한다.

3.4 | 실리콘 웨이퍼 물성 평가

태양전지용 실리콘 웨이퍼의 물성은 잉곳을 기판의 형태로 절단하여 불순물 농도, 결정구조, 결정입자 크기, 결함 농도의 측정 등으로 분석한다. 이는 기판의 전기적, 물리적 특성을 좌우하는 변수이다. 궁극적으로 이러한 물성값들은 태양전지의 변환효율에 영향을 미치므로 매우 중요한 값들이며 태양전지를 제작하기 전에 웨이퍼 평가를 시행하여 분류하게 된다.

3.4.1 웨이퍼의 결함 농도 분석

결정입계(GB :Grain Boundary) 외에도 실리콘 웨이퍼의 결정결함으로는 점, 선, 면 결함을 들 수 있다. 결함은 굵은 점으로 관찰되는 선결함의 일종으로 결정성장 시 불순물이 한쪽으로 치우치거나 과도한 열응력 등으로 형성되며, 결정입계 근처에서 많이 발견된다. 이들은 전자, 정공 쌍(EHP)의 재결합 Center로 작용하여 태양전지의 효율저하의 원인이 된다.

결정입계(GB)의 경우 결함 표면을 미세 연마한 후, NaOH 수용액을 이용한 Wright Etchant, Secco Etchant, Sirtl Etchant, Yang Etchant 등의 방법으로 정밀하게 Etching 하여 광학현미경, 주사전자현미경(FE-SEM) 등의 분석 장비를 이용하여 확인한다.

결함을 확인하게 되면 [그림 3.32]와 같이 원형 또는 삼각형 모양의 Defect etch pit가 식별되며, 단위면적당 전체 숫자를 세어 결함농도를 구하게 된다. 일반적으로 태양전지의 물성을 저하시키지 않는 실리콘 웨이퍼의 최대 허용 결함농도는 ~10^5/cm^2이다.

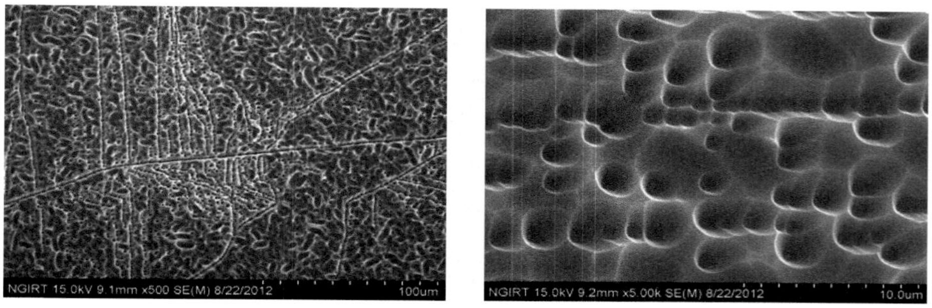

[그림 3.32] 다결정 실리콘 웨이퍼의 Secco Etching 후 Defect 분석

3.4.2 웨이퍼의 결정 방향성 분석

다결정 실리콘 웨이퍼의 결정입자의 크기는 태양전지 효율과 직접적인 관련이 있다. 결정입계가 작을수록, 즉 결정입자 크기가 클수록 단결정의 물성에 접근하기 때문에 다결정 입자의 크기는 클수록 유리하여 앞에서 언급한 Mono-like 실리콘 웨이퍼가 연구되고 있다. 이러한 다결정 실리콘 웨이퍼의 결정입자 크기는 태양전지 제조 전 웨이퍼의 물성을 판단할 수 있는 Carrier Lifetime 및 태양전지 제조 후의 개방전압, 단락전류 등의 전기적 물성과도 밀접한 관계가 있다. 과거에는 X-선 회절 및 투과전자현미경을 이용하였으나, X-선 회절을 이용한 측정은 미세 영역의 방위 결정에 적합하지 않고, 투과전자현미경은 시편의 준비과정이 까다롭고 홀 주위의 극히 미세한 영역만으로 제한되었다. 이런 문제점을 해결하기 위해 주사전자현미경(FE-SEM : Fleid Emission Scanning Electron Microscope)을 이용한 EBSD(Electron Back Scattered Diffraction)개발되었다. 분해능은 X선 회절기와 투과전자현미경의 중간 정도이며, 투과전자현미경에 비해 시편 준비가 쉽고 측정 시 원하는 영역을 찾아 측정할 수 있고, mapping이 가능한 장점을 가지고 있다.

EBSD는 1954년, Alam에 의해여 처음으로 고안되었으나, 1970년, Venables가 Metallurgical Microcrystallography에 EBSD를 적용하고, 하드웨어와 소프트웨어가 발달하면서 Crystalline Material의 미세구조를 분석하는 방법으로 쓰이게 되었다.

EBSD의 분석방법은 [그림 3.33]에서 보듯이 잘 연마된 결정질의 시료를 70° 정도로 기울여 전자빔을 조사하면 전자빔의 탄성산란(입자가 산란될 때, 흡수에 의한 에너지 손실을 수반하지 않는 산란)에 의해 시료내부에서 모든 방향으로 진행하여 결정질 시료 내의 모든 격자면들과 만나게 된다. 이 때 후방 산란되는 전자빔과 Bragg Condition($\lambda = 2\ d_{hkl}\ \sin\theta$)을 만족시키는 격자면들과의 회절에 의해 격자면 마다 원추형 회절빔이 생성된다. 이러한 원추형 회절빔은 디지털 CCD 카메라와 같이 감도가 높은 카메라에 부착된 형광판을 이용해 영상화 할 수 있다. 원추형 회절빔이 형광판에 닿으면 키쿠치 띠라 불리는 얇은 띠모양의 패턴이 형성되며, 결과적으로 전자 후방 산란의 패턴이 형성하게 된다. 이 패턴은 EBSD의 프로그램에서 자동 분석되어 각 결정립의 결정방위를 알 수 있게 한다.

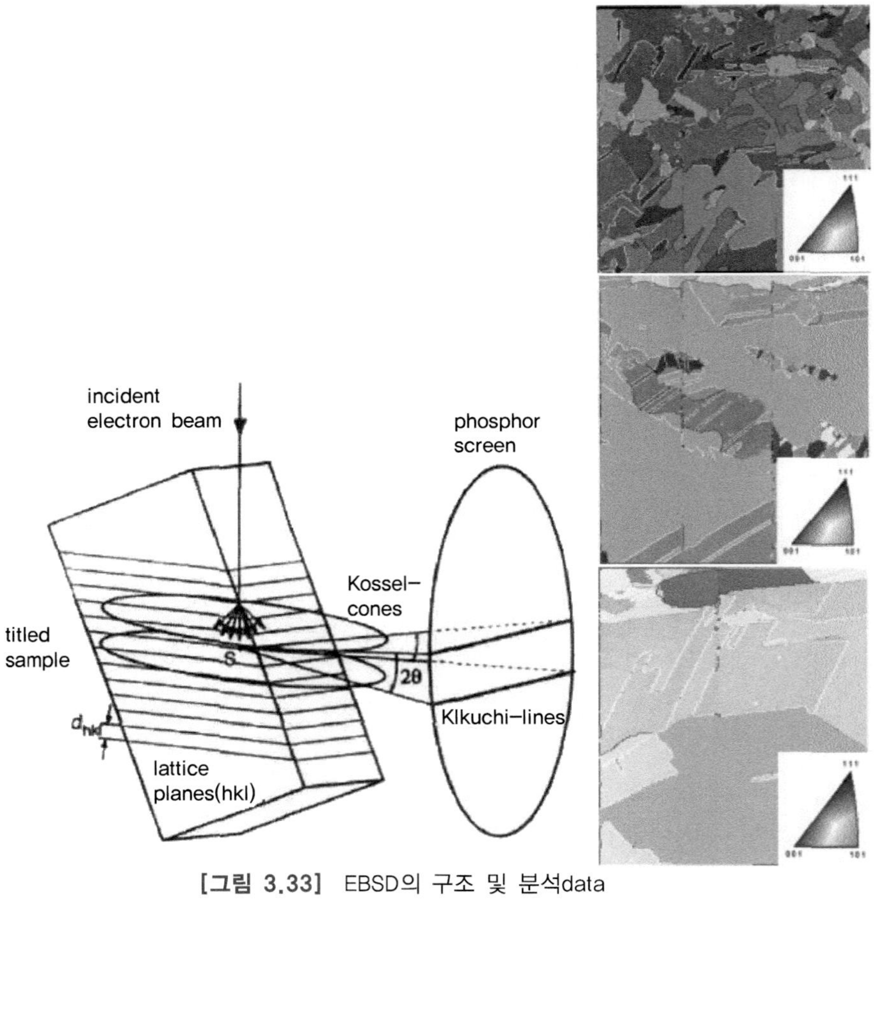

[그림 3.33] EBSD의 구조 및 분석data

3.4.3 웨이퍼의 불순물 농도 분석

실리콘 웨이퍼 생산 중 혼입될 수 있는 Fe, Cu 등의 금속불순물과 C, O 등의 불순물들은 [그림 3.34]와 같이 어느 정도의 임계값 이상이 존재하게 되면 태양전지의 효율에 영향을 미치게 된다. 이 불순물들 각각에 대한 실험적인 임계값은 원소마다 차이를 보이며, 각각 고유한 편석계수(Segregation Coefficient) 값을 가지고 있어 전체 농도는 같더라도 웨이퍼의 위치에 따라 다른 분포를 나타낸다. 또한 이들이 동시에 존재할 경우 상승적인 효과나 상쇄적인 효과를 나타낼 수 있어 절대적인 기준이라고 보기는 어렵다. 그래서 고효율 태양전지의 금속 및 C, O 등의 불순물 농도의 측정결과와 상호 비교하여 대략적인 판단의 기준 삼을 수 있다.

전체적인 불순물 농도에 대한 연구와 더불어 Fe와 같이 하나의 불순물에 대한 특성연구도 이루어지고 있다. Fe의 경우 단결정 실리콘의 경우 2×10^{12}atoms./cm^3 정도의 농도가 Minority Carrier Diffusion Length와 Carrier Lifetime의 감소시킬 수 있으나 다결정 실리콘에서는 이보다 높은 농도에서도 100㎛ 이상의 Minority Carrier Diffusion Length 값을 얻을 수 있으며, 다결정 실리콘은 불순물 농도보다 분포나 존재 형태가 더 중요한 것을 알 수 있다.

이러한 불순물의 농도 및 분포, 존재 형태를 측정하기 위해 적외선분광분석기(FTIR : Fourier Transform Infrared Spectroscopy), 이차이온질량분석기(SIMS : Secondary Iom Mass Spectroscopy), 중성자방사화분석(NAA : Neutron Activation Analysis) 등을 이용한다.

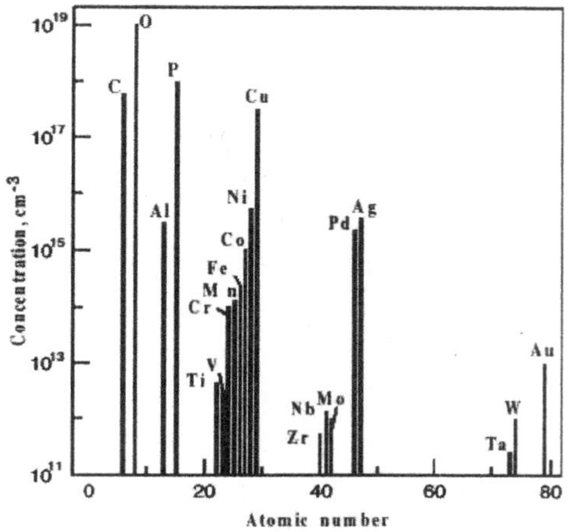

[그림 3.34] P형 실리콘 태양전지에 성능저하를 가져오는 불순물 농도의 임계값

(1) 적외선 분광법(FTIR : Fourier Transform Infrared Spectroscopy)

O의 경우 공기 중의 입자나 실리콘 용탕도가니인 Quartz가 용해되어 실리콘 결정 안에 침입형(Interstitial, O_i)으로 존재하고, C의 경우 공기 중의 입자, 내부 열선, Furnace 부품으로부터 유입되어 실리콘 자리에 탄소가 대신 자리 잡아 치환(Substitutional, C_s)형으로 존재하며 SiOx Precipitate를 형성하는 주요 원소이므로 이 둘의 농도를 측정하는 것은 중요하다.

FTIR은 실리콘 격자 내의 불순물 원자의 진동에 의한 빛의 흡수현상을 이용하여 C와 O의 정량 및 정성 평가를 위한 분석 방법으로 two-beam inteferometer인 마이켈슨 간섭계의 원리를 이용하며, [그림 3.35]와 같이 한쪽의 거울을 움직이면서 측정한 빛의 세기를 거리에 대해 Fourier 변환하여 주파수에 대한 빛의 세기 분포 Spectrum을 얻는다. 적외선 분광측정은 NMR, Mass Spectrometry, Raman 분광학과 함께, 물질의 구조 연구 및 정량적인 성분의 분석을 위한 방법이다. FTIR은 분자의 작용기에 의한 특성적 스펙트럼을 비교적 쉽게 얻을 수 있을 뿐 아니라, 광학 이성질체를 제외한 모든 물질의 스펙트럼이 서로 차이가 있어, 분자 구조를 확인하는 데 많은 정보를 제공해 주며, 전체 파장 영역의 빛을 동시에 측정하기 때문에 높은 신호 대 잡음비를 얻을 수 있다. 이런 장점을 가진 FTIR은 시료의 정량분석, van der Waals 등의 약한 화학결합, 전하 전이 결합, 긴 사슬 구조나 무거운 원자가 포함된 분자들을 연구할 수 있기 때문에 무기 및 유기화학은 물론 화학의 모든 분야에서 이용되고 있다. [그림 3.36]은 FTIR을 이용하여 C, O를 분석한 예이다.

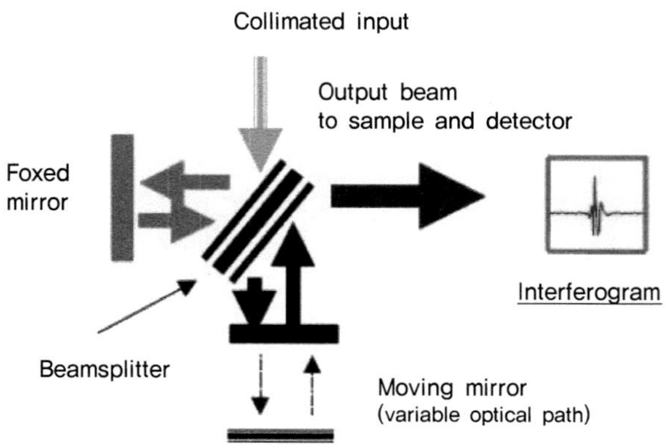

[그림 3.35] FTIR의 원리

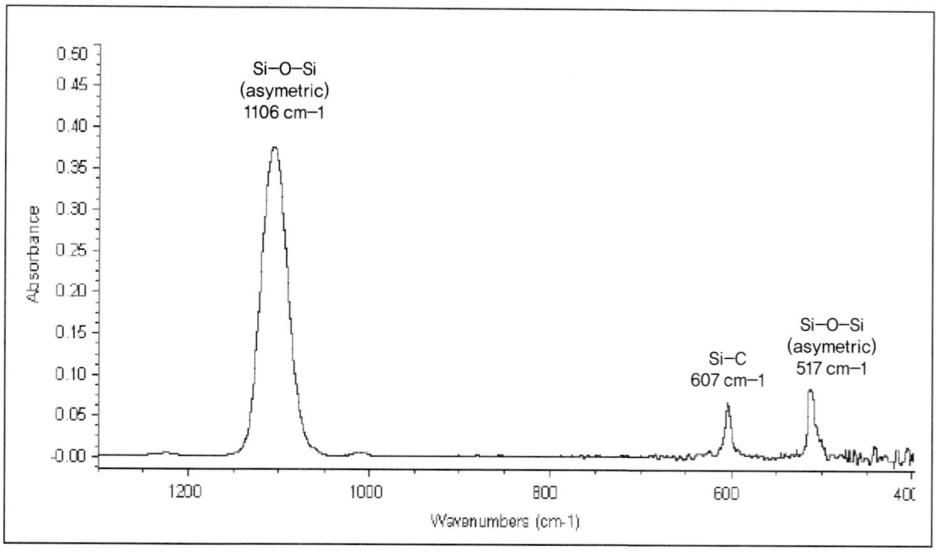

[그림 3.36] FTIR을 이용한 C, O의 존재 여부 및 농도 분석

(2) 이차이온질량분석법(SIMS : Secondary Ion Mass Spectroscopy)

일반적으로 수 keV~10keV로 가속된 이온 빔을 재료의 표면에 입사시켜 방출되는 2차 이온들의 질량을 측정하여 재료표면을 구성하고 있는 원소 및 분자의 종류와 양을 분석하는 표면 분석 장비이다. 이온원으로는 Ar^+, Ne^+, He^+, O^-, N_2^- 등이 이용된다.

높은 에너지의 이온 빔(Ion Beam)을 고체 표면에 쬐어주면, 입사 이온은 시료 중의 원자와 역학적 상호작용 및 전자적 상호작용에 의한 두 가지 충돌과정을 거쳐서 시료 내로 침투하여 시료 내에서 정지하게 되거가, 또는 그 이전에 후방산란(Back Scattering)에 의해 반사된다. 시료 중의 원자는 입사 이온과 탄성충돌에 의해 운동에너지를 받게 되며, 그 에너지가 결정격자의 포텐셜 에너지(Potential Energy)보다 크게 되면, 시료 원자는 격자점으로부터 이탈되어 가까운 원자와 차례로 충돌하게 된다. 이 충돌 사슬(Chain)이 시료표면에 도달하여 배면 방향 성분의 에너지가 원자의 결합에너지보다 커지면 시료 원자는 진공중으로 방출된다. 방출하는 원자는 대부분이 중성이지만 일부는 음(-)이나 양(+) 이온으로서 시료표면의 원소에 따른 특성을 갖게 된다. Sputter에 의해 방출된 원자의 총 수에서 이온화한 원자의 수를 뺀 값을 이온화율로 정의하기도 하지만, 이 값은 방출원자의 이온화 전압, 시료표면의 마무리 정도, 전기 음성도 또는 전자친화력등의 물리/화학적인 성질에 따라 민감하게 변화한다.

SIMS의 원리는 이와 같이 일차 이온의 조사를 받은 시료표면으로부터 이차적으로 Sputter된 시료 원자에 의한 이차이온을 질량 분석계에 걸어서 원소 분석을 하는 것으로서, 이러한 Sputter 현상은 SIMS의 특징인 표면으로부터 수직방향의 원소농도 분석에 이용된다 [그림 3.37].

SIMS를 이용한 표면 분석에는 Imaging, 표면 구성 원소의 정성 및 정량 분석, 분자구조 분석 및 깊이 방향의 원소 분포 분석인 Depth-Profile 등을 들 수 있다 [그림 3.38].

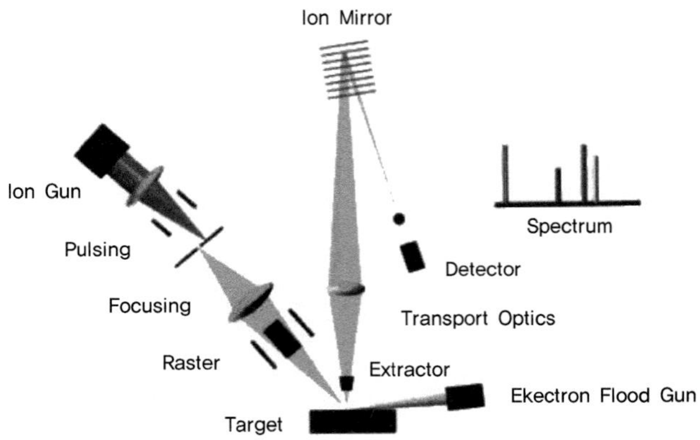

[그림 3.37] SIMS의 원리

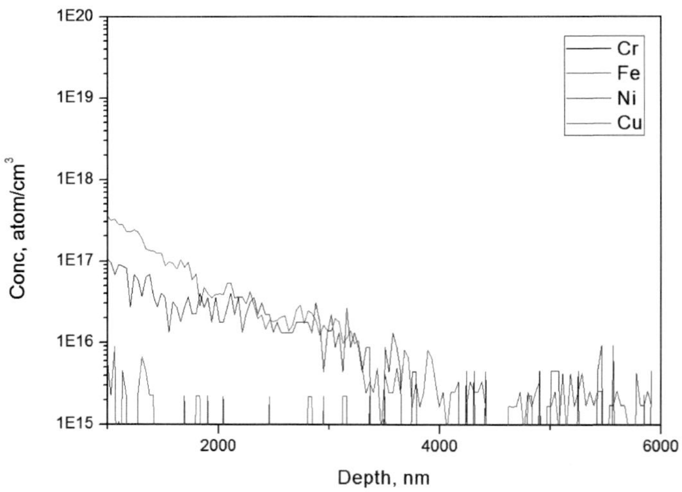

[그림 3.38] SIMS를 이용한 금속 불순물 분석 결과

(3) 중성자 방사화 분석(NAA : Neutron Activation Analysis)

중성자 방사화 분석기술은 1936년 방사선 및 동위원소의 존재와 이용방법이 알려지면서 도입된 원소분석 기술로, 화학 분석법과는 다른 고유한 특성을 가지고 있기 때문에 재료, 환경, 보건, 산업 및 사회문화 분야 등 광범위한 분야에 응용되고 있다.

중성자 방사화 분석은 핵을 이용한 분석기술의 대표적인 방법이다. 미지시료를 원자로의 중성자로 조사하면 방사성 핵이 생성되며 붕괴과정에서 감마선을 방출한다. 중성자를 조사하는 동안 여기 상태의 복합핵에서 방출되는 즉발감마선(핵분열이 일어나는 순간에 방출되는 감마선으로 핵분열 시 방출되는 중성자 중 99% 이상 차지) 또는 조사가 종료된 후 생성되는 방사성 핵의 붕괴과정에서 방출되는 지발감마선(핵분열 시 방출되는 중성자 중 얼마간 늦게 나오는 중성자로 약 0.75%를 차지)을 측정하여 성분원소를 정량하며, 즉발감마선을 이용하는 분석을 PGAA, 지발감마선을 INAA(DNAA)라고 한다 [그림 3.39].

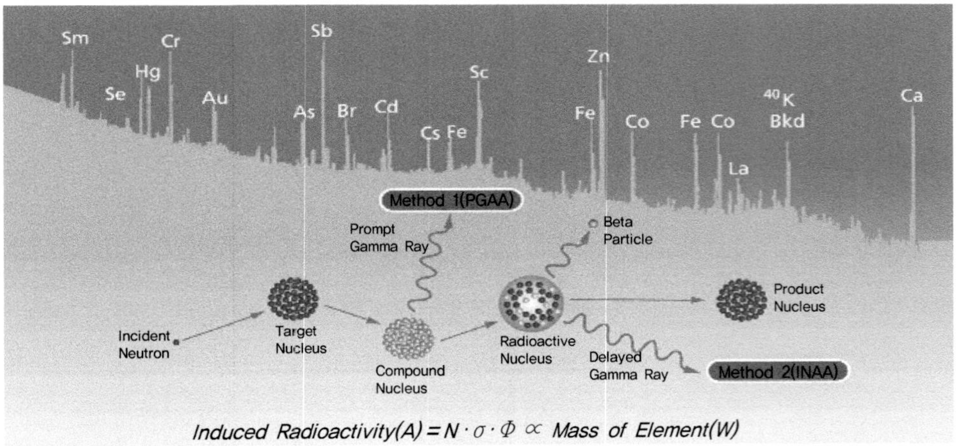

[그림 3.39] NAA의 원리

중성자 방사화 분석은 시료를 용해하지 않고 고체 상태로 직접 분석이 가능하여 손실이나 오염의 위험이 없으며, 휘발성 원소, 물이나 그밖의 용매에 잘 녹지 않는 난용성 및 희귀한 시료분석에 유용하며, 여러 종의 원소를 동시에 분석할 수 있다. 또한 일반적인 화학분석에서 나타나는 검출신호와 분석원소의 농도에 대한 비선형효과에 의한 간섭이 없어 전 농도범위에 대한 선형성을 가지고 있으며, 시료조성에 대한 정보가 없어도 절대 분석이 가능하다는 장점을 가지고 있다. [그림 3.40]은 NNA가 거의 모든 산업 분야에 응용 되는 것을 보여주고 있다.

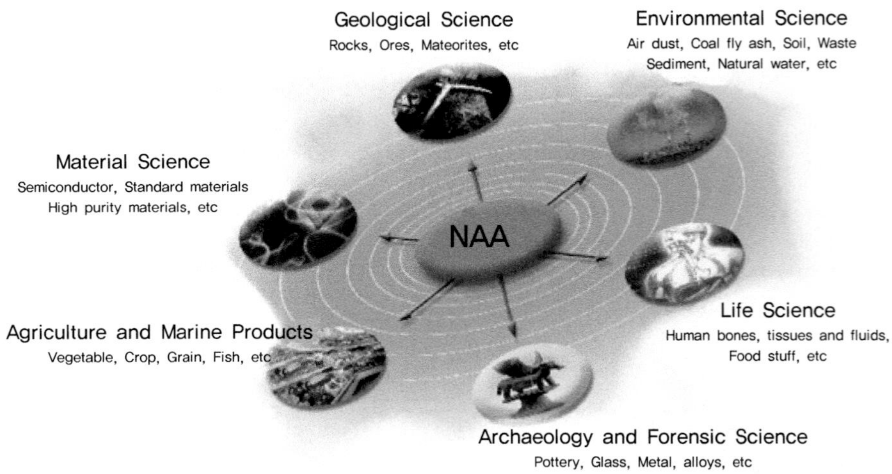

[그림 3.40] NAA의 응용

3.4.4 Minority Carrier Lifetime 분석

Carrier Lifetime이란 반도체 표면을 따라 이동하는 전자 또는 정공이 정공 또는 전자와 재결합되어 소멸되는데 걸리는 시간으로 반도체의 결정결함, 불순물 농도 등과 밀접한 관계가 있으며, 일반적으로 이 값이 클수록 좋지만 평균 3μs 이상이면 고효율 태양전지 제조에 적합하다고 할 수 있다.

태양전지에서 베이스 영역의 Minority Carrier Lifetime은 태양전지의 개방전압과 단락전류에 영향을 미치기 때문에 반송자 수집 효율 및 에너지 변환효율을 결정하는 중요한 파라미터이며, Lifetime의 거동에 대한 연구들이 지속적으로 수행되고 있다. 특히 태양전지 제작 전에 기판상태에서의 Carrier Lifetime의 측정은 결정구조, 결정입자크기 및 불순물 혼입농도 등과 더불어 고효율 태양전지 제조에 적합한지를 판단할 수 있어 이에 대한 고찰이 매우 중요하다. 최근의 분석결과를 확인하면 웨이퍼의 하부 구역은 고농도의 산소, 도가니 및 Si_3N_4에 의한 불순물 및 성장시 결함에 의한 40mm 정도의 Lifetime 저하 지역으로 구분되며, 도가니 외벽에서의 불순물에 의한 최외각 구역 및 편석계수에 의한 불순물 농도 증가로 인한 잉곳 상부지역에서의 Lifetime 저하 구역으로 구분할 수 있다. 각각의 Lifetime 저하 구역은 불순물 및 물성값 저하로 태양전지용 기판으로 사용할 수 없는 구역으로서 웨이퍼링 공정 전에 상부, 하부 및 최외각 지역은 Cutting하게 된다.

Minority Carrier Lifetime(MCLT)을 측정하는 방법으로는 QSSPC(Quasi Steady State Photo Conductance)와 μ-PCD(Photo Conductive Decay)방법이 있다.

QSSPC와 μ-PCD는 비 접촉 방법으로 측정하는 공통점을 가지고 있지만 서로 다른 측정법으로 인해서 Minority Carrier Lifetime 값에 차이점이 있다. μ-PCD는 레이저 빔을 사용하여 측정하며 높은 해상도의 Mapping 결과를 얻을 수 있으며, QSSPC는 섬광을 이용하여 측정하며 빛의 강도(Injection Level)에 따른 MCLT 값을 얻을 수 있다는 장점이 있다. 측정된 Minority Carrier Lifetime 값이 서로 다른 이유는 μ-PCD는 매우 짧은 시간(200ns)에 국소 영역에 고강도의 빛을 사용하지만 QSSPC는 긴 시간 동안 비교적 넓은 영역에 걸쳐 빛을 조사함으로써 안정상태(Steady State)에서 측정 결과의 반복성이 좋다는 장점을 갖고 있다. 따라서 셀의 공정 평가에는 μ-PCD가 주로 사용되며, QSSPC는 기판 특성을 비교하는데 주로 사용된다. [그림 3.41]은 QSSPC와 μ-PCD의 장치도이다.

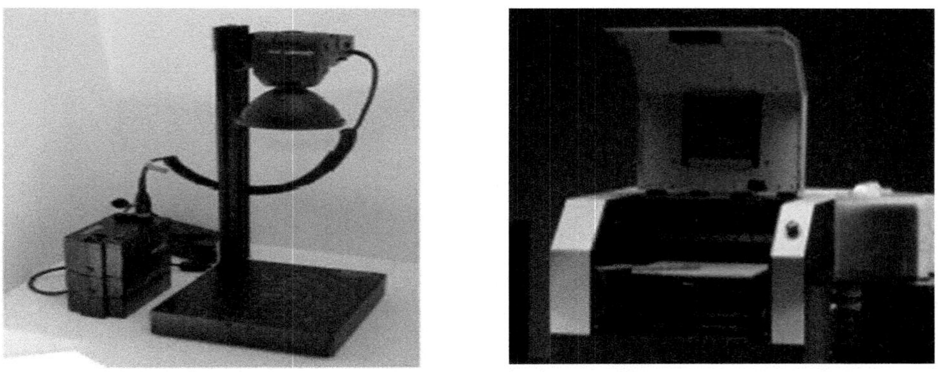

(a) (b)

[그림 3.41] (a) QSSPC 측정장비, (b) μ-PCD 장비

연 습 문 제

1. SiO_2(모래)에서 시작하여 다결정 Chunk를 얻는 과정을 화학식을 사용하여 기술하고 설명하여라.

2. 단결정과 다결정 Si Wafer의 장단점을 비교하여 설명하여라.

3. 광열화 현상이 Mono-like Wafer에서 비교적 적게 일어나는 이유를 설명하여라.

4. 태양전지에서 유보되는 각종 불순물 농도의 임계치를 조사하여라.

5. 다결정의 결정결함을 어떠한 방법으로 보는지 설명하여라.

6. Si 태양전지에서 소수반송자 수명(Minority Carrier Lifetime)에 영향을 주는 인자는 무엇인가?

7. 소수반송자 수명은 태양전지의 어떤 영향을 주는가?

8. 태양전지용 Wafer 검사 방법을 기술하라.

9. 다결정 Si Wafer를 제작하는 방법을 열거하고 장단점을 기술하라.

10. NAA(Neutron Activation Analysis)의 방법을 기술하고 이 방법에 의해서 검출 될 수 있는 불순물은 무엇인가?

참고문헌

[1] 차세대 고효율 결정질 Si 태양전지 기술 및 시장전망(2008~2015) Solar & Energy
[2] 태양전지 제조기술 - 이종찬, 이충석, 전호엽, 전준옥 저서
[3] 태양전지 공학 - 이준신, 김경해 저서
[4] 태양전지 실무 입문 - 김경해, 이준신 저서

제4장

실리콘 태양전지 제조

4.1 웨이퍼 세정

전세계 태양전지 산업 생산량의 80% 이상을 차지하고 있는 결정질 실리콘 태양전지의 대표적인 제조과정은 어떻게 되는지와 그 공정의 세부특징에 대해 살펴보자. 제조 공정은 아래와 같이 정리할 수 있다.

① 세정 및 웨이퍼 표면 가공(Texturing)
② 에미터 형성(Emitter formation)
③ 도핑시 형성된 산화막(PSG) 제거
④ 반사방지막 형성(AR Coating)
⑤ 금속전극 형성(Metallization)
⑥ 금속전극 소성(Firing)
⑦ p-n 접합 측면분리(Edge isolation)
⑧ 태양전지 특성 검사(Solar simulator) 및 분류(Sorting)

태양전지의 효율에 영향을 주는 인자는 ① 웨이퍼 기판의 품질, 두께, 소수 반송자 수명시간, ② 웨이퍼 세정 및 texture 구조와 균일도, ③ 에미터 층 표면농도와 접합깊이, ④ 표면 passivation(전면과 후면), ⑤ 반사방지막의 광학적 투과도, 반사도, 흡수도, 그리고 굴절률과 두께, ⑥ 전극의 표면적 차광손실 정도, 전극접합의 접촉저항을 포함한 직렬저항 성분 등이 있다. 상기 6개 항을 가장 최적화된 상태로 동시에 구현하여야 하며, 한 가지 원인 때문에도 태양전지 효율은 하락할 수 있다.

태양전지의 성능과 신뢰성 및 생산 수율은 제작시 사용된 웨이퍼 표면에 존재하는 불순물들에 의하여 많은 영향을 받는다. 웨이퍼 표면을 세정하는 기술은 크게 습식 화학 방법, 건식 방법, 증기(vapor phase) 방법 등으로 나눌 수 있다. 전통적인 웨이퍼 세정방법은 대부분 NaOH와 순수물(deionized water)을 사용한 화학적 습식 방법이며, 이 경우 많은 화학 물질의 소모와 사용된 이들 물질의 폐기 등으로 인하여 점차 건식이나 증기 세정 방법으로 변화하고 있다.

웨이퍼 표면에 존재하는 불순물들은 원자, 이온, 분자 등의 형태로 이루어지며, 분자 형태 불순물들은 주로 윤활유, 슬러시, 용제 찌꺼기 등으로부터 발생된 유기물질 가스들과 순수물(Deionized water)이나 플라스틱 용기로부터 생겨난 유기화합물, 금속산화물, 수산화물 등이 있다. 그리고, 이온 불순물들은 대부분 Na, F, Cl 등의 이온들과 결합한 무기 화합물로부터 생겨나게 된다. 또한, 웨이퍼 표면에는 외부에 직접적으로 노출되어 있는 유기물질이나 무기물질의 오염 외에, 성장된 결정 덩어리를 절삭하여 웨이퍼 형태로 연마하고 나면 곧바로 표면을 덮게 되는 자연 산화층이 있다. 여기에는 Na, K, Al 등의 물질이 포함되어 있으며, 이들은 확산계수가 크기 때문에 태양전지 제조시 고온 공정에 의해 웨이퍼 벌크 속으로 이동하여 태양전지 특성에 영향을 주게 된다.

[표 4.1]은 실리콘 웨이퍼의 습식 화학 세정용액들을 보여주고 있다. 여기서 세정용액들의 온도는 중요한 세정 공정 요소이다. 일반적으로 온도 증가는 화학물질들의 반응률을 증가시키며, 오염물질들의 물에 녹는 용해도를 증가시켜 결과적으로 세정이 빨리 이루어지게 한다.

[표 4.1] 실리콘 웨이퍼의 습식 화학 세정용액

용액	화학표기	일반이름	제거물 및 목적
Part 1			
수산화 암모늄/과산화수소/물	$NH_4OH/H_2O_2/H_2O$	RCA-1, SC-1(*Standard Clean-1*), APM (*ammonia/peroxide*)	유기물, 입자, 금속 산화보호막 성장
염산/과산화수소/물	$HCl/H_2O_2/H_2O$	RCA-2, SC-2(*Standard Clean-2*), HPM (*hydrochloric/peroxide*)	중금속, 알카리, 금속
황산/과산화수소	H_2SO_4/H_2O_2	*Piranha*, SPM(*sulfuric/peroxide*), "Caros acid"	유기물
불산/물	HF/H_2O	HF, DHF(*dilute* HF)	SiO_2
불산/불화 암모늄/물	$HF/NH_4F/H_2O$	BOE(*buffered oxide each*), BHF(*burff-eredhy-drofluoric acid*)	SiO_2
질산	HNO_3		유기물, 중금속
콜린	$(CH_3)_3N^+-CH_2CH_2OHOH$	*trimethyl(2-hydroxy-ethyl) ammonium hydroxide*	금속, 유기물
콜린/과산화수소/물	$(CH_3)_3N^+-CH_2CH_2OHOH$ H_2O_2/H_2O	Choline/peroxide	중금속, 유기물, 입자

황화암모늄/황산	$(NH_4)_2SO_4/H_2SO_4$	SA−80	유기물
Part 2 1987년 이후 개발된 실리콘 웨이퍼 세정액			
이황화페록시산/황산	$H_2S_2O_8/H_2SO_4$	PDSA, "*Caros acid,*" *Piranha*	유기물
오존이 녹은 DI−물	O_3/H_2O	오존화된 물	보호산화막 성장, 유기물
황산/오존화된 물	$H_2SO_4/O_3/H_2O$	*SOM(sulfuric/ozone)*	유기물
불산/질산	HF/HNO_3		Si 식각, 금속
불산/과산화수소	HF/H_2O_2		Si 식각, 금속

세정용액의 웨이퍼 표면 부착 상태는 세정효과의 향상을 위해 역시 고려해야 할 요소이다. 고체인 웨이퍼와 액체인 용액의 표면장력이 서로 비슷하거나, 고체 표면장력이 액체보다 더 클 때 고체표면에서의 액체부착이 잘 일어난다. 많은 유기용제들은 무기물 용액에 비하여 이와 같은 표면장력이 낮아 웨이퍼 표면에 잘 부착된다.

웨이퍼의 표면장력은 표면을 구성하고 있는 상태에 따라 달라진다. 예를 들어 ① 웨이퍼 표면에 산화층이 있으면 표면장력이 강해져서 친수성(hydrophilic)이 되지만, 산화층이 없어지면 비친수성(hydrophobic)이 되어 물이 표면에 잘 흡착되지 않는다. ② 웨이퍼 표면에 유기오염물질이 있으면 낮은 표면장력으로 인하여 친수성의 웨이퍼를 표면장력이 매우 낮은 비친수성으로 바꾼다. 이와 같이 웨이퍼 표면장력 차이가 심하게 나면, 흡착제나 계면활성제(surfactant)를 첨가하여 상호간의 표면장력 차이를 줄여 웨이퍼 전 영역에 세정 용액이 고르게 흡착되게 함으로써 세정작용이 잘 일어나게 할 수 있다.

웨이퍼를 세정한 후 건조하는 과정은 오염물질을 성공적으로 제거하기 위한 세정공정의 가장 중요한 마지막 단계이다. 건조방식으로는 원심분리, 증기건조(vapor drying), 고온물 건조 등의 3가지 방법으로 구분할 수 있다. 여기서 ① 원심분리 방법은 가장 많이 사용되어온 건조 방법으로 일명 스핀건조(spin drying)라고도 하며, 모터를 이용하여 웨이퍼를 고속회전 시킴으로서 원심력에 의해 대부분의 물이 밖으로 밀려 나가 건조되는 것이다. 장비의 가격이 저렴하고 원리가 간단한 반면 정전기, 진동, 마찰 등에 의한 입자오염 및 웨이퍼 파손이 일어날 수 있다. ② 증기건조 방법은 액화 상태의 이소프로필 알코올(IPA : isopropyl alcohol)을 이용하며, 200~300℃로 가열한 IPA 증기가 웨이퍼 표면에 잔존하는 물기를 밀어낸 후 IPA는 휘발되어 웨이퍼가 건조된다. [그림 4.1]는 IPA 증기건식 장치의 개략도이다. 원심분리기에 비하여 장비가 복잡하고 고가이면서 폭발성이 있는 IPA 사용으로 인한 위험성이 있으나 정전기, 진동, 마찰 등에 의한 입자 오염 및 웨이퍼 파손이 일어나지 않는다. ③ 고온물 건조 방법은 고온의 DI 물 속에 웨이퍼를 담가 행군 후 천천히 들어올리면, 모세관 현상과 표면작용으로 인하여 물이 끊이지 않고 웨이퍼로부터 그대로 용기 속으로 밀려 내려오게 된다. 웨이퍼에 가장 적은 응력을 주며 장치의 간편성 등이 장점이지만, 아직까지 널리 사용되고 있지는 않다.

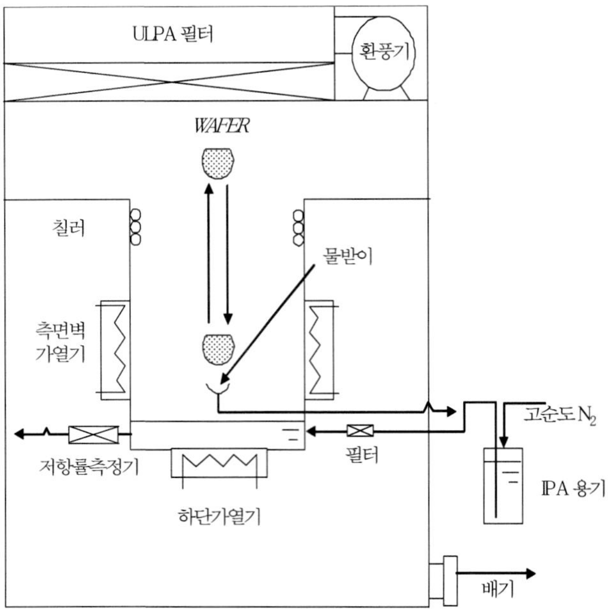

[그림 4.1] IPA 증기 건식 장치

일반적인 상업용 단결정(mono-crystalline) 실리콘 태양전지의 경우, 세정공정 시 웨이퍼는 테프론(Teflon)으로 되어 있는 캐리어에 100장 정도 넣어 동시에 세정을 하게 된다. 테프론 자체는 화학물질들에 대하여 매우 안정된 성질을 갖고 있어 세정 작용 자체에는 아무런 영향을 주지 않으나, 테프론에 존재하는 다공질층들이 화학물질들을 흡수하여 후속 연속공정 때에 이들이 오염물질로 작용할 수 있으므로, 캐리어 자체를 자주 세정하여 오염물질이 배출되는 것을 사전에 방지하는 것이 좋다.

4.2 기판 표면 조직화(Texturing)

세정 공정을 거친 실리콘 기판은 그 다음 공정으로 기판 절단시 발생되는 손상을 제거하고, 기판 표면에 조직화(texturing)을 진행한다. 표면 조직화의 목적은 전면에서의 반사율을 감소시키고, 태양전지 내에서 빛의 통과 길이를 길게 하며, 후면으로부터의 내부반사를 이용하여 흡수된 빛의 양을 증가시키는 것이다. 따라서 태양전지의 단락전류를 향상시킬 수 있다. 경면 처리된 실리콘 표면은 태양 빛의 약 30% 정도를 반사하는데, 표면을 조직화시키면 반사가 약 10% 정도로 감소하고, 여기에 반사방지막까지 추가하면 반사율을 약 3%까지 감소시킬 수 있다.

단결정 실리콘 웨이퍼의 표면을 조직화하면 피라미드 구조가 형성되는데, 이때 피라미드 형성 각도가 빛의 진행 방향에 중요한 역할을 수행한다. [그림 4.2]에 피라미드 구조물의 각도와 그에 따른 빛의 반사경로를 표시하였다. 만약 a = 30°이면 V-자형 홈 하단부에서만 빛이 2회 반사되는 경로를 가진다. a = 45°에서는 모든 입사광이 2회 반사되는 경로를 가지며, α = 60°에서는 모든 입사광이 3회 반사되는 경로를 가진다. 따라서 피라미드 구조물의 각도가 클수록 반사회수가 증가하며 그만큼 광 생성된 전류(단락전류)가 증가하게 된다. [그림 4.3]은 표면 조직화 각도에 따른 광생성 전류 변화를 나타내며, 입사각도가 53.7° 이상에서 태양전지의 단락전류가 급격하게 상승함을 볼 수 있다.

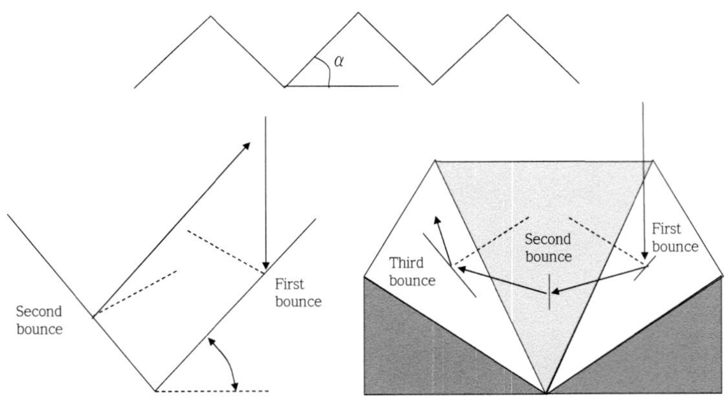

[그림 4.2] 2차원 피라미드 구조 형성 각도에 따른 빛의 경로 변화도

태양전지 최종 에너지 변환효율에 미치는 표면 조직화의 효과는 무작위 표면 조직화 ≪ 전·후면 규칙적인 피라미드 구조 ≪ 전면 피라미드 구조 & 후면 경면 구조 순으로 효과적인데, 후면까지 조직화를 할 경우에는 후면 재결합 상승으로 인해 효율이 감소하기 때문이다.

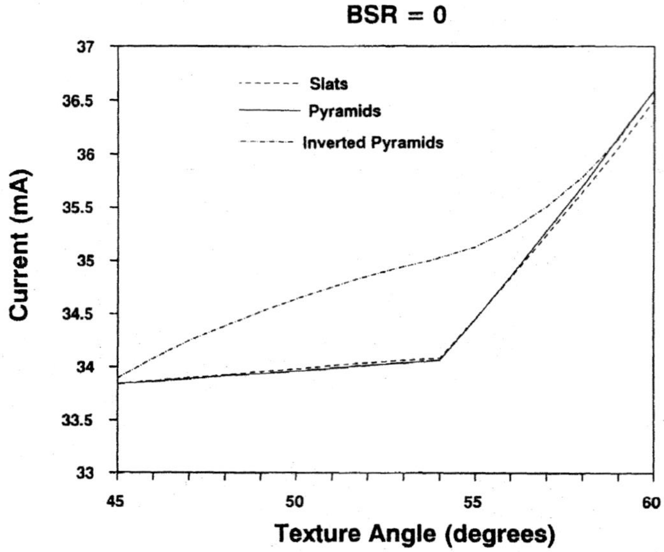

[그림 4.3] 표면 조직화 각도에 따른 광생성 전류 변화

반도체의 특정 면을 다른 면에 비해 빨리 용해시키는 것을 비등방성(anisotropic) 또는 방향성 식각이라고 한다. 실리콘은 다이아몬드 격자 구조로서 (111) 면이 (100) 면보다 원자가 훨씬 조밀하게 밀집되어 있으므로 (111) 면의 식각 속도가 더 느리다.

단결정 실리콘 기판의 경우에는 KOH나 NaOH와 같은 염기성 용액으로 표면을 텍스처링(texturing)하여 피라미드 형상을 만들며, 이때 피라미드 사면체의 크기는 약 10 μm가 광학적으로 우수하다. 하지만, 양산을 할 경우에는 큰 피라미드가 오히려 파손증가와 FF(곡선인자) 감소를 유발하기 때문에 대면적 기판에 4 μm 크기의 균일한 피라미드를 형성하는 것이 양산 효율에 유리하다.

식각조건은 용액의 구성, 농도, 온도 및 식각 시간에 따라서 좌우된다. 또한 용액 내 생성되는 기포의 밀도, silicate 생성량, 식각 중의 기포발생 정도, 배기속도

등의 조건을 최적화하여야 한다. 예를 들면 ① KOH 용액을 사용할 경우, 2% KOH + IPA(2-isopropyl-alcohol), 85~90°C, 20분, ② NaOH 용액을 사용할 경우, 90 vol% 물 + 10 vol% IPA + 2 wt% NaOH, 80°C, 15분 동안 텍스처링 한다. 여기서 IPA는 실리콘의 표면장력을 낮게 하는 표면적심(surface wetting) 개선용으로 사용하며, 휘발성이 강하기 때문에 주기적으로 보충하지 않으면 표면조직화에 균일성이 떨어지고 결과적으로 태양전지 단락전류의 저하를 가져온다.

식각과정을 살펴보면, OH^- 이온에 의해 실리콘 표면이 다음과 같이 산화되며, K^+, Na^+ 이온과 결합하여 sodium (meta) silicate(K_2SiO_3)가 형성된다.

$$SI + 2OH^- + 2H_20 \rightarrow SIO_2(OH)_2^{2-} + 2H_2 \qquad (4.1)$$

OH^- 이온이 실리콘 표면을 산화 촉진시키는 과정에서 물에 포함된 수소분자가 생성되어 다수의 기포를 생성한다. 기포가 발생되면 실리콘 표면에 장시간 존재하여 평탄한 피라미드가 형성되기 때문에, 결과적으로 표면 반사도를 증가시킨다. 이러한 문제점을 해결하기 위해 기포를 터뜨려 소멸시키기 위한 고체 형태의 실리케이트가 10% 이상 용액 내에 필요하다.

다결정 실리콘 기판의 경우에는, 실리콘의 결정방향이 일정하지 않기 때문에 염기보다는 산 용액을 이용한 등방성 식각(isotropic etching)이 효과적인 방법이다. 일반적으로 다결정 실리콘 기판은 〈111〉 결정방향이 60% 이상이다. 나머지 40% 정도를 (110)과 (100) 방위가 결정 성장법에 따라서 약간씩 다른 분포도를 가진다. 이들 방향도 무작위로 혼합 배열된 상태를 가지면서 (100) 방위 결정립과 (111) 방위의 결정립 사이에는 계단과 같은 식각단차가 발생하여 접합깊이가 얇고, 반사방지막 또한 다른 부분과 급격한 차이를 형성하면서 금속전극이 이러한 단차위로 형성되면 누설전류 증가와 개방전압 감소로 효율이 감소한다. 그래서 다결정 실리콘 기판의 식각에서 고려해야 할 사항으로는 결정방향에 무관한 균일한 식각, 상업적인 생산에 이용 가능한 공정, 짧은 공정시간, 다량의 웨이퍼에서의 재현성 등이다. 산 용액의 기본구성은 $HF:HNO_3:H_2O$ + 표면 활성화제(surfactant) + 촉매이다. HNO_3는 실리콘 표면을 산화시키고, HF는 산화된 표면을 제거한다.

$$3Si + 4HNO_3 + 18HF \rightarrow 3H_2SiF_6 + 4NO + 8H_2O \qquad (4.2)$$

CH_3COOH와 같은 표면 활성제와 촉매는 텍스처링이 효과적으로 생성될 수 있도록 한다. 다결정의 경우 의도적으로 결함밀도가 많은 결정입계를 제거하여 관찰할 필요가 있는데 이때에 사용 가능한 용액을 [표 4.2]에 정리하였다.

[표 4.2] 실리콘 기판의 결함을 우선적으로 제거하는 식각 용액 조성 및 특성

용액명	조성	특성
Dash	1HF : $3HNO_3$: 10 acetic acid	(110) silicon 기판의 결함 식각, 용액교반 없이 사용가능
Sirtl	1HF : 1(5M CrO_3)	(111) silicon 결함 식각, 용액교반 필요 (100) silicon 결함 식각이 어려움
Seeco	2HF : 1(0.15M $K_2Cr_2O_7$)	(100) silicon 기판의 결함 식각, 용액교반 시에 식각율 하강
Wright-Jenkins	60ml HF : 30ml HNO_3 : 30ml (5M CrO_3) : 2g $Cu(NO_3)_2$: 60ml acetic acid : 60ml H_2O	(100)와 (111) silicon 기판의 결함 식각, 용액교반 필요
Schimmel	2HF : 1(1M CrO_3)	(100) silicon 기판의 결함 식각, 용액교반 없이 사용가능, 비저항 0.6~15.0 ohm-cm인 n, p-형 실리콘 기판 결함 식각에 우수
수정 Schimmel	2HF : 1(1M CrO_3) : $1.5H_2O$	고농도 도핑된 (100) silicon에 효과적
Yang	1HF : 1(1.5M CrO_3)	(111), (110), (100) silicon 기판의 결함 식각, 용액교반 없이 사용가능
P1	1HF : $26HNO_3$: $33CH_3COOH$	다결정 실리콘: 진성, B-doped
P2	1HF : $40HNO_3$: $15CH_3COOH$	(111) etch rate: ~0.15mm/min (100) etch rate: ~0.2mm/min

일반적으로 다결정 실리콘 기판은 HNO_3 : HF : CH_3COOH(또는 DI water)를 4 : 1 : 1 비율로 경면 처리하는 방법과 2 : 15 : 5 비율로 다공성 표면처리 하는 방법이 2000년 초반부터 사용되기 시작하였다. [그림 4.4]에 HNO_3 : HF : CH_3COOH 용액 비율에 따른 식각속도 곡선을 나타내었다. 여기에서 우, 하변이 표면 경면처리에 가까운 식각특성을 나타내며, 좌, 상변 비율에서 다공성 표면 조직화 결과를 달성할 수 있다. [그림 4.5]에 HNO_3 : HF : CH_3COOH를 이용한 mc-Si 다공성 표면 사진과 시간과 비율 조절에 따른 형성과정을 도시하였다.

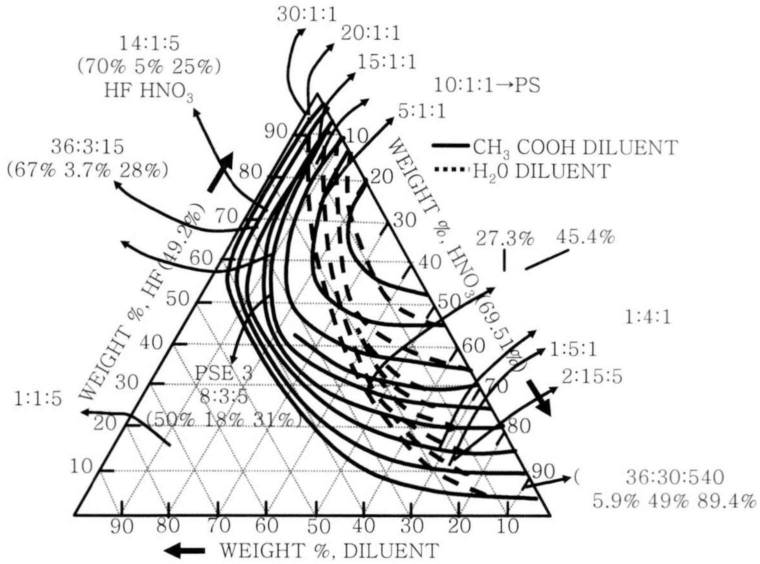

[그림 4.4] HNO_3: HF: CH_3COOH 용액비율에 따른 mc-Si 식각속도 곡선

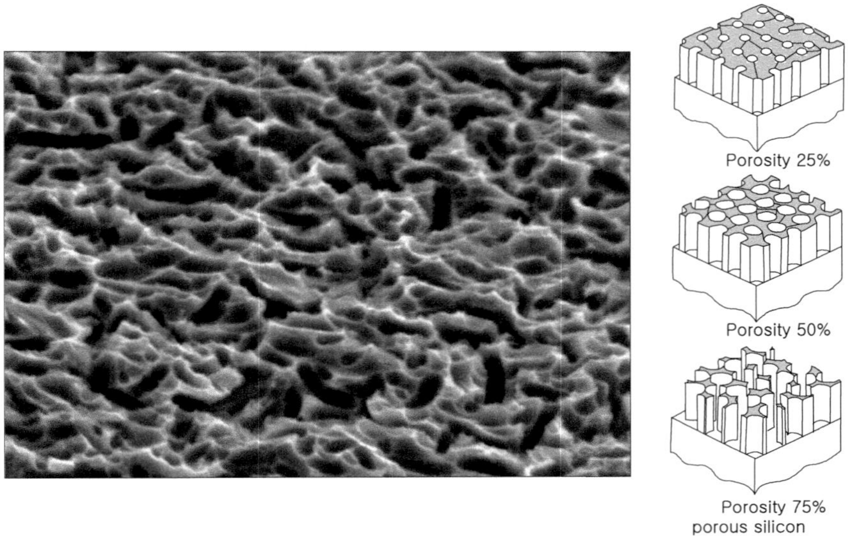

[그림 4.5] HNO_3: HF: CH_3COOH에 의한 mc-Si 표면식각 형상

최근 다결정 실리콘 기판의 경우, 화학적인 방법에 의해서는 표면 텍스처링이 어려워 레이저를 이용하여 홈을 형성하거나, 다수의 다이아몬드 날을 이용하여 표면에 피라미드를 형성하는 기술 등이 개발되었다. [그림 4.6]에는 건식 식각 기술(dry etching)을 이용한 다결정 실리콘 표면 형상과 표면 반사도를 나타내었다.

이러한 건식 식각 기술을 이용하면 극히 낮은 반사율을 얻을 수 있으며, 450 nm에서 1,000 nm까지 2% 이하의 반사율이 가능함을 그림으로부터 알 수 있다. 그러나 광학적인 반사율은 낮지만, 플라즈마를 이용한 건식식각 시에 에너지가 큰 이온 충격에 의해서 표면 손상이 존재하기 쉽고, 이러한 영향에 의해 표면 재결합이 증가하고 누설전류성분 증가에 의해 낮은 개방전압과 충실도로 인하여 효율이 저하되는 경우도 있다. 건식 식각의 대표적인 방법으로는 Reactive ion etching (RIE), Inductively coupled plasma (ICP) 이 있으며, $Cl_2/CF_4/O_2$, SF_6/O_2, $CHF_3/SF_6/O_2$ 등의 가스를 이용하여 10분 이내에 식각을 마친다. 최근에는 RIE를 적용하여 대면적 상업용 다결정 태양전지에서 18% 이상의 변환효율을 달성하고 있다.

이러한 이온을 이용한 식각(ion enhanced etching) 관련하여 몇 가지 제안되어온 메커니즘이 있다. ① 화학적으로 부가된 물리적 스퍼터링 모델은 이온 가격을 통해 화학적으로 변화된 표면층이 변화되지 않은 표면보다 더 큰 스퍼터링이 발생할 수 있다는 가정하에서 이온의 효과를 설명한다. ② 결함 모델은 이온 가격에 의해 발생하는 격자 결함은 기판위의 etchant 종들의 반응비와 관련된다. ③ 화학적 스퍼터링 모델은 이온 가격에 의해 연쇄 충돌이 생겨 반응층에 에너지가 공급된다. 이로 인해 휘발성 생성물을 만들고 표면으로부터 탈착해 나가는 분자들의 이동도를 증가시킨다. 이들 모델에 따르면, 반응단계와 에칭된 표면상에서 형성된 생성물질의 제거는 이온 충돌에 의해 증진된다. 식각원과 기판 물질에 따라 세 개의 모델 중 주된 활성 이온 식각 메커니즘이 결정된다. 예를 들어 화학적 스퍼터링 모델은 fluorine 계열로 실리콘을 식각할 때 주된 식각 메커니즘으로 받아들여지고 있다. 에칭 공정에서 물질의 수소화는 표면의 수소 원자 흡수와 음이온이 되기 위해 기판 표면으로부터 전자를 획득함으로써 형성된다고 한다. SiF_4와 같은 생성물은 분자 형성을 위한 수소화를 위해 결정질 격자로의 수소화 침투가 발생하여야 하는데 이때 etchant 종들의 크기에 의존한다고 한다. 따라서 H, F는 효과적으로 실리콘 에칭이 이루어지는 반면, Cl은 매우 느리게 에칭이 일어나고, Br의 경우, 만약 표면에서 강한 이온 충돌이 없다면 실온에서 에칭이 일어나지 않는다.

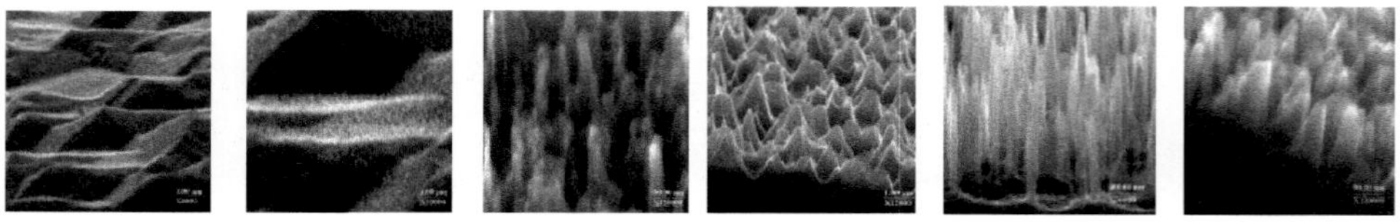

(a)

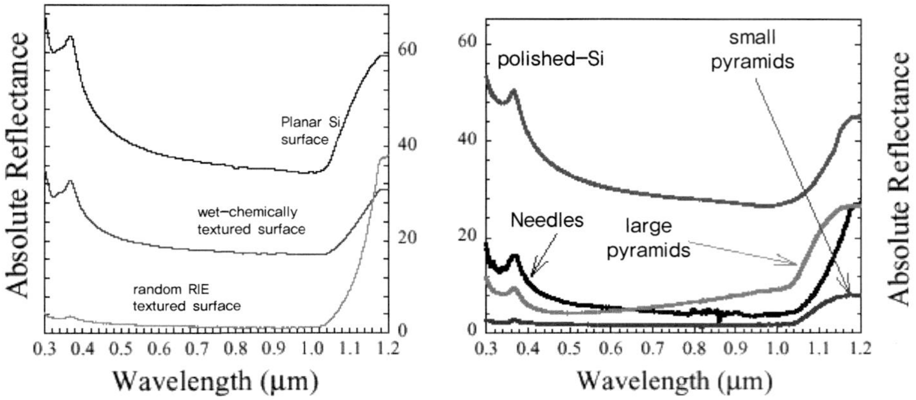

(b)

[그림 4.6] 건식식각 기술을 이용한 다결정 (a) 실리콘 표면 (b) 표면 반사도

예를 들어 도핑되지 않은 실리콘은 단지 Cl, Br 이온 충돌만으로 실온에서 식각될 수 있고, n-type 도핑된 실리콘은 이온 충돌 없이 Cl 플라즈마에 의해 쉽게 에칭된다. 이러한 층의 각기 다른 에칭비 때문에 순수한 이온 충돌에 의한 식각 형태의 조절은 매우 어렵다. 이들 문제를 해결하기 위해 sidewall passivation을 이용하며, 이것은 측면 패턴에 식각이 진행되지 않도록 하거나 식각 속도를 현저히 떨어뜨릴 수 있는 막을 형성시키는 것이다. 일반적으로 Cl 플라즈마에 산소를 첨가하면 이온 충돌이 되지 않는 측벽에 이러한 막이 형성되고, 이온 충돌이 되는 하부에는 이러한 막이 형성되지 않는다. 그러므로 식각은 하부 방향으로만 진행된다. [그림 4.7]을 보면 sidewall층은 trench의 하부에 있는 실리콘 표면의 에칭에 의해 형성된 라디칼로부터 성장된다. 라디칼인 $SiCl_4$, $SiCl_3$, $SiCl_2$, SiCl, Si는 큰 접착계수(sticking coefficient)를 가지고 sidewall 쪽에서 흡수된다. Sidewall passivation을 사용하게 되면 식각 형태를 조절할 수 있다.

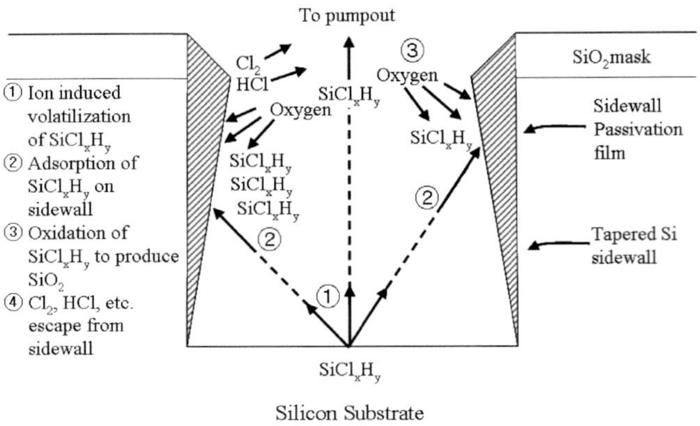

[그림 4.7] $HCl/O_2/BCl_3$ RIE 공정에서 sidewall막 형성을 위한 모델

또한, 플라즈마의 RF power와 Gas flow rate에 따라서도 다결정 실리콘 표면의 식각형상을 변화시킬 수 있다. [그림 4.8]은 RF power에 따라 플라즈마 처리된 다결정 실리콘의 반사도를 비교하였다. RF power가 증가함에 따라 급격히 반사도가 감소하고 있음을 알 수 있었고, 가시영역뿐만 아니라 IR 영역 부근에서도 반사도가 거의 0을 나타낸 결과를 얻을 수 있었다.

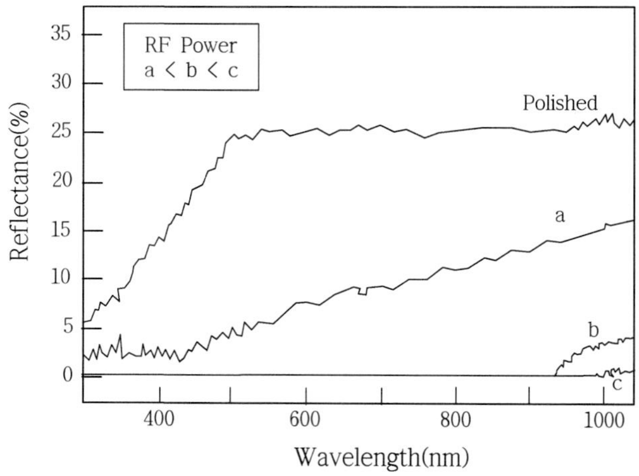

[그림 4.8] RF power에 따라 플라즈마 표면 처리된 다결정 실리콘의 반사도 비교

[그림 4.9]는 다이아몬드 날을 이용하여 기계적으로 표면을 제거하고, 이를 다시 화학 용액을 이용하여 표면결함을 제거하면 경사각도 35° 내외의 규칙적인 피라미드가 형성되는 표면을 나타낸 것이다.

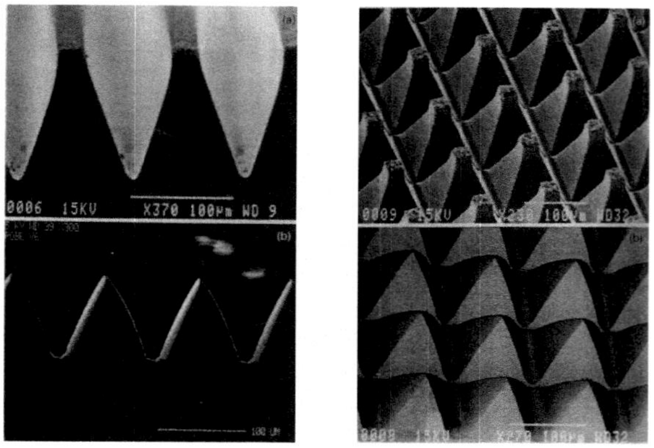

[그림 4.9] 다이아몬드 날을 이용한 표면 텍스처링 기술

4.3 불순물 도핑 및 확산

확산기술은 실리콘 기판 상에 3족과 5족에 속하는 불순물 원자를 도입하여 그 전도성과 불순물 분포를 제어하여 p-n 접합을 형성하는 기술이다. 불순물 확산 기술은 산화막을 확산 마스크(mask)로 사용한 선택 확산 방법으로 반도체 소자뿐만 아니라 고효율 태양전지를 제조하는데도 사용하며, 불순물 농도의 정밀 제어 및 얇은 p-n 접합의 형성 등의 중요한 기술이 요구된다. 그 불순물 주입 기술에 필요한 것은 불순물의 농도 분포 제어뿐만 아니라 불순물 표면 농도와 불순물 주입 깊이(junction depth)의 제어가 있다. 또한 불순물을 고농도 상태에서 깊게 주입시키는 경우에는 열확산법이 사용되기도 한다. 열확산법의 일반적인 방법으로는 높은 온도에서 불순물을 함유하고 있는 유리(glass)층을 형성한 후 확산에 의하여 불순물 원자를 열적으로 실리콘 기판 중에 주입시키는 것이다.

[표 4.3] 반도체를 만드는 원소의 주기율표에서의 위치

Ⅱ	Ⅲ	Ⅳ	Ⅴ	Ⅵ
	B	C		
	Al	Si	P	S
Zn	Ga	Ge	As	Se
Cd	In	Sn	Sb	Te

4.3.1 확산 방정식

확산 현상은 농도가 높은 영역으로부터 낮은 영역으로 입자(불순물)의 이동이 열평형 상태가 될 때까지 일어난다. [그림 4.10]에 나타낸 것과 같이 열적으로 이동하는 입자의 농도차에 의하여 확산 유속이 형성될 것이며, 수학적으로 확산 유속을 표현하는 것이 유용할 것이다. 비전하 입자의 유속 단위는 단위 시간당 입자의 수를 나타내는 s^{-1}이다. 확산유속밀도는 J_{diff}로 표기하며, 단위는 s^{-1} m^{-2}이다.

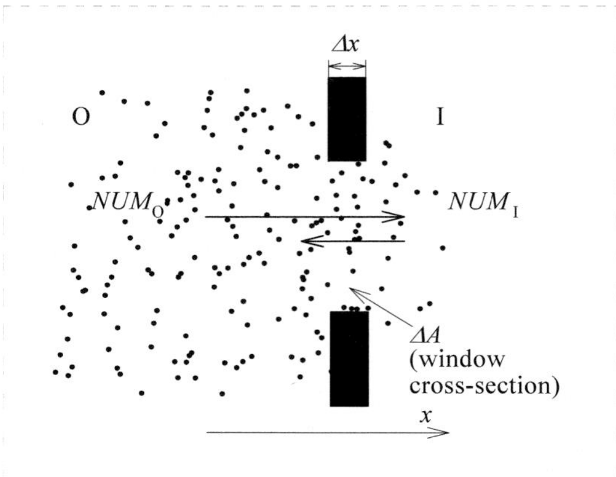

[그림 4.10] 확산 유속 : 양방향으로 개구부를 통하여 흐르는 입자 좌측에 보다 많은 입자가 존재하므로 좌측에서 우측으로 입자들의 이동이 발생할 것이다

앞에서 언급한 바와 같이 외부에서 내부로 이동하는 입자의 유속 밀도($J_{diff\rightarrow}$)는 외부에 존재하는 입자의 농도(N_0)에 비례한다. 반대로 내부에서 외부로 이동하는 입자의 유속밀도($J_{diff\leftarrow}$)는 내부에 존재하는 입자의 농도(N_I)에 비례할 것이다. 그러므로 실효 유속밀도는 두 유속밀도의 차와 같다.

$$J_{diff} = J_{diff\rightarrow} - J_{diff\leftarrow} \propto N_O - N_I \equiv -\Delta N \tag{4.3}$$

여기서 ΔN의 - 부호는 농도 N이 x방향으로 감소함을 의미한다. 이때 $\Delta N \equiv N(x+\Delta N)-N(x)$이다. 거리가 크면 클수록 양 측면에서의 농도 차 ΔN과 관계없이 확산유속밀도는 감소할 것이다. 그러므로 유속밀도는 거리 Δx에 해당하는 농도 차 ΔN에 비례할 것이며, 거리에 반비례한다.

$$J_{diff} \propto -\frac{\Delta N}{\Delta x} \tag{4.4}$$

여기서 $\Delta N/\Delta x$는 농도 구배인 단위길이당 농도의 변화를 나타낸다. 따라서 가파른 구배는 커다란 확산전류를 가져올 것이다. 식 (4.4)에서 비례상수 Δ를 대입하고 유한차분 Δ를 미소차분 ∂로 대치하면 확산유속밀도 방정식은

$$J_{dif} = -D\frac{\partial N}{\partial x} \tag{4.5}$$

와 같이 표현할 수 있다. 식 (4.5)은 Fick의 제1법칙으로 농도 구배를 x축에 따라 변화하는 농도의 편미분 $\partial N/\partial x$으로 표현하였으며, 시간과 같은 다른 요인들은 포함하고 있지 않다. 고온에서 입자의 열적 운동은 더욱 활발하여 유속밀도가 증가한다. 위에서 설명한 수학적 모델에는 온도의 영향이 포함되어 있지 않다. 입자의 열적운도에 대한 온도 의존성은 물질마다 변화하며, 입자의 종류에 따라서도 다르기 때문에(기체 또는 고체 상태에 따라서도 다르다) 확산유속밀도에 대한 일반적인 온도 의존 모델을 제시하는 것은 불가능하다. 그러나 일반적으로 온도 의존성을 고려해 주기 위하여 비례상수인 Δ, 즉 확산계수를 이용한다. 확산계수는 물질과 입자의 종류에 따라 변화하며, 확산계수의 온도의존성을 물질과 입자의 종류에 따라 구하면 온도의존성을 구할 수 있을 것이다.

확산과정에 의하여 시간에 따라 입자농도가 변화한다. 기판 표면에 입자의 농도가 일정하게 유지될지라도 입자가 내부로 확산함에 따라 농도분포는 변화할 것이다. 확산입자의 농도는 두 변수로 표현할 수 있는 함수이다. 즉 $N(x,\ t)$로 표현된다. 따라서 농도분포의 시간의존성을 설명하기 위하여 방정식이 하나 더 필요하다.

[그림 4.11]에서 개구부의 입자농도가 시간에 따라 어떻게 변화하는지를 설명해 보자. 먼저 Δt 시간동안 개구부의 육면체 내에 포함된 입자수의 변화를 구해 보면 결국 Δt 시간 동안 육면체 안으로 들어가는 입자수($NUM_{\in}$)와 나오는 입자수(NUM_{out})의 차이일 것이다.

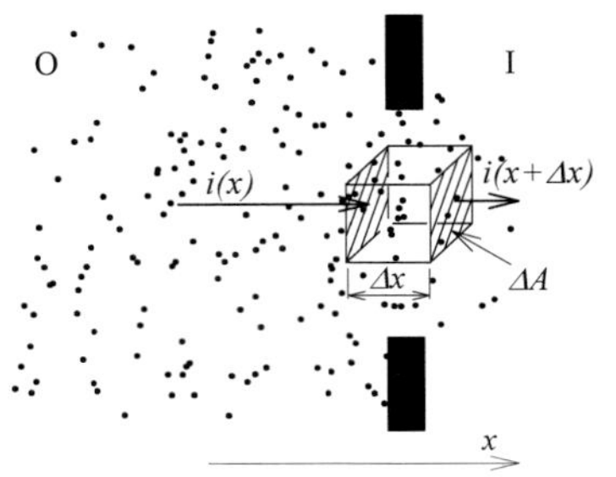

[그림 4.11] 유입되는 입자와 방출되는 입자의 수가 시간에 따라 다르다($\partial N/\partial t \neq 0$).

$$\frac{NUM_{\in} - NUM_{out}}{\Delta t} = \frac{\Delta NUM}{\Delta t} \tag{4.6}$$

여기서

$$NUM_{\in} = NUM_{o\to box} + NUM_{I\to box}$$

$$NUM_{out} = NUM_{box\to o} + NUM_{box\to I}$$

이므로

$$\frac{\Delta NUM}{\Delta t} = \frac{NUM_{o\to box} - NUM_{box\to o}}{\Delta t} - \frac{NUM_{box\to I} - NUM_{I\to box}}{\Delta t} \tag{4.7}$$

와 같다. 식 (4.7)의 우변의 첫 번째 항은 단위 시간당 유입되는 입자의 실제 수, 즉 외부에서 육면체로 유입되는 입자로써 [그림 4.11]에는 $i(x)$로 표기하였다.

$$\frac{\Delta NUM}{\Delta t} = i(x) - i(x+\Delta x) \equiv -\Delta i(x) \tag{4.8}$$

이다. 식 (4.8)을 육면체의 측면 면적 ΔA로 나누면 밀도의 변화율을 구할 수 있다.

$$\frac{\Delta i(x)}{\Delta A} = \Delta J(x) = -\frac{\Delta NUM/\Delta A}{\Delta t} \tag{4.9}$$

입자의 수 NUM을 농도 N으로 변환시키기 위하여 체적 $\Delta A \Delta x$로 나누어 주어야만 한다. 이는 식 (4.9)을 Δx로 나누어줌으로써 얻을 수 있다.

$$\frac{\Delta J}{\Delta x} = -\frac{\Delta NUM/\Delta A \Delta x}{\Delta t} = -\frac{\Delta N}{\Delta t} \tag{4.10}$$

마지막으로 미소차분 ∂로 대치하면 다음과 같은 입자흐름의 연속방정식을 구할 수 있다.

$$\frac{\partial J}{\partial x} = -\frac{\partial N}{\partial t} \tag{4.11}$$

확산만 존재할 경우 밀도는 J_{diff}로 표현되므로

$$\frac{\partial J_{diff}}{\partial x} = -\frac{\partial N}{\partial t} \tag{4.12}$$

와 같다.

반도체 내의 도핑 불순물의 확산을 해석하기 위하여 필요한 것은 도핑 불순물의 농도 $N(x,t)$이다. 밀도 J_{diff}를 식 (4.5)과 (4.12)의 연속방정식에서 소거시키면 Fick의 제2법칙인 확산 방정식을 구할 수 있다.

$$\frac{\partial N(x,t)}{\partial t} = D\frac{\partial^2 N(x,t)}{\partial x^2} \tag{4.13}$$

적당한 경계 조건과 초기 조건을 적용하여 위의 방정식을 풀면 시간에 의존하는 반도체 내의 불순물의 농도 분포 $N(x, t)$를 구할 수 있다.

한편 반도체 내의 불순물 분포는 확산시간으로 제어할 수 있다. 또한 확산공정은 확산계수 D에 의하여 온도에 의존한다. 불순물 원자의 확산에서 확산계수는 다음과 같이 온도에 지수함수적으로 변화한다.

$$D = D_0 e^{-\frac{E_A}{kT}} \tag{4.14}$$

여기서 T는 절대온도, k는 볼츠만 상수, E_A와 D_0는 각각 활성화 에너지(activation energy) 및 빈도 인수로 반도체 물질 및 불순물 원자의 종류에 따라 변화한다.

4.3.2 불순물 확산 방법

도핑 방법은 결정 성장 중에 불순물이 주입되는가 또는 결정 형성 후 표면을 통해 불순물이 주입되는가에 따라 두 가지로 나누어진다.

표면을 통한 도핑에서는, 결정격자는 고정되어 있고 불순물 원자가 다음의 세 가지 방법에 의해 주입된다. 즉 고온에서 표면을 불순물을 포함한 기체 또는 고체에 노출시키거나 이온 주입 방법에 의해 불순물을 실리콘 내부로 도핑시킨다. 이때 사용되는 물질의 종류를 [표 4.4]에 나타내었다.

[표 4.4] 불순물 확산법(source에 의한 분류)

<table>
<tr><th>구 분</th><th>확 산 원</th><th colspan="2">확 산 법</th></tr>
<tr><td rowspan="2">단원소 source</td><td>As</td><td colspan="2">밀폐된 튜브 내에서의 직접 확산</td></tr>
<tr><td>Au</td><td rowspan="3">유리층 형성 – drive
(가스 확산)</td><td rowspan="5">2단계
확산</td></tr>
<tr><td>기체 source</td><td>PH_3, B_2H_6</td></tr>
<tr><td>액체 source</td><td>$POCl_3$, BBr_3, PBr_3</td></tr>
<tr><td rowspan="2">고체 source</td><td>As_2O_3, Sb_2O_3
B_2O_3, P_2O_5</td><td>유리층 형성 – drive</td></tr>
<tr><td>BN, As–Si 합금 등</td><td>B_2O_3 유리층 형성 – drive</td></tr>
<tr><td rowspan="2">고상–고상확산</td><td>CVD막
SiH_4–PH_3–O_2 계
$Si(OC_2H_5)$–$PO(OCH_3)_3$계 등</td><td colspan="2">doped oxidation 형성 – 열확산 (PSG, BSG, ASSG)
doped poly silicon 형성 – 열확산
(인, 비소를 doped시킨 poly silicon)</td></tr>
<tr><td>도포막</td><td colspan="2">스핀 coating에 의한 유리층의 형성 – 열확산</td></tr>
<tr><td>이온주입</td><td>PH_3, PF_6, BF_3, AsH_3 등</td><td colspan="2">이온 주입 – 열처리</td></tr>
</table>

(1) 기상 확산법

기상 확산법은 실리콘 표면 등에 불순물을 확산하는 방법으로부터 가장 많이 사용되어 왔는데, 고온로 안에서 도핑될 불순물을 포함한 증기에 실리콘 웨이퍼를 노출시킨다. 이때 불순물을 포함한 증기는 [그림 4.12]에서와 같이 고체 불순물 원소를 가열하여 생성시키거나, 액체 불순물 원소를 운반 가스로 나르기도 하며, 기체 상태의 불순물을 그대로 이용하기도 한다. 이때 사용되는 운반가스(carrier gas)는 일반적으로 불활성 가스가 사용된다.

고체 소스형의 경우 태양전지 제작을 위해 [그림 4.13]과 같이 확산원과 웨이퍼를 마주보게 배치하고, 일정의 온도로 유지된 확산로 내에서 확산 소스에 의해 발생되는 불순물 증기에 의하여 웨이퍼에 확산하는 방법이 사용된다. 이때 사용되는 물질로는 질화 보론(BN)과 glass ceramic boron이 가장 많이 사용된다. 고체 소스형은 기체 소스형에 비해 균일한 불순물 농도 확산이 가능하며, 실리콘 웨이퍼의 크기가 커질수록 유리한 확산법이다.

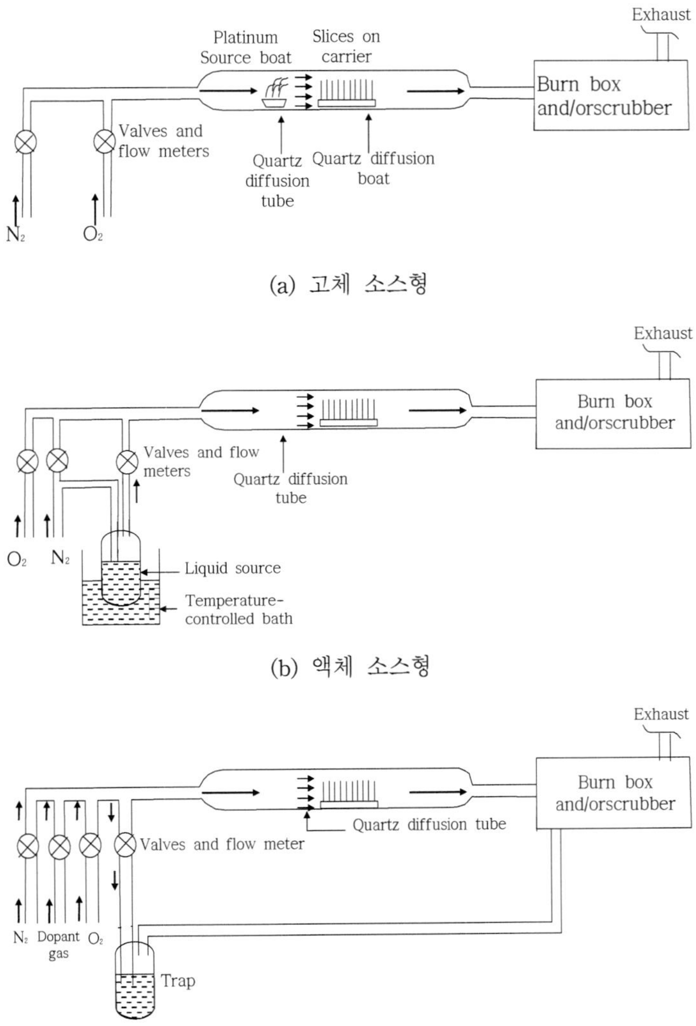

(a) 고체 소스형

(b) 액체 소스형

(c) 기체 소스형

[그림 4.12] 기상 확산법의 종류

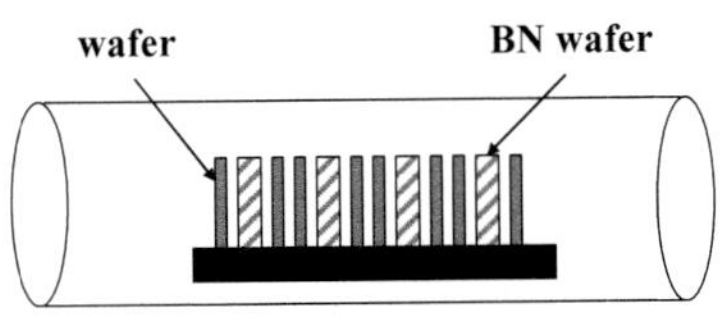

[그림 4.13] 웨이퍼 형태의 고체 확산원을 사용한 기상 확산법

(2) 고상 확산법

도핑될 불순물을 포함한 층을 실리콘 표면에 형성시키고 고온에 두면 실리콘 표면을 통해 불순물이 실리콘 내부로 확산되는 방법이다.

i) 도포 확산법(Spin-on-Doping, SOD)

불순물 혹은 산화 불순물을 유기 용매에 녹여서 그 액체를 spinner를 이용하여 웨이퍼에 도포하고 그 후 열처리에 의하여 확산시키는 방법이다. 용매는 일반적으로 알코올이 주성분이며, 도포 후의 막질이 균일하게 되도록 점도가 낮다. 장점으로는 위험한 유해 가스를 사용하지 않고 확산이 가능하지만, 실리콘 표면의 패턴 단차와 도포 후의 SOD 소스에 포함된 불순물 제거가 필요할 수 있다.

ii) 도핑된 산화막 및 다결정 실리콘을 이용한 확산법

웨이퍼 표면에 불순물 원소를 포함하는 기상 성장막을 성장시키고, 그 후에 열처리를 행하여 실리콘 내부로 불순물을 확산시키는 방법이다. 확산에 사용하는 기상 성장막은 일반적으로 산화막과 다결정 실리콘의 두 종류의 막이 있다. 도핑된 산화막을 제조하기 위해 SiH_4과 산소를 반응시킬 때 불순물을 포함한 가스를 흘리면 다음과 같은 반응이 발생한다.

$$SiH_4 + O_2 + PH_3 = P_8O_5 + SiO_2$$

$$SiH_4 + O_2 + B_2H_6 = B_2O_2 + SiO_2$$

이때 형성된 막을 PSG(phospho-silicate-glass) 또는 BSG(boro-silicate-glass)라고 부른다. PSG 또는 BSG막은 확산로에서 불순물을 실리콘 내로 확산시키는 소스로 작용한다. 이 경우의 확산은 성장된 막의 상태와 산화막 중의 불순물 농도에 의하여 분포가 결정되므로 고농도 확산에 유리한 방법이다. 한편 다결정 실리콘의 경우도 앞서 기술한 방법과 동일하게 기상 성장법에 의해서 막을 형성한다.

이 방법은 최근에는 소자의 활성 영역을 형성하는 목적으로 사용하지 않고 배

선 저항을 내리기 위한 확산 또는 silicon, SiO_2 중에 포함되어 있는 오염물질, 중금속류의 제거를 목적으로 사용하는 경향이 있다.

(3) 이온 주입

실리콘 웨이퍼를 진공 속에 두고 불순물 이온을 가속하여 표면으로 주입한다. 충돌에 의해 불순물 이온이 실리콘 내에 머물게 된다. 이 경우 불순물을 도핑하지 않을 영역은 표면을 실리콘 산화막과 같은 물질로 보호함으로써 불순물을 부분적으로 웨이퍼에 도핑시킬 수 있다.

태양전지의 효율을 결정하는 가장 중요한 공정으로 p-형 실리콘 기판에 n-형 물체를 확산을 시키는 방법에서 여러 형태로 변환효율을 향상시키기 위한 방법을 연구해 왔다. 태양전지 산업에서 사용하는 도핑에서는, 결정격자는 고정되어 있고 불순물 원자가 다음의 세 가지 방법에 의해 주입된다. 첫 번째는 기판표면에 산화물 입자를 직접 뿌리거나 스핀코팅하는 것이고, 두 번째로는 산화물 가루로 만든 고체를 증기화하여 기판의 표면과 반응시켜 도핑하는 것이고, 세 번째 방법은 퍼니스(furnace) 안에서 화학적 반응에 의한 산화물을 생성하는 방법이 있다. 또 도핑소스 선택시 고려해야할 사항은 ① 도핑소스가 완전히 도핑되기 전까지 농도와 증기압의 변화가 없어야 하며, 농도와 증기압을 쉽게 조절할 수 있어야 한다. ② 일반 운반가스와 혼합이 잘 되어야 한다. 반응 생성물은 masking layer 또는 반도체를 손상시키지 말아야 한다. ③ 튜브 내벽 또는 보트 등에 불필요하게 쌓이는 것이 최소화되어야 한다. ④ 작업과 저장 시 그 온도에서 화학적으로 안정해야 하며, 다루기가 쉽고, 무독성, 폭발성이 없어야 한다. ⑤ 비용이 저렴해야 한다. 인(phosphorus)은 p-형 태양전지 기판에 가장 널리 사용되는 n-형 도핑물질이며, 인소스로는 PH_3와 같은 기체소스와 $POCl_3$, H_3PO_4 같은 액체소스, P_2PO_5와 P_2PO_7을 포함하는 고체산화물 소스 등이 있다. $POCl_3$는 가장 보편적으로 사용되는 도핑소스이다. $POCl_3$ 용액을 사용하여 인 확산을 한다. 2단계를 걸쳐 인 확산이 시행된다. 첫 단계는 선증착(pre-depoition)이고 두 번째 단계는 밀어 넣는 확산(drive-in)이다. 선증착 과정은 웨이퍼 표면에 많은 원자를 포함하는 산화막을 20 nm 두께 내외로 증착하는 과정이다. 선증착은 830°C에서 900°C까지 10분 정도 유지하면서 $POCl_3$를 주입한다. $POCl_3$ 용액은 23~25°C의 온도를 유지하고, 질소

가스를 통해 운반된다. 이러한 $POCl_3$은 질소와 산소의 혼합가스와 함께 퍼니스에 투입된다. Drive-in 확산 이전에 P_2O_5를 형성한다. 반응식은 다음과 같다.

$$4POCl_3 + 3O_2 \rightarrow 2P_2O_5 + 6Cl_2 \quad (4.15)$$

확산 온도에서 실리콘 표면에서 확산 반응식은 다음과 같다.

$$2P_2O_5 + 5Si = 4P + 5SiO_2 \quad (4.16)$$

$$ySiO_2 + xP_2O_5 \rightarrow xP_2O_5ySiO_2 \text{ Phosphosilicate glass(PSG)} \quad (4.17)$$

Drive-in 과정에서 도핑 원료는 주입되지 않는다. 높은 온도에서 불순물은 이미 실리콘 표면에 증착되어 농도차에 의하여 웨이퍼 속으로 확산해간다. 불순물의 농도는 실리콘 표면에서 최대이며 웨이퍼 속으로 들어갈수록 Gaussian 분포나 error 함수를 따라 줄어든다. 실리콘 웨이퍼는 실제적으로 앞뒷면이 모두 확산되므로 n^+-p-n^+ 구조를 갖는다. 인 확산 과정에서 O_2는 확산 산화막의 성장을 가져온다. 일반적으로 식 (4.17)에서 phosphosilicate glass(PSG)라고 알려진 산화막이 실리콘 표면에 성장한다. 인은 기판에 내포된 금속 불순물을 외부로 석출할 수 있으며 특히 가열기간 보다는 냉각기간에 발생이 효과적이다. 고의로 온도를 천천히 냉각하여 불순물 석출에 효과를 보는 gettering 기법을 사용하면 반송자 수명시간 연장과 전류향상에 기여할 수 있다. PSG층은 이런 원하지 않는 불순물을 석출하여 포함하고 있기 때문에 확산공정 후에 제거함이 일반적이나 별도의 산화공정을 하지 않고 표면 passivation 효과를 보기 위해서 온도 40°의 HCl 처리 후, 온도 90°의 증류수에 담구어 금속 성분과 P_2PO_5를 제거하여 사용할 수도 있다. 일반적으로 같은 시간과 온도에서 산화막을 형성했을 때보다 상대적으로 더 두껍게 증착된다. 이것은 인 도핑된 실리콘의 산화막 성장 때문이다. PSG는 5% HF 용액 안에 넣어 제거 한 후에 증류수로 세척한다. p-n 접합의 단락을 막기 위하여 HF, HNO_3와 CH_3COOH 용액을 사용하여 측면분리를 한다. 측면만을 식각하기 위하여 앞뒷면을 산으로부터 보호하고 준비된 HF, HNO_3와 CH_3COOH 용액에 담근다. SF_6나 CF_4 등의 가스를 주입하면서 플라즈마를 이용하여 측면을 식각하는 방법이 가장 널리 사용되고 있으나, 최근의 추세는 측면분리를 레이저를 이용하여 분리하는 방법이 적용되고 있다. [그림 4.14]에 $POCl_3$ 용액을 이용한 인 확산을 위한 시스템을 도시하였다. 한 튜브당 현재 200장에서 400장 사이로 도핑을 진행하며, 면저항 값, 균일도, 표면농도, 접합깊이 등을 조절하여 태양전지 변환효율을 최적화하고 있다. 추세는 면저항 값을 기존의 40 Ω/□에서 60 Ω/□로 이동하고 있으며 향후 미래에는 100 Ω/□에서도 스크린 인쇄기법을 이용한 태양전지가 생산될 것으로 예상한다.

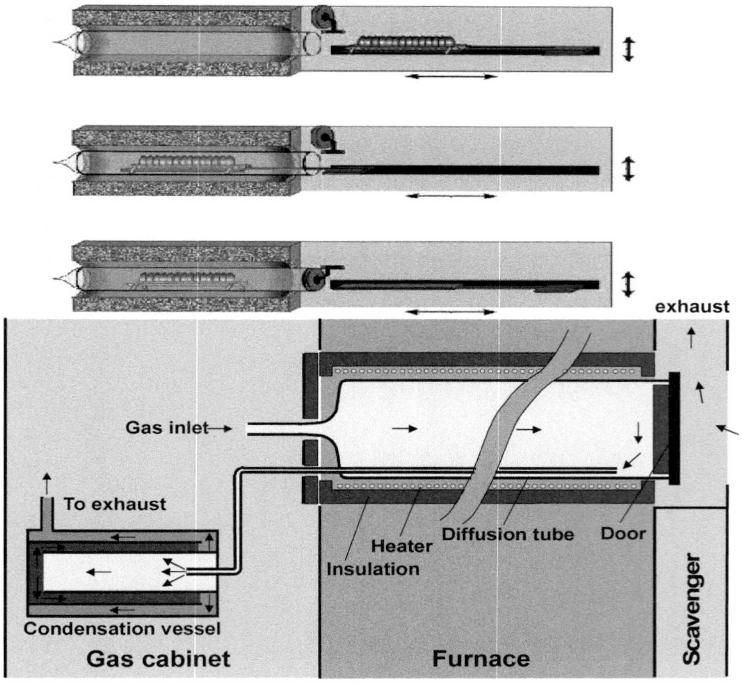

[그림 4.14] $POCl_3$ 용액을 이용한 인 확산을 위한 시스템

높은 개방전압을 얻기 위해 과도한 도핑을 한 경우 반송자의 이동도가 감소하며, 과도한 불순물과의 산란 영향으로 인한 재결합속도가 커지고 반송자 수명시간도 감소한다. 또한 너무 낮게 도핑을 한 경우에는 표면 면저항이 너무 커져 이들에 의한 손실이 발생하고 스크린 인쇄 시 직렬저항의 증가로 곡선인자 충실도가 감소하는 경향이 나타난다. 이를 개선하기 위해 핑거와 핑거 사이를 줄이기 위한 연구가 진행되지만 차광손실이 증가하여 단락전류의 감소를 가져왔다. 따라서 광에너지를 효과적으로 이용하기 위해서 에미터의 두께와 도핑농도를 최적화함으로써 표면재결합을 줄여야 한다. 기존공법으로는 면저항에 있어 40 Ω/□, 농도에 있

어서 $N_D = 10^{19}\ \mathrm{cm}^{-3}$의 값에서 변환효율의 가장 좋은 특성이 나왔다. 도핑시의 온도와 가스주입량에 따라 면저항은 변화된다. 가스주입량이 증가하고 압력이 낮아짐에 따라서 면저항은 낮아진다.

일반적으로 면저항이 높아짐에 따라 표면 재결합이 줄어들고 단락전류가 높아진다. 그러나 스크린 프린트를 사용하여 전극을 열처리할 경우 높은 면저항의 낮은 접합깊이의 에미터는 쉽게 전면 전극이 Ag가 에미터층을 뚫고 접합 누설이 생길 수 있다. 이러한 누설을 방지하기 위해서는 높지 않은 온도에서 최적의 조건을 찾아야 한다. 그러나 온도가 충분히 올라가지 않으면 전면 전극과 에미터와의 접촉저항이 증가하고 증가된 접촉저항은 직렬저항을 크게 하여 효율의 저하를 가져온다. 또한 낮은 온도에서의 열처리는 후면 표면 전계의 저하를 가져오고 이로 인하여 개방전압의 저하를 가져온다. 이와 같이 급속 열처리 공정을 이용하여 전극의 열처리를 할 때 도핑 조건은 큰 영향을 미친다. 각 면저항에서의 최대의 효율을 가져오는 최적의 열처리 조건을 찾아야 한다.

급속 열처리 공정을 이용한 전극 열처리 문제를 해결하기 위해서는 접촉저항이 낮은 Ag paste를 사용하거나 태양전지의 전면 전극의 열처리 온도와 후면 전극의 열처리 온도를 다르게 하여 각각 열처리를 하는 방법이 있다. 만일 동시 열처리를 실시하고자 하면 전면의 Ag의 온도와 후면의 Al의 온도차를 크게 내어서 후면의 Al의 열처리 온도를 높여서 후면 표면 전계의 효과를 가져오고 전면의 Ag 열처리를 온도를 낮추어서 낮은 에미터의 접합 누설을 줄일 수 있다. 이와 같이 급속 열처리 공정을 이용한 전극 열처리는 도핑에 따라 여러 조건들을 고려하여 최적화 되어야 함을 알 수 있다. 태양전지의 도핑과 금속전극형성은 함께 동시에 고려해야 된다. 태양전지의 전력 손실은 크게 광학적 손실과 전기적 손실 두 가지로 볼 수 있다. 첫째는 전면전극에 의해 빛의 입사 면적을 줄이는 광학적 손실이다. 두 번째는 전극 저항과 에미터에 흐르는 캐리어에 의한 저항 손실이다. 이러한 저항 손실은 면저항이 커짐에 따라 커진다. 이러한 저항 손실을 작게 하기 위해서는 핑거와 핑거 사이의 간격을 줄일수록 작아진다. 그러나 핑거와 핑거 사이의 거리를 줄일수록 광손실에 의한 전력 손실이 증가한다. 그러므로 각각의 면저항에 따라서 핑거 거리를 최적화 하여야 한다.

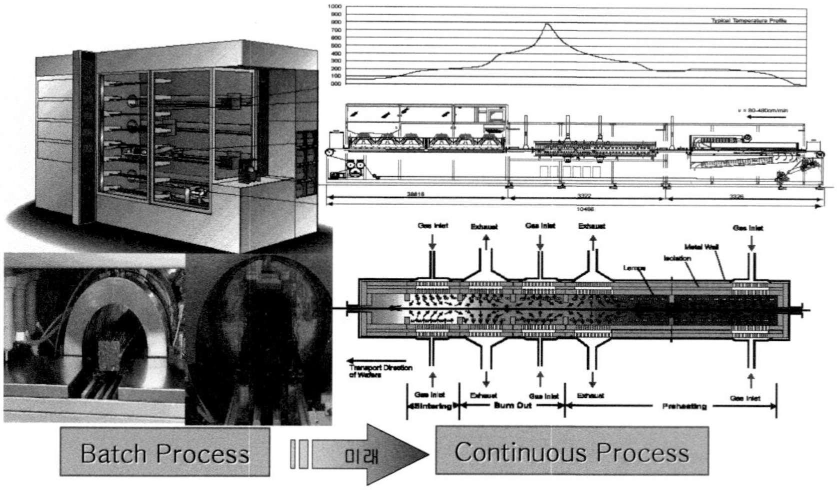

[그림 4.15] 기존의 연속공정 설비와 미래 연속공정 도핑 개념도

태양전지는 저가화를 주요 달성 목표로 개발이 추진되면서, 기존의 튜브 bach 형태에서 in-line 연속공정 도핑 기술로 발전되고 있다. 연속공정이 가능한 방안으로 스프레이, 도핑페이스트 스크린인쇄로 대치하고 벨트형태의 열처리를 920° 내외에서 15분 이내로 처리하여 양산에 적용한다. 효율은 기존 튜브형태와 유사한 결과까지 달성하면서도, 생산량과 공정시간은 기존보다 훨신 우월하다. 이러한 연속공정 도핑 개념도를 [그림 4.15]에 도시하였다.

4.4 | 반사방지막 형성

반사방지막(anti-reflection coating)은 상층에서 반사된 빛과 하층에서 반사된 빛이 서로 상쇄간섭(destructive interference)을 일으키도록 함으로써 태양전지 표면에서의 빛 반사를 줄이고, 특정한 파장영역의 선택성을 증가시키기 위해 사용된다. 이러한 상쇄간섭은 위상차가 180°이거나 경로차가 파장의 절반이 되는 조건에서 일어나기 때문에 반사방지막의 두께와 굴절률 값에 따라서 정해지는 제한된 범위의 파장에서만 최저 반사율을 얻을 수 있다. 실제 반사방지막을 제작할 경우

이론적으로 사용되는 물질의 두께와 굴절률을 최적화 하는 작업이 선행되어야만 효과적인 태양전지 반사방지막을 달성할 수 있다. 태양전지 표면에서의 빛 반사를 줄여주고 특정한 파장영역의 선택성을 증가시켜 주기 위해서 반사방지막을 해주는데 빛의 반사를 줄이기 위해서는 굴절률이 n_1인 반사방지막 재료의 표면에서 반사되는 빛과 굴절률이 n_2인 실리콘 표면에서 반사되는 빛이 파괴적 간섭을 일으켜야 한다.

단층 반사방지막의 입사각이 수직인 경우, 광학적 위상차가 180°일 때 상쇄 간섭으로 인해 최소의 반사율을 가지므로 이때의 두께는 다음과 같이 결정된다.

$$d_j = \lambda_o / 4n_j \tag{4.18}$$

위의 식들을 이용하여 반사율을 구하면 다음과 같다.

$$R = \left(\frac{n_1^2 - n_o n_2}{n_1^2 + n_o n_2} \right)^2 \tag{4.19}$$

식 (4.19)의 반사율 식으로부터 반사율이 최소가 되는 굴절률을 구할 수 있다. 즉 $n_1 = \sqrt{n_o n_2}$를 만족할 때 가장 낮은 반사율을 얻을 수 있다. 이층 구조의 반사방지막의 경우에는 반사율이 다음의 식과 같이 주어진다.

$$R = \left(\frac{n_1^2 n_3 - n_o n_2^2}{n1^2 n_3 + n_o n_2^2} \right)^2 \tag{4.20}$$

따라서 최소의 반사율을 얻기 위한 굴절률은 $n_1^2 n_3 = n_o n_2^2$를 만족해야 한다.

[표 4.5]에는 태양전지용 반사방지막 재료의 굴절률을 요약하여 나타내었다. 이들 재료를 단층이나 이층으로 조합하여 반사방지막을 형성한다.

[표 4.5] 반사방지막 재료별 굴절률

재료	굴절률	재료	굴절률
Al_2O_3	1.8~1.9	SiO_2	~1.46
Galsses	1.5~1.7	TiO_2	~2.30
MgF_2	~1.38	Ta_2O_5	2.1~2.3
MgO	~1.74	ZnS	~2.33
Si_3N_4	~1.9	CeO	~1.95
SiN	~2.30	CeO_2	~2.40
SiO	1.8~1.9	Si	~3.85

반사방지막 재료의 표면에서 반사되는 빛과 실리콘 표면에서 반사되는 빛이 서로 상쇄 간섭을 일으키기 위한 조건은 식 (4.18)로 주어지는데, 빛의 파장이 4분의 1 파장보다 작거나 크면 코사인 함수와 파장에 따른 굴절률의 변화에 의해서 반사율이 증가하게 된다. 파장이 600 nm인 빛의 파장에 대한 실리콘의 굴절률은 약 3.8에 해당되므로 대기 중에서($n_0 = 1$) 실리콘 태양전지의 경우 반사방지막의 적당한 굴절률 값은 1.9가 된다. 기존에는 SiO 단층의 반사방지막이 사용되었으나 반사율을 줄일 수 있는 파장 영역이 좁아서 별 효과를 얻을 수 없었다. 현재 이를 해결하고 저가로 형성 가능한 이층 구조의 반사방지막(double layer antireflection coation)에 관한 많은 연구가 진행되고 있다. 하부층으로는 2.2~2.6 사이의 높은 굴절률을 가진 물질들이 사용되며, 1.3~1.6 사이의 낮은 굴절률의 물질들이 상부층으로 연구되고 있다. 다양한 이층 반사방지막 구조 중에서 MgF_2/ZnS, MgF_2/TiO_2, SiO_2/SiN, MgF_2/CeO_2 등이 가장 낮은 반사율을 가지는 것으로 보고되고 있다. 최근에는 표면 패시베이션과 반사방지막 역할을 동시에 하는 수소를 포함한 질화실리콘(silicon nitride)막이 사용되고 있다.

한편 반사방지막을 형성시키는 방법으로는 진공증착법(vacuum evaporation), 화학기상증착법(CVD: Chemical Vapor Deposition), 스핀 코팅, 스크린 인쇄, spray coating 등이 있다.

4.5 | 박막제조 및 공정

현재 결정질 실리콘 태양전지 제조 공정에서 사용되는 박막은 광여기된 전류를 수집하기 위한 그리드 전극 박막이나 표면 패시베이션층이나 반사방지막을 형성하기 위한 절연막 등으로 크게 구분할 수 있다. 박막 태양전지의 경우에는 Si 박막이나 화합물 반도체 박막 등의 증착이 추가로 필요할 것이다.

태양전지와 같은 반도체 소자 제작에 사용되는 박막은 열적 성장이나 물리적 증착, 혹은 화학반응에 의해 증착되는 금속, 반도체, 부도체의 얇은 층을 말한다. 이런 박막들은 구성 성분과 두께 등이 서브마이크론(submicron) 공정에 적합하도록 조절될 수 있어야 하고 핀홀(pinhole)과 같은 결함이 없어야 한다. 태양전지 관련 박막제조의 대표적인 방법은 다음과 같다.

① 물리기상증착(PVD : Physical Vapor Deposition)
② 화학기상증착(CVD : Chemical Vapor Deposition)
③ 전기도금(EP : Electroplating)
④ 스크린 프린팅(SP : Screen Printing)

4.5.1 스퍼터링(Sputtering) 물리적 기상증착

스퍼터링은 글로우 방전에서 발생되는 정 이온을 전계에 의해 높은 에너지로 가속시켜 고에너지의 정 이온이 고체의 표면과 충돌하면 고체표면의 원자 또는 분자가 표면에서 밖으로 튀어나오는 스퍼터링 현상을 이용한 박막제조 방법이다. [표 4.6]은 스퍼터링의 장·단점을 비교하여 나타내었다.

[표 4.6] 물리적 박막 제작방식의 비교

장 점	단 점
1. 박막의 질이 우수(pin-hole free) 2. 넓은 면적의 증착(기존 반도체공정 라인 이용)이 가능 3. 저증기압의 원소나 화합물 적용이 가능	1. 다성분 박막에서 조성비 제어가 어려움 2. Step coverage가 나쁨 3. 고전압, 수랭, 희가스의 도입으로 장치가 복잡 4. 박막형성 속도가 느림 5. 박막의 온도제어가 어려움

스퍼터링 방법에서는 진공조 전체를 방전관으로 하여 내부에 방전용의 가스를 넣고 2극 직류의 글로우 방전을 일으킨다. 진공계의 구성은 진공증착장치와 비슷하지만 방전을 위한 가스 도입구와 고전압 전원, 그리고 진공도 측정을 위한 진공계 등이 필요하다. 가속된 정 이온이 충돌하는 음극은 스퍼터 물질이 되며, 양극은 알루미늄 혹은 스테인리스강으로 만들어 양극 상에 기판이 놓이게 된다.

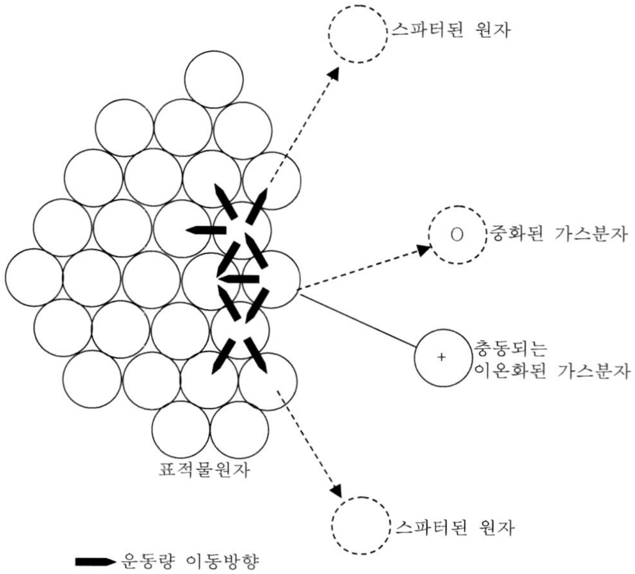

[그림 4.16] 스퍼터링 현상

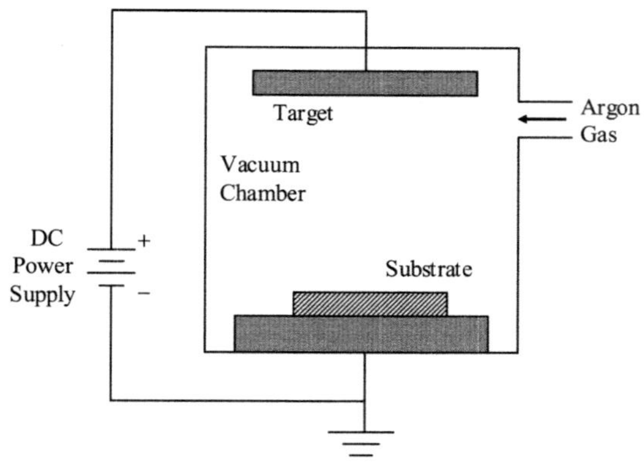

[그림 4.17] 2극 직류 스퍼터링 장치의 개략도

스퍼터 장치에서 플라즈마를 생성시키기 위해서는 챔버 내 가스의 이온화를 위한 문턱전압 이상의 전압이 인가되어야 한다. 이 전압에 의해 전계가 나타나고, 음극으로부터 상온에서 발생되는 전자 및 자연 방사선으로부터 생성되는 전자가 전계에 의하여 가속된다. 플라즈마 내의 전자는 이온에 비하여 매우 가벼우므로 운동속도가 빨라 쉽게 양극으로 빠져나가고, 플라즈마는 양전하의 이온으로 가득 차게 되어 플라즈마 전위 V_P를 띠게 된다. 양극 쪽에서의 전위는 플라즈마 전위 V_P에서 접지점의 전위로 급격하게 떨어지게 되고, 인가된 전압 $|V_C|$와 플라즈마

전위 V_P의 합이 플라즈마와 음극 사이에 나타나게 된다. 플라즈마 내에서는 전압 강하가 없으므로 전체적인 전위분포는 [그림 4.18]와 같다. 플라즈마 내에서는 여기된 전자가 다시 원상태로 되돌아갈 때 에너지 차이에 상응하는 빛을 발산하게 되므로 밝은 부분이 나타나지만, 양극과 음극 부근에서는 이와 같은 플라즈마가 없으므로 빛의 발산이 없는 어두운 영역(dark space)이 형성된다. 다크스페이스 폭은 V_P에 의존하며, 이온밀도와 V_P가 증가할수록 커진다. 플라즈마가 지속되기 위하여 사용되는 DC 전압은 다크스페이스를 가로질러 플라즈마로부터 이온을 음극 쪽으로 가속시키며, 음극으로부터 방출되는 2차 전자가 플라즈마 쪽으로 가속되도록 한다. 가속된 전자들이 가스 이온과 충돌하여 플라즈마가 지속되고, 발생된 이온이 음극 전압이 연결된 타깃에 큰 운동에너지를 갖고 충돌하여 스퍼터링 현상이 나타나게 된다.

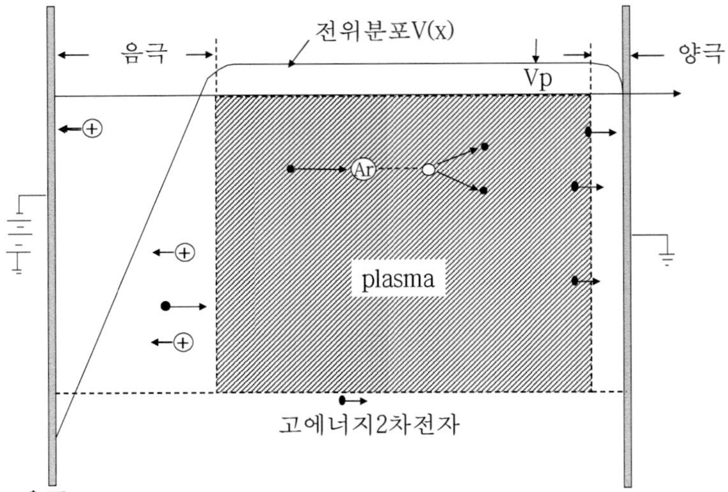

[그림 4.18] 2극 직류 스퍼터 장치의 글로우 방전과정과 전위분포

2극 직류 스퍼터 장치는 구성이 간단하지만 ① 고전압 필요, ② 낮은 스퍼터 효율, ③ 높은 에너지의 2차 전자로 인한 기판 가열 및 격자손실, ④ 타깃의 과도한 가열, ⑤ 불안전한 방전, ⑥ X-선에 의한 기판 손상, ⑦ 부도체 스퍼터링은 불가능하다.

절연체에서도 가능한 스퍼터링 장치로서 고안된 것이 RF 스퍼터링 장치이다.

실제 직류 스퍼터링 장치에서는 타깃에 도달된 이온의 중성화와 2차 전자 발생으로 인한 양전하의 전기적 중화를 위해서는 음극으로부터 전자를 공급받아야 하는데 타깃이 부도체이므로 전자를 공급받을 수 없다. 결국 스퍼터링이 진행될수록 타깃의 전위가 점점 높아져 음극과 양극 사이의 전위차가 줄어들게 되므로 플라즈마가 지속될 수 없다. 캐패시터는 부도체 목표물을 등가화시킨 것일 뿐 아니라, 목표물이 도체일 때 사용되는 직류방지 캐패시터를 나타낸다. RF 전원이 공급되면, 양의 반주기 동안 전자가 음극으로 끌려가서 전자 전류가 흐른다. 반대로 음의 반주기가 되면, 이온이 끌려가서 이온 전류가 흐르게 된다. 전자가 이온보다 가벼우므로 전자 전류가 더 많이 흐르는 결과가 나타난다. 인가된 RF 전원의 주파수가 매우 커서, 양의 반주기 동안에 음극 쪽으로 이동하여 부도체에 축적된 전자가 이온에 끌려가는 다음 반주기 동안에 충분히 방전되지 못하면, 그곳에 쌓이게 되어 음의 직류 오프셋(offset) 전압이 형성된다. 따라서 다음 양의 반주기 동안에는 앞의 양의 반주기보다 오프셋 전압만큼 감소된 전압이 인가되어 음전극으로 이동해 가는 전자 수가 적어진다. 이와 같은 과정이 반복되면, 캐패시터에 등가된 부도체 표면에는 충분히 많은 양의 축전된 전자로 인한 V_{DC}의 오프셋 전압이 생성되어 이 전압에 RF 전원이 첨가된 모양이 된다. 이때가 되면, 목표물의 양 전위 기간이 짧아지고 상대적으로 음 전위 기간이 길어져 전자와 이온의 흐름이 균형을 이루게 되는 안정 상태에 도달하게 된다. 이런 현상을 자기 바이어스(self-bias)라고 한다. 따라서 음 전위가 전극에 인가될 때 크게 가속된 이온이 부도체 쪽으로 끌려와서 충돌하여 스퍼터링 작용을 일으키게 된다. 이에 반하여, 기판 쪽에는 항상 플라즈마에 비하여 작은 값의 플라즈마 전압 V_P만큼 낮은 전위가 형성되므로 극소량의 매우 낮은 에너지를 갖는 이온이 이동하여 스퍼터링 효과가 무시된다. 또한 양쪽 전극의 넓이에 반비례하여 다크스페이스 전압이 걸리므로 스퍼터링이 일어나게 하고 싶은 목표물 쪽 전극 넓이가 작을수록 많은 전압이 그곳 다크스페이스에 걸려 강한 스퍼터링 효과가 나타나게 된다. [그림 4.19]에 일반적인 RF 스퍼터링 장치의 개략도를 나타내었다. 통상 사용되는 고주파의 주파수는 13.56 MHz이며, 발진된 RF는 최대 에너지가 전극에 공급할 수 있도록 인덕터와 캐패시터로 구성된 정합회로망(matching network)을 경유하여 목표물이 있는 전극에 공급된다.

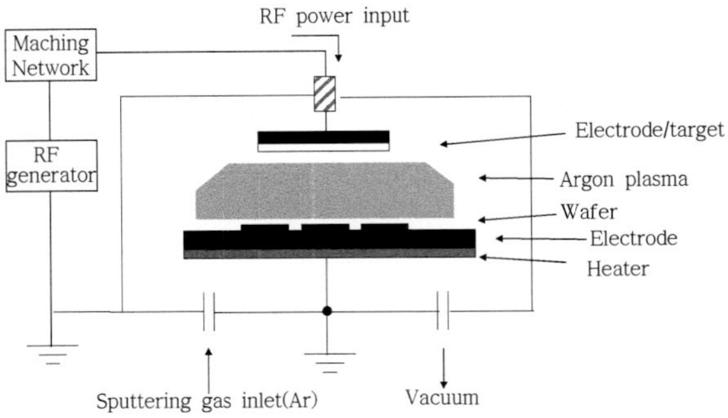

[그림 4.19] RF 스퍼터링 장치의 개략도

마그네트론(magnetron) 스퍼터링은 음극인 타깃 주위에 자장 터널을 만들어 주어서 작동기체의 이온화율을 높여서 스퍼터 효율을 크게 하는 것이다. 또한 2차로 발생한 전자가 이 전자 터널을 이탈하지 못하도록 한다. 이들 전자들은 원통형 궤적을 따라 이동하면서 기체의 이온화에 기여한다. 일반 스퍼터링에서는 20~30%의 이온화율에 비해 이 경우에서는 70% 이상 달성 가능하다. 따라서 이 장치를 이용하면 유전체의 박막 제조에 큰 효과를 얻을 수 있다. 반응성(reactive) 스퍼터링은 음극 스퍼터링 과정 중 음극 물질과 O_2, N_2, H_2S와 같은 기체를 외부로부터 주입시켜 고의로 타깃물질과 화학반응을 일으키면서 화합물 박막이 형성되게 하는 장치이다. 산화물 박막, 질화물 박막, 유화물 박막 등을 만들 수 있다.

4.5.2 화학기상증착(CVD)

CVD법은 반응실에 도입된 원료가스를 여기시켜 기상 또는 기판상에서 기상화학반응(열분해, 산화, 질화 등)을 통해 박막을 퇴적시키는 방법으로 태양전지 제작과정에서 가장 중요한 공정 중의 하나이다. 즉 이 방법은 기체 원료, 또는 고체 및 액체 원료를 기화하여 캐리어 가스와 함께 가열한 반응 용기로 도입시켜 산화나 열분해, 가수분해 등의 화학반응에 의해 산화물 등의 물질을 합성하여, 기판 표면에 퇴적시키는 방법의 총칭이다.

CVD 박막의 장점은 비교적 낮은 온도에서 고순도와 결함이 없는 결정층뿐 아니라, 비정질 물질도 얻으며 다양한 종류의 박막 형성 및 광범위한 화학량론적 구성을 쉽게 조절할 수 있다는 점이다. 태양전지 제조 공정에서 CVD는 표면의 패시베이션막 제조에 많이 이용되고 있다.

CVD에 의한 막 증착에 있어서 그 반응 과정은 기상반응가스의 기판 표면으로의 수송 속도와 기판 표면에서의 가스 반응속도에 의해 크게 영향을 받는다. 기상반응가스의 기판 표면으로의 수송 속도의 경우는 반응실의 조건(압력, 가스공급 방법, 기판의 설치 방법 등)에 크게 좌우되며, 특히 막 두께의 균일성을 향상시킬 때 중요하다. 기판 표면에서의 가스 반응속도의 경우는 대단히 복잡한 계(system)로 되어 있어 기판의 온도, 재질, 형상, 그리고 그 외에 사용하는 가스 종류에 크게 영향을 받는다.

반도체 공정에서 이용되는 CVD 기술은 화학반응이기 때문에, CVD를 분류하는 변수에는 막 형성시의 반응압력과 반응가스의 여기방법에 따라 열 CVD(상압 · 감압 CVD), 플라즈마 CVD, 광 CVD 등으로 분류된다. [표 4.7]은 각종 절연막 형성을 위한 CVD법을 정리하여 표기한 것이다. 이와 같은 절연막의 형성을 위해서는 화학 반응의 구동력에 따라 열, 플라즈마 방전, 광 또는 이들의 조합에 의한 CVD 방법이 사용된다. 이때 화학반응의 여기 방법은 구동에너지에 의한 반응 메커니즘과 기판표면과의 반응에 관계가 있다. 특히 열 CVD 반응에서는 화학반응이 일어나는 장소를 표면으로 한정시킬 수 있으나, 이것이 반드시 표면반응이라는 의미는 아니다.

[표 4.7] CVD법에 의한 절연막 형성

CVD 반응	개 요	실 제 예	성막 온도
열 CVD (APCVD LPCVD)	분해 산화 등의 화학반응에 의한 성막으로 열에 의해 반응이 진행된다. 반응은 기상 중 및 표면에서 일어남	SiH_4-O_2계 TEOS$-O_2$계 TEOS$-O_3$계	400°C~(SiO_2) 750°C~(SiO_2) 400°C~(SiO_2)
플라즈마 CVD	플라즈마 방전 중, 원료가스의 여기에 의한 저온 막 형성 반응은 주로 기상 중 혹은 반응로 벽면에서 일어남	$SiH_4-N_2(NH_3)$계 SiH_4-N_2O계 TEOS계	~350°C(SiN) ~350°C(SiON) ~350°C(SiO_2)
ECR 플라즈마 CVD	마이크로웨이브 ECR 플라즈마에서의 O_2, N_2 등의 활성화와 원료 가스의 반응	SiH_4-N_2계 SiH_4-O_2계	실온~(SiO_2) 실온~(SiN)
바이어스 ECR 플라즈마 CVD	기판에 RF 바이어스를 인가한 ECR 플라즈마 CVD 방식으로, Ar 등의 가스첨가에 의하여 기판 표면을 스퍼터 에칭시켜 CVD막 형성과 동시에 진행(패턴간의 매립성 향상)	SiH_4-O_2-Ar계	실온~(SiO_2)

광여기 CVD	원료가스의 흡수 피크에 해당하는 단파장광을 조사, 활성화시켜 반응을 여기시킨다. 또한 증감제를 매개로 하여 반응시키기도 함	SiH_4-O_2계 SIH_4-NH_3-Hg계	100~200°C (SiO_2) 100~200°C (SiO_2)
광어시스트 CVD	플라즈마 CVD 혹은 열 CVD에 보조적인 엑시머 레이저에 포함한 광에너지를 조사하여 반응을 촉진	플라즈마 CVD와 동일	플라즈마 CVD와 동일

4.5.3 열 CVD법

열 CVD법에는 반응압력에 따라 상압에서 행하는 상압 CVD(APCVD : Atomspheric Pressure CVD)와 감압 하에서 행하는 감압 CVD(LPCVD : Low Pressure CVD)가 있다. 상압 CVD는 RF 코일에 의해 약 300~900°C 정도로 가열된 서셉터(susceptor) 위에 실리콘 웨이퍼를 배치하여 웨이퍼 표면에서 반응가스와의 화학반응을 통해 박막을 퇴적시키는 방법이다. 이때 균일한 막을 얻기 위해 서셉터를 회전시킨다.

상압 분위기 하에서는 가스의 흐름을 균일화하기 어렵기 때문에, 균일한 막 형성이 곤란하다는 단점이 있다. 따라서 이를 보완하기 위하여 가스의 평균자유행정을 길게 하고, 균일한 박막을 얻기 위해 감압 CVD법이 출현하였다. 감압 CVD법은 대기압의 1/100~1/1000 정도로 감압시킨 반응실에서 미리 가열된 기판 위에 반응가스를 보내 기판 위에서의 화학반응을 이용하여 박막을 형성시키는 것으로 장치의 개략도는 다음과 같다

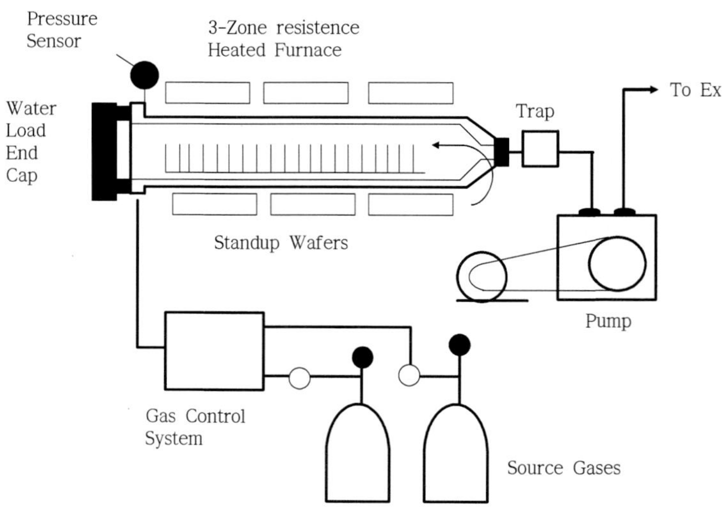

[그림 4.20] LPCVD의 장치도

감압 CVD법은 박막의 성장속도가 느리고 또 진공배기 장치가 상압 CVD보다 복잡하게 되는 단점이 있으나, 가스 분자끼리의 충돌이 줄어 반응관 내의 가스 분포가 광범위에 걸쳐 균일하게 되며, 그 결과 균일한 막 두께뿐만 아니라 단차피복성(step coverage)과 막질이 우수한 박막을 얻게 된다. 또한 [그림 4.20]에 나타낸 바와 같이 대량의 웨이퍼를 일정한 간격으로 수직 배치하여 한 번에 수십장씩 처리할 수 있다. 오늘날의 반도체 공정에서는 생산성이 주요 고려사항이므로 박막의 고품질화와 동시에 높은 처리능력(throughput)이 가능한 감압 CVD법은 대단히 중요한 요소기술이라고 할 수 있다. 하지만 상압이나 감압 CVD법은 모두 퇴적 온도가 350~900°C로 비교적 높다. 태양전지 시장의 대부분을 차지하고 있는 다결정 실리콘 태양전지 제조 공정의 경우 단결정에 비해 상대적으로 결함밀도가 높기에 수소 함유량이 높은 SiN 박막을 사용하여 패시베이션하게 된다. 하지만 높은 공정온도로는 높은 수소 함유량을 얻을 수 없기에 저온화와 고신뢰성의 막 형성을 위한 새로운 방법이 필요하게 되었다. 이러한 필요성을 충족하는 방법으로 플라즈마 CVD와 광 CVD 등이 있다.

4.5.4 플라즈마 CVD법

플라즈마 CVD법은 감압 상태에서 글로우 방전을 통해 발생하는 고에너지의 전자를 반응가스와 충돌시켜 가스분자를 해리시킴으로써 활성 반응종(radical)과 이온을 생성한다. 플라즈마를 이용하여 원료가스를 화학적으로 활성화하여 반응을 촉진시킴으로써 막을 퇴적하는 방식이다. 플라즈마 CVD법은 플라즈마로부터 에너지가 공급되기 때문에 앞서 언급한 상압이나 감압 CVD법처럼 열에 의한 반응과는 달리 300°C 전·후의 저온에서 막을 형성시킬 수 있으며, 형성된 박막은 기계적 강도가 크고 단차피복성이 우수하다. 이 방법으로 SiO_2, Si_3N_4막 등을 생성시켜, 패시베이션막이나 표면 보호용 박막으로 활용한다. 또한 플라즈마 CVD 반응은 통상 저온 열반응이 곤란한 소스에 적용된다. 예컨대 TEOS($Si(OC_2H_5)_4$; Tetra Ethyl Ortho Silicate)를 소스로 한 SiO_2막 형성시의 열반응 반응에서는 700°C 이상의 온도가 필요하나, 플라즈마 CVD를 이용하면 300°C 정도에서 SiO_2막 형성이 가능하다. 그러나 플라즈마 CVD법은 방전 영역 전체에 걸쳐 원료가스가 활성화되기 때문에 성막을 위한 기판 표면만을 선택적으로 퇴적시키는 것이 불가능하고 이온 손상이 문제가 된다.

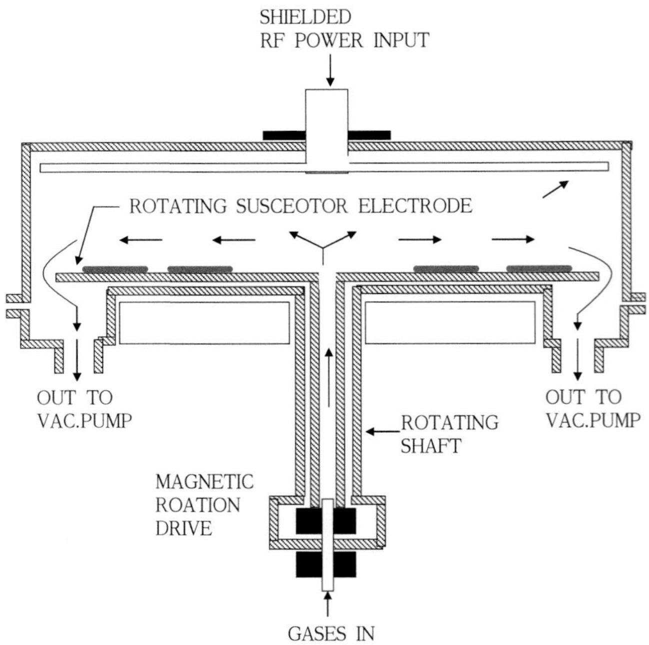

[그림 4.21] Plasma CVD 장치의 개략도

[그림 4.21]은 플라즈마 CVD 장치의 개략도를 나타내었다. 플라즈마 CVD 장치의 반응로는 기판과 반응로의 열에너지 공급형태에 따라 핫월(hot wall)과 콜드월(cold wall)의 두 가지 방식으로 분류된다. 콜드월 방식은 반응이 활성화되어 막퇴적이 생기는 영역이 기판 영역에만 한정되어, 원료가스의 손실을 방지할 수 있으므로 현재 사용되는 대부분의 플라즈마 CVD법은 이 방식을 취하고 있다.

이와 같이 플라즈마 CVD 방식은 일반적으로 웨이퍼를 서셉터 위에 놓고 히터로 가열하며, 1 Torr 전후의 압력으로 반응가스를 반응로 내로 도입시킨다. 또 플라즈마 방전은 직류가 아니라 RF에 의한 고주파 방전 플라즈마를 사용하며, 전원 주파수를 13.56 MHz 또는 50 MHz가 많이 이용되고 있다. 한편 막질을 더욱 향상시키기 위한 마이크로파 방전 플라즈마, ECR(Electron Cyclotton Resonance) 플라즈마를 사용한 CVD법도 있다.

4.6 금속전극

전면 전극 형성시 고려해야 될 두 가지 사항은 전면 전극의 설계 및 스크린 인쇄법에 의해 전면 전극을 형성할 때의 열처리 온도와 시간이다. 먼저 태양전지 표면의 금속전극은 표면에서의 빛의 반사 및 직렬저항 성분에 큰 영향을 준다. 직렬저항은 기판저항, 전자가 그리드(grid)까지 수평 이동할 때 받는 수평저항, 실리콘과 금속 간의 접촉저항, 금속 자체저항 등이 있는데, 여기서 접촉저항은 전면 전극을 늘리면 감소하며, 금속 자체 저항은 그리드 핑거(finger) 폭이 넓을수록 감소된다. 그리드 핑거의 간격은 좁을수록 빛 조사에 의해 생성된 전자가 재결합되지 않고 전극에 도달하는 가능성이 커진다. 즉 수평저항이 줄어든다. 결론적으로 직렬저항을 줄이기 위해서는 전극 금속의 전체 면적과 핑거 폭은 커야 하고, 핑거 사이의 간격은 작아야 한다. 그러나 금속전극의 면적이 증가하면 유효 입사면적이 감소하며 광생성 전류를 감소시키므로 이런 점들을 잘 고려하여 그리드를 설계하여야 한다. 그러므로 전면 그리드를 설계할 때에는 전체 금속 면적을 줄여 태양광을 받는 면적을 넓게 하고, 전면전극 그리드 사이의 간격을 줄여 전자가 받는 저항을 줄여주는 것이 좋다. 상용으로 가장 일반적인 상부전극은 Ag를 스크린 인쇄하는 방법이다. 이때 얇은 에미터 접합을 사용하면 접합이 단락되는 문제가 발생하므로 이에 대한 공정 최적화가 수반되어야 한다. 스크린 인쇄법에 의해 전극을 형성할 때에는 최소 선폭이 결정되므로 이것에 의해 전체 전극 면적도 결정된다. 전면 전극의 면적이 태양전지 면적의 1% 이하로 설계해 주는 Ti/Pd/Ag 다층막과는 다르게 스크린 인쇄법에서는 보통 4% 정도일 때 최고 효율을 얻었다고 발표되고 있다. 일반 생산 판매제품은 6%에서 8% 사이에서 재현성과 생산성을 고려하여 각 회사별로 고유의 공정조건을 가진다. 또한 Ag 페이스트를 이용하는 스크린 인쇄법으로 태양전지를 제조할 때 가장 중요한 공정은 전면전극의 열처리이다. 이 열처리 조건에 따라 태양전지 특성이 결정되므로 최적 조건을 갖도록 전극을 설계하고 이에 따른 열처리 조건을 찾아야 한다.

성막될 물질이 보통 금속일 경우, 이 물질이 이온의 형태로 녹아 있거나, 어떤 액체 속에 섞여 있는 것을 사용한다. 그 용액이나 액체 속에 두 전극인 +와 −를 삽입하고, 전압을 걸어주면 금속성인 +이온이 음극으로 끌려오고, 이 금속이온이 음극표면에 모여서 막이 형성된다. 성막된 물질의 양은 이때 이동한 전하의 양에 비례한다. 이 비례상수를 그 물질의 전기화학적 당량이라고 한다. 예를 들면 2.04 $\times 10^{-3}$ g/C이고, Al은 0.09$\times 10^{-3}$g/C이다. 성막된 막의 특성은 기판에의 접착도와 그 막의 결정구조 같은 것인데, 이들은 전해질의 성질에 의해 영향을 받는다. 이 경우 박막은 도체 위에만 만들 수 있고, 막이 전해질의 불순물에 의해 오염되는 것이 단점이다. 실제에서 이들 막의 전기적 성질이 균일하지 못하다. 일반적으로 전해액의 순도가 좋지 않아서 생기는 막 내의 오염이 큰 결점이 되고 있는데, 이것은 이들 막을 실제로 사용하지 못하는 이유가 된다.

광학적인 측면에서 전극에 대한 손실을 줄이면서도 전극의 유효한 면적을 줄이는 방법이 [그림 4.22]에 나타낸 매몰형 전극(buried contact)이다. 레이저나 다이몬드 날을 이용해 기계적으로 홈을 형성하고, 홈을 판 영역에만 금속을 무전해 도금이나 진공 증착 시에 경사를 주어서 형성 가능하다.

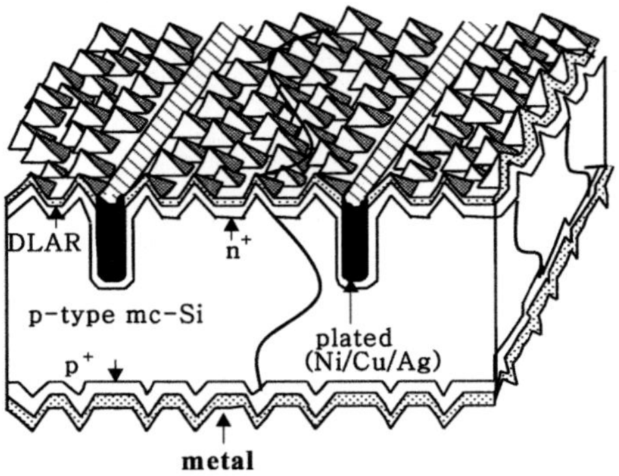

[그림 4.22] 매몰형 전극을 갖는 실리콘 태양전지 구조

스크린 인쇄는 스테인리스 망사에 유제로 개구부가 형성된 스크린 마스크를 이용하여 페이스트를 스퀴즈로 문질러 기판 표면에 패턴을 형성하는 방법이다. 스크린 인쇄시 페이스트와 스크린 마스크, 그리고 인쇄기의 특성이 중요한 요인으로 작용한다. 페이스트는 높은 형상 유지성과 양호한 판 분리성이 필요로 하며, 스크린 마스크는 초기 정밀도를 유지하는 것은 물론 여러 번의 인쇄 후 판의 변형이 발생하지 않고, 초기 치수를 유지시키는 것이 필요하다. 스크린 인쇄는 스크린 마스크를 기판에 접촉시켜 인쇄하기 때문에 스크린에 손상을 준다. 이러한 손실을

줄이기 위해 인압을 작게 하는 인쇄기가 사용되고 있다. [그림 4.23]에 스크린 인쇄 과정을 나타내었다.

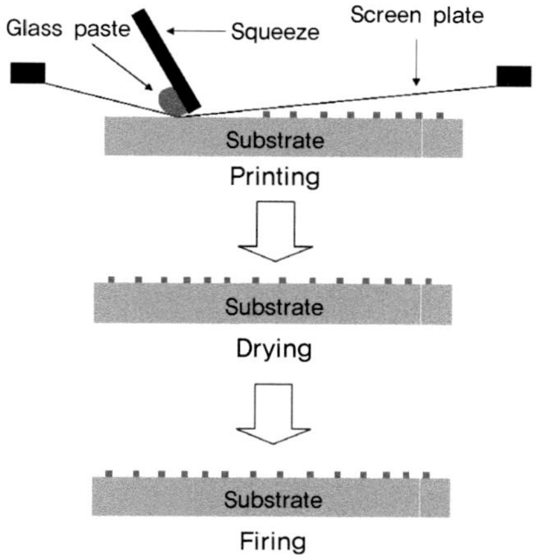

[그림 4.23] 스크린 인쇄 과정

페이스트는 스퀴즈와 스크린 기판이 접촉하는 위치에서 스퀴즈의 이동으로 유동하여 스퀴즈 각의 면에서 수직 방향으로 힘을 받아 이 압력이 앞으로 전달된다. 압력을 받은 페이스트는 스크린 망사의 개구부를 통해 기판에 도달하며, 유제로 둘러 싸였던 공간에서는 페이스트가 충전된다. 공간에 페이스트가 충전되면 그 후의 압력을 받았던 페이스트는 반작용으로 위쪽에 흐르고, 스퀴즈 면을 타고 전방으로 회전한다. 이것이 페이스트의 롤링이다. 즉 페이스트 토출에 가장 영향을 미치는 것은 페이스트와 스퀴즈의 접촉각도이다. 또한 스퀴즈 속도는 압력을 받아 시간에 관계되고, 토출에 영향을 미친다. 스퀴즈 속도가 늦으면 오랜 압력을 받아 토출력을 증가시킨다. 스퀴즈의 인압은 토출력에 직접 관계하여 스크린상의 페이스트를 균일하게 얻을 수 있고, 기판과 접촉하는 만큼 얻을 수 있다.

페이스트가 인쇄된 후 이격거리와 스크린 판의 장력으로 인하여 기판에 인쇄된 페이스트가 스크린 판과 분리되어 기판 상에 남게 된다. 이러한 판 분리는 스크린의 장력과 페이스트의 점성 및 탄성과의 관계에서 일어나기 때문에, 균일한 인쇄를 위해서는 좋은 판 분리성이 절대적인 전제조건이다. 판 분리 후 기판 위에 남아있는 페이스트는 스스로의 성질에 의해 인쇄표면의 메시자국을 지우고 기판 위에서 형상을 보존한다. 기판 위에 형성된 페이스트는 건조(통상 150°C 정도)와 소결과정을 거쳐 원하는 특성을 얻게 된다. 스크린 프린트를 이용하여 태양전지를 제조하는 방법에는 후면전극을 인쇄하고 건조 및 고온 열처리하여 후면전계를 먼저 형성하고, 전면전극을 인쇄하고 건조 및 고온 열처리하여 인쇄 페이스트에 포함된 저융점 유리 프릿 성분이 반사방지막을 뚫고 n-형층과 접촉을 하게 하는 방법이 double firing 방법이다. 다른 태양전지제조 방법으로 일반적으로 산업계에서 사용되는 방법은 후면전극 인쇄 후 건조, 전면 전극 인쇄 후 건조하여 한번 고온열처리로 후면전계와 전면 전극접촉을 동시에 달성하는 co-firing 방법이 있다. 전면 전극인 Ag와 후면 전극으로 AgAl 그리고 Al 금속 사용이 가장 일반적이다. 먼저 Al paste를 증착한 후 120°C에서 5분 동안 열처리한 후 전면 전극인 Ag paste를 스크린 프린트를 사용해 증착한 후 다시 120°C에서 5분 동안 열처리를 한다. 그 이후 급속 열처리 공정을 이용하여 전 후면 동시 열처리를 하여 전극을 형성한다. 전극 형성을 위하여 스크린 프린트를 사용하여 낮은 접촉저항을 갖는 태양전지의 제작은 태양전지 양산에 있어서 중요한 과제 중의 하나이다. 급속 열처리 공정의 온도 및 시간, 분위기에 대한 공정 최적화가 각 line 별로 필요하다. 태양전지의 전극의 두께는 직렬저항에 영향을 미친다. 전극의 높은 두께는 낮은 직렬저항을 가져오며 이는 높은 변환효율을 가져오게 한다.

[표 4.8] 스크린 인쇄의 문제 발생 유형 원인과 대책

문제점	원 인	대 책
인쇄 튐	* 피인쇄체에 물, 기름, 먼지, 윤활제 따위가 묻어있음	* 표면 세정
	* 공중에 먼지가 많다	* 바닥에 물을 뿌림, 습도유지
	* 잉크 속에 불순물이 있음	* 잉크 여과, 신규 조색
핀 홀	* 제판이 오염되어 있음	* 제판 세정
	* 잉크의 교반이 불충분함	* 사용 전 충분히 교반
	* 교반 후 바로 인쇄	* 숙성시간 유지
	* 흑색 인쇄중이 두꺼움	* 전공정 인쇄층 조정
기포 발생	* 잉크점도가 너무 높다	* 희석제로 점도를 낮춘다
	* 스퀴지 속도가 빠르다	* 인쇄 조건을 조정한다
	* 제판과 조방의 간격이 크다	* 간격은 4~5 mm가 최적
	가능한 점도를 낮추고, 적당한 인쇄속도 유지가 바람직함	

번 짐	* 잉크점도가 너무 낮다 * 잉크의 유동성이 너무 크다 * 인쇄 압력이 너무 높다 * 제판/스퀴지/홀더가 더럽다	* 희석제를 줄인다 * 희석제를 줄인다 * 인쇄 압력을 낮춘다 * 세정 후 작업 * 잉크 도포 후 정지시간을 축소
얼룩 무늬 줄 무늬	* 잉크의 유동성 불량 * 점도가 너무 높다 * 판 막힘, 판의 오염 * 스퀴지 날의 굽음, 손상 * 인쇄 압력 부족 * 스퀴지 속도가 빠르다 * 피 인쇄지의 오염	* MEDIUM으로 유동성 낮춤 * MEDIUM으로 유동성 낮춤 * 제판 세정 * 스퀴지 조정 * 인쇄 조건을 조정한다 * 인쇄 조건을 조정한다 * 피 인쇄지 세정
판막힘	* 건조 * 잉크의 불순물 * 세제의 부적합 * 유제층이 너무 두껍다	* 습도유지 * 현장 청결유지, 잉크여과 * 지연제 사용 * 유제층 적정 유지
뜯김 삐짐	* 제판상태 불량 * 제판과 조방의 간격이 크다 * 제판 건조 * 잉크 점도가 너무 낮다	* 재 제판 작업 * 간격 조정 * 습도 유지 * 희석제를 줄인다

금속전극을 형성하고 나면 후속으로 열처리 과정을 거쳐서 접촉저항, 선저항 등을 최소화함과 동시에 후면전계(BSF: Back Surface Field)를 형성하는 과정을 거치게 된다. 후면전계란 p-형 웨이퍼 뒷면에 p^+층을 형성하는 것을 말하며, p 영역의 전자가 뒷면으로 이동하여 재결합하게 되는 것을 방지하는 역할을 한다. 그 결과 누설전류를 줄이고, 좋은 저항성 접촉(Ohmic contact)을 만들어 주어 태양전지의 개방전압과 충실도의 향상을 가져오게 된다. 박막 공정에서는 뒷면에 재결합 방지막이 있는 경우와 없는 경우 BSF 최적 조건이 바뀌며, 최근에는 아주 긴 캐리어 수명을 갖는 실리콘으로 태양전지를 제작할 때에는 BSF 공정이 오히려 수명을 감소시킬 수 있기 때문에 뒷면을 페시베이션만 해주고 BSF는 생략하기도 한다. 스크린 인쇄 공정에 의해 BSF층을 형성할 경우, 알루미늄 페이스트(paste)가 너무 얇으면 BSF 효과가 나타나지 않으며, 너무 두꺼우면 웨이퍼가 휘게 되므로 그 사이의 최적치를 찾아서 스크린 인쇄하여야 한다.

후면 전계 형성을 위한 물질로는 붕소(B)과 알루미늄(Al)이 사용된다. 붕소 확산을 위한 물질로는 일반적으로 BN 웨이퍼와 BBr_3와 또는 APCVD법에 의해 제조한 SiO_2:B_2O_3가 사용된다. 다결정 실리콘의 경우 일반적으로 알루미늄 금속을 사용한다. 진공증착이나 스크린 인쇄된 알루미늄을 850℃ 이하의 온도에서 열처리하여 p^-p^+ 접합을 형성한다. 열처리시의 온도상승, 유지, 하강 속도에 따라서 태양전지의 효율이 크게 영향을 받으며, 급속한 열처리에서 보다 우수한 특성을 얻는다.

4.7 | 단결정 실리콘 태양전지

실리콘 태양전지는 크게 단결정(single crystal) 형태와 다결정(polycrystalline) 형태의 재료로 나뉘며, 기본적으로 p-n 동종접합(homojunction)으로서 태양전지에 사용된다. 단결정은 순도가 높고 결정결함밀도가 낮은 고품위의 재료로서 당연히 높은 효율을 달성할 수 있으나 고가이고, 다결정 재료는 상대적으로 저급한 재료를 저렴한 공정으로 처리하여 최대의 효율을 달성할 수 있는 태양전지를 최저의 비용으로 생산하는 기술이 핵심이 된다. 단결정 실리콘을 사용한 전지는 집광장치를 사용하지 않은 경우 최고 변환효율은 호주의 UNSW(University of New South Wales) 대학이 발표한 24%(4cm^2)이며, 집광장치를 사용한 전지는 28%이상의 효율이 발표되었다. 다결정 실리콘전지는 약 19.8% 효율이 발표되었는데, 실리콘계 효율의 도달 한계치는 단결정이 35%, 다결정이 19%정도인 것으로 예측된 바 있다. 지상용으로 가장 널리 사용되고 있는 결정질 실리콘 태양전지는 스크린 인쇄법에 의한 전극을 갖는 구조로써 광변환효율이 12~17% 정도이다. 현재 태양전지 공정에 대한 연구는 태양전지 제조 시에 소요되는 공정을 16시간에서 1시간대 이내로 단축하는 공정 단순화, 대량 생산용 연속 제조 공정, 저온 급속 열처리 공정 개발과 고효율을 달성하기 위한 표면처리 기술에 집중되어 있다. 실리콘 재료를 기반으로 한 진행된 지상 전력용 태양전지 효율 향상에 대한 연도별 진척도를 [그림 4.24]에 도시하였다.

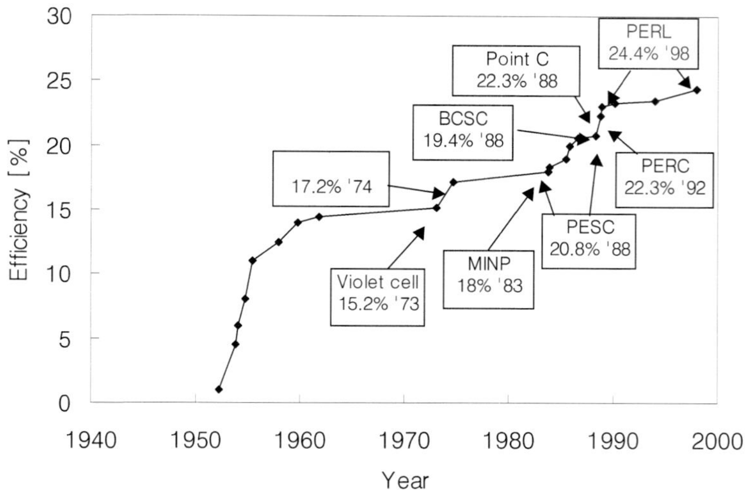

[그림 4.24] 연도별 실리콘 태양전지 효율 진척도

그 외에 우주용이나 집광용 그리고 지상 발전 용도로 사용되고 있는 고효율의 결정질 실리콘 태양전지는 진공증착이나 전기도금 등에 의한 전극을 갖는 PERL (passivated emitter, rear locally-diffused) 태양전지, 매몰전극 태양전지(buried contact solar cell : BCSC), 모든 전극을 후면에 가지는 IBC(integrated backside contact) 태양전지 등으로서 18~24%의 높은 광변환효율을 갖는다. 고효율 태양전지의 주요 특성은 표면에서의 재결합을 방지하기 위하여 passivation을 하고, 광전효과를 발생하는 캐리어의 재결합(특히 후면전극 부근에서 재결합을 억제하는 후면 표면전계 구조)이나 가시광의 기판 표면에서의 반사율 감소를 위한 기판 표면에 피라미드 모양의 기공을 형성하고, 빛 흡수를 최대화하기 위하여 이중 반사방지막을 형성하고, 전면 전극의 면적을 최소화하였으며, 전극과 실리콘 기판과의 접촉저항을 최소화하였다.

PERL(passivated emitter, rear locally-diffused) 태양전지는 호주의 New South Wales 대학에 의하여 개발된 것으로서 24% 이상의 광변환효율을 달성하였다. 특징은 광 흡수면이 역피라미드 표면구조를 가지며, 후면이 부분적으로 P^+층을 갖고, 태양전지 기판의 전후면에 200 Å의 산화층을 입혀 표면에서의 재결합을 줄이도록 하고 있다. 또한 전면전극 아래의 실리콘층을 n^+층으로 처리하여 전극과 실리콘층과의 접촉저항을 줄이고자 하였으며, 빛 흡수를 극대화하기 위하여 역피라미드 표면 위에 이중 반사방지막을 채택하고 있다. [그림 4.25]은 PERL 태양전지 구조를 나타낸 것이다. [그림 4.26] PERL 태양전지 표면의 전자현미경 사진을 나타낸 것으로, 역피라미드 표면구조와 전기도금을 형성된 finger의 모습을 보여주고 있다. 전체 finger 폭은 20 mm 이하이고, 접촉 폭은 3 mm이다. 현재 PERL 전지를 완성하기 위해서는 숙련된 전문가가 제작할 경우 3일 이상의 제조과정이 소요되므로 상용화에는 적합하지 않다.

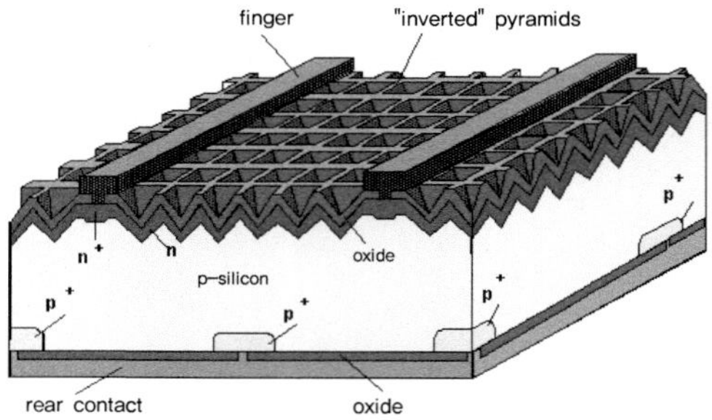

[그림 4.25] 호주의 UNSW에서 개발된 PERL(passivated emitter, rear locally-diffused) 태양전지

[그림 4.26] PERL 태양전지의 표면 전자현미경 사진

이러한 장시간의 제조과정을 해결할 수 있으면서도 고효율 달성이 가능한 것이 [그림 4.27]에 나타낸 매몰형 태양전지(BCSC : buried contact solar cell)이다. 매몰형 태양전지는 스크린 인쇄법에 의해 전극을 형성시키는 기존 태양전지의 문제점을 극복하면서도 값싸게 만들 수 있는 태양전지로 각광을 받고 있다. 즉 스크린 인쇄법에 의한 태양전지는 전면전극 면적이 태양전지 면적의 8~10%로서 증착 등의 방법에 비하여 광 흡수면이 훨씬 적고, 접촉저항이 커서 효율을 향상시키는데 한계가 있다. 그러나 buried contact 태양전지의 경우 레이저에 의해 형성된 홈

[그림 4.28] 내에 전극이 매몰되어 있어 금속의 접촉면을 늘일 수 있다. 그 결과 전극 면적을 5% 이하로 줄이면서도 접촉저항을 작게 할 수 있다. 2000년에 국내의 삼성 SDI에서도 20.5% 이상의 광변환효율을 갖는 태양전지를 개발하였다. 이 태양전지는 New South Wales 대학에서는 개발단계에서 23%의 광변환효율을 얻었으며, 영국의 BP Solar, 미국의 Uniserch Ltd. 등은 17~18%의 광변환효율을 갖는 태양전지를 생산하고 있다. 태양전지 제조는 기존의 스크린 인쇄법에 의한 방법과 마찬가지로 웨이퍼 표면 결함 제거 및 피라미드 형태의 표면을 형성하기 위해 텍스처링(texturing)을 실시한다. 그 후 표면저항이 다소 높게(100 Ω/□) 인을 확산시키고, 산화막과 반사방지막을 형성시킨다. 웨이퍼 표면의 깊고 긴 홈을 laser 또는 기계적으로 가공한 후 식각하고, 전면전극 아래 부분의 n^+층이 더 높은 농도(20 Ω/□)를 갖도록 2번째 인 확산을 실시한다. 알루미늄을 후면에 스크린 인쇄, 또는 증착이나 합금시키고, 무전해 니켈도금에 이어 구리와 은의 무전해 도금으로 전, 후면 전극을 형성시킴으로써 태양전지가 제조된다.

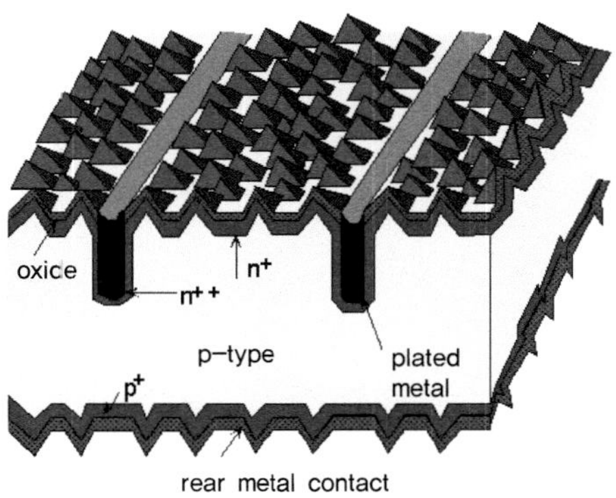

[그림 4.27] 매몰형 전극(BCSC)구조 태양전지

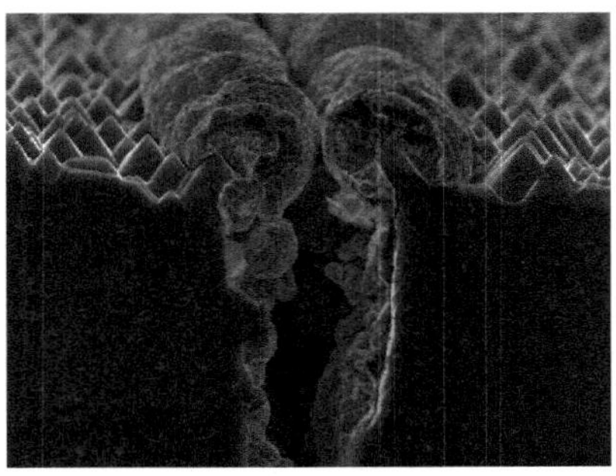

[그림 4.28] 레이저에 의해 형성된 홈의 단면 사진

IBC 태양전지는 Stanford 대학에서 집광용으로 개발하였으나 비집광용으로도 매우 높은 효율을 갖는다. 이 태양전지의 가장 큰 특징은 [그림 4.29]에 나타낸 것처럼 종래의 태양전지와는 달리 음극 및 양극 전극이 태양전지의 후면에 존재한다는 것이다. 이렇게 함으로써 전극이 없는 다른 면에서 태양광이 최대한 흡수되도록 하고, 직렬저항을 최소화되도록 하였다. 전면에 산화막을 입혀 표면 재결합을 방지하고, 이중 반사방지막을 채택하여 빛 흡수율을 향상시키도록 하였으며, Al/Ni/Au 금속전극을 채택하였다. 지상의 태양광 조건으로 개발 수준에서 22.7%를 갖는 태양전지는 현재 미국의 Sunpower 사의 파일롯 생산 규모에서도 20~21%의 광변환효율을 나타내고 있다.

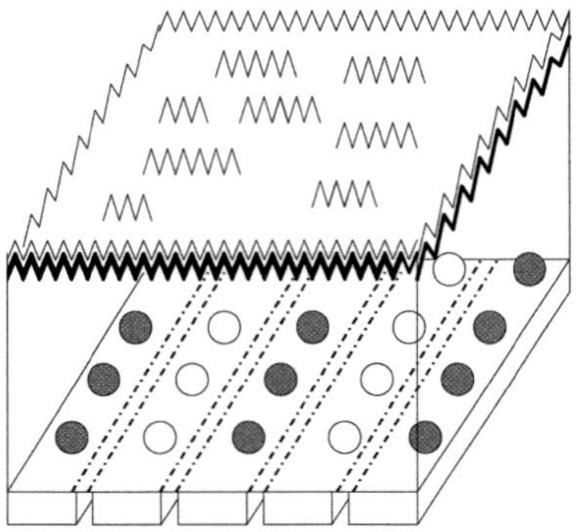

[그림 4.29] Stanford University에 의하여 개발된 IBC(integrated backside contact)

한편 20% 이상의 초고효율 태양전지를 개발하려는 연구가 활발히 이루어지고 있다. 현재 세계적으로 3개의 회사만이 제1세대 초고효율 태양전지를 양산하고 있다([그림 4.30]). 그 중에서 Sanyo사는 단결정 실리콘 기판에 비정질 실리콘 박막(amorphous silicon thin film)을 성장시킨 이종접합 구조인 HIT(Heterojunction with Intrinsic Thin-layer) 태양전지로 양산기준 19.5%의 에너지 변환효율을 달성하여 200 W 모듈 시장에 선보이고 있다. 최근 실험실 수준에서는 24% 내외의 에너지 변환효율을 달성하여 초고효율 태양전지 제조분야 기술력을 확보하였다. Sanyo HIT 태양전지는 두께 0.2 mm, n-형 단결정 실리콘 기판에 수소화된 진성 비정질 실리콘층과 투명 전도막(TCO: Transparent Conducting Oxide)을 이용한다. 두 번째 상용으로 초고효율 태양전지를 양산하고 있는 회사는 BP Solar 사로 125 mm × 125 mm 크기에서 레이저 스크라이빙(laser scribing)법과 무전해 도금(electroless plating)을 이용한 매몰형 금속 태양전지이다. 기존의 스크린 인쇄 전극형성보다 3% 높은 18.3%의 에너지 변환효율을 달성, 판매하고 있다. 레이저 스크라이빙을 이용한 홈이 절연막을 성장시킨 후에 형성되기 때문에 홈을 따라서 무전해 도금으로 Ni, Cu 그리고 Ag를 차례로 입힌다. 호주의 UNSW에서 개발되어 2003년 현재 BP Solar사에서 연간 30 MW 용량의 초고효율 태양전지를 양산하고 있다. 미국의 Sunpcwer 사는 후면에 모든 전극이 집적화된 태양전지인 IBC(Integrated Back Contact Cell)로 제3의 초고효율 태양전지 양산 대열에 뛰어들고 있다. 이 회사는 2004년에 비교적 기판 재료가 고품질로 고가인 FZ(Floating Zone) 실리콘 기판을 이용하여 양산을 계획하고 있다. 국내에서는 삼성 SDI에서 BCSC 형태의 태양전지로 70 mm × 70 mm 면적에서 21% 내외의 초고효율 태양전지 개발에 성공하여 대한민국 10대 신기술 상을 수상한 바 있다.

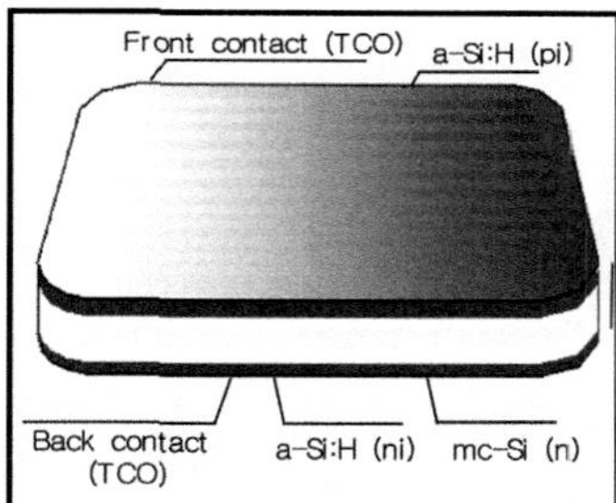

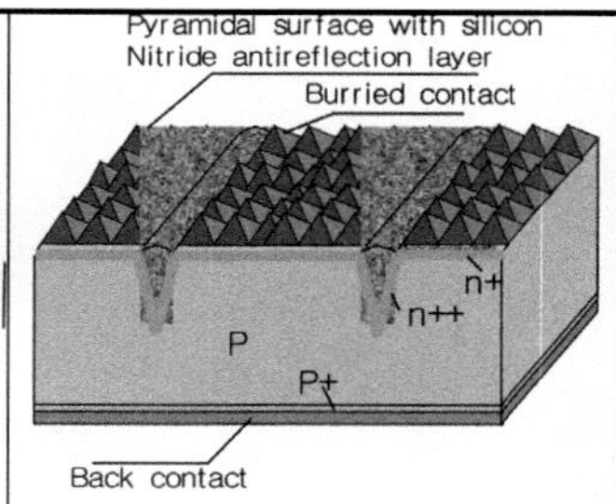

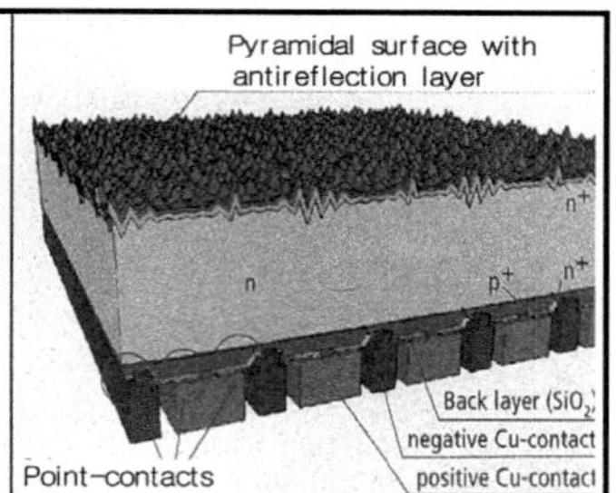

SANYO, Japan, 1997	BP Solar(1994~) Saturn cell	SunPower Corporation, USA(1988~) Cell with only back contact
Heterojunction with Intrinsic Thin-layer(HIT) ● Sandwich structure, n-type wafer, 200㎛ ● pr type a-Si, ntype c-Si, ni type a-Si ● Transparent conducting Oxide layer for Ag-contract of the grid on both sides ● The non-doped si-layers instead of SiN, prevents recombination. ● 200 Wmodule-April 20003-19.5%eff ● plasma procedure needs only 200℃ ● performance of the HIT module drops only by 0.3% with higher outside temperature instead of 4% or 5% inother convertional modules ● A cell with 21% efficiency is prepared in Laboratory 200W	● Using eight times thinner Laser Grooved Buried Contact instead of conventional metal contact ● Grooves are strongly negatively doped and coated with Nickel(Chemical bath) and Copper ● Ni Layer acts as a protective layer for not allowing Cuto penetrate into silicon ● Less shadowing(5% more light absorotion) and many gridlines at shorter distances(less contact resistance) ● Less than 3% of the light is reflected in total ● The new 125× 125mm cell has efficiency of 18.3% 180W	● Prof. Swanson brought up the idea of the contacts only on the back side ● Chemically etched for pyramidal structure on the front surface of n-doped wafers ● Strong p-doping with B at the back ● Masking to form zebra pattern at back ● unmasked stripes are etehed off and strongly doped with p to form n-type stripes ● SiO_2 coating at back preverts transmission of the light at back and recombination at front ● Using mask and Screen printing device metal contacts on p-type and n-type stripes are made with copper and tin.

[그림 4.30] 세계적으로 초고효율 태양전지를 양산하고 있는 3개 회사

4.8 | 지상전력용 다결정 실리콘 태양전지 기술

다결정 실리콘 분야에서도 단결정 실리콘과 유사하게 고가, 고난도의 공정을 사용하여 16% 이상의 고효율을 달성하기 위한 노력이 진행되고 있다. [표 4.9]에는 개발된 고효율 다결정 실리콘 태양전지 사례를 도시하였다. Kyocera사에서는 다결정 실리콘 태양전지를 n^+-p-p^+ 형태로 실리콘 질화막 표면처리와 RIE(reactive ion etching)법으로 면을 텍스처링시켜 고효율을 달성하였다. New South Wales 대학에서는 단결정 고효율 태양전지 제조 기술인 BCSC를 다결정 기판에 적용하는 방법과 불순물 제거기술, 그리고 접합부의 누설전류를 억제하여 17.1%의 효율을 달성하였다. 이때 다결정 기판 내에 존재하는 철, 니켈, 코발트 등의 불순물은 n^+-p 접합 형성을 위한 불순물 확산 후에 전기로의 온도를 천천히 식히는 방법으로 석출하고, 이 불순물을 포함한 표면층을 다시 식각(etch back)하였다. 또한 표면 재결합을 줄이기 위해서 열 산화막을 성장하였다. Multi-blade wheel grinding 방법으로 표면에 V-형 홈을 형성하여 1 cm^2의 면적에서 18.6%, 10 cm×10 cm의 면적에서 17.2%의 변환효율을 얻었다. 현재는 기계적으로 V-형 홈을 형성하고 원형 고무 막대에 Ag 금속선을 자동으로 인쇄하는 기술을 이용해 상용화하기 위한 노력을 하고 있다. 미국 조지아 공대에서는 HEM(heat exchange method) 방법으로 제작된 mc-Si 이용하여 n^+-p-p^+ 형태의 다결정 실리콘 태양전지를 제작하였고, 1 cm^2의 면적에서 변환효율은 18.6%를 보였다.

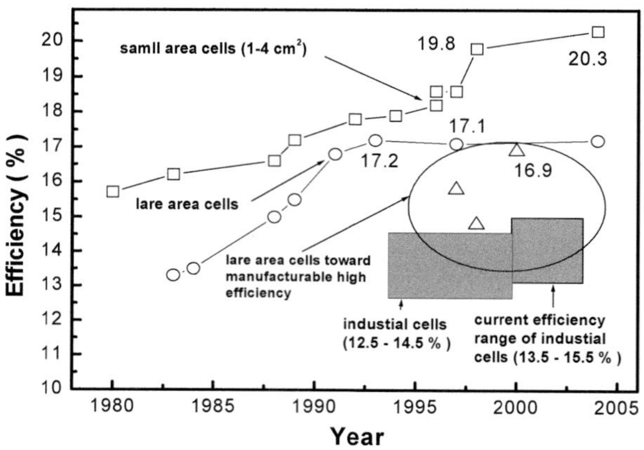

[그림 4.31] 지난 20년 동안 다결정 실리콘 태양전지 효율의 발전

다결정 태양전지의 효율은 지난 20년 동안 꾸준하게 발전되어 왔다. 이러한 발전은 고품질 재료의 개발과 태양전지 제작공정의 개발에 의해 이루어진 것이다. [그림 4.31]에서와 같이 다결정 태양전지의 효율에 대한 발전은 3개의 범주로 나뉘어진다. 첫째는 소면적(1~4 cm^2) 연구용 태양전지로서 고가의 기술의 발전 그룹이다. 둘째는 양산용 및 연구용 대면적(≥100 cm^2) 태양전지 기술이다. 셋째는 양산용 대면적 태양전지 기술이다. 현재는 양산용의 일반적인 다결정 태양전지의 효율은 12.5~15.0% 정도를 나타내고 있다. [표 4.9]에서는 이러한 효율의 발전에 따른 대표적인 태양전지의 특징을 보여주고 있다.

[표 4.9] 다결정 태양전지의 효율의 발전 요약표

연도	회사	효율	면적	특징	관계 그림
1989	UNSW	17.8%	1×1 cm^2	PESC Rear Al treatment	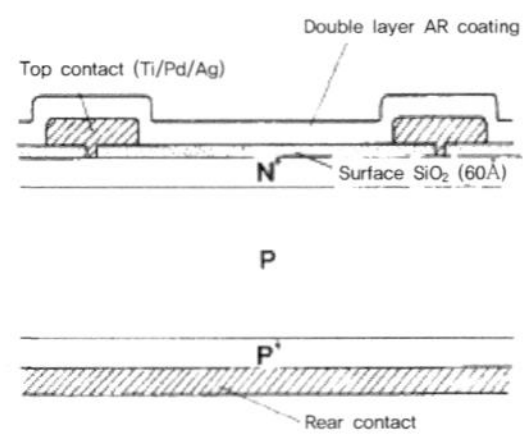
1993	Kyocera	16.4%	15×15 cm^2	Fine Front Electrode (evaporation)	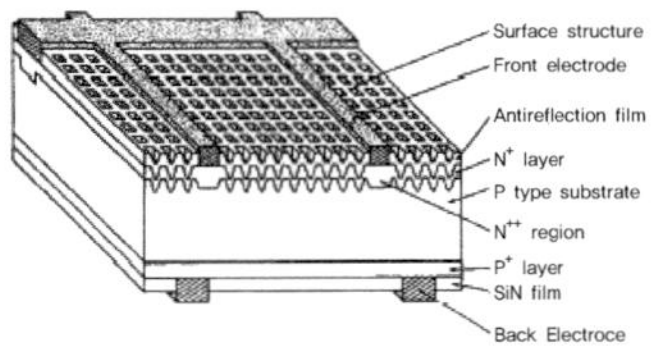
1993	Sharp	17.2%	10×10 cm^2	V-groove	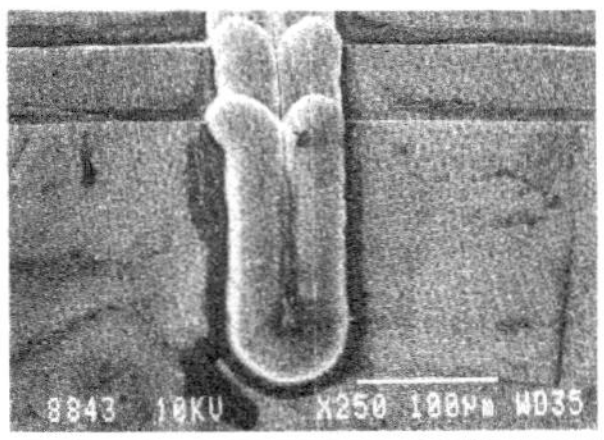
1996	Kyocera	17.2%	15×15 cm^2	RIE Texture	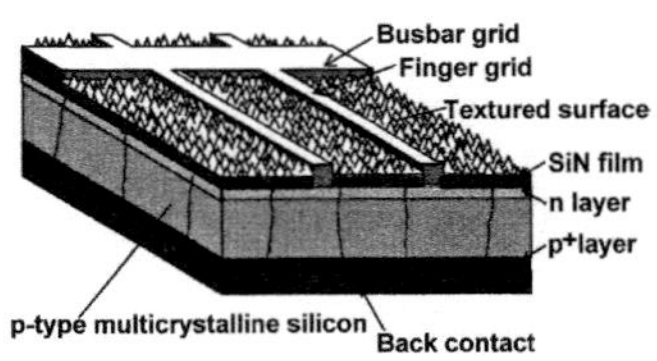

		Load in	Crucible		
1996	GIT	18.6%	1×1 cm^2	Sb:2000cm/s Effective BSF, HEM mc-Si	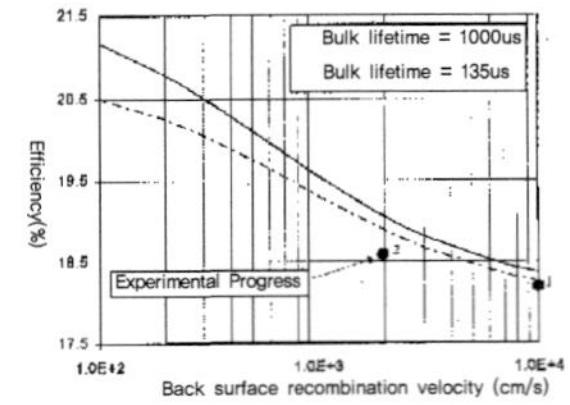
1999	UNSW	19.85%	1×1 cm^2	Honeycomb texture+PERL	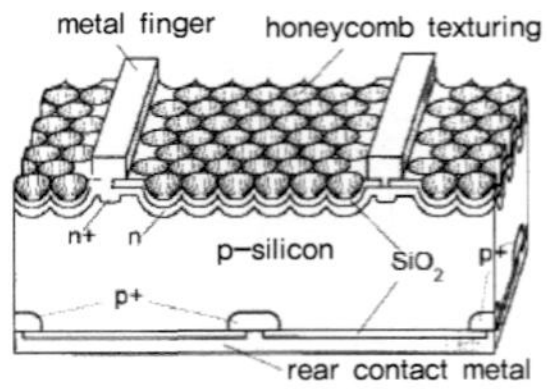
2004	Fraun hofer	20.3%	1×1 cm^2	LFC 구조+ wet oxidation	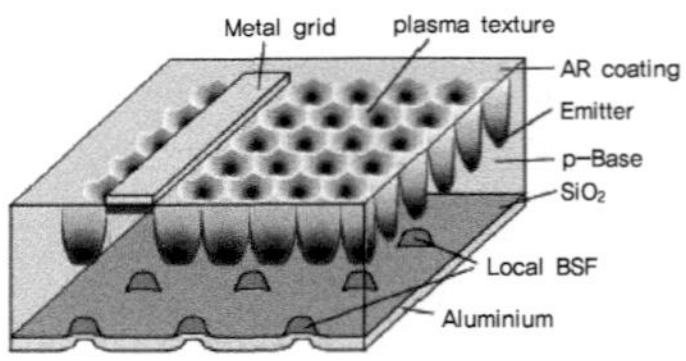

다결정 태양전지의 양산은 21년 전부터 시작하였다. 현재는 전세계의 태양광 모듈의 41% 정도를 차지하고 있다. 1995년 이후로 다결정 실리콘 기판의 사용은 매년 증가하여 미래에는 더욱 더 가속화 될 것을 볼 수 있다. 2000년에 세계 7개의 태양전지 top 회사들은 생산량의 60%를 다결정 실리콘 기판에 두고 있다. 1980년에 8%의 산업용 태양전지의 효율로부터 시작하여 2000년에는 14.5%의 양산용 태양전지의 효율을 보이고 있다. 또한 산업용 태양전지의 크기에 있어서 90cm^2에서 230cm^2으로 변화되었다. 다결정 실리콘 태양전지의 성장의 필요는 무엇보다는 CZ 단결정 실리콘 태양전지와 비교하여 저가의 기판이기 때문이다. 1990년대에 들어서면서 정부는 태양광 개발 사업을 위한 단계적인 계획을 갖고 태양광 회사들을 지원하기 시작하였다. Casting 공정 개발에 대한 우수한 논문들이 출판되었다. 1980년에 Solarex(현재 BP Solar)는 산업용 다결정 실리콘 태양전지의 개발의 선두주자이었다. 지난 20년 동안 산업용 casting 기술은 놀라운 발전을 이루었다. Crystalox와 GT Solar의 다결정 실리콘의 개발은 Deutche Solar(Bayer Solar)나 Scanwafer사와 같은 독립적인 웨이퍼 공급업체를 태양광 산업으로 발전시켰다. 1980년대에는 대면적을 자를 수 없었으나 1995년부터 15cm×15cm 크기의 산업용

태양전지를 위하여 웨이퍼 절단 기술이 발전되었다. 특별히 Shaping Wywtems, Meyer + Berger, M. Setek와 같은 회사에 의해 웨이펄 절단 기술이 발달되었다. 1990년까지 다결정 실리콘 태양전지의 성장에 대한 보고가 여러 기관에 의해 되었다. Kyocera는 bifacial SiN를 이용하여 100cm^{2}의 크기의 15.72%를 가지는 다결정 태양전지를 개발하였다. 1989년에는 ECN에서 400cm^{2}의 크기의 9.6%의 효율을 보이는 태양전지를 개발하였다. 많은 대학에서 태양전지의 효율의 개선을 위하여 노력하고 있는 중에 태양광 회사들은 저가화와 대량생산 기술에 주력하였다. 1980년대 말까지 대부분의 태양과 회사들은 사진 패턴 형성 기술인 포토리소그래피(photolithography) 금속 대신에 스크린 인쇄를 이용하였다.

또한 Solarex는 튜브형의 확산 공정을 벨트 퍼니스 확산 공정으로 개발시키면서 특허를 내었다. GIT는 포토리소그래피와 진공증착 금속과 forming 가스 열처리를 이용하여 18.6%의 다결정 태양전지를 제작하였다. UNSW는 포토리소그래피와 진공 금속 증착 또한 벌집모양의 텍스처를 이용한 PERL 구조를 가진 19.8%의 다결정 태양전지를 개발하였다. 연구용의 태양전지는 기술의 대면적 태양전지의 개발에 쉽게 접목 되지는 않는다. 많은 공정 장비의 개발과 공정이 필요하다. IMEC는 이러한 어려움들을 극복하며 개발해 나갔다. 1992년 산업용 태양전지를 위한 pilot line을 구성하고 대량생산을 이루어 나갔다.

이러한 노력으로 저가화와 대량 생산의 가속화를 이루었다. 여러 크기의 면적을 가진 태양전지가 개발되었다. 이러한 효율 개선은 태양전지의 모델과 특성분석, 기계적인 텍스처, 표면 부동태화, 급속열처리 기술의 개발로 이루어졌다. 수소를 포함하고 있는 SiN 반사방지막은 금속 접촉을 위한 열처리시 웨이퍼 속으로 확산되어 벌크 패시베이션을 이룬다. SiN 반사방지막을 이용한 산업용 다결정 태양전지는 1984년에 개발되었다. 그러나 1990년대 말까지 이러한 패시베이션 공정이 널리 쓰이지는 않았다. IMEC은 한 번의 열처리고 금속 접촉을 이루는 동시 열처리 공정과 SiN를 뚫고 열처리하는 공정을 개발하였다. 이러한 공정은 16.3%의 효율의 다결정 태양전지를 가능하게 하였으며 열처리 공정의 단계를 축소시켰다.

연구용 태양전지 개발에 있어서는 게더링과 결함 패시베이션을 통한 효율의 향상이 있었다. 1989년에는 UNSW에서 17.8%의 다결정 실리콘 태양전지를 처음으로 개발하였다. 그러나 이러한 작은 면적의 태양전지의 공정 기술은 양산에 적용하기에는 많은 문제점이 있다. 그러나 이러한 소면적의 태양전지의 연구는 결국 양산을 위한 태양전지의 개발의 기초가 되는 중요한 밑거름이 된다. 즉 소면적의 게더링과 패시베이션 기술은 산업용 태양전지에 적용되어서 2004년에 효율 20.3%를 달성하는 훌륭한 성과를 거두었다.

연 습 문 제

1. 텍스처링 중 나노 와이어 구조를 사용하여 제작할 경우 텍스처 사면과 웨이퍼 표면의 각도가 급격히 상승하여 반사도를 급격하게 줄일 수 있는데 이를 블랙실리콘이라고 한다. 이 구조를 사용할 경우의 장점과 단점에 대하여 논하시오.

2. 고 면저항 에미터(~100Ω/□)와 저 면저항 에미터(~60Ω/□)의 특성 차이를 간단히 설명하고, 태양전지 효율에 끼칠 영향을 예상하시오. 또한 Selective emitter 구조의 원리를 설명하시오.

3. 실리콘(Si)과 실리콘 질화막(SiNx)의 굴절률 특성을 참조하여 평면인 웨이퍼 위에 빛이 수직으로 입사한다고 가정할 시의 최적화된 반사방지용 실리콘 질화막의 두께를 계산하시오. 단, 기준이 되는 빛의 파장을 결정하고 그 이유도 함께 설명하시오.

4. 태양전지 제작에서 그리드 금속과 반도체 접합층에서 발생하는 접촉저항이 문제시된다. 접촉저항을 최소화하기 위한 방안을 조사하시오.

5. 태양전지의 단락전류에 영향을 주는 요소에 대해서 논하고 개선방안을 쓰시오.

참고문헌

[1] A. E. Becquerel, Comt. Rend. Acad. Sci. 6, 1839, p.561.

[2] A. Goetzberger, J. Knoblock, B. Voss, Crystalline Silicon Solar Cells, Wiley, New York, 1998.

[3] M. A. Green, Silicon Solar Cells: Advanced Princeples and Practice, Bridge Printery, Sidney, 1995.

[4] Shell Renewable Energy Information Brochure, 1997.

[5] M. A. Green, IEEE Transcations on Electron Devices, 46, 10, 1999.

[6] M. J. keevers and M. A. Green, J. Appl. Phys. 75, 8, 1994, p.4022.

[7] M. Wolf and etc., J. Appl. Phys 83. 8, 1998, p.4213.

[8] K. W. J. Barnham, J. Appl. Phys., 67, 7 1990, p.3490.

[9] Keith Barnham, Appl Surf. Science, 113, 1997, p.722.

[10] K. Shirasawa, H. Watanabe, Y. Inomata, K. Fukui, K. Okada, M. Takayaka, H. Watanabe, Proc. 12th European Photovoltaic Solar Energy Conf. Amsterdam, 1994, p. 757-760.

[11] H. Nakaya, M. Nishida, Y. Takeda, S. Moriuchi, T. Tonegawa, T. Machida, T. Nunoi, Sol. Energy Mat. Sol. Cells 34, 1994, p. 769-772.

[12] M. Takayama, H. Yamashita, K. Fukui, K. Masuri, K. Shirasawa, H. Watanabe, Tech DigestInt. PVSEC-5 1990, p. 319-322.

[13] J. Nijs, E. Demesmaeker, J. Szlufcik, J. Poortmans, L. Frisson, K. De Clereq, M. Ghannam, R. Mertens, R. Van Overstraeten Proc. First World Conf. on Photovoltci Energy Conversion, Hawaii, 1994, p. 18-22.

[14] J. Szlufcik, F. Duerinckx. E. Van Kerxchaver, R. Einhaus, A. Ziebakowski, E. Vazsonyi, K. De Clercy, J. Horzel, L. Frisson, J. Nijs, and R. Mertens, Proc. 14th European Photovoltaic Solar Energy Conf. Barcelona. 1997.

[15] ISE PV Chart, Frunhofer institute EhG-ISE, Freiburg, Germany, November, 1996.

[16] T. Saitoh, R. Shimokawa, Y. hayashi, proc. 22ndIEEE Photovoltaic Specialists conf. Las Vegas, 1991, p. 1026-1029.

[17] S.R. Wenham, M.A. Green. Buried Contact Solar Cell. US Patent 4,726,850. 1988.

[18] S.R. Wenham, M.A. Green. laser Grooved Solar Cell, in US Patent 4,748,130.

[19] M.A. Green, S.R. Wenham and J. Zhao, Proc. 23rd IEEE Photovoltaic Specialists Conf, Louisville, 1993. p. 8-13.

[20] C.B. Honsberg, S.R. Wenham, Progress in Photovoltaics,3, 1995, p .79-87.

[21] S. narayanan, j.h. Wohlgemuth, S.P. Roncin, J.M. perry, proc. 23rd. IEEE Photovoltaic Specialists Conf. Louisville 1993, p .277-280.

[22] D. Jordan, J.P. Nagle, Progress in Photovoltaics, 2. 1994, p. 171-176.

[23] S.R. Wenham and M.A. Green Progress in Photovoltaics 4, 1996, p. 3-33.

[24] R. Hezel, and Schroner J. Appl. phys 27. 1981, p. 3076.

[25] R. Heze,W. Hoffmann and K. Jager, Proc. 10th European Photovoltaic Solar Energy Conf. Libon 1991, p. 511.

[26] M. Kardauskas, Proc. 6th Sorksop on the Role of Impurities and Defects in Silicon Device Processing, 1996, p. 172-176.

[27] J. Amick, F.J. Bottari, J.I. Hanoka, US Patent 5,320,684, 1994.

[28] R. Hezel, W. Hoffmann, and K. Jager, Proc. 10th European Photovoltaic Solar Energy Conf. Lisbon 1991, p. 511.

[29] P. Campgell, and M.A. Green, IEEE Trans. Electron Dev. ED-33, 1986, p.234-239.

[30] A.M. Barnett, S.R. Collins, J.E. Cotter, D.H. Ford, R.B. Hll, C.L. Kendall, S.M. Lampo, and J.A. Rand Tech Digest 9th Int. PVSEC, 1996, p. 247-248.

[31] D.H. Ford, A.M. Barnett, J.C.Checchi, S.R. Collins, R.B. hall, C.L. Kendall, S.M. Lampo, and J.A. Rand Tech. Digest 9th Int. PVSEC. 1996, p.247-248.

[32] A.E. Ingram, A.M. Barnett, J.E. Cotter, D.H. Ford, R.B. Hall, J.A.Rand, and C.J. Thomas, Proc. 25th IEEE Photovoltaic Specialists Conf. Washington DC, 1996, p. 477-480.

[33] D.H. Ford, A.M. Barnett, R.B. Hall, C.L. Kerndall, and J.A. Rand, Proc, 25th IEEE Photovoltaic Specialists Conf. Washington DC. 1996, p. 601-604.

[34] J.F. Hoelscher, IEEE PVSC, 1981, p. 745.

[35] PV industry information service Report PC-11, July 2000, Strategies Unlimited and Private- communications, Bob Johnson Strategies Unlimited.

제5장

실리콘 태양전지 모듈

5.1 태양전지 모듈의 정의와 분류

(1) 태양전지 모듈의 정의

태양광 발전을 위하여 태양전지[태양전지 셀(cell) 또는 소모듈(submodule)]을 환경적으로 완전히 보호할 수 있게 내환경성을 가진 구조로 봉입하고 규정된 출력을 갖게 만든 가장 작은 조립체로서 발전 소자의 최소 단위이며 어레이 구성의 최소 단위를 말한다. 일반적으로는 '태양전지 모듈(solar module)'이라고 부른다. 이러한 태양전지 모듈 여러 개를 하나로 조립하여 '태양광 발전 널판(panel)'이나 '어레이(array)'로 만들 수 있다.

(2) 태양전지 모듈의 분류

현재 태양광 발전을 위한 태양전지를 이용한 모듈 및 판넬은 크게 나눈다면 단결정(mono) 혹은 다결정(multi) 실리콘 웨이퍼를 기반으로 하는 전통적인 실리콘 태양전지와 1990년대 후반에 상용화가 진행되고 있는 박막(thin film) 태양전지로 분류할 수 있다.

1) 실리콘 웨이퍼(Silicon wafer)를 기반으로 하는 제품

실리콘 웨이퍼를 기반으로 하는 전통적인 실리콘 태양전지는 개발되어 상용화된지는 30년이 넘는 제품으로 안정성이 뛰어나고 현재까지 상용화된 제품 중에서는 박막 태양전지에 비해 변환효율이 높게 나타나지만 여러 단계의 제조 공정 실리콘 웨이퍼의 높은 단가로 박막 태양전지 모듈의 추격을 받고 있다.

(a) (b)

[그림 5.1] 단결정 태양전지 모듈(a)와 다결정 태양전지 모듈(b)

[그림 5.1]과 같이 결정질 실리콘 웨이퍼 모듈에는 단결정과 다결정 모듈이 있으며 그 구분은 모서리가 커팅이 되어 있는 경우 단결정, 그렇지 않은 경우는 다결정 모듈로 구별할 수 있다. 실리콘 웨이퍼를 기반으로 하는 제품중에도 변환효율의 증대를 위한 방안으로 새로운 형태의 태양전지들이 개발되고 있다. 그중에서 상용화가 되고 있는 제품으로는 Sunpower사의 N-type 웨이퍼를 이용한 제품과 일본의 산요사의 Hit cell을 이용한 제품들이 있다.[그림 5.2]

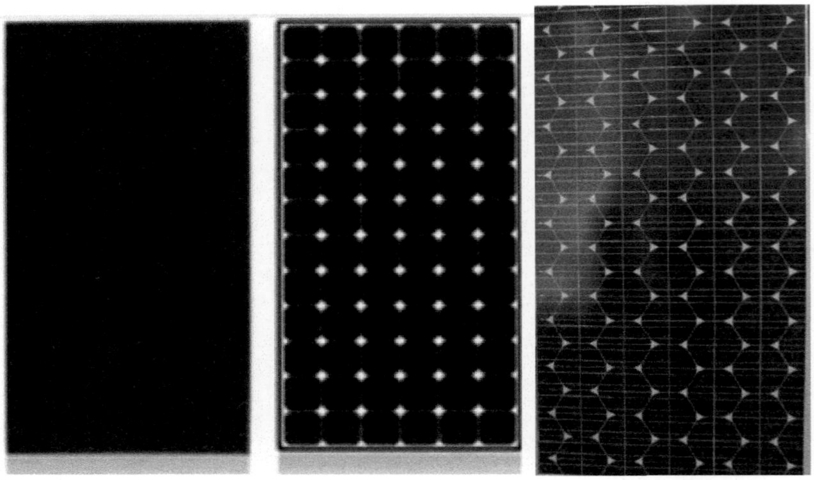

(a) (b)

[그림 5.2] Sunpower사에서 제작된 N-type 태양전지 모듈 (a)와 산요의 HIT cell 모듈(b)

2) 박막 및 화합물 태양전지 모듈 판넬.

박막실리콘 태양전지는 전통적인 실리콘 웨이퍼를 기반으로 하는 태양전지 제조비용의 50~70%를 차지하는 실리콘 웨이퍼의 재료원가를 큰 폭으로 줄여 원가적인 측면을 감소시킬 수 있는 장점이 있다. 또한 cell과 모듈이 일체형으로 진행되므로 공정의 간소화가 있는 반면에 투자비용이 높고, 낮은 변환효율로 인한 모듈의 설치 공간이 증가한다는 단점이 있으나 현재는 발전 장소에 제약을 덜 받을 수 있고 설치비용을 절감할 수 있는 상업용 발전소를 기반으로 확대되고 있다.

역사적으로는 비정질 실리콘(amorphous silicon) 박막 태양전지 모듈은 박막중에서는 최초로 1990년대 후반에 미국에서 상용화 되었으나 낮은 변환효율에 어려움을 겪다가 이중(tandem) 혹은 삼중(triple junction)구조의 제품으로 변환효율을

(a) (b)

[그림 5.3] 유연기판에 제작된 비정질 실리콘 태양전지(a), 비정질 박막실리콘 태양전지모듈(b)

끌어올린 2000년대 중반들어 시장을 넓혀가고 있다. 유리 기판 두장 사이에 비정질 실리콘을 주입한 제품과 고무시트등의 연질시트를 베이스로 하는 플렉시블 제품등이 있는데 특히 플렉시블 제품은 설지장소의 장애가 적어 각광을 받고 있다.

역사적으로는 비정질 실리콘(amorphous silicon) 박막 태양전지 모듈은 박막중에서는 최초로 1990년대 후반에 미국에서 상용화 되었으나 낮은 변환효율에 어려움을 겪다가 이중(tandem) 혹은 삼중(triple junction)구조의 제품으로 변환효율을 끌어올린 2000년대 중반들어 시장을 넓혀가고 있다. 유리 기판 두장 사이에 비정질 실리콘을 주입한 제품과 고무시트 등의 연질시트를 베이스로 하는 플렉시블 제품등이 있는데 특히 플렉시블 제품은 설지장소의 장애가 적어 각광을 받고 있다.

(a) (b)

[그림 5.4] CdTe 화합물태양전지 모듈 (a), CIGS 화합물태양전지 모듈 (b)

이외에 박막태양전지로는 II-VI족 화합물 CdTe 박막 태양전지 모듈(Cadmium-Telluride module)이 1990년대 후반에 미국 first solar사에 의해서 상용화 되었으나 2000년대 중반에 들어서야 폭발적인 증가세를 보였다. 원료로 실리콘을 사용하지 않았으나 극소량이지만 중금속인 카드뮴(Cd)를 사용하는 바람에 아직도 환경에 유해하다는 일부 환경론자들의 공격에서 완전히 벗어나지 못하고 있는 제품이다. 그러나 생산원가 경쟁력에서는 가장 뛰어난 모듈로 알려져 있다. 이러한 환경문제를 극복하고 제시된 제품으로는 최근 CIGS(Copper Indium Gallum diSelenide) 모듈 혹은 CIS(Copper Indium diSelenide) 모듈이 가장 상용화된 제품으로 얇은 연질의 금속판등을 베이스로 사용할 수 있으며 이 경우 특히 roll-to-roll 방식등의 제조가 가능하여 생산원가를 크게 절감할 수 있은 제품으로 국내에서도 라인에 적용하려 하고 있다.

3) 그 밖의 태양전지 모듈

집광형 태양전지 모듈은 GaAs, InGaP와 같은 III-V 화합물 반도체를 기초로 만들어지며 이들은 직접천이형 밴드갭을 가지고 있어 기존 실리콘 태양전지에 비해 광 흡수율이 높아 작은 면적에도 동일한 발전량을 얻을 수 있어 발전단가를 낮출 수 있는 모듈이다. 특히 집광에 대한 부분이 모듈기술과 관련되어 있다. 아래 [그림 5.5]에 제시된 염료 감응 태양전지 모듈은 뒷장의 유기태양전지에서 더 자세히 다루게 될 것이다.

(a)

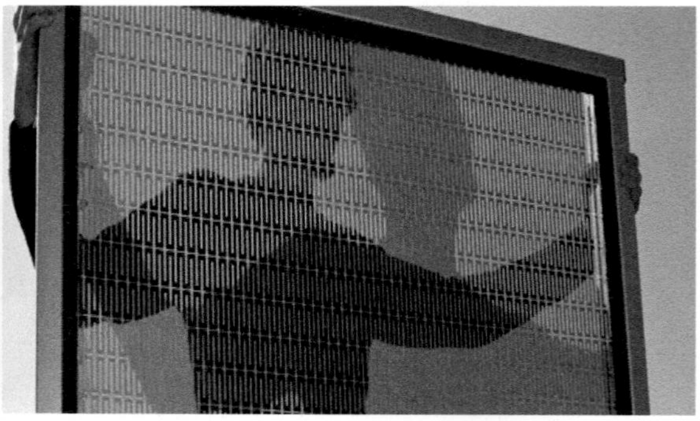

(b)

[그림 5.5] 집광형 태양전지 모듈 (a)와 염료감응태양전지 모듈(b)

5.2 태양전지 모듈의 구조와 재료

(1) 모듈의 구조

태양전지 모듈 구성은 태양전지 제조와 검사가 끝나면 전력 용량에 따라서 모듈화 과정을 거친다. 태양전지 모듈은 태양전지를 행과 열로 구성된 사각 메트릭스(matrix)로 구성한다. 태양전지를 직렬 또는 병렬 연결하여 장기간 동안의 자연환경 및 외부 충격에 견딜 수 있는 구조로 밀봉하여 사용한다. 전면에는 투과율이 좋은 강화유리를 사용하고, 뒷면에는 고분자 화합물에 각종 배합제를 가하여 액화 및 고상과정에서 공기방울 형성이 작고 자외선에 강하고 투명도가 우수하며 140도의 온도에서 빨리 녹아서 경화되도록 만든 열경화성 수지인 EVA(Ethylene Vinyl Acetate, 에틸렌 비닐 아세이트)를 사용한다. 라미네이터에 온도 가열을 위한 히터 위에 유리 / EVA / 구성된 태양전지 회로 / EVA / Back sheet를 차례로 적층하는 레이업 공정 이후에 진공을 펌프로 뽑으면서 온도를 라미네이터 히터로 가열하여 밀봉 합착시키는 라미네이션 공정을 수행하고 알루미늄 프레임과 전기에너지 출력용 단자함을 형성하여 모듈을 완성한다.[그림 5.6]

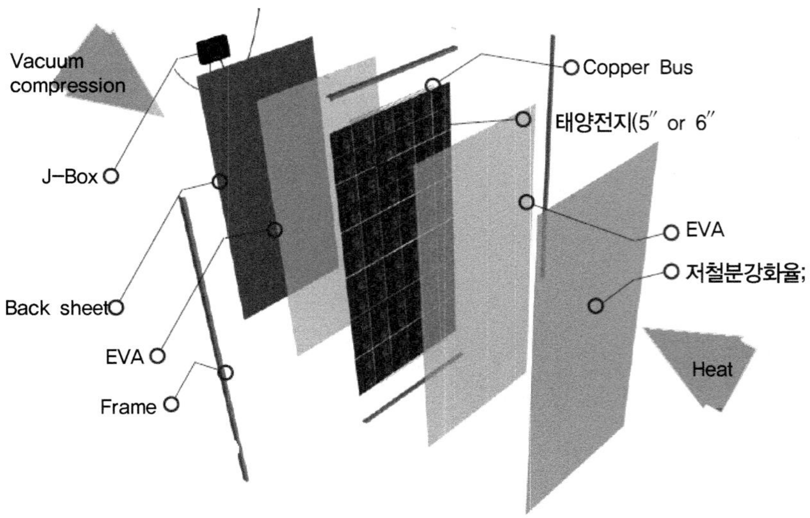

[그림 5.6] 태양전지 모듈의 구조와 각 구성품

(2) 태양전지 모듈 재료

1) 저 철분 강화 유리(Low iron glass)

태양전지 모듈에 있어서 개발 초기부터 유리는 필수적인 소재 중의 하나였다. 태양전지는 반도체 소자로 되어 있어 옥외에 설치할 경우 반드시 실장(encapsulation)을 해주는 것이 필요하다. 표면에는 광이 통과해야 하기 때문에 투명하고, 내후성*이 요구되어 일반적으로 판유리가 사용되어 왔다. 한때 수지 표면기판이 사용된 적이 있으나 내후성에 문제가 발생하여 현재에는 대부분 판유리가 사용되고 있다.

건축용에 사용되는 유리는 원료에 함유되거나 공정상에서 500~1,000 ppm 정도의 철분함량이 유입됨으로 인해 녹색을 띄게 된다. 이러한 철분의 영향으로 인해 유리의 투과율이 저하되므로 일반 판유리를 커버 유리로 사용할 경우 태양전지의 효율이 떨어지게 된다. 따라서 태양전지 모듈의 효율향상을 위해서는 철분함량이 150~200 ppm으로 낮은 저 철분의 백색유리를 사용해야 한다. 아래의 [그림 5.7]은 철분함유량에 따른 투과율 곡선을 나타낸다.

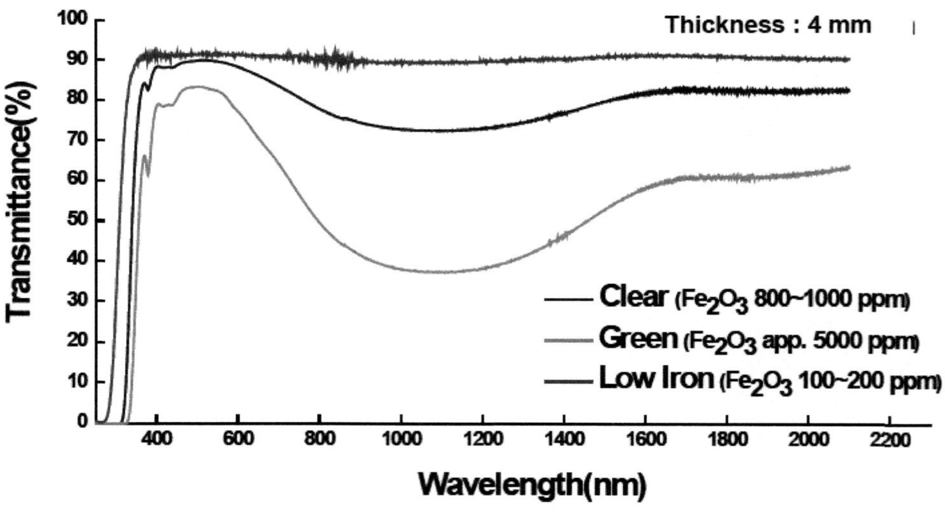

[그림 5.7] 유리내 철함유량에 따른 투과도 곡선

---

* 내후성(weather resistance) : 빛, 풍우, 습기, 공기 등 기후적 자연환경에 대하여 견딜 수 있는 성능을 말함 (네이버 지식백과)

저 철분 유리는 저 철분 무늬유리와 저 철분 플로트 판유리로 크게 구분될 수 있다. 저 철분 무늬유리는 태양광의 표면반사를 줄이기 위해 표면에 무늬를 형성한 저 철분 유리이고 저 철분 플로트 판유리는 표면반사방지 기능을 갖지 않는 일반 건축용 판유리에 비해 철분함량이 낮은 유리이다. 저 철분 판유리를 커버 유리로 사용할 경우 유리표면 반사방지를 위해 일반적으로 반사방지막을 코팅하여 사용하며 최근에는 무늬유리에도 반사방지막을 코팅해서 사용하기도 한다. 저 철분 유리를 생산하는 유리 성형법에 따른 분류로는 무늬유리를 성형하는 롤아웃 공법과 평평한 유리를 생산하는 플로트 법이 있다. 철분의 함유량이 낮아 태양광 투과율이 높아지는 광학적 특성의 변화 외에는 유리의 제조방식이 성질은 기존 건축용 플로트 유리나 무늬유리와 같다.

[표 5.1] 저 철분 유리의 종류와 생산방법

항목	저 철분 무늬유리	저 철분 프로트유리
생산방법	롤아웃방식 	프로트방식 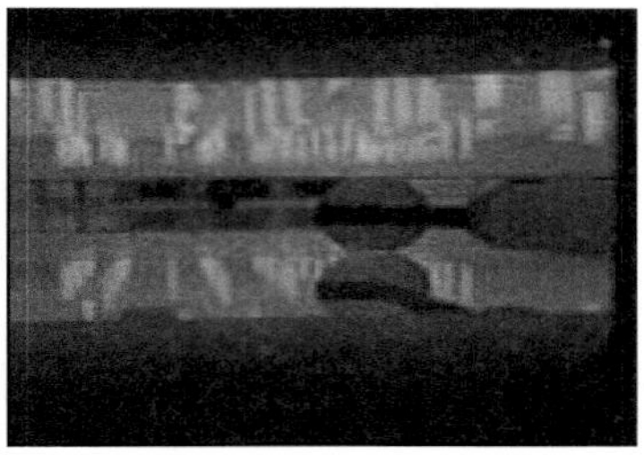
제품용도	태양광용, 건축용	태양광용, 가전용, 건축용

태양전지용 커버 유리로 사용되는 저 철분 유리는 플로트 유리와 무늬유리 모두 강화과정을 거쳐야 태양전지에 적용을 할 수 있다. 유리의 강화기술에는 열강화, 화학강화 (이온교환, 에칭) 등이 있으며 수 mm 이상의 두께를 가진 건축용 판유리를 강화할 경우 열강화 기술을 적용하고 있으며 태양전지용 커버 유리에서도 열강화법이 적용되고 있다. 이 과정을 거친 유리는 표면의 강한 압축응력이 형성됨으로 인해 충격강도가 일반유리의 3배 이상으로 강해지고 내열성도 향상되며 파괴가 되면 아주 작은 조각으로 깨어진다.

2) EVA (에틸렌비닐아세테이트)

태양전지 모듈에서 EVA의 역할은 유리와 셀 그리고 back sheet를 완전히 접합시키는 접착기능과 셀을 습기, 먼지 등으로부터 완벽하게 차단시키는 셀 보호기능을 하기 때문에 태양전지 모듈에서는 없어서는 안되는 중요한 소재이다.

태양전지 모듈을 구성하는 요소 중 최하층에 위치하여 외부환경으로부터 태양전지를 보호하는 백시트(back sheet)층과 셀(cell)의 상하층에 위치하여 접착 및 완충기능을 수행하는 봉지재(encapsulant) 층으로 나눌 수 있다. 여기서 봉지재의 역할이 EVA이다.

봉지재 중 가교형 EVA sheet (XL EVA Sheet; Crosslinkable Ethylene Vinyl Acetate Sheet)의 경우 경제성 및 성능에 걸쳐 다른 여타 재료 대비 그 우수성이 입증되면서 주요한 봉지재로서 자리매김하고 있으며, 그 용도가 결정질 태양전지에서 박막형 태양전지까지 파급되고 있다.

EVA의 성질은 레진(resin)에 의해 영향을 받게 되며 레진은 VA(Vinyl Acetate) 함량과 분자량에 의해 대폭으로 달라지게 된다. 통상 VA함량이 7~60%정도의 것을 EVA수지라 부르고 7%이하의 것은 PE의 재질을 가지며 60%이상의 것은 물성적으로 plastics 특성을 잃는다. 투과율이 높고 접착력이 좋아야 하며, 가교가 잘 되어야만 외부환경에서 태양광 모듈의 수명을 최대한 연장할 수 있다. 특히 VA 함량이 28~33% 정도의 EVA 레진이 태양광용 봉지재 EVA sheet을 만드는데 이용된다.

EVA 필름 제작 과정은 [그림 5.8]과 같은 순서를 통해 이루어진다.

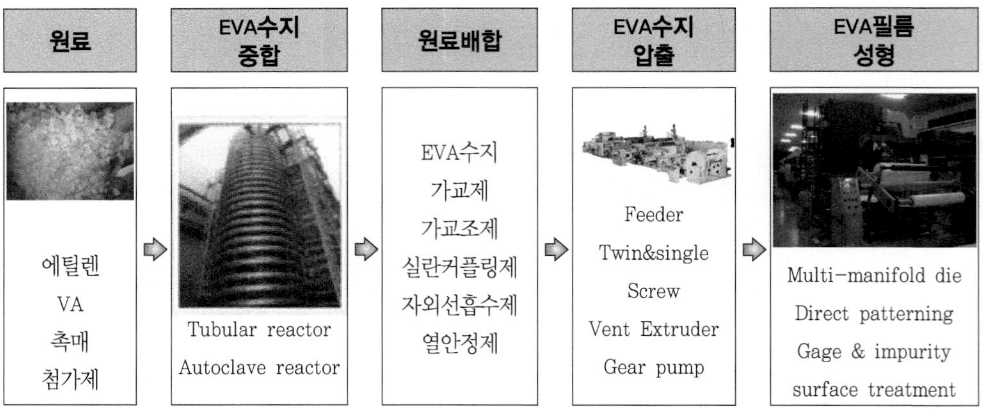

[그림 5.8] EVA 필름 제작 전체 공정 순서도

3) back sheet

태양전지 셀을 방수, 절연 및 자외선 차단시키는 역할을 함과 동시에, 태양전지 모듈의 수명을 연장시키기 위하여 높은 온도 및 습도에서도 잘 견딜 수 있어야 하며 내구성 확보해야 한다. 태양전지 모듈은 옥외에 설치되어 발전하므로 재료의 재질, 구조등에 있어서 충분한 내구성과 내후성이 요구된다. 특히 후면에 사용되는 back sheet는 바로 외부환경과 닿아 있기에 수증기 투과율이 적어야 한다. 이것은 수분의 투과에 의하여 EVA sheet가 벗겨지거나 변색하거나 태양전지의 부식을 일으켜 모듈의 출력에 영향을 미칠 우려가 있기 때문이다.

일반적으로 back sheet는 3개의 기능층으로 적층된 필름이며 내습성이 뛰어난 PET 필름을 내후성이 뛰어난 기재 필름(대표적으로 PVF)으로 양면에서 감싸는 형태의 구조로 되어 있다. 일반적인 back sheet를 구성하는 각 층에 대한 요구 특성을 정의하면 다음과 같다.

최외층은 내후성이 뛰어난 필름이나 시트 재료, 중앙부에는 수증기 차단성이 높은 필름이나 재료, 반대면에는 내열, 내습성, 전기적 특성, 기계적 특성이 좋은 필름이나 재료, 중간층인 내습 기능층에는 고가인 알루미 호일대신 알루미나(Al_2O_3), 실리카(SiO_2) 증착 PET필름이 사용되기도 한다. 기재 필름으로 주로 사용되어 왔던 불소계 필름 PVF는 수증기 차단성과 기계적 강도에서 문제가 있으면서도 고가이기 때문에 최근에는 내열성 저올리고머 PET필름으로 대체가 진행되고 있다.

[표 5.2] back sheet의 기본구조

TPT	TPE	PET
EVA side	EVA side	EVA side
PVF/PVdF	PVF/PVdF	PE
PET	PET	PET
PVF/PVdF	PE	ETC

back sheet는 사용하는 필름기재에 의해 TPT, TPE, PET계의 3개 타입으로 크게 구별된다. 일반적인 구조는 [표 5.2]와 같으며 각 층은 접착제층으로 라미네이팅 된다. 중간층엔 주로 PET 가 들어가게 되는데 PET는 폴리머의 한 종류로서 수증기 차단성이 뛰어나지만 외부 환경의 (자외선, 적외선, 오존 등) 노출에 열화되기 쉬운 특성을 가지고 있다. 따라서 이 PET 필름의 양면을 불소수지 및 불소코팅 필름으로 라미네이팅하여 사용하게 되는 것이 일반적이다.

4) 정션박스(junction box)

태양전지의 정션박스는 모듈을 구성하는 원가의 2~3%를 차지하고 최근 중국기업들의 저가제품으로 인해 관심이 적은 편이지만 모듈에 있어서 없어서는 안될 부품이다. 정션박스는 박스(housing), 케이블(cable) 그리고 커넥터로 구성되어 태양광 모듈의 집광판에서 빛을 받아 전기로 변화된 것을 축전기까지 전달하는 역할을 하고 있는 태양광 모듈의 필수 제품이다. 특히 태양광 모듈의 후면에 위치하고 있기 때문에 비, 눈 등 외부 환경적 요인으로 인하여 절연성에 대한 문제가 야기될 수 있다. 또한, 보호커버와 태양광 모듈의 후면 back sheet와는 실리콘 또는 접착양면 고무테입등 고분자 재료를 사용하여 부착시키게 된다.

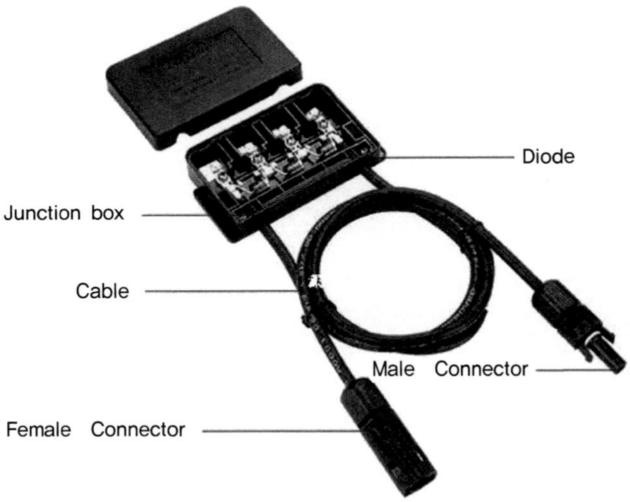

[그림 5.9] 정션박스의 구조 (SNe 리서치, 태양광용 정션박스 기술 및 시장전망)

5) 프레임 (frame)

마지막 태양전지 모듈의 구성품은 사각의 모서리에 부착되는 프레임이다. 일반적인 태양전지 모듈의 프레임을 알루미늄 재질로 제작되며 물이나 먼지와 같은 다른 이물질이 모듈에 들어가지 않도록 보호하는 역할을 하며 동시에 모듈의 강도를 향상시키는 역할을 하게 된다.

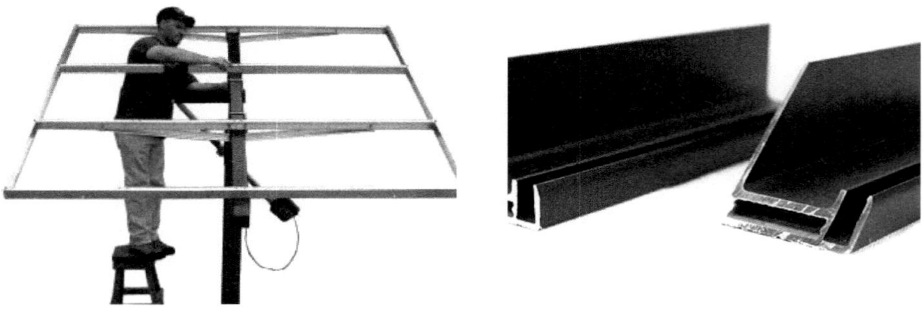

[그림 5.10] 태양전지 프레임 설치작업과 절단된 알루미늄 프레임 단면

5.3 태양전지 모듈공정 (결정화 실리콘 태양전지 중심)

태양전지 모듈의 제조 공정 순서는 먼저 태양전지 선별을 위해 셀 분류기에 장입하여 셀의 전류-전압 특성을 측정하고 등급별로 태양전지를 분류하게 된다. 태양전지 전극에 탭 달기(Tabbing)와 일렬화(String) 장치에서 금속 리본 절단기를 작동하여 적절한 리본 길이로 절단하고 적외선램프로 가열하여 셀 전극에 접합시켜 셀을 전기적으로 연결한다. 한 줄로 연결된 스트링을 적층 설비로 배열한다. 배열이 끝나면 수작업에 의해 회로작업을 하고 EVA 시트 및 후면시트(back sheet)를 세팅하고 적층하는 레이업을 계속한다. 세팅이 완료되면 장입 장치를 이용하여 라미네이터(laminator)에 고정시키고 감압, 가열, 가압, 밀봉을 실행한다. 밀봉이 종료되면 제거 장치를 이용하여 모듈을 꺼내고 육안 검사를 실시한다. 만일 불량이 검출되면 수정작업을 수행하는데 라이네이션이 끝난 상태이기 때문에 수정 작업에 어려움이 있다. 그래서 각 공정 진행시마다 공정 검사를 철저히 진행하여야만 불

량을 최소화하여 생산 수율을 높일 수 있다. 정상적인 상태이면 건조 가열 후 프레임을 결합하고 접합단자함(Junction box)을 형성하여 출하시험을 실시한다. 태양전지모듈의 공정순서와 공정별 제조설비를 [그림 5.11]에 요약하였다.

순서	공정명	개념도	장비	순서	공정명	개념도	장비
1	Cell test	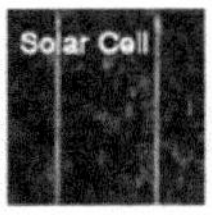		5	모듈 검사	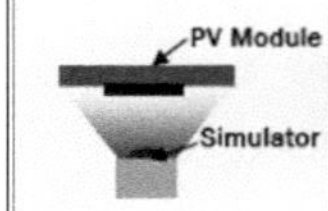	
2	Tabbing & String	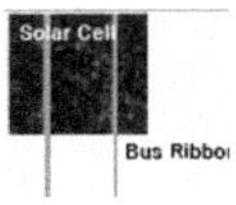		6	플레임	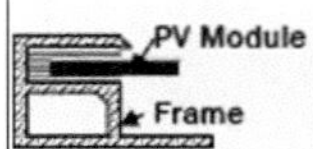	
3	Matrix	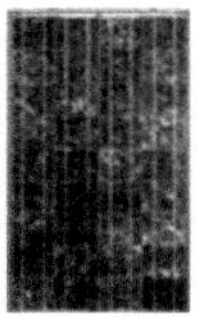		7	J-box 고정	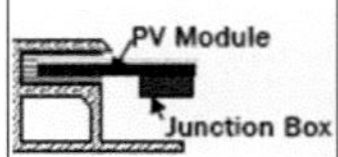	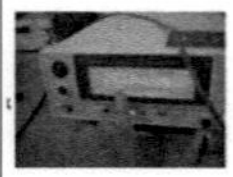
4	Lamination	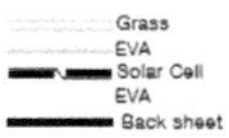		8	포장	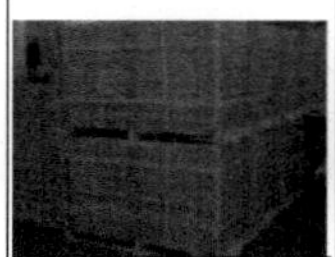	

[그림 5.11] 태양전지 모듈 제조 공정 순서와 공정별 제조설비

(1) 셀검사 및 분류 (Cell test & sorting)

태양전지 제조사로부터 셀이 입고되면 셀 외관검사를 통한 셀 깨짐과 불량검사를 실시한다. 외관상 이상이 없는 셀은 Cell tester를 이용하여 효율을 측정하게 된다.

검사시 태양전지의 출력 균일도가 최대 ±1% 이내로 분류한다. 이는 매우 중요한 공정이며, 모듈의 경우 전류값이 낮은 셀이 1장이라도 혼합될 경우 출력 저하가 나타나게 된다. 출력에 맞는 셀끼리 분류를 진행하여 출력의 안정성을 보장해야 한다. 일반적으로 태양전지 제조 업체에서 1차적으로 출력과 전류 및 전압에 따라 분류를 하여 공급하지만 운송과정에서 발생될 수 있는 요소 즉, 태양전지의

크랙이나 파손 혹은 외부 온도나 습도등에 의해 태양전지의 효율이 하락할 수 있으므로 모듈 업체에서는 주로 샘플링(sampling) 방식으로 태양전지를 측정하여 분류하기도 한다.

1. 셀 출력검사	2. 셀 외관검사	3. 셀 깨짐 및 불량검사

[그림 5.12] 태양전지 셀 입고검사

[그림 5.13] 셀 자동화 분류장치

1) Tabbing & String

탭달기(Tabbing)와 일렬화(String)는 셀을 직렬로 연결시키게 하기위한 공정으로 셀 전면에 버스바(busbar)와 후면에 버스바 위에 리본을 교차로 열처리를 함으로써 +, - 직렬연결이 이루어지게 된다. 아래는 자동화 공정으로 진행되는 것으로 [그림 5.13]을 보면 이해가 쉽게 될 것이다. 셀의 Ag로 인쇄된 버스바와 리본을 붙이기 위해서는 flux를 발라줘야 busbar와 리본이 쉽게 붙을 수 있다. Flux는 산화물을 금속표면으로부터 제거하고 다시 산화물이 생기지 않게 표면을 보호하는 재료로 사용된다. Flux의 잔류물들이 셀 표면에 붙어서 오염으로 인한 출력 저하가 이루어지지 않게 Flux는 busbar에 최소로 도포한다. 이송 및 String 공정에서 손상을 주지 않게 주의한다. 최종으로 충격으로 인해 미세크랙(Micro crack)이 발생되었는지 검사가 이루어진다.

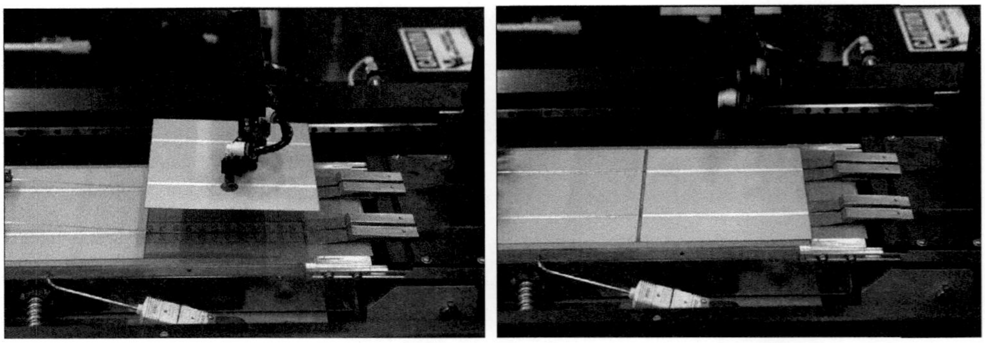

[그림 5.14] 태양전지를 리본과 flux위에 정렬하는 공정

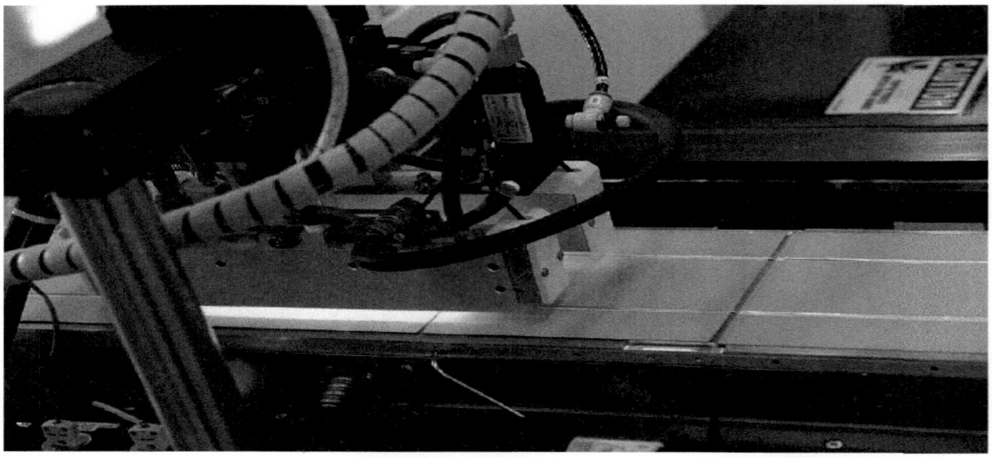

[그림 5.15] 직렬연결된 셀을 열처리를 통해 접합시키는 공정

2) 배열공정 (Matrix)

모듈은 전력 용량에 따라서 배열이 이루어지는데 4×9, 6×9, 6×10, 6×72 등 셀의 효율과 모듈 용량에 따라서 배열을 결정하게 된다. [그림 5.16]는 스트링된 셀들을 맞춰 배열하기전 검사 및 분류시키는 과정을 보이고 있다.

[그림 5.16] Tabbing 된 셀들을 한줄씩 검사 및 정렬하는 과정

[그림 5.17]은 하부에는 유리와 EVA 시트를 놓고 셀 상부가 하부로 가도록 배열하는 그림이며, 배열된 셀위에는 다시 EVA와 back sheet가 올려지게 된다.

[그림 5.17] 용량에 따라서 셀을 배열하는 공정

3) 라미네이션 (Lamination)

라미네이션 공정은 모듈 제조과정에 핵심공정으로 적층된 각 구성요소를 밀봉하는 공정이다 강화유리 / EVA / 태양전지 / EVA / back sheet가 적층된 상태에서 천과 같이 넓은 다이아 프레임으로 압착, 진공시작, 100~120℃로 예열, 140~160℃로 가열, 진공 140Pa 이하로 가열과 진공유지, 진공끄기, 탈착 등의 순서로 EVA를 녹여서 압착 밀봉하는 공정이다.

[그림 5.18] 모듈 백시트를 EVA위에 배치한 모습

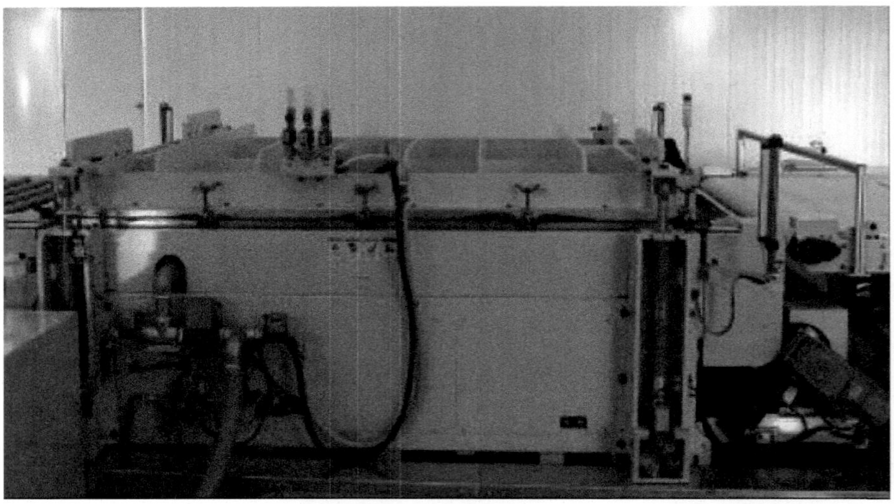

[그림 5.19] 태양전지 모듈 라미네이션 공정장비

[그림 5.19]은 라미네이션 장비로 하부에 heating plate가 있으며 다이아 프레임을 압착하면서 진공을 유지하는 장치이다. EVA의 경화조건은 소재와 설비에 따라서 경화온도 및 경화 시간이 경화 후의 EVA 시트의 화학적, 구조적, 광학적 특성에 영향을 미치는 영향적 분석과 환경 가속시험을 통한 내구성 평가를 통하여 최적화 한다.

4) 프레임 및 단자접속 (Framing 및 J-Box Fixing)

라미네이션이 끝난 태양전지모듈은 모듈성능을 검사(a)하고 프레임이 제작되기 전에 라미네이션후에 측면에 남아있는 back sheet를 잘라내는 모듈 트리밍(b)을 진행하여야 프레임을 제작할 수 있다. 이후에 잘려진 back sheet를 밀봉하는 모듈 테이핑(c)이후 전면과 후면의 프레임이 제작, 부착(d~e)된다. 프레임은 주변 환경과 조화를 이루는 건축자재용 제품을 사용하여 조립성이 용이하도록 형상의 다변화와 시공성을 고려하며, 자연환경에 장기간 노출이 되므로 부식과 모양의 변화가 없는 제품을 사용하여야 한다.

특히, 강수기 대비 방수기능, 태풍에 견딜 수 있는 강인성, 폭설 하중을 견딜 수 있는 강인성을 갖추고, 한파에도 부식과 변형이 없도록 기계적 구조 설계가 되어야 한다. 접속 단자함 공정(f)은 봉합제 도출, 접속 단자함 장착, 버스바 연결, 바이패스 다이오드 연결, 봉합제 정리, 프레임 밀착, 건조 경화 등의 순서로 진행된다.

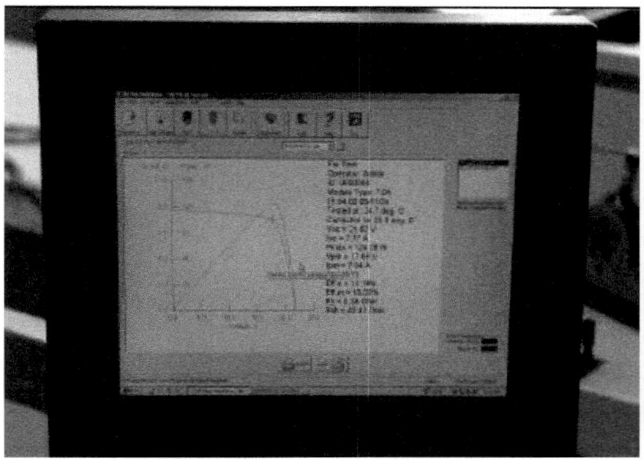

a. 모듈 성능측정

b. 모듈 트리밍

c. 모듈 테이핑

d. 모듈 케이싱 (전면)

e. 모듈 케이싱 (후면)

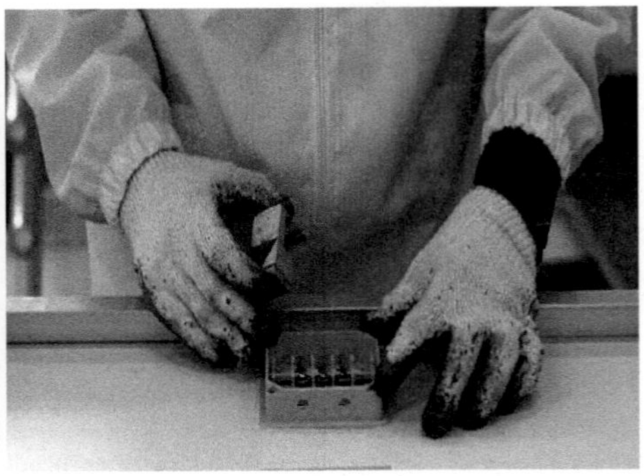

f. 출력 단자 부착

[그림 5.20] 모듈 평가, 프레임 제작 및 단자 접속 방법

5) 모듈 검사 (Module Inspection)

PV 모듈 검사법은 출하 검사와 신뢰성 검사로 구분 가능하다. 출하 검사는 전기적 특성검사, 강박시험, 구조 및 조립시험, 내전압 검사, 절연저항 검사 등으로 구성된다. 신뢰성 검사는 내 풍압, 온도 싸이클 테스트, 내습성 검사, 염수분부, 내열성, UV 자외선 피폭 시험 등이 있다.

① 육안검사

모듈의 시각적 결함을 찾아내기 위한 검사로서, 1000lux 이상의 밝은 조명 아래에서 육안으로 모듈의 성능을 떨어뜨리거나 나쁜 영향을 미칠 수 있는 결함의 유, 무를 확인한다. 육안 검사에서 발견되는 것으로는 아래와 같다.

- 모듈 표면이 금이 가거나, 휘어지거나, 찢겨진 것 또는 태양전지 배열이 흐트러진 것.

- 깨진 태양전지가 있는 것.
- 금이 간 태양전지가 있는 것.
- 결선이나 연결이 잘못된 것.
- 태양전지끼리 닿아 있거나 태양전지가 모듈 테두리에 닿아 있는것
- 태양전지와 모듈 테두리 사이에 기포나 박리 현상이 생겨 연속된 통로가 형성된 것.
- 합성수지 소재의 표면이 처리 결함으로 끈적끈적한 것.

셀간 협착	Bus Bar 휨	셀 크랙	Bubble 발생

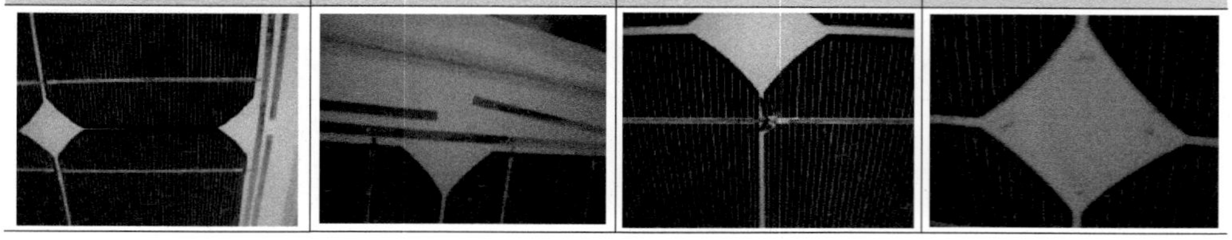

[그림 5.21] 모듈 육안검사에 따른 불량예

② 모듈 출력 측정

모듈의 출력 측정도 셀의 측정과 같이 전류, 전압, 효율, power로 나타나게 된다. 아래와 같은 표준 조건하에서 전기적 효율을 측정한다. 일정 기준에 따라서 class를 분류하게 된다.

- 조건 : 온도 25℃, AM1.5G 스펙트럼, 1000W/m^2

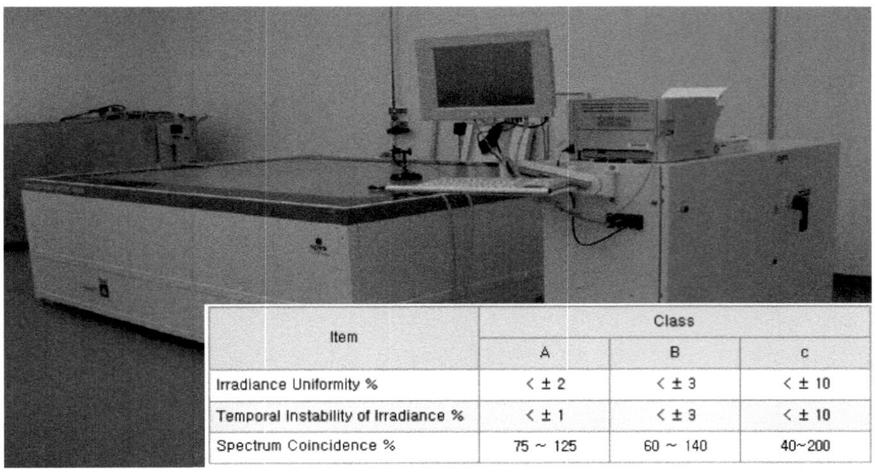

Item	Class		
	A	B	c
Irradiance Uniformity %	< ± 2	< ± 3	< ± 10
Temporal Instability of Irradiance %	< ± 1	< ± 3	< ± 10
Spectrum Coincidence %	75 ~ 125	60 ~ 140	40~200

[그림 5.22] 모듈 power 측정기

③ 기계적 부하 시험

모듈의 앞면이나 뒷면 즉, 넓은 면이 바람, 눈 또는 움직이지 않는 물체나 얼음의 무게로 인한 물리적인 부하에 견디는 능력을 확인하기 위한 시험이며, 시험 도중 모듈 내부 회로 결선의 전기적인 연속성을 상시 감시할 수 있어야 한다. 모듈의 내풍압 성능 시험에는 2400Pa 이상의 물리적 부하가 요구되나, 눈이나 얼음은 흘러내리지 않고 누적되는 속성을 가지고 있으므로 이에 대한 내성을 시험하기 위해서는 모듈에 5400Pa 이상의 하중을 가해야 한다.

[그림 5.23] 기계적 부하 시험

④ 단자 강도 시험(robustness of termination test).

모듈의 단말처리 또는 단자 부착부위가 정상적인 조립이나 취급 과정에서 받을 수 있는 응력에 대한 견고성을 확인하기 위한 시험이다. 단말처리 견고성 시험은 모듈을 적어도 1시간 이상을 상압, 상온인 조건에 놓아두었다가 해야 한다.

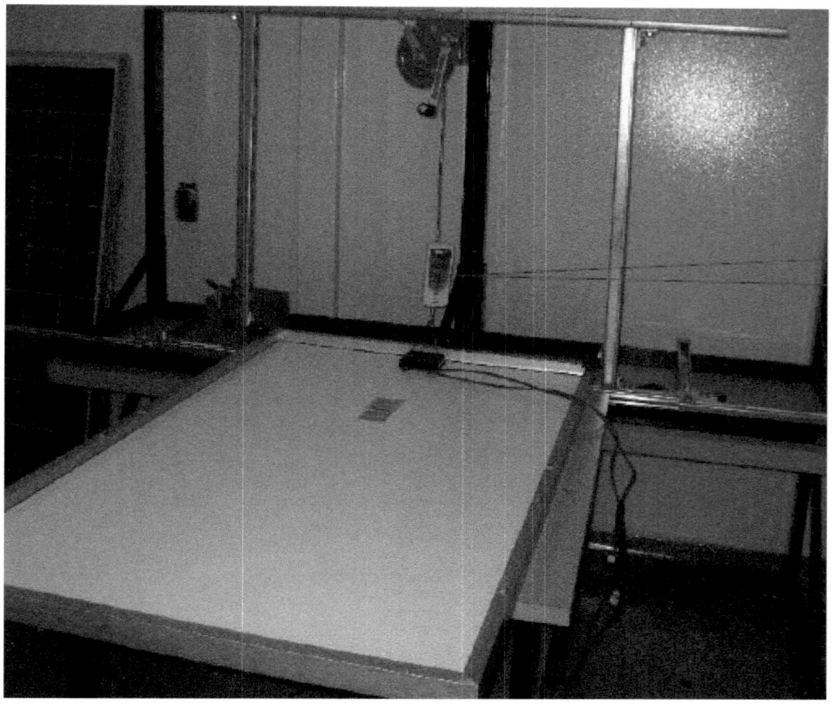

[그림 5.24] 기계적 부하 시험

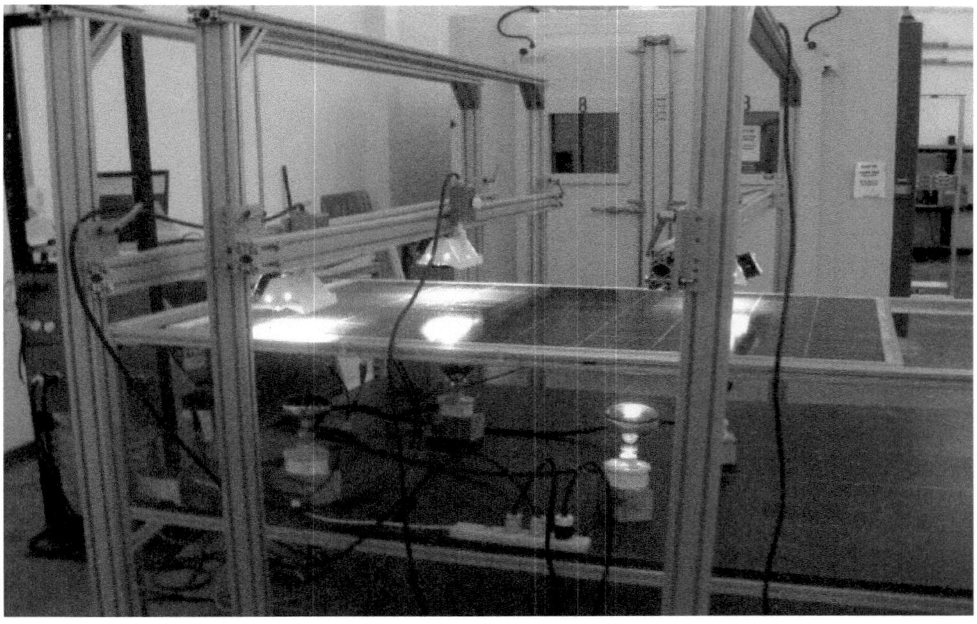

[그림 5.25] 열점 내구성 시험방법

⑤ **열점 내구성 시험**(hot-spot endurance test)

열점 내구성 시험은 모듈이 열점 가열 현상, 예를 들어 납땜이 녹는다거나 봉지(encapsulation) 구조가 뒤틀린다거나 등의 열점 결함으로 인한 이상 가열 현상에 견디는 능력을 보기 위한 시험이다. 열점 결함은 모듈을 구성하는 특정 태양전지가 깨지거나, 특성이 현저히 다른 태양전지가 섞여 있거나, 또는 태양전지 자체에 결선 결함이 있거나, 부분적으로 그늘이 지거나 얼룩이 지는 것 등이 원인이 되어 일어난다. 열점 가열 현상은 모듈에 부분적으로 그늘이 지거나 또는 결함을 가진 태양전지가 존재하여, 결함을 가진 태양전지의 줄어든 단락전류가 정상적으로 동작하는 태양전지에 흐르는 전류보다 작을 때 발생한다. 열점 현상이 일어나면 해당 태양전지는 역바이어스 조건이 되어 자체의 출력을 넘는 부분이 모두 열로 발산이 되어야 하므로 과열이 일어나게 된다. 열점 내구성 시험에는 두 대의 광원이 필요하다. 첫째 광원으로는 조사 강도 700W/m^2 이상, 균일도 ±2%이상, 시간적 안정도 ±5% 이상인 연속광형 모의 태양광원이나 자연광을 이용한다. 둘째 광원으로는 조사 강도 1000W/m^2 ±10% 이상인 연속광형 모의 태양광원이나 자연광을 이용한다. 그 외 우박충돌시험, 절연시험, 자외선 전처리 시험, 온도순환 시험, 내습-내열성 시험등이 있다.

⑥ Packaging

완성된 태양전지는 운송중에 파손이 있지 않도록 1차/2차 포장을 거쳐 운반해야 한다. 아래 [그림 5.26]는 이에 대한 예를 보여 주고 있다.

[그림 5.26] 태양전지 모듈 수출 포장

5.4 태양전지 모듈의 열화

태양전지 모듈은 동작하는 부품이 없으므로 태양전지 모듈의 수명은 주로 모듈이 설치되는 지역의 환경적 요인으로 인한 재료의 부식에 대한 안정성과 저항성에 의해서 결정된다. 현재 생산되는 태양전지 모듈은 일반적으로 20년을 품질의 보증기간으로 설정하고 있다. 그럼에도 불구하고 출력이 떨어지고 이로부터 기인되는 모듈의 불량과 열화의 원인은 물의 침투와 온도 스트레스에 의한 것이 대부분이다.

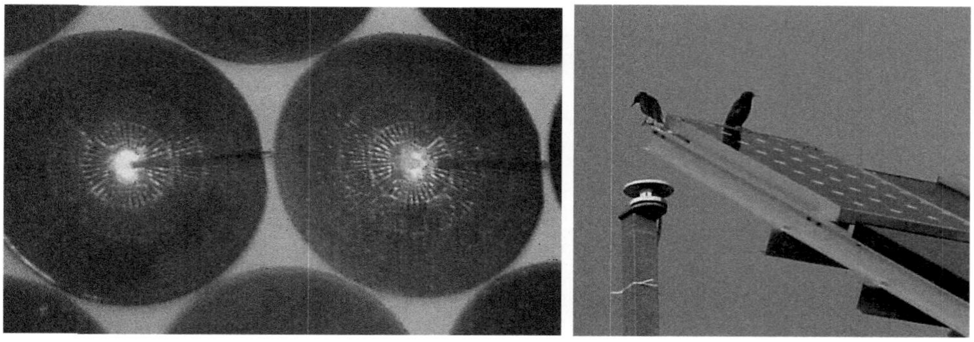

[그림 5.27] 태양전지 열화의 예 (a), 태양전지 모듈 표면의 오염의 예 (b)

1) 제어 가능한 태양전지 모듈의 열화

제어가능한 태양전지의 출력에 대한 감소는 예를 들어 태양전지 모듈 앞에 나무가 그림자를 드리우는 경우 발생할 수 있는 경우이다. 일반적인 경우로는 태양전지 모듈의 표면이 먼지나 기타 오염원에 의하여 더러워지는 것이다. 이것은 경험적으로 10%의 출력 손실을 가져오는 것으로 알려져 있다. 이럴 경우 하나의 모듈이 불량이 나거나 인접한 다른 모듈의 동작점이 변경될 수 있다. 그러나 이러한 것은 모듈의 열화 근본 원인을 제거한다면 충분히 제어가 가능한 것이다.

2) 제어 불가능한 태양전지 모듈의 열화

열화의 과정은 장시간의 사용에 따른 지속적인 발전 출력저하와 모듈에 있는 개별전지의 불량에 기인한 것으로 나뉠 수가 있다.

<table>
<tr><th>원인</th><th colspan="2">현상</th></tr>
<tr><td>전지의
열화</td><td>1. 일반적으로 수증기에 의한 부식과 접촉력이 약해짐에 따라 발생하는 R_s의 증가
2. p-n 접합을 건너 금속이 이동함에 따른 R_{sh}의 증가
3. 반사방지막 기능의 상실</td><td>
(a) (b) (c)</td></tr>
<tr><td>전지의
합선</td><td colspan="2">배선 합선은 전지간의 연결에서 발생한다. 이것은 상부와 하부의 연결이 가까울수록 전지의 두께가 얇을수록 일반적인 불량이 되며 pin-hole, 부식되거나 손상을 입은 전지가 가까이 있다면 확률이 높아진다.
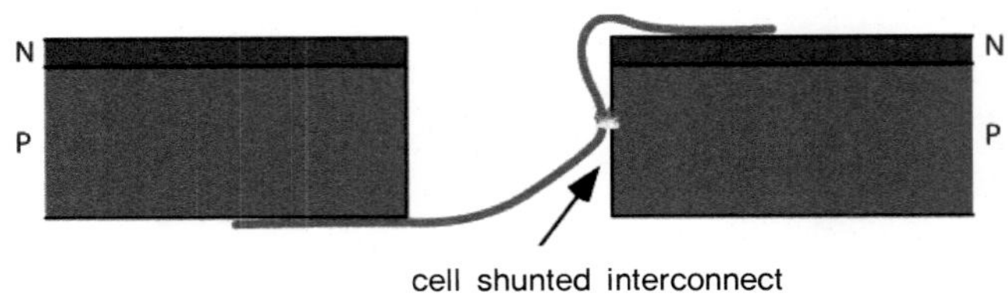
</td></tr>
<tr><td>전지의
단선</td><td>설계를 통하여 충분한 접점을 가지고 있는 경우에도 단선불량은 일반적으로 발생할 수 있으며 아래와 같은 원인으로 나타난다.
1. 열적 스트레스
2. 우박과 같은 기상조건
3. 검사과정에서 검출되지 않은 공정과 조립도중에 발생한 기판손상</td><td>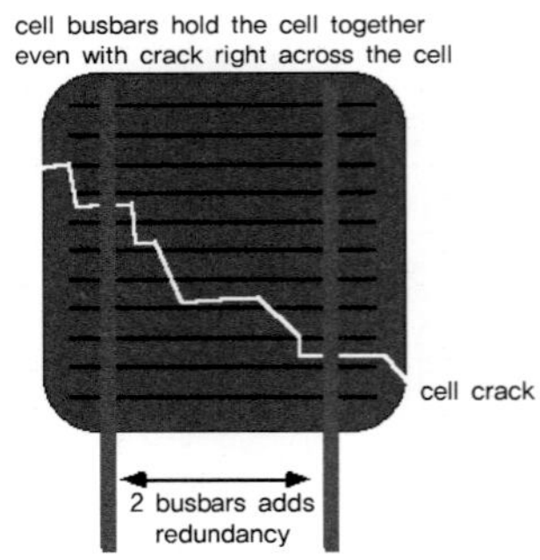
</td></tr>
<tr><td>Hot spot</td><td>태양광 발전 모듈에 조사되는 햇볕이 국부적으로 가려지거나, 태양전지의 특성 편차나 일부 태양전지의 결함과 특성 열화, 또는 태양전지 결선 등의 모듈 회로 결함으로 인한 출력 불균형 때문에 역 바이어스가 발생하여 모듈 온도가 국부적으로 상승하는 현상.</td><td></td></tr>
</table>

Dislocation	태양전지 제작공정중에 발생하는 고온의 기판 열처리에 따라서 손상이 발생하고 이에 따른 dislocation이 loop를 형성하게 되고 이것은 열악한 발전환경에서 활성화되어 불량을 야기하게 된다.	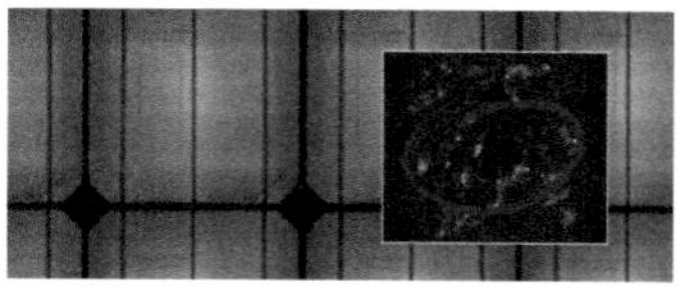
Microcrack	태양전지의 경우 여러 단계의 모듈공정동안 물리적 충격으로 인해 microcrack이 발생하게 되지만 육안으로 식별하기 어렵고 전기적 출력도 안정적이므로 모듈로 완성되어 사용자에게 공급된다. 그러나 기온변화가 급한 옥외에서 열적 스트레스가 증가하면 심각한 crack으로 성장하여 금속전극이 끊어지고 조각으로 분리되어 불량이 발생하게 된다.	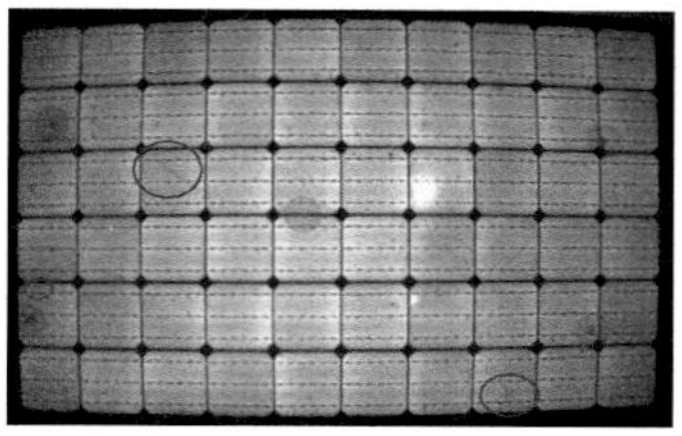

연 습 문 제

1. 태양전지 모듈의 종류는 크게 2가지로 분류된다. 어떤것들이 있는지 나열 하시오

2. [보기]의 태양전지모듈의 제조 공정에서 공정 순서대로 나열하여라.

[보 기]

(a) Lamination	(b) Tabbing&String	(c) Cell Sorting
(d) Junction box	(e) Matrix	(f) Package
(g) Module inspection	(h) Framing	

3. 다음 일반적인 결정질 태양전지모듈의 구성 요소 중 각 항목에 맞는 재료 명을 기입 하시오.

4. 태양전지 모듈에 조사되는 햇볕이 국부적으로 가려지거나, 태양전지의 특성 편차나 일부 태양전지의 결함과 특성 열화로 인한 출력 불균형 때문에 역 바이어스가 발생하여 모듈 온도가 국부적으로 상승하는 현상을 무엇이라고 하는가?

① hot spot

② Lamination

③ NOCT

④ bypass diode

5. 실리콘 웨이퍼를 기반으로 하는 태양전지모듈의 종류가 아닌 것은 무엇인가?

① 단결정 모듈

② 다결정 모듈

③ CdTe 모듈

④ HIT cell 모듈

⑤ IBC 모듈

6. 태양전지를 모듈로 제작하여 사용하는 이유는 무엇인가?

7. 태양전지 모듈제작을 위하여 필요한 주요부품 5가지에 대하여 열거하시오

참고문헌

[1] 이준신 외 1명, "태양전지공학", 도서출판 그린, 2007
[2] 김경해 외 1명, "태양전지 실무 입문", 두양사, 2008.
[3] Solar&Energy "태양전지용 back sheet기술 현황 및 시장 전망(2010~2015), 2011.
[4] 이종찬 외 4명, "태양전지 제조기술", 문운당, 2012.
[5] http://pveducation.org/

제6장

박막형 실리콘 태양전지

6.1 실리콘 박막 태양전지 동작원리

비정질 실리콘(a-Si) 박막 태양전지의 동작원리는 빛 흡수, 전하생성, 분리, 수집의 단계는 결정질과 동일하다. 박막 실리콘의 장점은 빛 흡수율이 결정질 웨이퍼형 보다 100배 이상 우수하다. 즉, 박막 실리콘은 빛 에너지 흡수 능력이 뛰어나다. 태양전지를 완성하는데도 $1\mu m$ 이하의 얇은 두께이면 충분하다. 박막 실리콘의 단점은 원자배열의 주기성이 완벽하지 못하여 발생하는 결함밀도가 결정질 웨이퍼형 보다 100만배 이상 높아 태양전지 구조에 변화가 필요하다. 종류별 결함밀도는 결정형 웨이퍼의 경우 $10^{10}cm^{-3}$이고, 초기의 비정질 박막의 결함밀도는 $10^{19}cm^{-3}$로 전자 소자 적용이 불가능할 정도로 결함이 많았다. 결함이 많을수록 광생성된 전자와 홀이 결함부위로 포획 소멸되어 전기를 얻기가 어려워진다.

박막 실리콘에 결함을 축소하기 위한 방법으로 최외각전자 전자 한 개를 가지는 수소 원자를 이용한다. 결함 부위에 수소를 부착하여 마치 결함이 없는 것처럼 만든다. 이렇게 결정 결함을 축소한 실리콘 박막이 수소화된 비정질 실리콘(a-Si:H) 박막이다. 수소화된 비정질 박막의 결함밀도는 $10^{16}cm^{-3}$로 전자 소자 적용이 가능하고 n-형, p-형 조절도 가능하다.

비정질 실리콘 박막 태양전지는 재결합을 축소하기 위한 방안으로 수소화 처리법 그리고 광흡수 층으로 결함이 작은 진성(intrinsic $10^{16}cm^{-3}$) 비정질 실리콘 박막을 사용한다. 내부 전위차이 형성을 위해서 진성층을 중간에 두고 p-형과 n-형을 접합하는 p-i-n형 또는 n-i-p형 태양전지 구조를 가진다. 이러한 구조에서 i a-Si:H 광 흡수층은 i층 위와 아래에 높은 도핑 농도를 갖는 p층과 n층에 의해 공간전하층이 형성되며 내부에 전기장(built-in electric field)이 발생하게 된다. 따라서 i a-Si:H에서 입사광에 의해 생성된 전자-정공쌍은 내부 전기장에 의해 n층과 p층으로 분리되고 투명전극과 후면전극으로 수집되는 동작원리를 가진다. [그림 6.1]에 동작 개념도를 도시하였다. 결정질 태양전지와 박막 태양전지의 발전원리는 다르다.

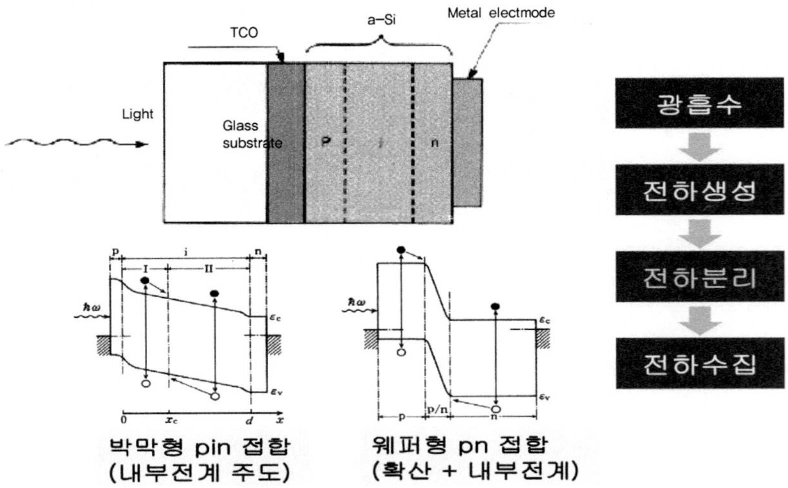

[그림 6.1] 박막 실리콘 태양전지의 동작원리와 pin-형 박막 태양전지 구조

비정질 실리콘 태양전지에서 전기를 발생시키기 위한 활성층으로 실리콘 웨이퍼 대신에 유리, 금속판, 플라스틱 등의 기판 위에 박막을 증착한 것으로, 태양전지 제작에 필요한 실리콘 재료의 양을 줄일 수 있어서 저렴한 가격으로 대면적의 태양전지 모듈을 제작할 수 있다. 또한 박막 태양전지는 얇기 때문에 단위 방사선에 의한 실제 손상이 미약하여 단결정 태양전지에 비해 우주용 전원으로 적합하다. 현재 산업화를 위해 연구되고 있는 박막 태양전지 기술로는 비정질 실리콘(a-Si:H)계 태양전지, CdTe 태양전지, $CuInSe_2$(CIS)계 태양전지 등이 있다. 비정질 실리콘 태양전지의 경우 주로 일본, 유럽, 미국 회사들에 의해 연구, 개발 생산되고 있다. 비정질 박막 실리콘 태양전지의 장점은 다음과 같다.

(1) 결정질 실리콘에 비해 가시광 영역에서 $10^5 cm^{-1}$ 이상의 매우 높은 광 흡수계수(α)를 갖기 때문에 매우 얇은 박막(100~600nm)형 소자가 가능하다.

(2) 온도 250℃ 정도의 낮은 온도에서 균일한 대면적 공정이 가능하여 저가의 유리 기판, 금속 기판 또는 유연성 플라스틱 기판 사용이 가능하다.

(3) 비정질 실리콘은 광학적 밴드갭이 1.7eV 정도로 태양광 스펙트럼 세기의 정점 근처에 있기 때문에 우수한 스펙트럼 특성이 예상된다.

(4) 모듈 제작시 각각 셀들의 단일 집적화(monolithic integration)가 간단하고, 쉽게 할 수 있기 때문에 벌크형과 같이 자르고 붙이는 소모적인 방법이 불필요하다.

(5) 붕소(B) 또는 인(P)을 이용하여 p-형이나 n-형으로 도핑이 용이하다.

(6) 탄소(C), 산소(O), 질소(N), 게르마늄(Ge)을 이용하여 비정질 실리콘 카바이드(a-SiC:H)나 비정질 실리콘 게르마늄(a-SiGe:H) 등의 화합물을 만들기 때문에 쉽게 광학적 밴드갭 조절이 가능하다.

(7) 대기 중에 풍부한 수소(H_2)를 이용하여 저온에서 수소희석(dilution)법으로 프로토결정 실리콘(protocrystalline, pc-Si), 미세결정 실리콘(microcrystalline, μc-Si), 나노결정 실리콘(nanocrystalline silicon, nc-Si)으로 상전이(phase transition)가 용이하다.

박막 실리콘 태양전지의 구조는 크게 2가지 유형으로 빛이 입사하는 면이 기판을 통해서 입사하면 상판(superstrate)형, 빛이 입사하는 면이 기판의 반대쪽에서 입사하면 하판(substrate, 기판)형으로 구분한다. 유리 기판을 사용한 구조의 상판(superstrate)형

Glass/TCO/p(20nm)–i(300~500nm)–n(20nm)/ZnO(80nm)/metal(Ag, Al)

그리고 금속판을 이용한 하판(substrate)형

Metal/n(20nm)–i(300~500nm)–p(20nm)/TCO(80nm)/Grid(300nm)

구조로 구분할 수 있다.

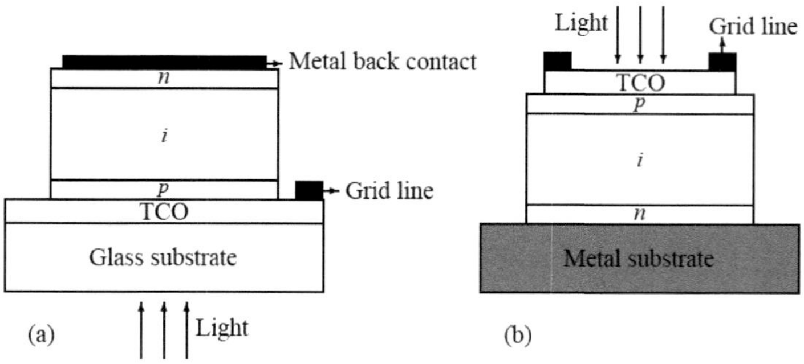

[그림 6.2] 단일접합 a-Si:H 박막 태양전지 구조 : (a) pin 상판형, (b) nip 하판형

[그림 6.2]의 구조 모두에서 태양광은 TCO/p를 통하여 i a-Si:H 빛 흡수층으로 입사되는 공통점을 가지고 있다. 이는 박막 태양전지의 재결합에 의한 손실을 을 축소하기 위한 태양전지 구조이다. 일반적으로 정공의 이동도가 전자에 비해 낮기 때문이다. 입사광에 의해 생성된 전하의 분리, 수집효율을 극대화하기 위해서는

대부분의 케리어들이 p/i 계면에서 생성하도록 하여 정공의 이동거리를 최소화 하여야 한다. 이러한 이유로 인해 상판형과 하판형 모두에서 태양광은 p층을 먼저 통과하고 빛 흡수 및 광생성 전하층(i a-Si:H)으로 입사된다. 따라서 p a-Si:H은 높은 전기 전도도(낮은 활성화 에너지)와 높은 광학적 밴드갭(p층에서의 낮은 광흡수)을 가져야 한다.

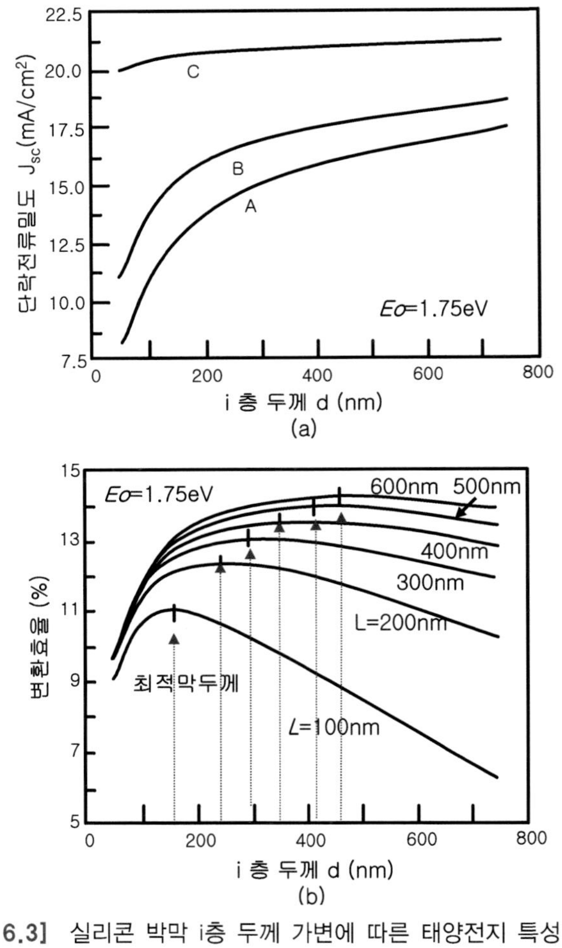

[그림 6.3] 실리콘 박막 i층 두께 가변에 따른 태양전지 특성 변화도

(a) 단락전류의 변화도 곡선 (A)는 후면전극에서의 반사가 없는 경우, (B)는 완전반사의 경우, (C)는 이상적 표면조직화 경우이다.

(b) i층 두께 가변과 i층 박막의 품질 변수인 전하의 확산길이 L 증가에 따른 변환효율이다. 실리콘 박막의 광학적 밴드갭은 1.75eV로 고정하였다.

박막 실리콘 태양전지의 효율에 영향을 미치는 파라미터는 i층 막두께(d), 내부전위 (V_b), 확산길이(전자: L_n, 정공: L_p)이다. i층 막 두께가 증가하면, 흡수되는 광량이 증가하여 광전류(I_{SC})가 증가한다. 여기서는 실리콘 박막의 밴드갭를 1.75eV이고, 반사손실이나 p, n층에서의 흡수손실을 무시하면, i층 두께에 따라서 흡수된 광자수를 광전류로 환산 가능하고, 변환효율 영향도 알 수 있다. i층 막 두께는 광전류에 직접적으로 영향을 준다. [그림 6.3]에 i층의 두께에 따른 태양전지 특성변화를 도시하였다.

변환효율은 i층 막의 두께뿐만 아니라 품질에 따라서 가변되는 확산길이(L_n, L_p)에 의존하고 최적값으로 $J_{SC} = 20mA/cm^2$, $L_n = L_p = 350nm$, $V_b = 0.9V$, d=600nm 등이다. V_{oc} 는 형성된 내부전위, 광학적 밴드갭, 계면재결합의 영향을 주로 받는다. FF는 전압인자와 전류인자의 영향에 직렬저항과 병렬저항의 인자를 모두 영향을 받아 태양전지에서 특성변수로 가장 민감한 변수이다.

내부전위와 개방전압은 박막 실리콘 태양전지의 전압 성능을 지배하는 중요한 파라미터이다. 개방전압은 p(n)/TCO(투명전극) 계면 특성에도 의존하지만, 일반적으로는 p, n층의 에너지 폭이 크고, 전기전도 활성화 에너지가 작고, 그 두께가 클수록, 높은 내부전위를 얻을 수 있다. 내부전위는 진성 i층의 광학적 밴드갭 (1.75eV)에서 p층 충만대와 n층 전도대 에너지에서부터 페르미에너지 준위까지의 에너지 대역 차이값(p층〉0.2eV, n층〉0.2eV)을 빼고, p/i 이종접합 계면특성, p/TCO 계면특성, i/n 계면에서의 전압강하 성분을 빼주면 개방전압의 이론적 개방전압값이다. p 혹은 n층의 밴드갭을 넓히고, 전기 전도도를 향상시킴에 따라서, V_{oc}는 0.8V에서 거의 1.2V 까지 상승가능하다. V_{oc}는 0.95V 정도까지는 내부전위 V_b와 비례하여 증가하지만, 그 이상에서는 포화되는 경향을 보인다.

나노결정 실리콘(nanocrystalline silicon, nc-Si:H)은 [그림 6.4]와 같이 비정질과 단결정 실리콘의 경계물질로서 흔히 미세결정(microcrystalline) 실리콘(μc-Si:H)으로 불리기도 한다. 증착방법에 따라 수십 nm에서 수백 nm의 결정크기를 가지며, 결정과 결정사이(결정립 경계: grain boundary)에는 흔히 비정질 상이 존재하며 높은 결함밀도로 인해 대부분의 광생성된 전하의 재결합(recombination)

이 결정립 경계에서 발생한다. nc-Si:H 박막은 에너지 밴드갭은 단결정 실리콘(1.1eV) 값에 근접하며, 흡수계수는 단결정 실리콘에 비해 높은 것으로 알려져 있다. 또한, a-Si:H 박막 태양전지에서 나타나는 열화현상이 nc-Si:H 박막에서는 미소한 장점을 가지고 있다.

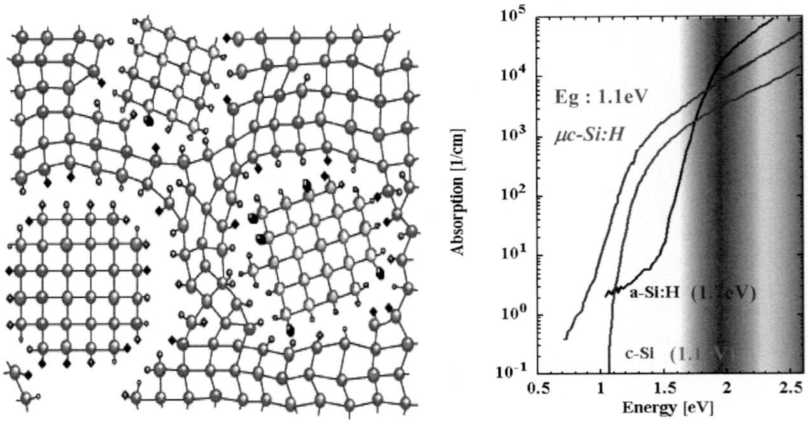

[그림 6.4] a-Si:H과 nc-Si:H의 원자구조 및 광 흡수계수 비교

나노결정 실리콘(nc-Si:H) 태양전지 구조 역시 a-Si:H 박막 태양전지와 동일하게 pin 구조로 제조되는데, 이는 nc-Si:H의 결정립 크기가 작고 비정질 성분을 많이 포함하고 있어 케리어의 확산거리가 a-Si:H 보다는 크지만 np 구조로 확산에 의한 케리어 수집을 하기에는 부족하기 때문이다. a-Si:H과 마찬가지로 pin 상판형과 nip 하판형 두 가지 구조로 제조된다. [그림 6.5]는 대표적인 pin 상판형 nc-Si:H 태양전지 구조를 나타낸 것이다. 전면 투명전도막으로는 표면조직화(texturing)된 ZnO:Al을 가장 많이 사용하는데, 이는 ZnO:Al(AZO)의 전기전도도가 높고 수소 플라즈마에 대한 안정성과 강인성이 SnO_2:F(FTO)에 비해 우수하기 때문이다. nc-Si:H 태양전지에서는 특히 p층 물질로 p nc-Si:H(20-30nm)을 사용하므로 박막 증착중 다량의 수소가 요구되며, 이러한 수소 플라즈마에 대한 투명전도막의 안정성이 매우 중요하다. SnO_2:F는 이러한 수소 플라즈마 분위기에서 Sn reduction 현상이 발생하여 전기 저항이 크게 증가하는 단점을 가지고 있어, nc-Si:H 태양전지에서는 수소 플라즈마에 대한 안정성이 높고, 전기적 특성과 광학적 특성이 우수한 AZO가 많이 사용되고 있다.

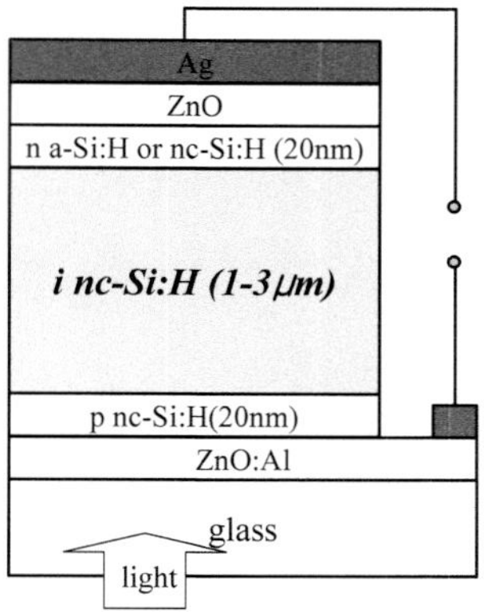

[그림 6.5] pin 상판형 nc-Si:H 태양전지 구조

nc-Si:H 태양전지의 경우 개방전압이 0.4~0.6V로서 a-Si:H 태양전지 0.8~1.0V에 비해 낮은 반면, 단락전류 밀도는 nc-Si:H 태양전지의 경우 20~25 mA/cm^2로서 a-Si:H 태양전지의 10~18 mA/cm^2에 비해 높은 값을 갖는데, 이는 nc-Si:H 물질이 갖는 광흡수 스펙트럼 증가에 기인한 것이다. a-Si:H 박막의 밴드갭은 1.7~1.8eV으로서 1.1eV의 nc-Si:H 태양전지에 비해 높은 개방전압을 갖는 반면, 이용 가능한 입사광 스펙트럼이 제한되어 전류밀도가 낮은 특성을 나타낸다. [그림 6.4]에 나타낸 파장에 따른 분광 응답특성에서 나타내었듯이, a-Si:H 태양전지는 350~800nm의 파장영역의 입사광을 흡수하는 반면, nc-Si:H의 경우 흡수 가능한 파장영역이 350~1,200nm로 광생성 대역폭이 증가한다.

예제 6.1

Si (1.1eV) 태양전지의 경우, 달성 가능한 V_{oc}최고치는 $700mV$로 보고 있다. 태양전지 전류-전압 곡선인자 FF는 개방전압의 계수에서 실험적으로,

$FF = \dfrac{\nu_{oc} - \ln(\nu_{oc} + 0.72)}{\nu_{oc} + 1}$를 계산할 수 있고,

정규화된 ν_{oc} 는 다음과 같이 정의할 수 있다.

$$\nu_{oc} = \frac{q}{n\kappa T} V_{oc}$$

V_{oc} = 700 mV,

n=1로 간주하였을 때 정규화된 ν_{oc}는 27.03 V로 FF = 0.846 이다.

a-Si:H ($E_g = 1.7eV$), μc-Si:H($E_g = 1.1eV$), μc-SiGe:H($E_g = 0.8eV$)인 물질의 이론적인 FF 한계를 구하시오.

달성 가능한 V_{oc} 최고치 및 n값은
a-Si:H ($E_g = 1.7eV$) → 880 mV, n = 1.5,
μc-Si:H ($E_g = 1.1eV$) → 540 mV, n = 2.0,
μc-SiGe:H ($E_g = 0.8eV$) → 450 mV, n=2.5로 가정하라.

풀이 i) a-Si:H ($E_g = 1.7eV$)

$$\nu_{oc} = \frac{q}{n\kappa T} V_{oc} = (1/0.0259) \cdot (1/1.5) \cdot (0.88V) = 22.65V$$

$$FF = \frac{\nu_{oc} - \ln(\nu_{oc}+0.72)}{\nu_{oc}+1} = \frac{22.65 - \ln(22.65+0.72)}{22.65+1} = 0.824$$

ii) μc-Si:H ($E_g = 1.1eV$)

$$\nu_{oc} = \frac{q}{n\kappa T} V_{oc} = (1/0.0259) \cdot (1/2.0) \cdot (0.54V) = 10.42V$$

$$FF = \frac{\nu_{oc} - \ln(\nu_{oc}+0.72)}{\nu_{oc}+1} = \frac{10.42 - \ln(10.42+0.72)}{10.42+1} = 0.701$$

iii) μc-SiGe:H ($E_g = 0.8eV$)

$$\nu_{oc} = \frac{q}{n\kappa T} V_{oc} = (1/0.0259) \cdot (1/2.5) \cdot (0.45V) = 6.95V$$

$$FF = \frac{\nu_{oc} - \ln(\nu_{oc}+0.72)}{\nu_{oc}+1} = \frac{6.95 - \ln(6.95+0.72)}{6.95+1} = 0.618$$

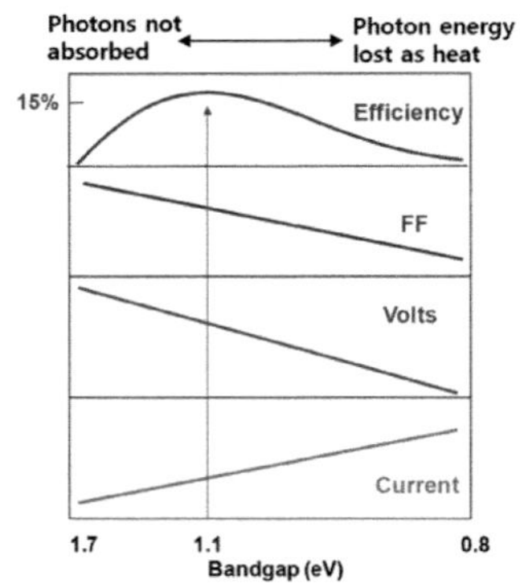

연습문제에서 살펴본 것처럼 태양전지 소재의 에너지 갭에 따라 전압, 전류, 곡선인자 등의 태양전지 변수가 위의 그림처럼 변화된다. 밴드갭이 클수록 높은 개방전압과 FF를 달성할 수 있다. 따라서 최적의 효율을 얻기 위해서는 모든 태양전지 변수를 고려한 태양전지 설계가 필요하다.

적층형(tandem) 박막 태양전지는 a-Si:H과 nc-Si:H을 이용한 적층형 박막 태양전지 개발은 a-Si:H의 광노화 문제와 효율향상의 한계를 극복하기 위하여 개발되었다. nc-Si:H 광 흡수층으로 두께 수 마이크로미터 이하의 박막을 사용하고, a-Si:H 흡수층 실리콘 박막 두께를 300nm 이하의 박막을 사용하여 광안정도와 효율 개선을 달성하였다. 적층형 태양전지는 pin 구조의 a-Si:H 또는 nc-Si:H 태양전지를 2층 또는 3층으로 적층하여 제조된 태양전지로서 입사된 태양광을 효율적으로 이용할 수 있으며, 태양전지를 $p^{+}-n^{+}$ 터널접합으로 직렬 연결함으로서 개방전압을 높일 수 있는 장점이 있다. 현재 상용화 되고 있는 a-Si:H 및 nc-Si:H 태양전지 모듈은 대부분 이러한 적층형 구조를 사용하고 있다. 적층형 태양전지의 종류로는 크게 적층형(tandem, 텐덤 pin/pin)과 삼중접합(triple junction pin/pin/pin) 형으로 나눌 수 있다.

적층형(tandem, 텐덤) 태양전지로 사용되는 광흡수층의 물질 또는 밴드갭에 따라 다시 a-Si:H/a-Si:H(또는 a-SiGe:H), a-Si:H/nc-Si:H으로 나눌 수 있다. 삼중접합형 태양전지 다시 a-Si:H(1.8eV)/a-SiGe:H(1.6eV)/a-SiGe:H(1.4eV)와 a-Si:H(1.8eV)/a-SiGe:H (1.5eV)/nc-Si:H (1.1eV)으로 구분할 수 있는데, nc-Si:H을 하부 태양전지로 사용할 경우 a-Si:H에 의한 열화를 줄일 수 있는 장점이 있다.

실리콘 태양전지의 다양한 종류를 [그림 6.6]에 a-Si:H 태양전지에서 pin 단일 접합, pin/pin 적층형 및 pin/pin/pin 삼중접합 태양전지의 구조 및 동작특성을 비교해 나타내었다. 태양전지의 적층 수가 증가할수록 단락전류 밀도(J_{SC})는 감소하고 개방전압(V_{oc})은 증가하는데 이는 태양전지가 직렬로 연결되어 전체 전류는 태양광의 다양한 파장을 2개 또는 3개의 태양전지로 분할하여 흡수, 광생성, 분리, 수집하여 전류를 발생하기 때문에 태양전지 적층 수가 늘어날 수록 달성 가능한 전류밀도는 감소된다. 전압은 각 층별 태양전지의 합으로 나타나 삼중접합에서 약 2.3V를 보인다. 태양전지의 효율은 단일 pin 접합보다 적층형이 높으며, a-Si:H/a-SiGe:H과 같이 서로 다른 밴드갭을 갖는 광흡수층을 사용한 태양전지의 효율이 a-Si:H/ a-Si:H과 같이 동일한 밴드갭을 광흡수층으로 사용한 태양전지에 비해 높다. 삼중접합 태양전지에서는 a-SiGe:H 광흡수층 증착시 Ge의 농도를 변화시켜 물질의 밴드갭 조절이 가능한데, 중간층 태양전지와 하부층에 사용되는

a-SiGe:H의 밴드갭은 1.6eV와 1.4eV를 사용한다. 이상에서 살펴본 바와 같이 a-Si:H과 nc-Si:H을 이용한 태양전지의 pin 적층수가 증가할수록 태양전지의 높은 변환효율을 얻을 수 있으나, 이러한 적층수 증가는 제조 공정수 증가에 따른 공정비용 상승과 연관되므로 적층수의 증가가 태양전지의 제조원가($/Wp) 하락과 반드시 일치하는 것은 아니다. [그림 6.6]의 태양전지 특성비교에서 알 수 있듯이, a-Si:H 태양전지는 적층 수에 관계없이 약 10% 이상의 특성이 떨어지는 열화 현상이 발생한다. 따라서 태양전지의 안정성을 높이기 위해 열화가 미약한 nc-Si:H과의 적층 또는 삼중접합 태양전지의 관심이 높아지고 있는데, a-Si:H/nc-Si:H 적층형 및 a-Si:H/a-SiGe:H/nc-Si:H, a-Si:H/nc-Si:H/nc-Si:H 삼중접합 태양전지를 그 예로 들 수 있다.

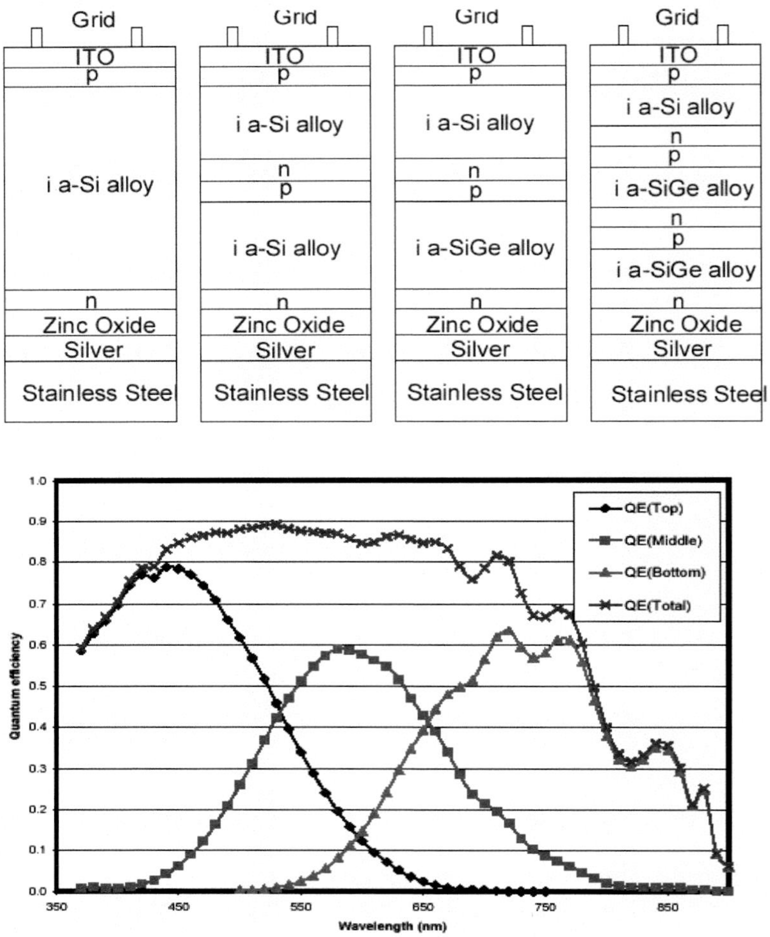

[그림 6.6] a-Si:H을 이용한 적층형, 삼중접합 태양전지 구조, 특성변수 및 분광반응 특성 비교

Table 1. **Highest Stable Cell Efficiencies (active area ~0.25 cm^2) at United Solar for Different Junction Configurations.**

		J_{sc} (mA/cm^2)	V_{oc} (V)	FF	η (%)	Deg. (%)
a-Si:H single junction	Initial	14.65	0.992	0.730	10.6	
	Stable	14.36	0.965	0.672	9.3	12.3
a-Si:H/a-Si:H same gap double junction	Initial	7.9	1.89	0.76	11.4	
	Stable	7.9	1.83	0.70	10.1	11.4
a-Si:H/a-SiGe:H dual gap double junction	Initial	11.04	1.762	0.738	14.4	
	Stable	10.68	1.713	0.676	12.4	13.9
a-Si:H/a-SiGe:H/ a-SiGe:H triple junction	Initial	8.57	2.357	0.723	14.6	
	Stable	8.27	2.294	0.684	13.0	11.0

triple junction>double(dual gap)>double(same gap)>single junction

6.2 | 세대별 실리콘 박막 태양전지 변천과 현황

비정질 실리콘 태양전지는 1976년 Carlson 등에 의해 변환효율이 2.4%인 최초의 비정질 실리콘 p-i-n 태양전지가 제작된 이후, 태양전지의 변환효율을 높이기 위한 연구가 계속되어 재료의 특성과 소자의 구조를 개선하여 왔다. 태양전지의 효율을 향상시키는 방법으로는 i층에 소량(수 ppm)의 붕소(boron)를 균일하게 도핑하는 방법, 경계면 부근의 결함상태를 줄이기 위해 경계면에 완충층을 형성하여 광학적 손실을 줄이는 방법, 창물질을 초격자(superlattice) 구조로 제작하는 방법, 델타 도핑된 p층을 사용하는 방법, 기판 전극의 반사를 줄이는 방법, 다중접합 태양전지를 만들어 스펙트럼 반응도를 높이는 방법 등이 이용되고 있다. Fujukake 등은 p-형 a-SiO:H를 사용함으로서 12.5%의 변환효율을 얻었으며, Ma 등은 투명전극을 사용함으로써 $100cm^2$ 면적에서 10.2%의 변환효율을 얻었다. 태양전지 표면에서 반사 때문에 표면으로 침투되는 광자의 수는 입사되는 광자의 수보다 작다. 반사를 줄이기 위해 실리콘 산화막 등으로 반사방지 코팅(antireflective coating)을 한다. 다른 방법으로는 표면을 텍스쳐링 하면 표면에서의 광반사를 감소시킬 수 있다. 또한 Ashida 등은 (a-SiCx/a-SiCy)n 다층막을 p층으로 사용하고, p-i, n-i 완충층(buffer layer)을 사용하여 변환효율 13.2%의 태양전지를 제작하였다. 완충층은 광생성 캐리어들의 역 확산을 막고, n층이나 p층의 불순물(dopant)이 i층으로 침투하는 것을 막기 위해 사용될 수 있다. 이론적인 계산에 의하면 비정질 실리콘 태양전지의 최대 변환효율이 15% 정도이다. [그림 6.7]에 대양전지의 세대별 변화도를 측면구조와 달성가능 에너지 변환효율을 표시하였다.

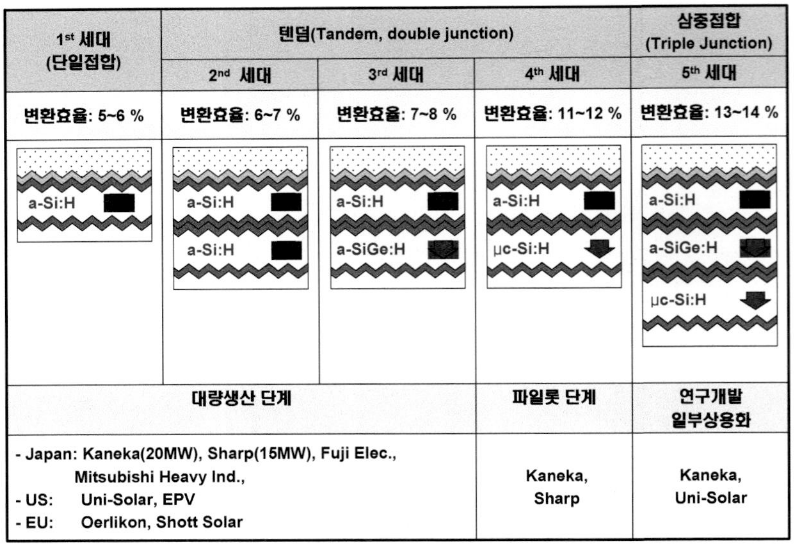

[그림 6.7] 박막 실리콘 대양전지의 세대별 변화도를 측면구조와 달성효율 요약

기술개발 및 상용화 현황은 a-Si:H 및 nc-Si:H 박막 태양전지에 관한 연구가 일본, 미국, 유럽을 중심으로 활발히 이루어지고 있다. [표 6.2]에 현재까지 보고된 a-Si:H 및 nc-Si 박막 태양전지의 기술개발 현황을 나타낸 것이다. 소면적($1cm^2$)에서 현재까지 보고된 a-Si:H 박막 태양전지의 최고 효율은 a-Si/a-SiGe/a-SiGe의 삼중접합(triple junction) 구조에서 초기효율 15.6%, 안정화 효율 13%(미국 United Solar)이며, nc-Si 태양전지는 a-Si/nc-Si 적층형(tandem) 구조에서 초기효율 14.7%(일본 Kaneka)로 알려져 있다. 대면적 모듈에서는 일본 Sharp의 a-Si/nc-Si 적층형 태양전지에서 초기 12.14%, 안정화 효율 11%(면적 56cm×92.5cm)로 보고 되고 있다.

[표 6.2] 실리콘 박막 태양전지 및 모듈 연구현황

구 분			구 조	초기 효율(%)	안정화 효율(%)	면 적	기 관
μc-Si 박막	소면적		a-Si/μc-Si	12.3	10.8	1㎠ 이하	Neuchatel(스)
			a-Si/μc-Si	-	11.2	1㎠ 이하	Jűlich IPV(독)
			a-Si/μc-Si	14.7	-	1㎠ 이하	Kaneka(일)
			a-Si/μc-Si	12.8	-	1㎠ 이하	Canon(일)
			a-Si/μc-Si/μc-Si	-	13.44	1㎠ 이하	LG electronics(한)
			μc-Si	10.9	-	1㎠ 이하	Canon(일)
	대면적		a-Si/μc-Si	10.8	-	64㎠	Jűlich(독)
			a-Si/μc-Si	10.1	-	64㎠	Jűlich(독)
			a-Si/μc-Si	12.3	-	100㎠	Kaneka(일)
			a-Si/μc-Si	11.6	-	4141㎠	Kaneka(일)
			a-Si/nc-Si	12.14	11	5180㎠	Sharp(일)
a-Si:H계 박막	소면적		a-Si/a-SiGe/a-SiGe	15.6	13.0	1㎠ 이하	United Solar(미)
			a-Si/a-SiGe/a-SiGe	11.7	11.0	〃	Fuji(일)
			a-Si/a-SiGe/a-SiGe	12.5	10.7	〃	U. Toledo(미)
			a-Si/a-SiGe/a-SiGe	-	10.2	〃	Sharp(일)
			a-Si/a-SiGe	11.6	10.6	〃	BP Solar(미)
			a-Si/a-SiGe	-	10.6	〃	Sanyo(일)
			a-Si/a-SiGe	-	12.4	〃	United Solar(미)
			a-SiGe	12.5	10.4	〃	U. Toledo(미)
			a-Si	-	9.47	〃	Neuchatel
	대면적	R&D 모듈	a-Si/a-SiGe/a-SiGe		10.7	0.09㎡	United Solar(미)
			a-Si/a-SiGe		9.1	0.08㎡	BP Solar(미)
			a-Si/a-SiGe		9.5	0.12㎡	Sanyo(일)
		양산 모듈	a-Si/a-SiGe/a-SiGe		9.0	0.32㎡	Fuji(일)
			a-Si/a-SiGe/a-SiGe		7.9	0.45㎡	United Solar(미)
			a-Si/a-SiGe/a-SiGe		7.8	0.39㎡	ECD
			a-Si/a-SiGe		9.3	0.52㎡	Sanyo(일)
			a-Si/a-SiGe		8.1	0.36㎡	BP Solar(미)

2013년 기준 권역별 실리콘 박막 태양전지 생산을 진행중인 회사와 태양전지 구조 아래와 같다

EU

Schott Solar Thin Film (Germany) a-Si/uc-Si.
Ersol Thin Film (Germany) a-Si Single, a-Si/uc-Si
Sontor GmbH (Q-Cells) (German) a-Si/uc-Si
Sunfilm AG (Germany) a-Si/uc-Si
Malibu GmbH (Germany) a-Si/uc-Si
Inventux Technologies AG (Germany) a-Si/uc-Si
Signet Solar (Germany) a-Si
Masdar PV (Germany) a-Si/uc-Si
HelioGrid (Hungary) a-Si Tandem
Solar Plus (Portugal) a-Si Tandem
Heliodomi (Greece) a-Si Tandem
Oerlikon (Switzerland) (equipment manufacturer) a-Si/uc-Si
Pramac SpA (Italy) a-Si/uc-Si
T-Solar Global (Spain) a-Si/uc-Si
Nuon Helianthos (Netherlands) a-Si/uc-Si
Intico Solar (Switzerland/Germany) a-Si/uc-Si
Energo Solar (Hungary) (equipment manufacturer)
Flexcell (Switzerland/Germany) a-Si

USA

United Solar Ovonic(ECD) (US) a-Si/a-SiGe/a-SiGe
EPV Solar (US) a-Si Tandem
Signet Solar (US) a-Si Single
XsunX (US) a-Si/a-SiC
Optisolar (US) a-Si
Xunlight (US) a-SiGe single, a-Si/a-SiGe/nc-Si triple
Applied Materials (US) (equipment manufacturer) a-Si/uc-Si

Japan

Kaneka Solartech (Japan) a-Si/poly-Si
Sharp Thin Film (Japan) a-Si/uc-Si/a-Si:Ge
Sanyo Amorton(Japan) a-Si Single, a-Si/uc-Si
MHI (Mitsubishi Heavy Industries) (Japan) a-Si/uc-Si
Fuji Electric Systems (Japan) a-Si/a-SiGe

China

Topray Solar(Shenzhen China) a-Si Tandem
Soltechpv (Beijing China) a-Si Tandem
Jinneng Solar (Tianjin China) a-Si Tandem
Polar PV (Anhui China) a-Si Single, Tandem
Trony (Shenzhen China) a-Si Single
Sumoncle (Shenzhen China) a-Si Single
hksolar (Harbin China) a-Si Single
Xinao Group (Hebe China) a-Si Tandem
Suntech (Shanghai China) a-Si/uc-Si
BSTRPV (Weihan China) a-Si Tandem
China Solar Power (Yantai China) a-Si Single
QS Solar (Nantong China) a-Si Tandem
Yuanchang (Changzhou China) a-Si Tandem
Ganneng Huaji (Jiangxi China) a-Si Tandem
GS Solar (Quanzhou China) a-Si Tandem
Zhongshang Quanxin (Zhongshan China) a-Si Tandem
Cineng PV (Hangzhou China) a-Si Tandem
Shenyang Hanfeng (Shenyang China) a-Si Tandem
Uni-Solar Jinneng (Tianjin China) a-Si/a-SiGe/a-SiGe

Taiwan

Green Energy Technology (Taoyuan Taiwan) a-Si
CMC (Taoyuan Taiwan) a-Si Single
Yutong Light Energy (Tainan Taiwan) a-Si/uc-Si
Nexpower (Central Taiwan) a-Si Single
Sunner Solar (Central Taiwan) a-Si Single
Formosun (Hsinchu Taiwan) a-Si Tandem
Kenmos PV (Tainan Taiwan) a-Si Tandem
NanoWin (Tainan Taiwan) a-Si/uc-Si
Sinonar (Hsinchu Taiwan) a-Si Tandem
SolarMorph (Singapore) a-Si/uc-Si
Moser Baer Photo Voltaic (India) a-Si Single
Lambda Energia (Mexico) a-Si/a-SiC

실리콘 박막 태양전지 생산업체별 생산량은 태양전지 시장의 약 5% 생산용량을 가지고 있다. a-Si 및 nc-Si, a-Si/μc-Si, a-Si/a-SiGe/μc-Si 등의 다양한 태양전지가 중국, 유럽, 일본, 미국 등의 업체에서 생산되고 있다. [표 6.3]은 현재 대면적 실리

콘 및 화합물 박막 태양전지 모듈의 물질별 최고 효율 및 전력을 나타낸 것이다. 실리콘계 박막 태양전지의 경우 일본의 Mitsubishi 중공업의 15,625cm^2 a-Si 단일 pin 접합 모듈이 6.4%의 안정화 효율을 보이고 있으며, 최대 출력전력은 100W이다. 미국의 United Solar는 9,276cm^2의 a-Si/a-SiGe/a-SiGe의 삼중접합(triple junction) 모듈에서 안정화 효율 7.6%, 최대 출력전력 70.8W를 기록하고 있다. 일본 Sharp에서 최근 개발된 a-Si/nc-Si tandem 태양전지 모듈은 4,770 cm^2 면적에서 11%의 안정화효율을 기록해 현재까지 개발된 대면적 실리콘 박막 태양전지 모듈 중에서 가장 높은 안정화 효율을 기록하고 있으나, 여전히 CIGS 박막 태양전지 모듈(약 13%)에 비해서는 효율이 약간 낮은 실정이다. 대면적화 측면에서는 실리콘 박막 태양전지가 가장 앞선 산업적 기반을 가지고 있다.

[표 6.3] 최고 효율을 갖는 박막 태양전지 모듈(standard conditions, aperture area)

Company	Device	Size(cm^2)	Efficiency	Power	Date
Mitsubishi Heavy*	Glass/a-Si	15,625	6.4% (stabilized)	100W	7/05
United Solar	a-Si/a-SiGe/a-SiGe/SS	9,276	7.6% (stabilized)	70.8W	9/97
Sharp*	Glass/a-Si/nano-Si	4,770	11% (stabilized)	52.5W	7/05
Kaneka	Glass/a-Si	8,100	6.3% (stabilized)	51W	7/04
EPV	Glass/a-Si/a-Si	7,432	5.7% (stabilized)	42.3W	10/02
United Solar	a-Si triple/SS	4,519	7.9% (stabilized)	35.7W	6/97
Global Solar Energy	CdS/CIGS/SS	8,709	10.2%	88.9W	5/05
Wurth Solar	CdS/CiGS/Glass	6,500	13%	84.6W	6/04
Shell Solar GMBH	CIS-alloy/CdS/glass	4,938	13.1%	64.8W	6/04
Shell Solar Industries	CdS/CIS-alloy	3,626	12.8%	46.5W	3/03
Showa Shell*	Zn(O,S,OH)/CIGS/glass	3,459	13.4%	46.45W	8/02
First Solar	Glass/CdS/CdTe	6,624	10.2%	67.4W	2/04
Antec Solar*	Glass/CdS/CdTe	6,633	7.3%	52.3W	6/04

현재 시중에 판매되고 있는 박막 태양전지 모듈의 특성 및 판매가격을 [표 6.4]에 나타내었다. Mitsubishi 중공업에서 판매되는 a-Si 단일접합 모듈이 최대출력

100W로서 가장 용량이 높으며, 다음으로 독일 Wurthsolar에서 판매되는 CIGS 모듈이 80W의 용량을 기록하고 있다. [그림 6.8]는 현재 시중에 판매되고 있는 다양한 형태의 실리콘 박막 태양전지 모듈을 나타낸 것이다. 유리 기판을 사용한 모듈의 경우 반투명 형태의 모듈이 판매되고 있으며, 금속판을 기판으로 이용한 유연한(flexible) 모듈도 판매되고 있다. 또한, 실리콘 박막 태양전지와 발광다이오드 LED를 결합한 모듈이 최근 일본 Sharp에서 개발되었는데, 주간에 태양전지로부터 생산된 전력을 이용해 야간에는 모듈에 내장된 LED 발광을 이용한 조명기능까지 갖추고 있어 태양광 모듈의 부가가치를 높이고 있다.

[표 6.4] 박막 태양전지 모듈 상용화 현황

Rated Module Efficiency (%)	Description	Rated Output (Wp)	Estimated Price ($/Wp)	Temperature co-efficient*
11.0	WürthSolar WS31050/80 (CIS)	80	Above $3/Wp	-0.36%/°C
9.4	Shell Solar ST-40 (CIS)	40	Above $3/Wp	-0.6%/°C**
7.6	First Solar FS55 (CdTe)	55	Below $3/Wp	-0.25%/°C
6.9	Antec-Solar ATF50 (CdTe)	50	Below $3/Wp	-0.18%/°C
6.3	Kaneka GEA/GSA (single-j. a-Si)	60	Below $3/Wp	N/a
6.4	Mitsubishi Heavy MA100 (single j. a-Si, VHF deposition)	100	Below $3/Wp	-0.2%/°C
6.3	Uni-Solar US-64 (triple-j. amorphous silicon),	64	$3.3/Wp	-0.21%/°C
5.3	RWE Schott ASI-F32/12 (same bandgap a-Si tandem)	32.2	Varies	-0.2%/°C

Compiled by Bolko von Roedern; 7/2005
**Temperature coefficients will vary slightly depending on local spectral content.*
***Company source reports -0.48%/°C may be more accurate for recent product.*
Disclaimer : Listing could be outdated or incomplete (missing manufacturers and/or some "best" product); prices are estimates.

[그림 6.8] 상용화 되고 있는 박막 실리콘 태양전지 모듈 종류

Plasma CVD와 ECR(electron cyclotron resonance) PECVD를 사용하여 [그림 6.9]에서와 같은 구조의 a-Si/poly-Si 4단자 탠덤형 태양전지를 제작하여 변환효율 21%를 얻었다. 탠덤형 태양전지에서 변환효율은 top cell과 bottom cell의 광학적 밴드갭과 i층의 두께에 의존함을 보였고, 또한 top cell과 bottom cell의 광학적 밴드갭과 i층의 두께를 적당히 조절함으로서 28% 이상의 변환효율을 나타낼

수 있음을 보였다. 이중접합(적층형) 태양전지에서 top cell과 bottom cell의 광학적 밴드갭에 따른 이론적인 변환효율의 변화는 [그림 6.10]에 나타나 있다.

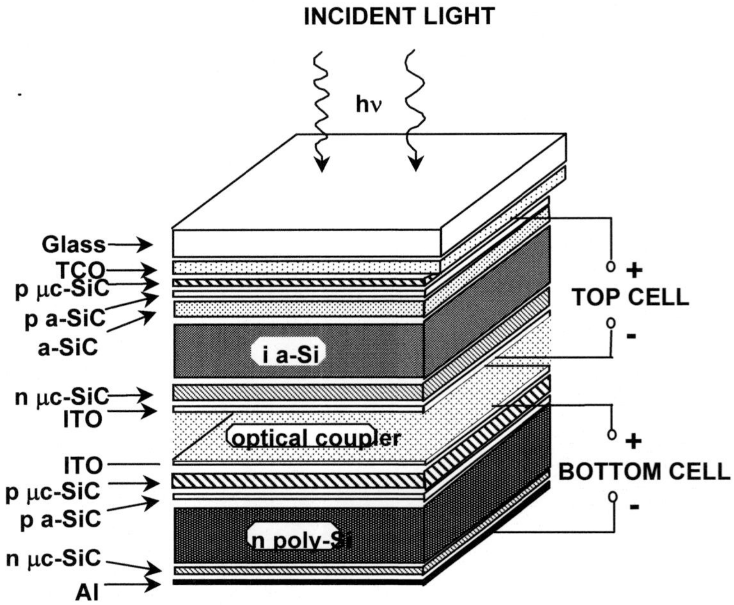

[그림 6.9] a-Si/poly-Si tandem 태양전지

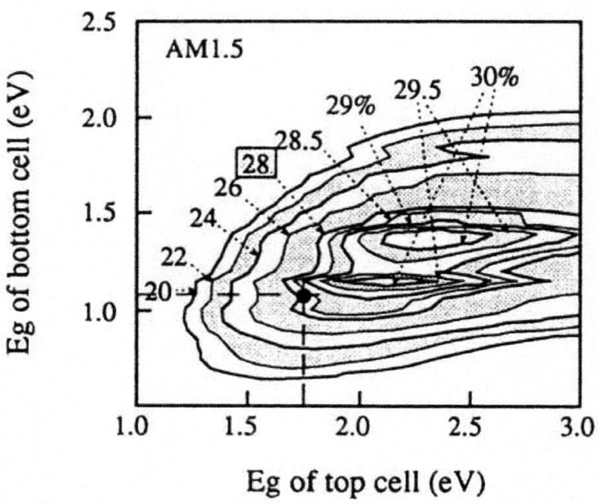

[그림 6.10] Top cell과 bottom cell의 광학적 갭에 따른 변환효율

United Solar Ovonic에서는 a-Si:H/nc-Si:H(a-SiGe:H)/nc-Si:H 삼중접합 구조를 사용하여 15% 이상의 변환효율을 달성하였으며, 특히 모두 실리콘 기반으로 태양전지를 제조하는 경우 광노화 현상이 감소됨을 보였다. [그림 6.11]에 United Solar Ovonic에서 제조한 a-Si:H/nc-Si:H (또는 a-SiGe:H)/nc-Si:H 삼중접합 태양전지 특성 그래프를 도시하였다.

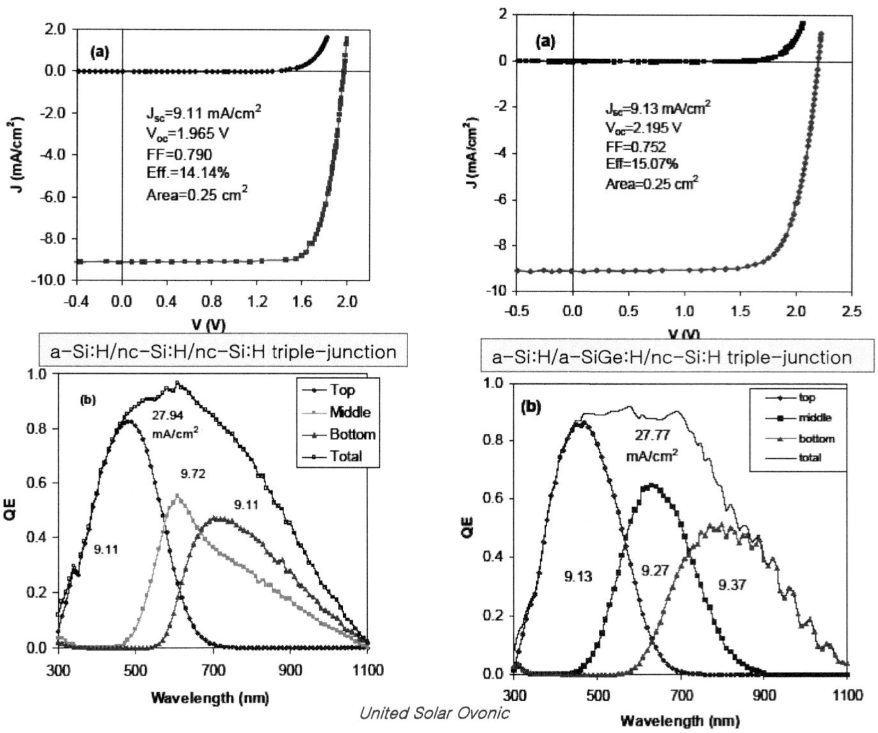

[그림 6.11] United Solar Ovonic에서는 a-Si:H/nc-Si:H(a-SiGe:H)/nc-Si:H 삼중접합 태양전지 특성

예제 6.2

태양광원의 파장별 세기가 다르게 주어진다. 모든 파장을 적분하여 평균한 spectral irradiance로부터 그 파장대의 current density를 환산할 수 있다. 태양전지 빛 흡수층의 광학적 밴드갭 이하의 Spectral irradiance summation을 통하여 이론적인 단락전류밀도를 계산할 수 있다.
그 과정은 Spectral irradiance ($W/m^2 \cdot nm$)→ Power density ($eV/m^2 \cdot \text{sec}$) → Photon flux at given λ ($\#/m^2 \cdot \text{sec}$) → Current density at given λ (A/m^2)이다.

예를 들어, λ = 500 nm에서는 1.5451 $W/m^2 \cdot nm$ → 3.8939 · $10^{20} m^{-2} \cdot sec^{-1}$→ 6.2302 · $10^{-2} A/m^2$이다.

주어진 Spectral irradiance 로부터,
a-Si:H ($E_g = 1.7eV$),
μc-Si:H($E_g = 1.1eV$),
μc-SiGe:H($E_g = 0.8eV$)
인 물질의 이론적인 단락전류밀도를 구하시오. 단, $W = J/\text{sec}$, $1eV = 1.6 \times 10^{-19} J$, charge of photon = $1.6 \times 10^{-19} C$, $I = \frac{dQ}{dt}$ (C/sec)이다.

풀이 태양광원 스펙트럼은 아래와 같이 주어진다.

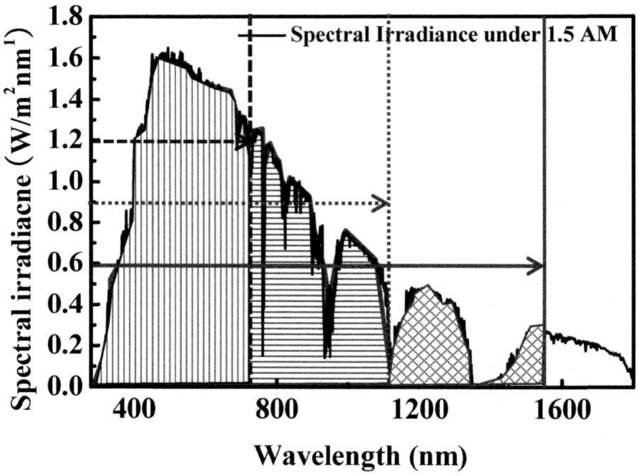

주어진 Spectral irradiance는 $W/m^2 \cdot nm$단위로 표시된다. Spectral irradiance에 간격 각 파장의 간격을 곱하면 power density (W/m^2)로 나타낼 수 있다. $W = J/\text{sec}$, $1eV = 1.6 \times 10^{-19} J$을 이용하여 power density 단위 환산을 해준 후, power density를 주어진 파장에서 하나의 photon이 가지는 에너지로 나누어 주면 주어진 파장에서 photon flux ($\#/m^2 \cdot \text{sec}$)를 얻을 수 있다. Photon flux ($\#/m^2 \cdot \text{sec}$)에 charge of photon인 $1.6 \times 10^{-19} C$를 곱하면 주어진 파장에서 얻을 수 있는 current density (A/m^2)를 계산할 수 있다($I = \frac{dQ}{dt}$ (C/sec)).

a-Si:H ($E_g = 1.7eV$), 파장 729nm까지 흡수
μc-Si:H($E_g = 1.1eV$), 파장 1127nm까지 흡수
μc-SiGe:H($E_g = 0.8eV$), 파장 1550nm까지 흡수
물질의 흡수 파장대를 나타내면 위의 그래프와 같다.

따라서 물질의 파장대가 길어지면 길어질수록 광학적 밴드갭은 작아지고 얻을 수 있는 단락전류가 커짐을 알 수 있다.

파장에 따른 Spectral irradiance 및 계산된 단락전류 (20nm 간격)

Wave-length (nm)	Spectral irradiance($W/m^2 \cdot nm$)	Power density (W/m^2)	# of photon (photo flux) at each wavelength ($\#/cm^2 \cdot s$)	$J_{sc}(mA/cm^2) = (\#/cm^2 \cdot s) \cdot q(A/s)$
		Power density (W/m^2) =Spectral irradiance $W/m^2 \cdot nm$	Power density(W/m^2) / 10000·Wavelength(nm) · $1000/(1.6 \cdot 10^{-19} \times 1.24)$	# of photon (photo flux) at each wavelength ($\#/cm^2 \cdot s$)· 1.6E-19 /1000
280.0	4.7309E-23	2.36545E-23	3.3383E-03	5.3413E-25
300.0	1.0205E-03	0.00051025	7.7155E+16	1.2345E-05
320.0	2.0527E-01	0.102635	1.6554E+19	2.6486E-03
340.0	5.0180E-01	0.2509	4.2997E+19	6.8795E-03
360.0	5.9817E-01	0.299085	5.4269E+19	8.6831E-03
380.0	7.0077E-01	0.350385	6.7110E+19	1.0738E-02
400.0	1.1141E+00	1.1141	2.2462E+20	3.5939E-02
420.0	1.1232E+00	1.1232	2.3777E+20	3.8044E-02
440.0	1.3499E+00	1.3499	2.9937E+20	4.7900E-02
460.0	1.5291E+00	1.5291	3.5453E+20	5.6725E-02
480.0	1.6181E+00	1.6181	3.9148E+20	6.2636E-02
500.0	1.5451E+00	1.5451	3.8939E+20	6.2302E-02
520.0	1.5236E+00	1.5236	3.9933E+20	6.3893E-02
540.0	1.4825E+00	1.4825	4.0350E+20	6.4560E-02
560.0	1.4740E+00	1.474	4.1605E+20	6.6568E-02
580.0	1.5020E+00	1.502	4.3909E+20	7.0255E-02
600.0	1.4753E+00	1.4753	4.4616E+20	7.1385E-02
620.0	1.4739E+00	1.4739	4.6059E+20	7.3695E-02
640.0	1.4340E+00	1.434	4.6258E+20	7.4013E-02
660.0	1.3992E+00	1.3992	4.6546E+20	7.4474E-02
680.0	1.3969E+00	1.3969	4.7878E+20	7.6604E-02
700.0	1.2823E+00	1.2823	4.5242E+20	7.2388E-02
720.0	9.8550E-01	0.9855	3.5764E+20	5.7223E-02
740.0	1.2195E+00	1.2195	4.5485E+20	7.2777E-02

760.0	2.6604E-01	0.26604	1.0191E+20	1.6306E-02
780.0	1.1636E+00	1.1636	4.5746E+20	7.3194E-02
800.0	1.0725E+00	1.0725	4.3246E+20	6.9194E-02
820.0	8.6188E-01	0.86188	3.5622E+20	5.6995E-02
840.0	1.0157E+00	1.0157	4.3003E+20	6.8805E-02
860.0	9.8816E-01	0.98816	4.2834E+20	6.8534E-02
880.0	9.3957E-01	0.93957	4.1674E+20	6.6679E-02
900.0	7.4260E-01	0.7426	3.3686E+20	5.3898E-02
920.0	7.4414E-01	0.74414	3.4506E+20	5.5210E-02
940.0	4.7181E-01	0.47181	2.2354E+20	3.5766E-02
960.0	4.2066E-01	0.42066	2.0355E+20	3.2567E-02
980.0	6.0468E-01	0.60468	2.9868E+20	4.7789E-02
1000.0	7.3532E-01	0.73532	3.7063E+20	5.9300E-02
1020.0	6.9896E-01	0.69896	3.5934E+20	5.7495E-02
1040.0	6.7170E-01	0.6717	3.5210E+20	5.6336E-02
1060.0	6.3585E-01	0.63585	3.3972E+20	5.4355E-02
1080.0	5.9722E-01	0.59722	3.2510E+20	5.2016E-02
1100.0	4.8577E-01	0.48577	2.6933E+20	4.3093E-02
1120.0	1.4189E-01	0.14189	8.0099E+19	1.2816E-02
1140.0	2.5599E-01	0.25599	1.4709E+20	2.3535E-02
1160.0	2.8648E-01	0.28648	1.6750E+20	2.6800E-02
1180.0	4.4069E-01	0.44069	2.6210E+20	4.1937E-02
1200.0	4.4825E-01	0.44825	2.7112E+20	4.3379E-02
1220.0	4.5805E-01	0.45805	2.8166E+20	4.5066E-02
1240.0	4.6077E-01	0.46077	2.8798E+20	4.6077E-02
1260.0	4.3110E-01	0.4311	2.7378E+20	4.3805E-02
1280.0	4.2204E-01	0.42204	2.7228E+20	4.3565E-02
1300.0	3.5312E-01	0.35312	2.3138E+20	3.7021E-02
1320.0	2.5872E-01	0.25872	1.7213E+20	2.7541E-02
1340.0	1.6831E-01	0.16831	1.1368E+20	1.8188E-02
1360.0	2.1404E-06	2.1404E-06	1.4672E+15	2.3475E-07
1380.0	8.1587E-05	0.000081587	5.6749E+16	9.0798E-06
1400.0	3.2466E-09	3.2466E-09	2.2909E+12	3.6655E-10
1420.0	8.2718E-03	0.0082718	5.9203E+18	9.4725E-04
1440.0	3.9601E-02	0.039601	2.8743E+19	4.5988E-03

1460.0	8.5421E-02	0.085421	6.2860E+19	1.0058E-02
1480.0	6.0637E-02	0.060637	4.5233E+19	7.2373E-03
1500.0	2.5061E-01	0.25061	1.8947E+20	3.0316E-02
1520.0	2.6450E-01	0.2645	2.0264E+20	3.2423E-02
1540.0	2.6491E-01	0.26491	2.0563E+20	3.2900E-02
1560.0	2.6568E-01	0.26568	2.0890E+20	3.3424E-02

Power density (W/m^2) = Spectral irradance ($W/m^2 \cdot nm$) · 20nm

20 nm = interval

# of photon (photo flux) at each wavelength ($\#/cm^2 \cdot s$)

= power density (W/m^2) / 10000 · Wavelength(nm) · 1000 / ($1.6 \cdot 10^{-19} \times 1.24$)

$J_{sc}(mA/cm^2) = (\#/cm^2 \cdot s) \times q(A/s)$ = # of photon (photo flux) at each wavelength ($\#/cm^2 \cdot s) \times 1.6 \cdot 10^{-19}/1000$

실제 계산은 엑셀표에서 0.5nm interval로 전력값을 정밀하게 계산한다.

i) a-Si:H ($E_g = 1.7eV$)

1.7 eV 흡수 차단 파장은 729nm 범위의 Spectral irradance로부터 current density의 구할 수 있으며, 이론적인 $J_{sc} = 22.47\ mA/cm^2$임.

ii) μc-Si:H ($E_g = 1.1eV$)

1.1 eV 흡수 차단 파장은 1127nm 범위의 Spectral irradance로부터 current density의 구할 수 있으며, 이론적인 $J_{sc} = 44.23\ mA/cm^2$임.

iii) μc-SiGe:H ($E_g = 0.8eV$)

0.8 eV의 흡수 차단 파장은 1550 nm

280~ 1550nm 파장 범위의 Spectral irradance로부터 current density의 구할 수 있으며, 이론적인 $J_{sc} = 54.48\ mA/cm^2$임.

6.3 | 실리콘 박막 태양전지 공정 기술

박막 실리콘 태양전지는 실리콘 기판을 이용한 c-Si 태양전지 모듈과는 구조 및 제조 방법에 있어 많은 차이점이 있다. c-Si 태양전지 모듈은 각 태양전지를 탭을 달고, 상하부 전극을 전기적으로 연결한 다음 유리와 EVA 등으로 라미네이션 한다. 박막 실리콘 태양전지는 대면적으로 직접 유리나 금속판에 투명전극 및 실리콘 박막을 차례로 증착하여 모듈을 제조하게 된다. 따라서 c-Si 기판형 태양전지와는 달리 태양전지와 모듈의 제조 공정이 동일하기 때문에 양산시 생산성을 높일 수 있는 장점이 있다. 박막 실리콘 역시 전면 투명전도막의 저항성분으로 인해 일반적으로 일정한 폭을 갖는 태양전지를 직렬로 연결하여 제조된다. 따라서 각 단위박막 증착 후 레이저(TCO=1064nm Nd:YAG 레이저, a-Si, Metal=532nm Nd:YAG 레이저)를 이용한 패터닝 공정을 수행한다.

[그림 6.12]에 실리콘 박막 태양전지 모듈 측면도와 제조 공정 순서도에서와 같이 전면 투명전도막(TCO)을 기판에 증착한 후 1차로 1064nm Nd:YAG 레이저를 이용하여 패터닝과 세정과 건조를 수행한다. 플라즈마 증착 설비를 이용하여 별도의 챔버에서 오염을 최소화 하도록 p-i-n 실리콘 박막을 차례로 증착한다. 실리콘 박막 증착 후 실리콘 박막을 2차 패터닝하게 되는데, 이때 전면 투명전도막이 손상되는 것을 방지하기 위하여 532nm Nd:YAG 레이저의 파장이나 파워의 조절이 중요하다. 마지막으로 후면 전극을 스퍼터 설비를 이용하여 300nm 이상 형성한 후 532nm Nd:YAG 레이저로 3차 패터닝을 한다. 이때도 역시 전면의 투명전도막(TCO)과 실리콘 박막(pin a-Si:H)이 손상되지 않도록 하는 것이 중요하다. 마지막으로 결정질 실리콘 태양전지와 마찬가지로 전면에 절연물질을 이용하여 라미네션을 수행하여 밀봉하고 전극단자, 모듈 보호용 다이오드 접합단자, 외부 프레임을 형성하여 모듈 제조를 완성한다.

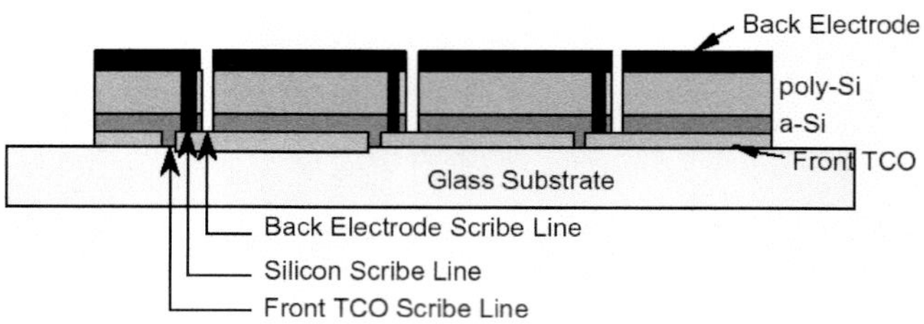

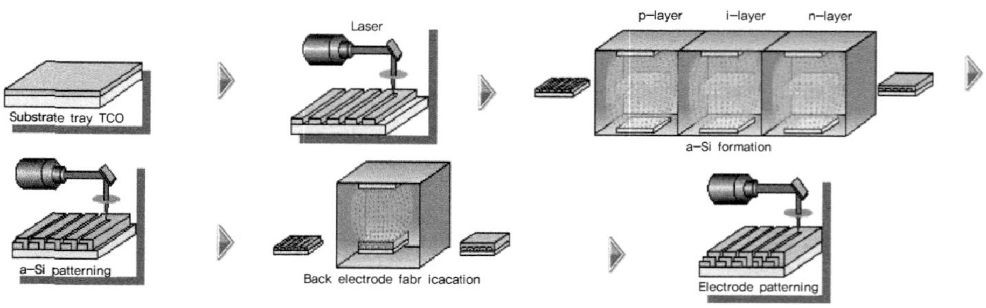

[그림 6.12] 실리콘 박막 태양전지 모듈 구조 및 제조 공정도

이전 [그림 6.12]에서 모듈화 중심의 제조과정을 설명하였으며, [그림 6.13]에서는 실리콘 박막 태양전지 제조에 필요한 모듈 측면도와 비정질/미세결정 실리콘 적층형 태양전지 각 층별 두께와 제조 공정 순서도를 도시하였다. 기판과 태양전지 제조관련 설비 국산화는 기존의 디스플레이 산업기반 장치를 활용하면 국산화 가능하나, 모듈화 설비는 아직 국산화에 노력이 필요하다. 주요 공정설비는 유리 기판, TCO 스퍼터, 세정, 레이저 스크라이버, 실리콘 박막 증착용 PECVD, 금속 증착용 스퍼터 그리고 모듈화 설비와 성능평가 설비이다.

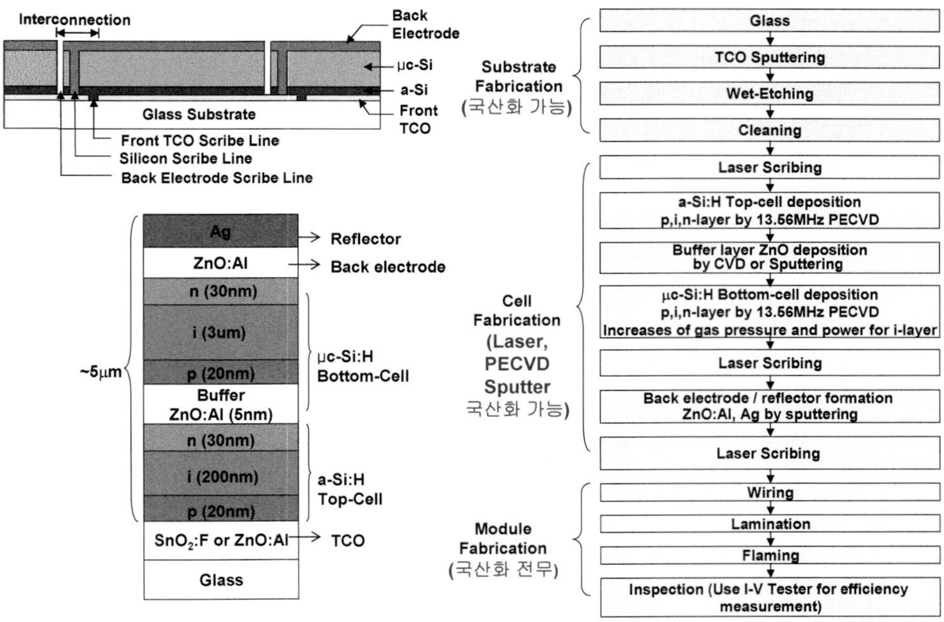

[그림 6.13] 실리콘 박막 태양전지 측면도와 적층형 태양전지 제조 공정 순서도

TCO 공정(Sputter, LP-CVD/MO-CVD)은 전면 투명전극으로 SnO2:F, ITO, ZnO:Al 등이 사용된다. 최근에는 박막 Si 태양전지에서 공정 및 표면 구조제어가 용이한 ZnO:Al이 후면전극으로 많이 쓰이고 있으며 PVD 방식으로 증착하게 된다. 입자나 유기물질 등에 의한 TCO 증착불량을 방지하기 위해서 증착전 초기 세정을 거친 후 PVD로 약 700nm 두께의 TCO를 증착한다. PVD 방식을 적용할 경우 TCO 막 표면의 거칠기가 작아 입사되는 빛의 30% 이상 반사되어 빛의 흡수율이 떨어지기 때문에 증착 후 빛의 반사를 방지하기 위해서 표면조직화 공정이 추가적으로 필요하다. 최근에는 LPCVD나 MOCVD를 이용한 직접 증착법으로 제조되기 때문에 막의 표면이 거친 표면조직화 효과를 달성하고 있으므로 표면조직화 공정 생략이 가능하다.

박막 Si(a-Si/nc-Si, PECVD)은 박막 Si 태양전지 구조에서 대부분의 박막두께가 i층(a-Si, μc-Si)에서 차지하며, 기존 PECVD 장비의 a-Si:H 층의 증착속도는 약 3~5Å/sec 이고, nc-Si층을 증착할 경우는 a-Si층의 증착속도 보다 1/5~1/10로 감소되어 박막 증착공정의 효율이 급격히 떨어지기 때문에 양산에서 적용하기가 어려웠다. 최근에 개선된 증착 공정에서는 a-Si과 μc-Si의 증착 공정을 p-i-i-i-i-i-n, 즉 i층을 5개의 다중 챔버로 구분해서 증착하고 방전여기 주파수 또한 40MHz로 증가시켜 μc-Si의 증착속도를 3~5Å/sec 까지 향상시켰다. 하지만 저가의 박막형 Si 태양전지를 대량으로 제조하기에는 아직까지도 nc-Si 또는 μc-Si을 고속(>100Å/sec)으로 증착시켜 효율 11% 이상을 얻을 수 있는 장비개발이 가장 큰 이슈로 떠오르고 있다. 유리 기판 20매 배치를 한꺼번에 진성층을 증착하여 수율을 올릴 수 있다.

후면 전극 반사막(Sputter)은 후면 전극으로는 일반적으로 단일 전극의 Ag, Al과 반사막과의 2중 구조로 형성되는 ZnO/Ag, ZnO/Al 등이 사용되며, 이중에서도 2중 반사 전극의 내부 반사율이 가장 높은 ZnO/Ag가 주로 사용된다. 스퍼터로 후면 전극 및 반사막이 증착된 후 3차 패터닝이 진행된다.

Laser Scribing(Laser Scriber)는 박막 Si 태양전지를 제조하기 위해 Laser Scribing 공정을 통하여 전면 증착된 박막 Si 태양전지의 셀을 분리시키고 직렬로 연결시키는 공정이다. 첫번째 Laser Scribing 공정에서는 TCO층을 1064nm Nd:YAG 레이저를 이용해서 분리하는 공정을 수행 한다. 두번째 Laser Scribing

공정에서는 532nm Nd:YAG 녹색 레이저를 이용하여 a-Si를 분리하며, 이때 a-Si층은 태양전지에서 전력 공급원 역할을 하기 때문에 빛을 흡수할 수 있는 a-Si층의 면적을 최대화시키는 것이 핵심이다. 세번째 Laser Scribing 공정 또한 녹색 레이저를 사용하여 후면의 금속전극을 분리함으로써 마지막 모듈 형성 공정이 완료 된다.

투명전도막(TCO) 및 후면 반사전극은 광생성된 전하를 수집하여 최종적으로 전기를 공급하는 역할을 수행한다. 실리콘은 간접 천이형 물질로서 광 흡수계수가 다른 화합물 박막(CdTe, $CuInSe_2$)에 비해 낮아 두께 수 마이크론 이하의 박막으로 제조될 경우 태양광의 투과에 의한 전류밀도 손실이 매우 큰 단점이 있다. 따라서 전면 투명전도막 및 후면 반사전극(BR : back reflector)을 이용한 광포획(light trapping) 기술이 태양전지의 효율을 결정하는 중요한 변수로 작용한다.

[그림 6.14]는 박막 태양전지의 표면조직화로 "glass/ZnO:Al(700nm)/p nc-Si:H (20nm)/i nc-Si:H (2㎛)/n a-Si:H(30nm)/BR"의 pin nc-Si:H 박막 태양전지에서 전면 투명전도막(TCO) 및 후면 반사전극 변화에 따른 태양전지의 표면변화를 나타낸 것이다. 표면조직화(texturing)된 ZnO:Al 투명전도막을 이용할 경우 평탄한 표면을 갖는 ZnO:Al에 비해 전 파장영역에서 양자효율이 크게 향상된다. 이는 ZnO:Al 표면조직화에 의한 단파장에부에서 빛의 이동경로 증가로 광전하 생성율 증가에 의한 것이다. 후면 반사전극으로 ZnO/Ag를 사용할 경우 Ag에 비해 장파장 영역에서 높은 양자효율을 얻을 수 있는데, 이는 ZnO/Ag 이중 반사전극의 높은 내부 반사율로 광흡수층을 투과한 장파장 영역 빛의 내부 반사도 증가에 의한 것이다. a-Si:H 및 nc-Si:H 박막 태양전지에 대표적으로 사용되는 투명전도막으로 SnO_2:F와 ZnO:Al(Ga, B)을 들 수 있다. 투명전도막의 표면 조직화 방법은 아사히글라스사의 상압 CVD를 이용한 직접 증착법과 스퍼터 증착 후 화학물 식각법(HCl 0.5% 용액에서 15초간 표면조직화 처리)이 알려져 있다. 후면전극으로는 Ag, Al, ZnO/Ag, ZnO/Al 등이 있으며, ZnO/Ag의 이중 반사전극의 내부 반사율이 가장 높다.

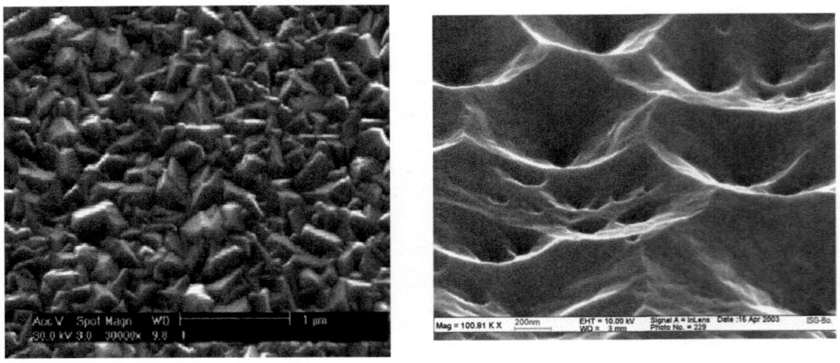

[그림 6.14] 표면조직화된 투명전도막 구조를 갖는 SnO2:F(좌)와 ZnO:Al(우) 표면사진

실리콘에서 각각의 실리콘 원자는 4개의 실리콘 원자들과 공유결합을 하고 있다. 실리콘의 격자상수는 5.431Å이고, 3차원적인 규칙성을 가지고 있다. 이에 비해 비정질(amorphous) 실리콘에서는 배위수, 결합각, 결합길이는 결정질 실리콘과 비슷하나 규칙적인 주기성이 존재하지 않는다. 비정질 실리콘 내에서 대부분의 실리콘 원자들은 4개의 결합을 모두 채우지 못하고 끊어진 미결합 상태(dangling bond)로 존재하게 된다. 수소화된 비정질 실리콘(hydrogenated amorphous silicon; a-Si:H)에서는 이러한 미결합에 수소 원자가 연결되어 [그림 6.15]에서와 같이 에너지 밴드갭 내에서 국재화된 상태밀도(density of localized states)를 감소시켜 준다. a-Si:H 박막의 성장 기구를 [그림 6.15]에 나타내었다. 수소화를 행하지 않은 비정질 실리콘([그림 6.15B])에서 결함밀도는 $10^{20}cm^{-3}$ 정도로 매우 높다. 초고주파 스퍼터링(RF sputtering)이나 전자빔(e-beam)에 의해 성장한 비정질 실리콘 박막의 결함밀도가 $10^{20}cm^{-3}$ 이상으로 높아 도핑(doping) 효과를 보기 어려워 실질적인 전기전자 소자에 응용되지 못하였다. 그러나 Dundee 대학교의 Spear와 LeComber가 글로우 방전을 통하여 미결합 상태에 수소나 불소를 결합시킨 비정질 실리콘을 형성시킴으로써 밴드갭 내부의 상태밀도를 크게 줄일 수 있었으며, 이로 인하여 비정질 실리콘에 도핑이 가능하게 되었다. 수소화된 비정질 실리콘 박막에서는 결함밀도가 $10^{15}cm^{-3}$ 정도이다. 이는 수소가 실리콘의 끊어진 결합들을 축소하고, 결함 상태를 감소시키는 역할을 하기 때문이다. 이때부터 수소화된 비정질 실리콘 박막은 p-n 접합, p-i-n 접합 태양전지를 제작할 수 있게 되었다.

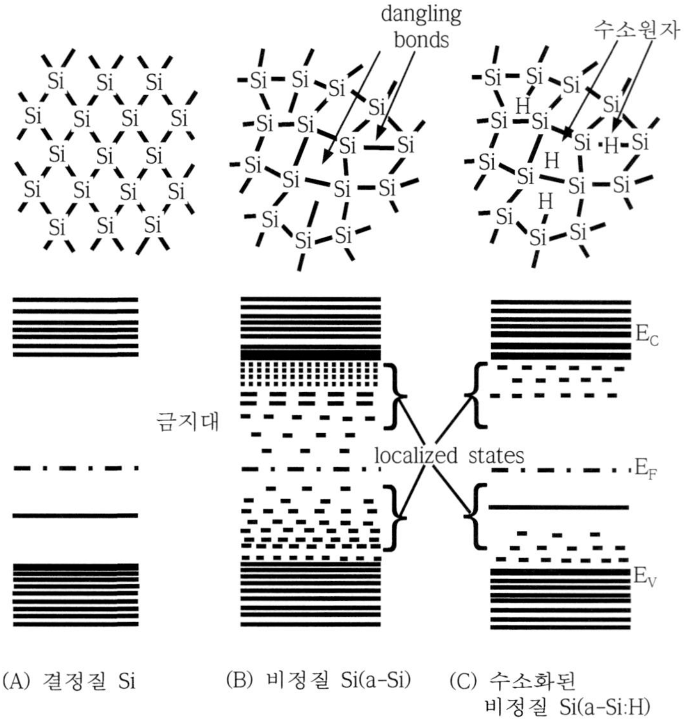

[그림 6.15] 결정질 실리콘과 비정질 실리콘의 원자결합 및 에너지 밴드 구조

[표 6.5]는 a-Si:H의 일반적인 특성을 나타낸 것이다. a-Si:H는 1.7~2.0 eV의 에너지 밴드갭을 가지는 직접 천이형(direct transition) 반도체이며, 결정질 실리콘보다 큰 광 흡수계수를 가진다. 따라서 μm 두께만으로도 태양광의 대부분을 흡수할 수 있어 박막 형태의 태양전지 제작이 가능하다. 수소는 약한 결합에 의한 결합 상태에 포획 및 방출을 반복하며 Si-Si 결합 사이를 움직이며 확산을 하게 된다. 안정된 구조에서 응력을 가지는 Si-Si 결합 바로 옆에 Si-H 결합이 있다면, 빛 조사시 비발광성 전자-정공 결합 에너지에 의하여 응력을 가지는 Si-Si 결합을 깰 수 있다. 깨어진 Si-Si 결합 중에 한 Si 원자는 수소화 결합하고 다른 Si 원자는 미결합으로 남게 된다. 따라서 a-Si:H 박막은 빛에 민감하게 반응하며, 물성 특성도 초기 제작 후와 나중에 UV 광이 조사된 후에 특성이 변할 수 있다(Staebler-Wronski effect). 이러한 a-Si:H의 근본적인 문제로 인하여 a-Si:H 태양전지는 광안정도가 문제시된다. 이를 극복하기 위해서 실리콘 박막의 결정화, 박막 성장 시 미세결정화, 나노결정화, 사용되는 원천소스 가변, 증착시스템 가변 등 다양한 측면에서 노력이 진행되고 있다.

[표 6.5] a-Si:H의 일반적인 특성

Deep Localized State Density at $E=E_{Fo}$	10^{15}~10^{16} (cm^{-3}/eV)
Deep State Characteristic Energy	86 (meV)
Tail Localized States Density at $E=E_C$	~2×10^{21} (cm^{-3}/eV)
Tail States Characteristics Energy	23 (meV)
Width of Tail States Band	~150 (meV)
Dielectric Constant	~11
Diffusion Constant at 300 K	(cm^2/s)
– electrons in conduction band	0.26 ~ 0.52
– holes in valence band	0.13 ~ 0.26
Effective Density of States in Conduction Band	~10^{19} (cm^{-3})
Effective Density of States in Valence Band	~10^{19} (cm^{-3})
Energy Gap at 300 K	1.72 (eV)
Index of Refraction	3.32
Mobility at 300 K	(cm^2/V·s)
– electrons in conduction band	10 ~ 20
– holes in valence band	5 ~ 10

a-Si:H 박막의 전도대 및 가전자대에서 캐리어는 수십 cm^2/V·s 크기의 밴드 이동도를 갖는다. 비정질 실리콘에서 전자수송 특성은 전하 캐리어와 결함 상태와의 상호작용에 의해 결정된다. 결함 상태에서 포획된 전하가 전도대로 열적 여기(excitation)에 의해 전도대에서 수송이 일어나면 포획이라고 하고, 결함 상태 사이에서 직접 터널링(tunneling)에 의해 전하 운반자가 이동되면 호핑(hopping)이라고 부른다. 따라서 비정질 실리콘 박막은 외부 광원에 불안정한 요인과 열적 스트레스에도 특성변화가 일어날 수 있기 때문에 현재는 실리콘 박막 자체를 다결정으로 대치하고자 하는 노력이 진행 중이다.

다결정 실리콘은 각각 결정 방향이 다른 결정립들과 그 사이의 결정입계로 이루어져 있다. 이동도는 물리적으로 다결정 재료에서 캐리어가 한 결정립에서 다른 결정립으로 이동하기 쉬운 정도를 나타내는 변수로 다결정 실리콘에서는 결정입계 산란 (grain boundary scattering)이 추가되어 단결정에서의 값보다 훨씬 작은 값을 갖는다. [그림 6.16]에 다양한 실리콘 종류에 따른 에너지 밴드 다이어그램과 캐리어가 이동하는 과정을 나타내었다. 반송자 이동시 비정질이 가장 큰 방해를 받으며 다결정은 결정립계에서 저항이 있고 단결정은 반송자 이동에 가장 적은 방해를 받는다. 다결정에서는 결정립계간의 방해가 중요하므로 태양전지에서는 반송자의 수직움직임이 중요하다. 수직으로 한 개 결정립 구조를 가지는 주상 구조형(columnar structure) 다결정 박막이 태양전지 응용에 선호하는 구조이다.

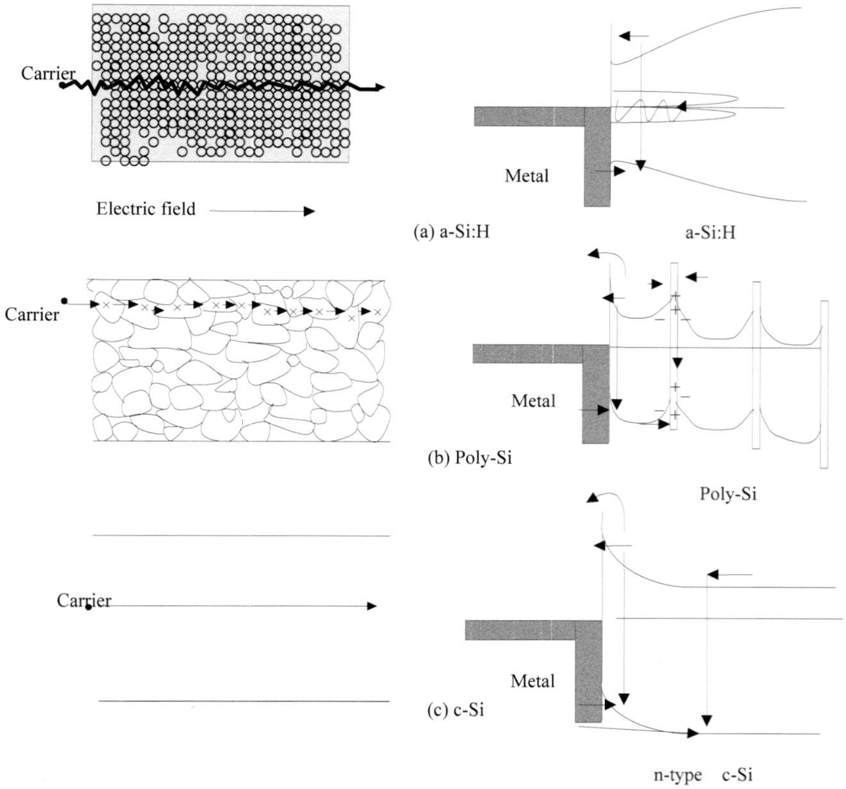

[그림 6.16] 다양한 실리콘 재료에 따른 에너지 밴드 다이어그램과 캐리어 이동

기존의 a-Si:H의 전계효과 이동도는 1 cm^2/V·s 이하로서 매우 작고, 결정질 보다 높은 결합 밀도로 인해 캐리어 수명시간과 확산거리가 짧다. 또한 높은 전압과 빛, 열에 대한 안정성이 떨어지는 등의 문제점이 있다. 이러한 문제를 해결하는 방안으로 직접적인 미세결정 실리콘 박막 성장을 통한 노력이 진행되고 있다. 미

세결정 실리콘 박막의 직접 성장에서 가장 일반적인 방법은 PECVD를 이용하는 것이다. 실리콘 함유 기체인 silane(SiH_4) 가스를 수소(H_2) 가스에 수십%의 농도로 희석하는데, 수소의 양이 증가할수록 결정도가 증가한다. 그 원인은 활성화된 수소 원자가 불안정한 상태로 있는 실리콘 원자를 식각하여 증착과 식각의 준평형 상태에서 증착되거나, 수소기(hydrogen radical)에 의한 흡착종의 표면 이동이 촉진되기 때문에 결정화된 박막이 얻어진다. 또한, 수소에 의한 미약하게 결합된 비정질상의 선택적 식각에 의해 결정질 실리콘만이 남게 되고 이를 이용하여 SiH_4만으로 수십 Å의 실리콘 박막을 증착한 후 수소 플라즈마로 처리하는 과정을 연속적으로 반복하는 Layer-by-Layer 증착법에 의해서도 미세결정 실리콘을 얻고 있다. 또한, 고온으로 가열된 필라멘트로 SiH_4를 분해하는 열선 화학기상증착법(HWCVD)에 의해서도 미세결정 실리콘 박막을 형성할 수 있는데, 이는 고온의 필라멘트에 의해 SiH_4과 수소가 분해되어 수소기가 발생하고, 수소가 선택적 식각에 기여해서 미세결정 실리콘 형성되는 것으로 추정하고 있다. 이런 방법 이외에 고밀도 플라즈마를 이용해 고속으로 실리콘 박막을 얻기 위해서 hollow cathode, ICP, ECR, VHF 플라즈마 시스템 등이 연구 개발되고 있다. a-Si:H 박막 증착법으로는 p층 및 n층과 동일하게 SiH_4와 H_2 가스를 이용한 PECVD법이 가장 많이 사용되며, 물질의 특성을 향상시키고 안정성을 높이기 위해 photo-CVD, 열선 CVD 등 다양한 증착방법이 연구되고 있으나 양산공정에서는 사용되지 않고 있다. nc-SiH 박막 역시 PECVD를 이용해 H_2 가스의 혼합비를 증가시켜 증착 가능하나, 이때 다량의 H_2 가스에 의해 박막의 증착속도가 매우 낮은 단점이 있다. 앞서 설명하였듯이, nc-Si:H 박막의 두께는 1에서 3㎛로 양산화 적용을 위해서는 높은 증착속도가 요구된다. 따라서 PECVD에서 주파수를 증가시키거나(Very High Frequency CVD) 압력 및 전력(고압, 고전력)을 증가시켜 증착속도를 향상시키기도 하며, 열선 CVD등을 이용하기도 한다.

광 흡수층(intrinsic layer)은 태양광을 받아 전자-정공쌍을 생성하여 전류를 발생하는 영역으로서, 실리콘 박막 태양전지의 효율 및 안정성에 가장 큰 영향을 미친다. a-Si:H과 nc-Si:H 박막 태양전지의 차이는 광 흡수층에 의해 결정되는데, a-Si:H 태양전지의 경우 두께 200~500nm의 intrinsic a-Si:H(band-gap 1.8eV)

을 광흡수층으로 사용하는 반면, nc-Si:H에서는 두께 1-3㎛의 nc-Si:H(1.1eV)을 사용한다. 박막 증착중 $SiH_4/(SiH_4+H_2)$ 혼합비에 따라 실리콘 박막의 결정특성 제어가 가능한데, 증착중 SiH_4 농도를 감소시킬 경우 증착되는 막은 a-Si:H에서 nc-Si:H로 상전이가 발생하게 된다. SiH_4와 H_2 혼합비는 a-Si:H 및 nc-Si:H 태양전지 특성에도 매우 중요한데, nc-Si:H 박막 태양전지의 경우 a-Si:H에서 nc-Si:H로 상전이가 발생하는 시점, 즉 결정체적 분율이 약 50%일 때 태양전지의 특성이 가장 우수한 것으로 보고되고 있다. [그림 6.17]에 $SiH_4/(SiH_4+H_2)$ **가스 혼**합비에 따른 실리콘 박막 결정특성을 그림으로 도시하였다. 문제는 수소를 희석하면 나노결정 박막 성장이 가능 하나지만 증착율이 급격하게 떨어지므로 양산조건에 불리다. [그림 6.18]에 $SiH_4/(SiH_4+H_2)$ 가스 혼합비와 실리콘 박막 두께에 따른 결정특성을 도시하였다. [그림 6.19]는 $SiH_4/(SiH_4+H_2)$ 혼합비에 따른 nc-Si:H 박막 태양전지 특성변화 및 nc-Si:H 박막 결정체적분율 변화를 도시하였다. 태양전지 최적화에 각 설비별로 분압조건을 조사하여 최적화 하여야 한다.

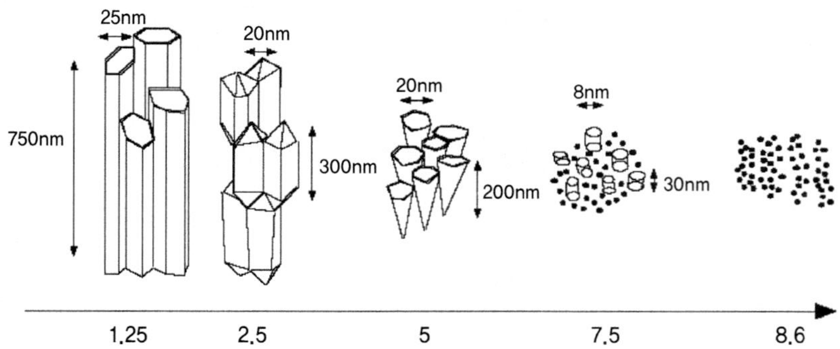

[그림 6.17] $SiH_4/(SiH_4+H_2)$ 가스 혼합비에 따른 실리콘 박막 결정특성

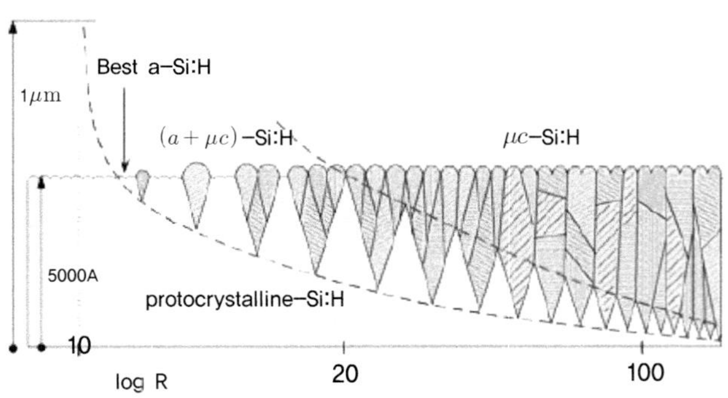

[그림 6.18] $SiH_4/(SiH_4+H_2)$ 가스 혼합비와 실리콘 박막 두께에 따른 결정특성

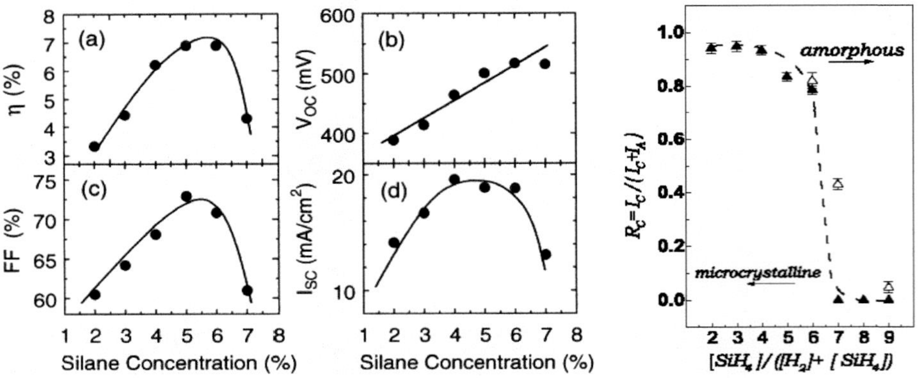

[그림 6.19] $SiH_4/(SiH_4+H_2)$ 혼합비에 따른 nc-Si:H 박막 태양전지 특성변화(상) 및 nc-Si:H 박막 결정체적분율 변화(하)

도핑층(doped layer, p-layer, n-layer)은 pin 실리콘 박막 태양전지에서 p층은 전면 TCO층과 함께 태양광이 처음으로 입사되는 층이므로 높은 광투과도(높은 밴드갭)와 전기전도도가 요구된다. 또한 i a-Si:H(또는 nc-Si:H) 광 흡수층과 접합을 형성하여 태양전지의 개방전압(V_{oc})를 결정하므로 광흡수층과 함께 태양전지의 동작특성을 좌우한다. a-Si:H 태양전지에서는 밴드갭이 큰 p $a-Si_{1-x}C_x:H$와 $a-Si_{1-x}O_x:H$가 사용되며, nc-Si:H의 경우 i nc-Si:H과 격자불일치(lattice mismatch)를 최소화하고 i nc-Si:H 증착시 씨앗층(seed-layer)으로 p형 nc-Si:H 층을 주로 사용한다. 또한 ZnO/p, p/i 계면 특성을 향상시키기 위하여 버퍼(buffer)층을 삽입하기도 한다. n층 역시 p층과 마찬가지로 높은 전기전도도가 요구되며, 적층형(tandem, triple) 태양전지에서는 p층과 터널접합을 형성하는 중요한 기능을 갖기도 한다. p층 및 n층 실리콘 박막 증착법으로는 PECVD가 가장 많이 사용되며 가스로는 SiH_4, H_2, B_2H_6(p층), CH_4(p층), PH_3(n층)가 대표적으로 사용된다. [그림 6.20]에 B_2H_6/SiH_4와 PH_3/SiH_4 가스비율에 따른 전도도 변화와 활성화 에너지 변화도를 도시하였다. 불순물 도핑에 의해 도전율은 10^{-11}S/cm에서부터 10^{-2}S/cm 정도까지 제어할 수가 있다. 도핑효율은 기상 도핑량의 1/2승에 반비례하여 저하되고 그것과 상반하여 막중의 결함밀도가 증가한다. B_2H_6를 사용한 p형 도핑에서는 막중 수소량이 감소하고, 광학적 밴드갭도 좁아진다. 도핑층을 증착할 때 증착온도가 전도도에 큰 영향을 미치고, i층 성장온도 보다 높은 온도에서 전도도가 높다. 미세결정질 재료(μc-Si 및 SiC)에서는 도핑효율이 높고,

p형, n형 어느쪽의 경우도, 10S/cm를 넘는 도전율이 용이하게 얻어진다. 도핑된 a-Si계 합금재료는 일반적으로 결함밀도가 많고, 태양전지의 광전류 활성층으로는 알맞지 않는다. 광학적으로는 a-Si 보다 가시광영역 흡수계수가 작다는 특징을 갖고 있다. 박막 태양전지의 전극층, 입사광 창층(window layer)에 유효하다. [표 6.6]에 태양전지 특성개선에 p-층에 요구되는 특성을 정리하였다.

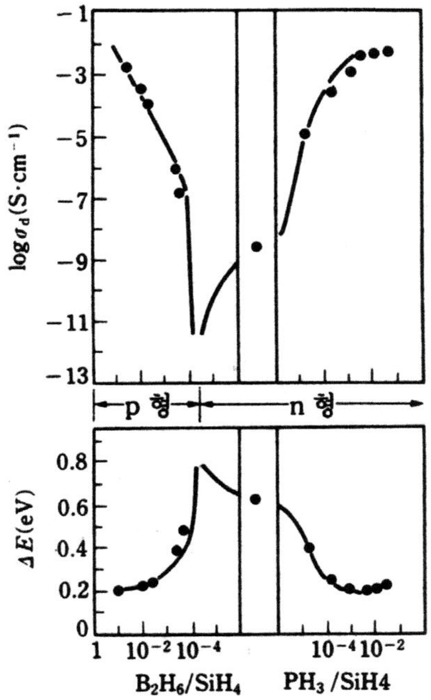

[그림 6.20] B_2H_6/SiH_4와 PH_3/SiH_4 가스비율에 따른 전도도 변화와 활성화 에너지 변화도

[표 6.6] 태양전지 특성개선에 p-층에 요구되는 특성

태양전지특성	관련 p층 특성
I_{sc}	높은 광 흡수계수, 굴절율
V_{oc}	Fermi 준위의 위치(낮은 활성화 에너지)
FF, V_{oc}	TCO/p, p/i 계면특성 우수성 p층의 막 두께와 특성의 균일성

터널접합(tunnel junction)은 적층형 태양전지에서 이웃하는 태양전지 사이에 케리어의 이동을 원활히 하기 위해 터널 접합을 형성한다. 터널접합은 이미 알려

진 바와 같이 np 다이오드에서 n층 및 p층의 도우핑 농도를 증가시키고 두께를 얇게 함으로써 가능하다. 즉, $p_1i_1n_1/p_2i_2n_2$ 적층형 태양전지에서 n_1/p_2의 도핑 농도를 증가시켜 일반적으로 터널접합을 형성한다. 그러나, 최근 a-Si:H/nc-Si:H 적층형 태양전지에서 얇은 ZnO 박막을 $n_1/ZnO/p_2$ 구조로 삽입함으로써 태양전지의 특성 및 안정성을 향상시키기도 한다. 이때 ZnO 버퍼층은 터널접합을 형성함과 동시에, a-Si:H 상부 태양전지를 투과한 빛의 일부를 다시 a-Si:H 광 흡수층으로 반사시켜, a-Si:H 상부 태양전지 전류를 증가시켜 주는데, 이렇게 함으로써 상부전지의 전류손실 없이 두께를 얇게 함으로써 광열화 현상을 줄일 수 있는 장점이 있다.

접합계면의 종류는 입사광이 p-층으로 입사하는 형태의 비정질 태양전지에서, 투명전도막(TCO)/p층, p/i, i/n, n/금속전극(metal) 계면, 그리고 적층형 태양전지의 터널접합부의 n/p 계면이다. 접합계면에 있어서, 제어를 필요로 하는 항목에는 다음과 같다.

① 접합계면의 재결합이 원인이 되는 에너지 준위의 감소
② 반도체의 밴드갭의 불연속에 기인하는 손실(결함과 밴드 오프셋 축소)
③ 접합물질의 상호확산 방지(확산 방지를 위한 버퍼층 삽입)
④ 계면에서의 물리적(화학적) 처리, 하부층의 특성을 향상, 상부층 형성 시 손상 최소화
⑤ 미세결정 형성에 필요한 핵자 제어처리(핵자 과도시 결정성장 방해됨)
⑥ 계면 재결합전류의 저항성분 최소화, n/금속전극 계면의 오움성 접촉(직렬저항 최소화)
⑦ n/금속전극에서 광가둠(light trapping)을 위해 고반사구조가 필요.

계면제어 기술로서 대표적인 방법은 다음과 같다.

i) 계면준위 저감이나 불순물 확산방지를 위한 완충층(buffer layer) 삽입
ii) 밴드갭 등을 연속적으로 변화시키는 밴드갭이 선형적으로 변하는 경사층을 형성
iii) 기능 향상이나 성장 핵제어를 위한 표면처리
iv) 계면준위 저감을 위한 손상이 작은 박막 형성법

TCO/p층 계면은 기초가 산화물 반도체와 수소화된 비정질 실리콘과의 접합으로 된다. 조성이 크게 다른 물질에 의해 접합을 형성하기 때문에, 구성물질의 상호확산 방지나 상부층(p-층)을 형성할 때 TCO에 손상 저감이 중요하다. p-층은 PECVD법에 의해 형성하는 것이 많고, 이 경우 수소가 플라즈마 분위기에 의해 산화물이 환원되기 때문에, 이것을 방지할 목적으로 내산화막층의 삽입이나 광 CVD법 등의 저 손상형성 등이 검토되었다. p-층의 성능향상을 위해 미세결정화층을 쓰는 경우, TCO 상에 직접 p형의 미세결정을 성장시키는 것이 곤란하기 때문에, 얇은 n형 층을 계면에 삽입하여 성장핵을 만든 뒤에, p형 미세 결정층을 형성하는 방법도 보고되어 있다.

p/i 계면은 흡수되는 광이 많고 캐리어의 발생량이 많기 때문에, 특성에 큰 영향을 준다. p/i 계면 제어 기술로는 완충층, 경사층 또는 계면의 플라즈마 처리 등이 시도되었다. 완충층은 p층으로서 p형 a-SiC:H가 쓰이는 것이 많고, i층의 a-Si:H와 구조가 크게 다르기 때문에, 이 구조의 차에 의한 계면준위의 발생을 방지하기 위해서 버퍼가 검토된 것이다. 버퍼층 도입에 의해, 개방전압과 단락전류의 향상을 볼 수 있다.

i/n 계면은 n층에 나노결정 또는 미세결정화 막이 많이 쓰이고, TCO/p 계면과 같이, 미세결정화 막성장을 위한 핵발생 처리를 수행한다. n/금속전극의 계면으로서는 후면전극으로부터 확산방지를 위해, 얇은 투명도전막을 삽입하는 것이나, 금속합금층(실리사이드화) 형성에 의한 향상이 가능하다. 이러한 처리에 의해서, 후면전극에서의 반사율이 개선되어, 요철 기판 상에서는 광가둠 효과가 개선되고, 단락전류가 개선된다. 합금층으로서는 전도특성이나 밀착성에 개선특성도 볼 수 있다. 적층형 태양전지에 있어서의 n/p 터널접합부는 전류를 접합의 역방향으로 흘릴 필요가 있기 때문에, 통상, n, p 모두 고농도 도핑상태에서 재결합 전류에 의해 역방향 전류를 흘리고 있다. 그러나, 고농도 도핑상태에 있기 때문에, 시간이 경과되면서 불순물의 상호확산으로 n, p 각층의 전도특성을 저하 시킨다. 이 n/p 터널접합의 계면에 확산방지층을 삽입하여, 태양전지의 장기 안정성을 높일 수 있다.

실리콘 박막을 이용한 태양전지는 저가로 대면적 제조가 용이하고 가격측면의 장점을 가지고 있으며, 현재 초기 변환효율 약 12% (안정화 효율 9%) 내외에서 달성 가능하다. 최근의 비정질 실리콘 태양전지는 다음과 같은 문제의 해결에 초점을 맞추어 진행되고 있다.

(1) Staebler–Wronski 효과에 의한 안정성 문제
(2) 사일렌(silane) 가스의 수소 가스 희석에 따른 낮은 증착률 문제
(3) 비정질 실리콘과 미세결정 실리콘 경계 사이의 프로토결정(protocrystal) 실리콘 박막의 구조적 특성의 이해
(4) 효율 향상을 위한 완충층 삽입을 통한 최적화 공정
(5) 높은 안정화 효율을 위한 다중접합 태양전지의 최적화 공정

[표 6.7]에 실리콘 박막 태양전지 기술분류와 요구 특성을 정리하였다.

[표 6.7] 실리콘 박막 태양전지 기술분류와 요구 특성과 세부기술

기술분류	2차분류	요구특성	세부기술
Substrate	• Glass • Plastic	• 내구성 • Light weight • High transparency • Flexibility	
TCO	• Texturing • Materials	• High conductivity • Low absorption coefficient • Optimized Texturing	• TCO film quality • TCO texturing process
Cell	• a-Si • nc-Si • Electrode • Tandem	• Low defect density • Graded potential gradient • High absorption coefficient • High cell efficiency	• Cell structure optimization • a-Si, pc-Si:H, nc-Si:H 성장 • Precise doping control • C grading in SiC
Process	• RF, VHF CVD • Laser scribing • Others	• Large area uniformity • Short tack time • Precise cell patterning	• RF, VHF • Laser Scribing
Module	• Modules • Packaging • Cables • Lamination	• Module efficiency • Gas barrier property • Low electrical loss	• Process integration • Packaging Materials
Measurement& characterization	• Thin film • General	• Reliability • Repeatability • Resolution	• Electrical performance • Optical properties • Efficiency measurement • Film characterization
Application	• General • BIPV		

연 습 문 제

1. 비정질 실리콘 태양전지의 장점과 단점을 열거하시오.

2. 비정질 실리콘 태양전지의 구조가 왜 pin 또는 nip 형태를 이용하는지 설명하시오.

3. 비정질 실리콘 박막의 결합밀도를 축소하는 방법에 대하여 설명하고, 기존의 증발 기법으로 성막한 비정질 실리콘의 결합밀도와 현재 PECVD 기술로 성막한 a-Si:H의 결합밀도 수의 차이를 조사하시오.

4. 단결정, 다결정, 비결정 실리콘 태양전지의 에너지 밴드 구조를 그리고 밴드에서 각 결합 밀도를 표시하시오.

5. 단결정, 다결정, 비결정 실리콘 태양전지의 에너지 밴드 구조에서 빛이 입사하여 케리어 생성과 분리 수집 과정을 단계별로 그리시오.

6. 비정질 실리콘 박막 태양전지 중에서 15% 이상을 달성할 수 있는 태양전지 구조와 가 각의 제조 기술의 핵심을 열거하시오.

7. 비정질 막막 태양전지의 분광 반응 특성을 개선하기 위해서 어떻게 에너지 밴드 갭을 가변할 수 있는지 조사하시오.

8. 실리콘 박막 태양전지에서 전압에 영향을 미치는 인자를 조사하시오.

9. 실리콘 박막 태양전지에서 전류에 영향을 주는 인자를 조사하시오.

10. 박막 실리콘 태양전지 양산 공정을 조사하여 요약하고, 산업의 현황을 조사하여 분석하시오.

참고문헌

[1] 이준신, 김경해, 태양전지공학, 도서출판 그린 (2007).

[2] 김경해, 이준신, 태양전지 실무 입문, 두양사 (2008).

[3] 이재형, 임동건, 이준신, 태양전지 원론, 홍릉과학출판사 (2005).

[4] 박상식, 송정근, 이준신, 최양규, 반도체 공학, 두양사 (2011).

[5] 이준신, 최병덕 공역(Dieter K. Schroder), 반도체 소자 분석, 텍스트북스 (2008).

[6] 이준신, 김정, 김태근, 이가원, 이상열, 초고집적 공정기술, 두양사(2006).

[7] 이준신, 신재생 에너지 활용을 위한 고효율 실리콘 태양전지, 생능출판사 (1997).

[8] 윤경훈, 안병태, 문상진, 김동환 공역(Jef Poortmans, Vladimir Arkhipov), 박막태양전지-제조, 특성평가, 활용, 홍릉과학출판사 (2012).

제 7 장

화합물 박막 태양전지

7.1 | CIGS 박막 태양전지

7.1.1 CIGS 박막 태양전지의 특징

$Cu(In_xGa_{1-x})Se_2$ (CIGS)는 구리(Cu)-인듐(In)-갈륨(Ga)-셀레늄(Se)의 4원소로 이루어진 찰코파이라이트계 화합물 반도체이다. 이는 $CuInSe_2$ (CIS)의 밴드갭 1.04 eV를 이상적인 밴드갭 1.4 eV를 맞추기 위해 In의 일부를 Ga으로 치환한 것이다.

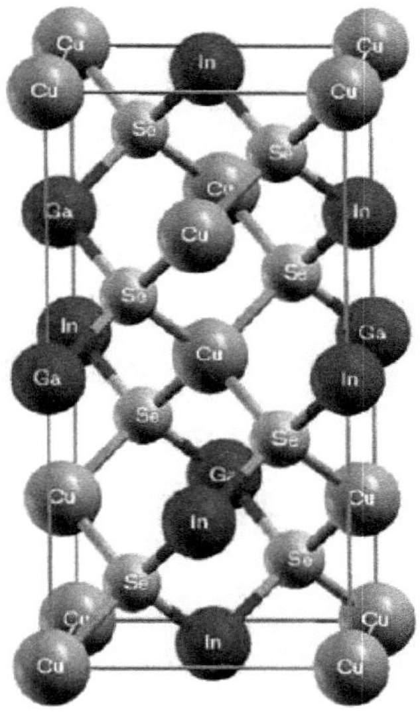

[그림 7.1] CIGS 찰코파이라이트 구조

CIGS는 직접천이형 에너지 밴드갭 구조로 에너지 변환효율이 높고 광 흡수계수가 $1\times10^5\ cm^{-1}$로 반도체 중에서 가장 높아 두께 1~2μm의 박막으로도 고효율의 태양전지 제조가 가능하다. 또한 CIGS 박막 태양전지는 1988년 11월에 시작한 미국 NREL의 장기 옥외 시험결과 10년 이후에도 효율의 변화가 없는 것으로 나타나 장기적 신뢰성이 우수한 것으로 확인되었다. CIS 화합물 반도체 박막태양전지는 1980년대 미국 Boeing사가 기존의 단결정 실리콘 (20W/kg) 태양전지를 대체할 수 있는 우주용의 경량 고효율태양전지로 처음 연구 되었다. 우주용 태양전지에서 가장 중요한 요소인 단위중량당의 발전량이 현재 단일접합에서도 약 100 W/kg으로 기존의 Si이나 GaAs 태양전지의 20~40W/kg에 비해 월등히 우수하다.

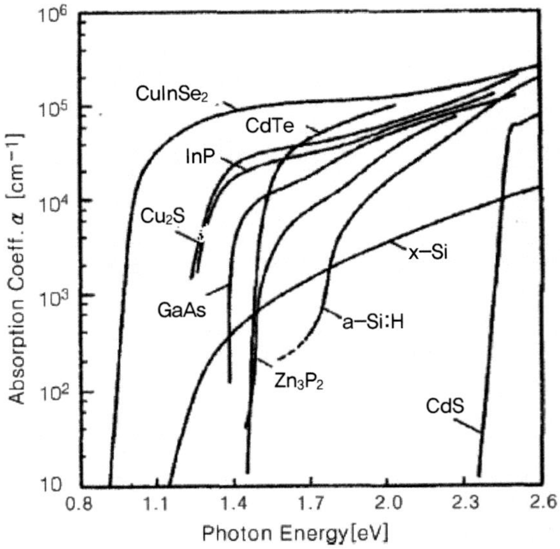

[그림 7.2] 주요 태양전지용 반도체의 광 흡수계수 스펙트럼

CIGS 광흡수층의 제조 방법으로는 co-evaporator에 의한 동시 증발법과 스퍼터링에 의한 전구체의 증착 후 열처리를 수행하는 2-stage 공정법 등이 대표적인 공정으로 알려져 있다.

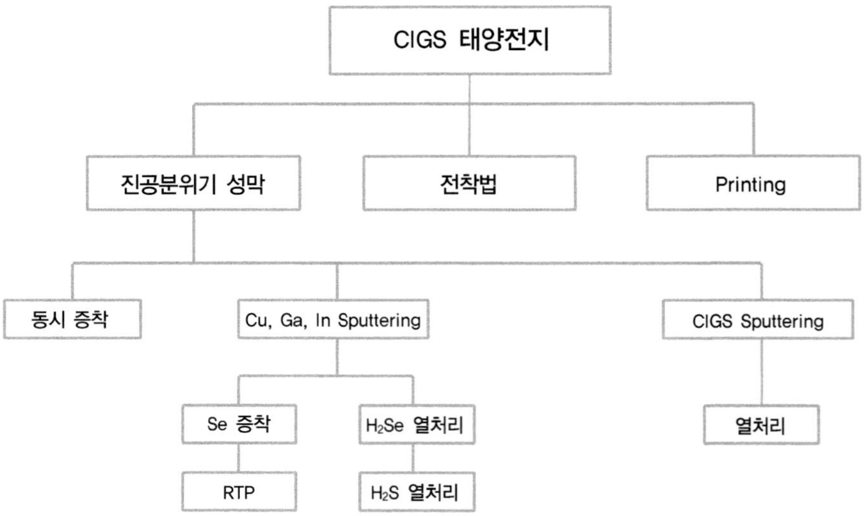

[그림 7.3] CIGS 박막 제조 방법

CIGS 박막 태양전지의 경우 CIS에서 In의 일부를 Ga로, Se의 일부를 S로 치환하여 밴드 갭을 조절할 수 있으므로 다층구조 박막 태양전지 제조시 종류가 서로 다른 재료를 사용하는 데에 따른 격자 부정합 등의 단점을 피할 수 있고([그림 7.4] 참조), 또한 조성 제어만으로 밴드 갭이 조절되므로 동일한 공정과 설비를 사용할 수 있는 장점이 있다.

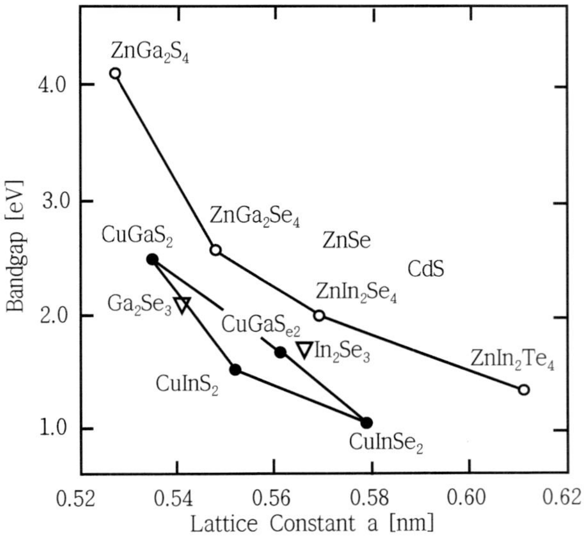

[그림 7.4] 화합물 반도체의 격자상수와 밴드 갭

7.1.2 CIGS 박막 태양전지의 구조 및 제조 방법

CIGS를 광흡수 층으로 하는 태양전지의 구조는 [그림 7.5]와 같다. 일반적인 태양전지 구성으로는 유리기판 위에 배면전극, 광흡수층, 버퍼층, 앞면 투명전극, 반사 방지막을 순차적으로 단위 박막을 형성하여 제작한다. 단위 박막별로 다양한 종류의 재료와 조성 그리고 제조 방법에서는 갖가지 물리적, 화학적 박막 제조 방법이 사용될 수 있다. 이 중 가장 중요한 요소는 빛을 흡수하는 CIGS 광흡수층 소재이며 가장 바람직한 박막 조성은 Ga/(In+Ga)=0.3, Cu/(In+Ga)=0.8～1.0으로 알려져 있다. 특히, Ga이 In의 위치를 치환하여 첨가되면 CIGS의 밴드갭이 향상되어, 소자의 에너지 변환효율도 같이 상승하는 모습을 보이게 된다. 그러나 그 비율이 Ga/(In+Ga) > 0.30 으로 도핑이 증가 되면 밴드갭은 향상될 지라도 효율이 오히려 감소하게 된다.

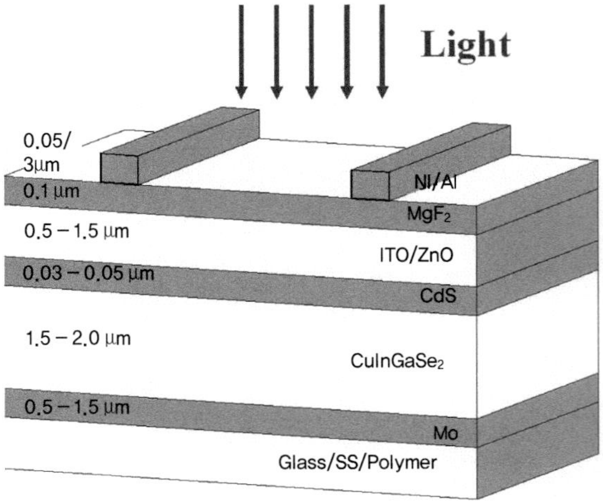

[그림 7.5] CIGS 박막 태양전지 기본구조

(a) CIGS

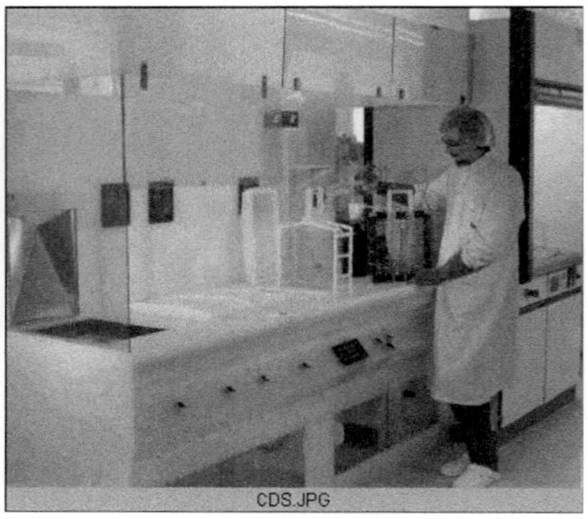

(b) CdS

(c) ZnO층

(d) Laser scribing

[그림 7.6] CIGS 태양전지의 연속 제조 장치 예

(1) 기판

기판의 재질로는 일반적으로 유리가 많이 사용되고 있으며, 그 밖에 알루미나와 같은 세라믹 기판, 스테인리스 스틸과 같은 금속 기판 등도 사용이 가능하다. 특히, 유연 기판을 사용할 경우 롤투롤 공정에서 양산성이 대폭 증대된다는 장점이 있다. 유리 기판으로는 코닝 또는 파이렉스, 그리고 일반적으로 사용되는 소다석회 유리가 있는데, 우선 단가 측면에서 소다석회 유리가 가장 유리하다. 소다석회 유리를 기판으로 사용하는 경우에는 유리로부터 Na^+ 이온이 Mo 배면 접촉의 입계면을 거쳐 그 위의 CIGS 광흡수층으로 확산되는 현상이 일어난다. Na^+ 이온이 확산됨으로써 결정립의 성장과 표면형상이 개선되고 정공의 밀도가 높아져 곡선인자와 개방 전압이 높아지는 효과가 나타나 결과적으로 태양전지의 특성이 향상된다고 알려지고 있다. 따라서 Na_2S나 Na_2Se 같은 화합물을 이용하여 Na^+ 이온을 의도적으로 도핑하는 방법도 연구되고 있다. Na^+ 이온이 광흡수층에 존재함으로써 CIGS 박막의 화학양론적 조성의 유연성이 커지는 효과도 생긴다고 인정되고 있다.

(2) 배면전극

Ni과 Cu를 배면 전극으로 시도된 바가 있으나 일반적으로 후면전극으로는 Mo이 가장 널리 사용된다. 이는 Mo이 다른 소재보다 유리기판과의 열팽창계수가 비슷하며, 높은 전기전도도, CIGS의 저항성 접촉, Se 분위기에서의 고온 안정성 등에 적합하기 때문이다. Mo 박막의 제조에는 DC 스퍼터링이 가장 널리 이용되고 있다.

Mo 박막은 전극으로서 비저항이 낮아야 하고, 또한 열팽창계수의 차이로 인한 박리 현상이 일어나지 않도록 유리 기판과 부착성이 뛰어나야 한다. 박막 제조 중 가장 중요한 변수는 Ar 가스의 분압이며, Ar 분압이 낮을수록 저항은 낮아지나 박리 현상이 발생하기 때문에 Ar 분압을 높여 부착력이 우수한 막을 얇게 형성시키고, 그 위에 저항이 낮은 박막을 형성하는 2층 구조로 제작된다. 10mTorr의 Ar 분압에서 약 100nm의 박막을 증착한 후, 3 mTorr에서 900nm의 막을 증착한 1 u ㎛ 정도 두께의 경우 비저항은 약 $10^{-5}\Omega\cdot cm$이다.

(3) 광흡수층

초기에 사용한 3원화합물인 CIS는 에너지 밴드갭이 1.04eV로 단락전류는 높으나, 개방전압이 낮아 높은 효율을 얻을 수 없었다. 현재 광흡수층으로 가장 많이 활용되는 CIGS의 경우 개방전압을 높이기 위해 CIS의 In의 일부를 Ga 원소로 대치한 것이다. 이것이 가지는 중요한 의미는 Ga의 양을 조절하여 금지대 폭을 조절할 수 있다는 의미이다. 하지만 광흡수층의 에너지 밴드 갭이 클 경우 개방전압은 증가하지만, 단락전류는 감소하므로 Ga의 적정한 함량조절이 필요하다. 더불어 Ga 첨가 외에 Se를 S로 대치하는 방법을 사용하여 개방전압을 높이고 있다. 또한 CIGS 박막의 두께가 증가함에 따라 Ga/(In+Ga)의 조성비를 변화시켜, 2중 경사금지대를 형성시키는 것이 가능하고, 이는 CIGS 박막 태양전지 고효율화의 주요 전략 중의 하나이다. 2중 경사금지대가 효율을 향상시키는 원리는 [그림 7.7]에 잘 나타나있다. 평탄한 금지대의 경우 광 생성된 캐리어가 방향성 없이 흩어지는 것에 비해 전류방향으로 전위에 경사를 주게 되면 전류의 방향을 제어하게 되어 단락전류의 향상을 기대할 수 있다. 하지만 이때 개방전압은 감소하게 되므로 이중경사 금지대를 형성시켜줌으로써 단락전류와 더불어 개방전압을 향상시켜 고효율화가 가능하다.

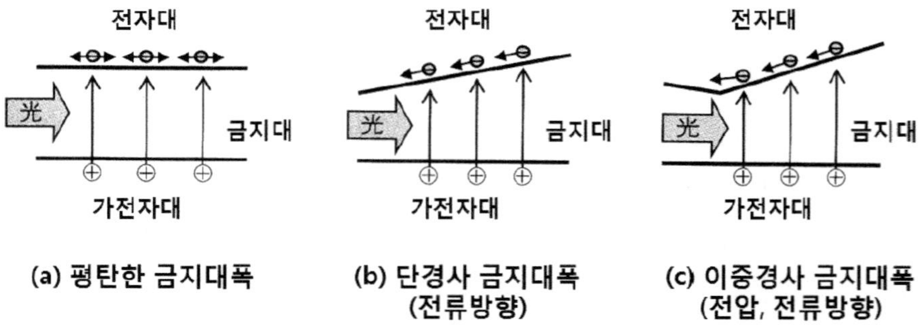

[그림 7.7] Ga 농도 변화에 의한 금지대폭의 변화

이와 같이 CIGS 박막은 다원화합물이기 때문에 고효율화 및 제조 공정이 매우 까다롭다. 직접적으로 효율을 향상하거나, 광대역 밴드갭의 선택적 광 투과특성을 이용하여 다중 p-n 접합 구조인 탠덤 태양전지의 상층부 셀을 구성함으로써 효율을 향상시킬 수도 있다.

CIGS 광흡수층의 대표적인 제조 방법으로는 진공증착법, 스퍼터링 증착과 셀렌화 공정 등이 있다. 기타 전구체를 만드는 방법으로 CIGS 나노입자를 이용한 잉크프린팅법과 전기화학 증착법 등이 이용되고 있다. 각 방법에 있어서도 출발 물질(금속, 이원 화합물 등)의 종류에 따라 다양한 제조 방법이 동원될 수 있다. 현재까지 가장 좋은 효율을 얻을 수 있었던 것은 증발방법으로 출발 물질로 4개의 금속원소 Cu, In, Ga, Se을 사용한 것이다([그림 7.8] 참조). 동시 증발법은 단위원소인 Cu, In, Ga, Se을 열 증발원을 이용하여 동시에 증발시켜 고온 기판에 박막을 형성하는 방법이다. 이는 1982년 미국 보잉사에서 개발된 방법으로, 각각의 증발원을 독립적으로 설치하여 사용하기 때문에 원소의 조성 제어가 용이하고, 특히 도핑 소재인 Ga의 최적 비율 Ga/(In+Ga)=0.3 을 제어하는 데 편리하다. 그러나 기본적으로 증발원이 점원이기 때문에 대면적 기판에 박막을 형성하기에는 불리한 점이 많다. 따라서 대면적 박막 제작시에는 선형 증발원을 사용하고 있다. 대면적 박막의 대량 생산을 위해서는 기판이 선형 증발원 위에서 인라인으로 수평이동하면서 박막이 제작되어야 하는데, 이 경우 조성 제어가 정지 상태에서 보다 매우 어려우며, 이는 효율 향상에 가장 큰 장애요인이 되고 있다. 더불어 기판의 온도 역시 고효율화의 중요한 변수이다.

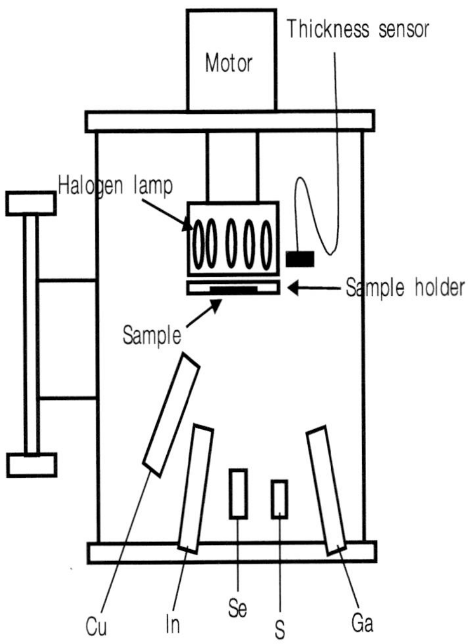

[그림 7.8] CIGS 제조용 동시증착(co-evaporation) 시스템 개략도

셀렌화 공정은 CIGS 박막의 대면적화에 매우 유리한 공정이다. 그리고 CIGS 모듈을 제조하였을 때에 13%이상의 효율을 기록하고 있으며, 현재 많은 기업에서 셀렌화 공정을 택하여 CIGS 모듈을 제조하고 있다. 그리드에서 확인할 수 있는 것처럼 셀렌화 공정을 이용하여 제조된 CIGS 박막은 진공증발법에 의해 제조된 CIGS 박막에 비하여 결정립의 크기가 매우 작으며 좋지 않은 미세구조를 보여준다. 또한 후면전극 역할을 하게 되는 Mo층과의 흡착 문제도 좋지 않아 CIGS/Mo 계면 부근에 매우 큰 공공(void)이 발견됨을 확인할 수 있다. 이러한 공공은 태양전지 구동시에 저항을 유발하게 되어 효율 감소를 불러올 수 있다. 셀렌화 공정을 이용한 CIGS 박막의 제조는 대면적화와 박막의 두께 조절 및 조성 조절에 매우 용이하지만 좋지 않은 미세구조를 보인다는 점에서 개선해야 할 사항이 많은 공정이며, 이런 미세구조 문제가 해결된다면 태양전지 제조 시에 상당한 효율 향상이 기대된다.

일반적으로 셀렌화 공정은 2단계 공정으로 진행된다. 1단계 공정에서는 Cu, In, Ga의 금속전구체를 원하는 조성에 맞추어 증착하게 된다. 전구체를 증착하는 방법은 스퍼터링 공정, 전기적 증착법, 분무열분해 등이 있으며, 이중에서 스퍼터링 공정이 가장 대표적인 방법이다. CIGS 박막은 각각의 조성이 매우 중요한데 1단계 공정에 사용되는 증착방법들은 일반적으로 조성을 조절하기가 매우 용이한 방법이다. 이렇게 증착된 전구체는 작은 크기의 결정립을 갖는 혼합물 상태이며, 이를 2단계로 Se 분위기에서 열처리를 하게 되면 큰 결정립 크기를 갖는 다결정 CIGS 박막이 만들어지게 된다.

이와 같은 2단계 공정을 기반으로 하는 셀렌화 공정은 몇 가지 단점이 있다. 우선 Se 원자의 크기는 Cu, In, Ga 에 비하여 2배 이상인 것으로 알려져 있다. 따라서 전구체 증착 시에는 일반적으로 Cu, In, Ga 의 금속만을 증착하기 때문에 후속 셀렌화 열처리 도중에 Se이 전구체 내로 침투하게 되면서 박막 내에서 심한 부피 팽창이 일어나는 단점이 있으며 문제해결을 위한 연구가 활발히 진행중이다.

그 외 공정으로는 기존의 물리적 및 화학적 제조법과는 달리 Mo 기판 위에 나노 크기의 입자(분말, 콜로이드 등)를 합성하고, 이를 용매와 혼합하여 스크린 프린팅 법을 제조하는 공정도 가능하다.

CIGS 박막 태양전지는 현재 사용되고 있는 고가의 결정질 실리콘 태양전지를 대체하여 태양광 발전의 경제성을 향상시킬 수 있는 저가고효율의 태양전지 재료로 부각되고 있다. 하지만 핵심 원소인 In과 Ga의 가격이 너무 높아 대량 생산에 불리하며, 4원소인 만큼 제조 공정이 복잡하다는 단점이 있다. 따라서, 핵심 태양광 발전 산업의 주인공이 되기 위해서는 In 과 Ga을 사용하지 않는 광흡수층 개발과 제조 비용절감을 위한 공정 최적화가 필요하다.

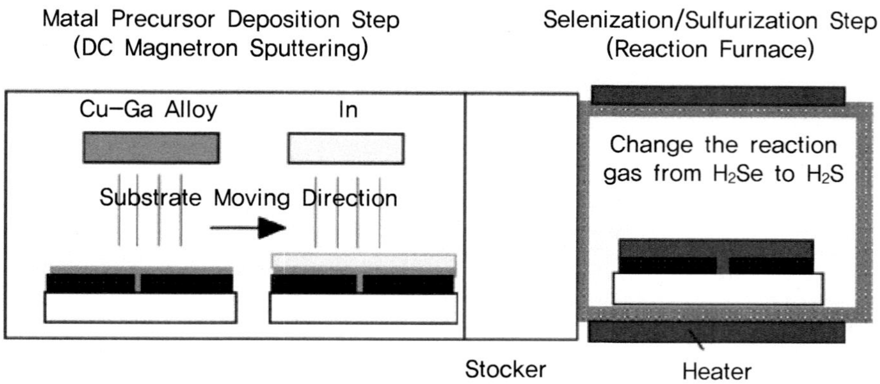

[그림 7.9] CIGS 스퍼터링법(sputtering+selenization) 시스템 개략도

(4) 버퍼층

CIGS 박막 태양전지는 p-형 반도체 CIGS 박막과 n-형 반도체인 창층으로 사용되는 ZnO 박막이 p-n 접합을 형성한다. 그러나 두 물질은 격자상수와 에너지 밴드 갭의 차이가 크기 때문에 양호한 접합을 형성하기 위해서는 밴드 갭이 두 물질의 중간에 위치하는 버퍼층이 필요하다. 현재 가장 높은 효율의 태양전지에 사용되고 있는 것은 CdS이다.

CdS는 직접 천이형 반도체로서 상온에서의 밴드 갭이 2.42eV이고, 태양광 하에서 투명하며 노란 색을 띤다. 광투과층으로 높은 투과성을 가져야 많은 양의 빛을 손실 없이 투과시킬 수 있으며, CdS 박막 두께는 얇을수록 CdS의 밴드갭 에너지가 증가하게 되므로, 단파장의 빛이 최종적으로 CIGS 광흡수층에 흡수되고 태양전지의 효율을 증가시킬 수 있다.

태양전지에 사용되는 CdS 박막은 CBD(Chemical Bath Deposition) 방법을 사용하여 두께 약 50nm 이하로 제조된다. CBD법이란 알칼리 수용액 내에 적정량의 Cd^{++}와 S^{--}이온을 만들고 용액의 온도를 조절하여 각 이온 농도의 곱이 용액의 용해도곱보다 큰 경우에 CdS의 형태로 석출되는 성질을 이용한 것이다. 그러므로 Cd^{++}와 S^{--}이온을 만들기 위하여 S와 Cd를 포함하는 화합물이 용액 속에 들어가야 하고, 암모니아가 complexing agent로서 용액의 pH를 조절하기 위하여 첨가된다. 용액 내의 pH 조절을 용이하게 하기 위하여 완충 용액을 첨가하기도 한다. S 이온의 소스로는 thiourea($(NH_2)_2CS$)가 이용되며, Cd 이온의 소스로는 $Cd(CH_3COO)$, $CdCl_2$, CdI_2 등이 주로 이용된다. 완충 용액으로는 이용되는 Cd 이온의 종류에 따라 $NH(CH_3COO)$, $NHCl_2$, NH_3 등이 이용된다. CBD 방법에 있어 증착되는 CdS 박막의 특성을 결정하는 가장 중요한 변수로는 사용되는 용액의 농도, 반응온도, 용액의 pH, 막의 두께 등이다.

CdS의 Cd이 독성물질이며 단파장 영역에서 빛을 투과하지 못하고 흡수하여 광손실을 일으키는 단점이 있다. 이러한 문제점을 해결하기 위해 Zn(O, OH)S, In_2S_3, $Zn(O,S,OH)_x$, $In(OH)_xS_y$, $ZnIn_xSe_y$, ZnSe, In_xSe_y 등의 Cd-free 버퍼층의 대체 소재 연구가 진행되고 있다. 여러 가지 버퍼 대체물질 중에서도 ZnS는 높은 투과도와 CIGS 계면과의 좋은 접착 특성을 가져야하는 버퍼층의 모든 조건을 만족하며 UV영역의 양자효율이 CdS 보다 높아 최근 많은 주목을 받고 있는 물질이다.

(5) 창층

n-형 반도체로서 CIGS와 p-n 접합을 형성하는 창층은 태양전지 전면의 투명전극 기능을 하기 때문에 광투과율이 높아야 하고 전기 전도성이 좋아야 한다. 현재 가장 보편적으로 사용되고 있는 ZnO 박막은 에너지 밴드갭이 약 3.3eV이고, 약 80% 이상의 높은 광투과도를 가진다. 또한 Al이나 B 등으로 도핑하여 $10^{-4}\ \Omega\cdot cm$ 이하의 낮은 비저항 값을 얻을 수 있다.

ZnO 박막은 ZnO 타겟을 사용한 반응성 스퍼터링 공정으로 증착하는 방법, 그리고 MOCVD(Metal Organic Chemical Vapor Deposition)공정을 이용하여 증착하는 방법 등이 현재 사용되고 있다.

(6) 반사 방지막과 전극

태양전지에 입사되는 태양광의 반사 손실을 줄이면 약 1% 정도의 태양전지 효율 향상이 가능하다. 반사 방지막의 재료는 보통 MgF_2가 보편적으로 사용되는데,

물리적인 박막 제조법으로 전자빔 증착법이 가장 대표적이다. 그리고 전극은 태양전지 표면에서의 전류를 수집하기 위한 것으로 Al 또는 Ni/Al 재질을 사용하는 것이 일반적이다. 그리드 부분은 태양광이 흡수되지 않기 때문에 그 면적만큼 효율의 손실 요인이 되므로 정밀한 설계가 필요하다.

7.1.3 CIGS 박막 태양전지의 기술개발 현황

[그림 7.10]에 나타낸 바와 같이 CIGS 박막 태양전지는 미국의 Maine 대학과 Bell Labs에서 고효율 태양전지의 가능성이 처음으로 확인된 이후 1980년대 초 Boeing, ARCO(현재의 Siemens Solar Industries) 등의 연구진에 의해 본격적으로 개발이 추진되었다. 특히 미국 에너지부(DOE)의 자금지원을 받아 Boeing은 1980년에 이미 효율 10% 이상의 태양전지를 개발하였고, 여기서 얻은 기술을 토대로 유럽의 EUROCIS 과 미국의 NREL 은 변환효율의 향상에 큰 진전을 보게 되었다. EUROCIS 은 1993년에 효율 15%를 달성하였고, 이후 NREL은 1994년 15%를 돌파하고 1999년에 18.8%, 2008년도에는 19.9%를 달성하였다. 2010년 8월에는 독일의 ZSW(Zentrum fur Sonnenenergie-und Wasserstoff-Forshung Baden-Wurttemberg)에서 20.3%의 변환효율을 소면적 전지에서 실현하였으며 2013년 1월에는 스위스 재료 시험 연구소 (EMPA : Swiss Federal Laboratories for Materials Science and Technology)의 과학자들이 세계 신기록 변환효율인 20.4%의 태양전지를 유연한 고분자 호일 기판에 제조하였다.

이는 비정질 실리콘, CdTe 등 일부 실용화되어 있는 여타 박막 태양전지에 비해서도 높을 뿐만 아니라 기존의 다결정 실리콘 태양전지의 효율 20.4%에 근접하는 것으로 향후 단일 접합으로는 21%, 이중 접합으로는 25%까지 효율 달성이 가능할 것으로 전망하고 있다.

다른 박막 태양전지에 비해 높은 효율, 장기적인 신뢰성 등의 특성을 갖고 있는 CIGS 박막 태양전지는 기종의 결정질 실리콘 태양전지를 대체하고 나아가서는 기존의 발전방식과 경쟁이 가능한 태양광 발전의 핵심소자가 될 것이다. 하지만 CIGS 박막 태양전지가 상업화단계에 도달하기 위해서는 연구 및 기술개발 측면에서 앞으로도 많은 노력이 뒤따라야 할 것이다. 우선 고효율의 모듈을 만들 수 있는 제조장치의 개발 및 공정의 단순화가 가장 급선무이다. 그리고 CdS 대체물질의 개발, Mo을 대체할 수 있는 저가 전극재료의 개발, 또한 실험실적인 측면에서 태양전지의 효율을 지금보다 향상시킬 수 있는 구조나 나노재료의 개발도 여기에 포함된다.

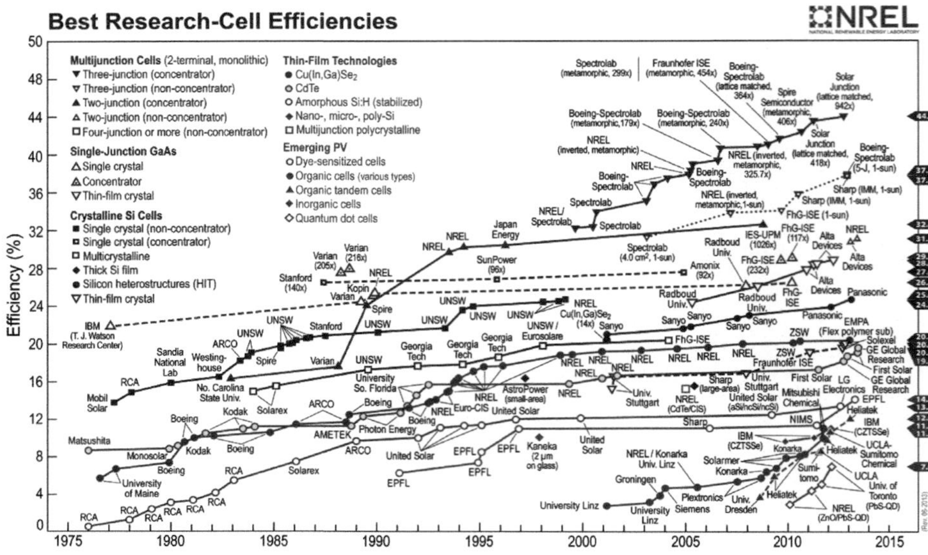

[그림 7.10] CIGS를 비롯한 태양전지의 효율변화 추이

[그림 7.11] EMPA에서 개발한 세계 최고 변환효율을 갖는 플렉시블 폴리머 기판으로 만들어진 CIGS 태양전지 사진 (Photo by EMPA)

7.2 CdTe 박막 태양전지

7.2.1 CdTe 박막 태양전지의 특징

주기율표상의 II족의 원소(Zn, Cd 등)와 VI족 원소(S, Se, Te 등)로 구성되는 II-VI족 화합물 반도체는 모두 직접 천이형 에너지대 구조를 가지고 있으며, 흡수단 이하의 파장영역에서 광 흡수계수가 매우 크다. 태양전지의 구성 요소로서 캐리어를 발생시키기 위해서 광을 충분히 흡수하는 흡수층이 필요한데, II-VI족 화합물 반도체를 광흡수층 재료로 사용하면 반도체의 두께가 작아져 재료비가 절감되고, 과잉 소수 캐리어의 확산길이도 짧아지게 되고, 따라서 반도체의 품질에 대한 요구가 완화되어 제조가 쉬워지는 이점이 있다. 또한 여러 가지 방법으로 비교적 쉽게 박막이 제조되는 것도 II-VI족 화합물 반도체의 특징이다.

변환효율이 높은 태양전지를 제작하기 위해서는 [그림 7.12]에서 알 수 있듯이 태양광 스펙트럼과의 정합관계에서 광흡수층 재료의 에너지 밴드 갭은 1.4eV 전후가 적당하며, 전자의 확산길이가 정공의 확산길이에 비해 길기 때문에 p-형 반도체가 유리하다. 에너지 밴드 갭이 1.4eV에 가까운 물질로는 CdTe와 CdSe가 있지만 p, n 양측의 전도를 나타내는 것은 CdTe 뿐이므로, II-VI족 화합물 반도체 중 광흡수층 재료로는 CdTe가 가장 적합하다. CdTe 박막 태양전지는 에너지 밴드 갭이 약 1.5eV로서 단일접합 태양전지로는 최적의 제어대폭을 가지고 있으며, 광흡수계수가 Si 등의 간접천이형 반도체보다 크기 때문에 얇은 박막으로도 충분히 태양광 흡수가 가능하다. 또한 II족과 VI족의 성질이 매우 다른 원소로 구성되어 있어 이온성 결합이 강하며 다결정구조에서도 고품질의 결정이 얻어진다. 따라서 CdTe 박막 태양전지는 낮은 광량에서도 우수한 특성을 보이며 온도특성이 좋다. 밴드 갭 이상의 파장영역에서의 광 흡수계수가 $10^4 cm^{-1}$ 이상으로 매우 크기 때문에 1μm 정도의 두께로도 90%의 태양광을 흡수할 수 있어 박막 형태의 태양전지 제작이 가능하다.

소면적 CdTe 태양전지의 세계 최고 에너지 변환효율은 2001년에 미국 NREL에서 기록한 16.7%이었다. 또한 2011년 7월에 미국의 First Solar사는 17.3%를 보고하였고 2012년 1월에는 CdTe 태양전지 모듈에서 14.4%의 변환효율을 얻었다는 연구결과도 보고되어 있다.

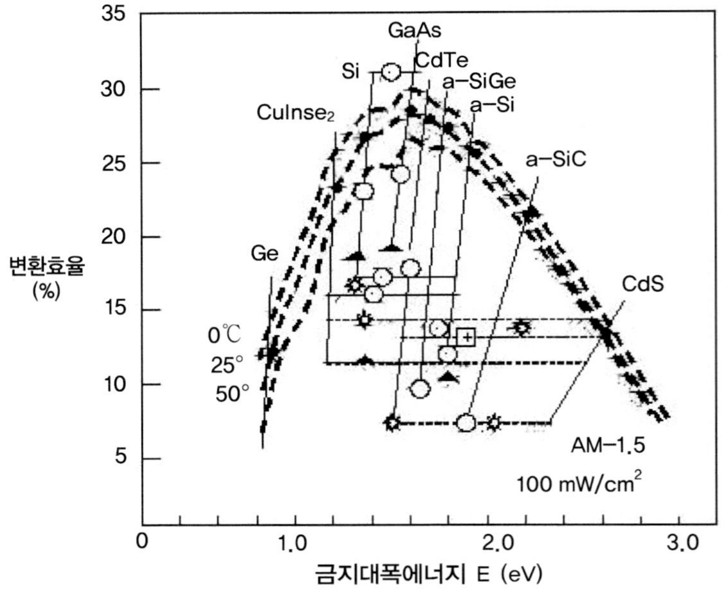

[그림 7.12] 각종 태양전지의 실온 효율: *이론한계효율(●), 실험실단계 최고기록(○), 대량생산규모 최고기록효율(△)

CdTe의 다결정 박막은 태양전지 재료로 매우 우수한 특성을 가지고 있고 단순한 공정으로 고속 제작이 가능하기 때문에 저비용 고효율의 박막 태양전지로 유망하다. 그러나 Cd의 독성 때문에 일본에서는 CdTe 태양전지의 제조 판매가 되지 않고 있지만 미국에서는 저비용 태양전지로 실용화되어 최근에는 생산량이 급증하고 있다.

CdTe는 Cd–Te 상태도에서 유일하게 안정한 Cd–Te 화합물이고, congruent 융점을 가지고 있다. 이러한 장점 때문에 다양한 증착방법으로 거의 화학량론에 가까운 소자급 특성을 지닌 CdTe 박막을 만들 수 있다. 반면에 CdTe는 $Cu(In,Ga)Se_2$와 비정질실리콘 합금과는 달리 소자의 밴드갭을 바꿀수가 없다. 그리고 Cd–Te, Cd–S의 결합에너지가 높고, 물속에서 CdTe와 CdS의 용해도가 극히 낮으며, 이들 물질의 증기압이 낮은 점들은 환경 측면에서 유리하다.

또한 다른 박막태양전지와 달리 비교적 제조 공정이 단순하고 매우 안정된 특성을 나타내며 저가격화에 유리하여 최근 많은 각광을 받고 있다. 그러나 Cd 소재의 유해성으로 인해 미국, 독일을 제외한 타 국가의 경우 소수의 연구기관에서만 개발이 진행되고 있을 뿐 대규모 시장은 형성되지 않고 있으며 일부 형성된 시장의 경우도 지역적 제한을 극복하지 못하고 있다. 여러 종류의 결정결함에 의해 전기적 성질이 결정되는 경향을 보인다. 순수한 상태에서 CdTe는 일반적으로 Cd가 결핍된 상태로 존재하여 p-형 반도체 성질을 나타내지만 전기 전도도는 매우 낮다 ($\rho > 10^5\ \Omega\cdot cm$). 불순물 첨가(도핑)에 의한 전기 전도도 제어가 쉽지 않으며, 이 경우 p-형보다는 In 등의 첨가 및 열처리에 의하여 n-형 쪽으로 제어하는 것이 보다 쉬운 것으로 알려져 있다. 특히 다결정으로 제조 시 결정립이 매우 작게 되며, 결정립계의 에너지 장벽이 높아서 다결정 박막의 p-형 도핑이 안정적으로 성취된 예는 보고된 바가 없다. 위에서 언급된 CdTe의 특성 때문에 태양전지는 p-n 동종접합보다는 이종접합 형태로 제조된다.

이종접합 형태의 태양전지에 요구되는 조건은 접합을 형성하는 2개 반도체의 격자상수 및 열팽창계수의 정합이 좋고, 광흡수층과 창층의 밴드 갭 차이가 크고, 큰 밴드 갭 쪽에 광의 조사가 가능한 것 등이다. [표 7.3]은 II-VI족 화합물 반도체들의 가능한 이종접합의 종류와 에너지 관계를 나타낸 것이고, [표 7.4]는 대표적인 II-VI족 이종접합의 접합 특성을 나타낸 것이다. 표에서 알 수 있듯이 위의 조건을 만족하는 II-VI족 화합물 반도체의 이종접합 중에서 CdS/CdTe의 경우 밴드갭 차이도 크고, 접합 근방에 에너지 스파이크도 없다는 점에서 태양전지로 기대되는 접합이다.

[표 7.3] II-VI족 이종접합 계면에서의 에너지 관계

Larger Bandgap Material (Bandgap, eV)	Smaller Bandgap Material (Bandgap, eV)	Bandgap Difference, (eV)	Diffusion Potential, (V)	Lattice Mismatch, (%)
n-CdSe (1.70)	p-CdTe (1.44)	0.26	0.57	6.3
n-CdSe (1.70)	p-ZnTe (2.26)	0.56	0.61	0.5
n-CdS (2.42)	p-CdTe (1.44)	0.98	1.02	9.7
n-CdS (2.42)	p-ZnTe (2.26)	0.16	1.06	3.9
p-ZnTe (2.26)	n-CdTe (1.44)	0.82	1.28	5.8
n-ZnSe (2.69)	p-CdTe (1.44)	1.25	1.43	12.5
n-ZnSe (2.69)	p-ZnTe (2.26)	0.43	1.47	7.1
n-ZnS (3.70)	p-CdTe (1.44)	2.26	1.62	15.3
n-ZnS (3.70)	p-ZnTe (2.26)	1.44	1.66	10.5

[표 7.4] 대표적인 II-VI족 이종접합의 특성

System	p-ZnTe/ n-CdSe	p-ZnTe/ n-CdTe	p-CdTe/ n-CdS	p-CdTe/ n-ZnSe	p-CdTe/ n-Zn0.35Cd0.65S
Smaller E_G (eV)	1.7	1.44	1.44	1.44	1.44
ΔE_g (eV)	0.56	0.82	0.98	1.23	1.39
Carriers Injected	Holes	Holes	Electrons	Electrons	Electrons
Energy spike (eV)	None	0.04	None	0.19	None
Diffusion voltage (V)	0.61	1.28	1.02	1.43	1.22
Lattice mismatch (%)	0.5	5.8	9.7	12.5	11.5
Expansion mismatch (%)	(33)	(30)	9	21	2
Maximum theoretical efficiency (%)	6	14	17	21	23

7.2.2 CdTe 박막 태양전지의 구조 및 제조 방법

CdTe 태양전지의 기본구조는 투명 기판위에 전자를 수집하는 투명전극이 하단부에 코팅되어 있으며 그 위에는 광투과층과 광흡수층의 이종접합(CdS, CdTe), ZnTe(ZnTe:Cu), 후면전극(Au, Ag 등) 순서로 구성된다.

각 구성 요소들의 전기적, 광학적 특성 및 각 층간의 계면 상태에 따라 태양전지의 효율 및 안정성이 결정된다. CdTe 태양전지를 구성할 때는 [그림 7.5]의 CIGS 박막 태양전지("substrate" 구조)와는 달리 빛이 입사되는 층을 먼저 코팅하는 소위 "superstrate" 구조를 일반적으로 채택한다([그림 7.13]).

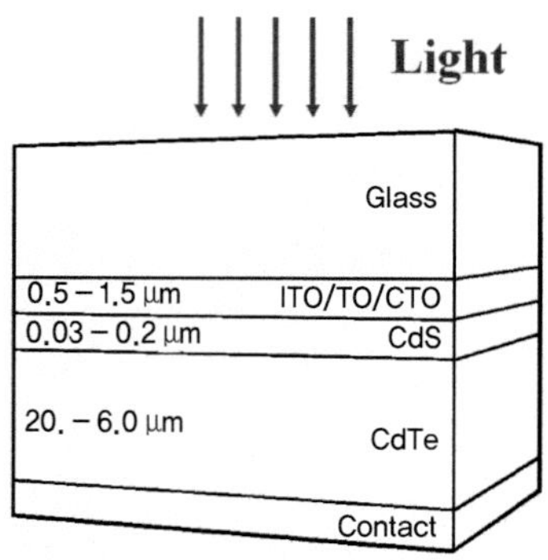

[그림 7.13] CdTe 이종접합 태양전지의 구조

CdS가 2.4eV의 에너지 밴드 갭을 가지고 있기 때문에 가시광 영역의 빛은 CdS를 통과하여 CdTe에 의해 흡수되며, 전하를 생성하게 된다. CdTe에 비해 CdS의 도핑 농도는 매우 높고, 두께 또한 얇아서 공핍층은 거의 CdTe 영역에 형성된다. 빛에 의해 생성된 전하는 공핍층에 형성된 전기장에 의해 움직이게 된다. 이때 전자는 CdS쪽으로, 정공은 CdTe쪽으로 움직이고, 이로 인해 에너지 준위의 차가 발생하는데, 이 에너지 준위 차이가 광기전력에 해당한다.

이러한 태양전지로서의 성능을 결정짓는 요인으로 여러 가지가 있지만 가장 중요한 것은 CdTe/CdS 접합 특성과 후면 전극 특성이다. 앞서 언급했듯이 CdTe는 광 흡수계수가 매우 크기 때문에 CdS를 투과한 빛은 CdTe 표면, 즉 접합 근처에서 모두 흡수되어 전하가 생성되며, 이러한 전하들은 전기장의 영향으로 이동하게 된다. 따라서 접합 특성이 우수하지 못하면 전하를 생성하기 어렵고, 이동시키지도 못한다. 한편 CdTe은 높은 일함수로 인해 좋은 저항성 접촉을 형성하기 어렵다. 접합 특성이 좋더라도 후면 전극에서의 저항이 커지게 되면 전체적으로 전지 특성이 저하된다.

(1) 기판

CIGS 박막 태양전지와는 달리 입사광이 CdTe/CdS 층에 도달하기 전에 기판을 통과해야하기 때문에 투명한 기판이 필요하다. 일반전으로 투명하고 값이 저렴한 소다석회 유리를 기판으로 사용한다. 보로실리케이트 유리도 높은 녹는점을 가지고 있어 고온 증착 방법에 종종 사용되지만, 값이 소다석회 유리의 10배 이상이기 때문에 소다석회 유리를 선호하는 편이다.

(2) 전면 전극

CdTe 박막 태양전지는 일반적으로 ITO 박막 또는 TO 박막이 투명전극으로 사용되는데, 열적인 안정성과 낮은 가격 때문에 TO 박막이 주로 사용되고 있다. ITO나 TO 박막은 스퍼터링 방법으로 제작된 것이 상용화되어 있어서 이를 사용하는 것이 일반적이나 연구자에 따라서는 스퍼터링 공정 또는 MOCVD 공정을 사용하여 직접 제작하여 사용하는 경우도 있다. 한때 투명전극의 표면을 의도적으로 거칠게 만들어 "photon trapping" 효과를 기대한 연구 결과가 보고되기도 하였으나 최근에는 매끄러운 표면현상이 주로 사용되고 있다.

(3) 창층

CdTe 박막 태양전지는 기본적으로 CdS와 이종접합을 기본으로 하며 전면 투명 전극과 배면전극으로 구성된다. 초기의 CdS/CdTe 구조에서 CdS 층은 투과층으로, 파장 520nm 이상의 빛은 모두 통과시키는 창층으로 불렀다. 현재 CdTe 박막 태양전지에서 창층은 SnO_x 와 같은 TCO 층이고, CdS는 훨씬 더 얇게 만들어 이를 보통 버퍼층이라고 한다.

CIGS 박막 태양전지에 사용되는 버퍼층과 달리 고온에 노출되는 CdTe 박막 증착 혹은 증착 후처리 과정에서 CdS와 CdTe 사이에 상호 확산이 일어난다. 그렇기 때문에 버퍼층이 전부 소진되지 않도록 충분히 두꺼워야한다.

CdTe 증착기법에 맞추기 위해 100~300nm의 조금 더 두꺼운 CdS 층을 CSS (Close Space Sulimation)공정을 이용하여 증착한다. CSS공정을 이용하였을 때 350~500nm 범위에서 분광응답이 나빠진 것을 보여주는데, 이는 수 mA/cm^2 정도의 전류손실에 해당한다. CdS 제조기법으로 CBD와 CSS를 비교한 결과가 Albin에 의해 보고된 바 있는데, CBD공정을 이용한 CdS의 경우가 결정립이 더 작고, 흡수가 더 낮고, 결정화 특성이 부족하며, 밴드갭이 어느 정도 편차가 있고, 산소 함유량이 더 많으며, 동일 두께에서 상호확산이 잘 억제되는 것으로 나타났다.

TCO층을 사용하지 않을 때에는 CdS 박막이 유일한 창층이기 때문에 전류를 측면의 전극 쪽으로 보낼 수 있을 만큼 전도성이 충분해야 하지만, 이렇게 하기 위해서는 막이 두꺼워야 하고 In 혹은 Ga으로 CdS를 도핑해야 한다. TCO 층이 있으면 CdS의 측면 전도성에 대한 요구조건을 완화시킬 수 있기 때문에 TCO/CdS/CdTe 구조를 이용하고 있다.

(4) 광흡수층

CdTe는 상온에서 밴드 갭이 1.44eV이고, 10^5 $\Omega \cdot cm$ 정도의 매우 낮은 비저항 값을 가지며, 단결정인 경우 대기압 상태에서 안정한 zinc blende형 결정구조를 가진다. 또한 일반 반도체 특성과는 달리 도펀트 첨가로 전기전도도 제어에 어려움이 있으며 In 등의 첨가와 열처리를 통한 n-형으로 쉽게 변화하는 것으로 알려져 있다. 특히 다결정 박막 제작 시 높은 에너지 장벽이 형성되어 p-형 도핑이 어려운 것으로 알려져 있다. 따라서 CdTe 박막태양전지 제작은 p-n 동종접합이 아닌 n-형 반도체와 일반적으로 이종접합 구조로 제작된다. 이러한 CdTe 박막 제작은 건식공정과 습식공정 기술로 분류된다.

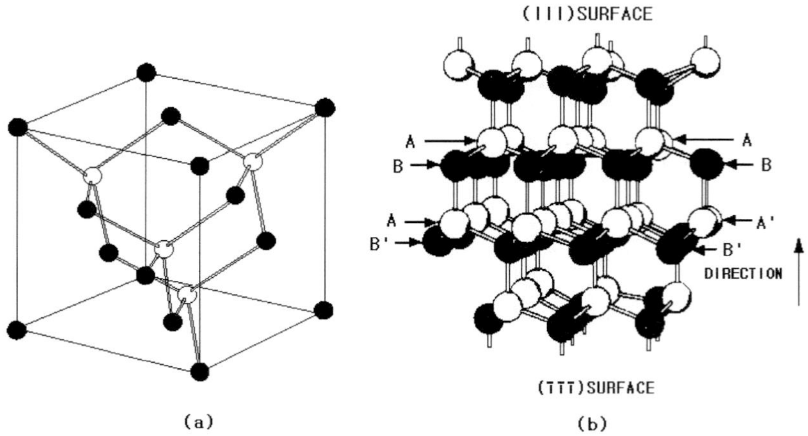

[그림 7.14] CdTe 결정의 구조
(a) zinc blende 구조에서의 두 개의 면심입방격자, ○: Cd, ●: Te,
(b) $[\bar{1}\,\bar{1}\,\bar{1}]$방향에서 거의 수직하게 본 zinc blende 구조

[표 7.5] CdTe 결정의 물리적 성질

Parameters	CdTe (zinc blende)
Relative density	6.20
Molecular weight	240.01 g
Lattice parameter	6.481
Direct band gap	1.45eV (at 300°K)
Effective mass of electrons (hole) (mn*(mp*)/me)	0.3 (0.3)
Thermal conductivity	0.2$WK^{-1}cm^{-1}$ (llc axis)
Dielectric constant	10.4
Electron (hole) mobility	600 (60) [$cm^2V^{-1}sec^{-1}$] (at 300°K)

현재까지 CdTe 박막 제조를 위해 전착법, 진공증착법, 근접승화법(CSS: Close-Spaced Sublimation), 스크린 프린팅, 스퍼터법, MOCVD법 등의 다양한 방법들이 사용되어 소면적에서 16%, 대면적에서는 10% 이상의 효율이 입증되었다. 이 가운데 CSS공정은 일반적으로 장치 구조가 간단하고, 유지·보수가 수월하며, 특히 기

판과 소스의 간격이 수 mm 정도밖에 되지 않아 빠른 증착 속도로 대면적 태양전지를 제조하기에 적합한 방식이다. 진공증착법의 경우 저가격이면서 대면적의 박막을 용이하게 제작할 수 있는 장점이 있다. 그러나 CSS공정은 재현성과 밀접한 관계가 있는 소스 제조 방법에 문제점을 가지고 있다. 또한 소스와 기판의 간격이 너무 작아 각각의 온도제어에 어려움이 있다.

CSS 장치는 [그림 7.15]에서 보는바와 같이 반응챔버, 할로겐램프, 온도센서, 가스 주입구, 진공 펌프 및 기타 제어판으로 구성된다. 반응챔버의 상부와 하부에는 소스와 기판의 온도조절을 위하여 각각 할로겐램프가 부착된다. [그림 7.16]는 CSS공정을 이용한 CdTe 태양전지 모듈 생산 라인을 나타낸 것이다.

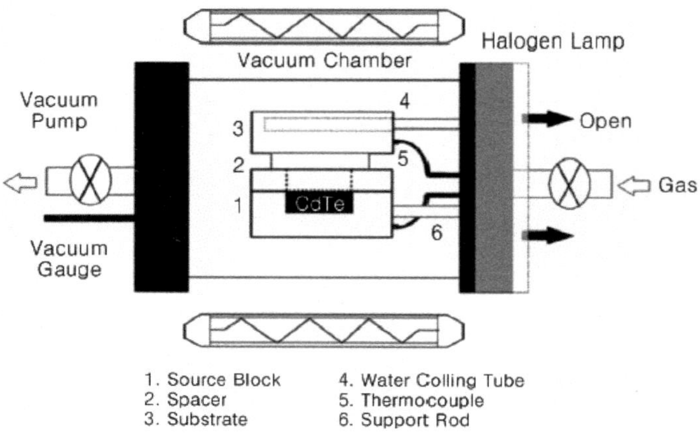

[그림 7.15] CSS 장치 개략도

[그림 7.16] CdTe 태양전지 모듈 생산 라인(ANTEC Solar GmbH)

CSS 공정 내에서 CdTe의 증착은 다음과 같은 가역적 해리 반응에 의해서 일어난다.

$$CdTe(s) = Cd(g) + \frac{1}{2} Te_2(g)$$

$$K_{CdTe} = P_{Cd} \times P_{Te}^{1/2}$$

$$\Delta G_{CdTe} = 68.64 - 44.94 \times 10^{-3} T \text{ Kcal/mol}$$

CdTe 소스에서 분해된 Cd와 Te_2 기체 분자는 소스와 기판 사이의 증기압 차이에 의해 상대적으로 낮은 증기압을 갖는 기판으로 확산되어 CdTe 박막을 형성한다. 이러한 박막 형성과정은 소스의 증발, 기상 내부로의 확산, 기판 표면에서 응축의 세 단계로 요약할 수 있다. 기판에서의 CdTe 박막의 증착조건은 기판의 온도에서 P_{Cd}와 P_{Te}의 곱이 해리 상수 K_{CdTe} 보다 큰 조건이다. CdTe 박막 제조에 있어 성장 속도나 미세 조직 등에 큰 영향을 미치는 공정변수로는 증착시간, 증착압력, 기판과 소스 간격, 기판과 소스 온도, 소스의 형태, 기판의 종류 등이다.

최근에는 CSS공정보다 양산에 유리한 기상운송증착(VTD: Vapor Transport Deposition)법이 적용되고 있다. VTD 공정은 원료물질을 가열하여 기체상태를 만든 후에 반응챔버에 공급하며, 가열된 반응챔버는 기체분사 방식으로 기판에 CdTe 박막을 형성한다. 이 방법은 First solar, IEC 등에서 적용하고 있다.

(5) 후면 전극

CdTe 박막 태양전지에서 가장 중요하게 해결해야 할 과제는 저항이 작고, 안정성 있는 후면 전극을 형성하는 것이다. CdTe는 높은 일함수 값을 가지고 있기 때문에 p-형 CdTe에 오믹 접촉으로 작용할 수 있는 금속이 존재하지 않는다. 따라서 보통의 금속 전극을 사용했을 경우 p-형 CdTe와 금속 간에는 쇼트키 장벽이 형성된다. 이때 접촉 장벽의 높이는 CdTe의 페르미 준위와 금속 표면의 페르미 준위의 차이로 결정된다. 이러한 경우에 후면 전극은 완전한 오믹 특성을 보이지 않기 때문에 순방향으로 전압을 걸어 주었을 때 후면 전극에서 전압강하가 일어나게 된다. 에너지 밴드 구조 측면에서 살펴보면 CdTe와 CdS의 접합 다이오드와 반대 방향으로 후면 전극으로 인한 또 다른 에너지 장벽이 발생하게 되며, 이 장벽은 순방향 전압이 걸렸을 때 정류작용을 일으켜 전체적으로 전류를 일정하게 만드는 "roll over" 현상을 발생시킨다. 현재까지 접촉 저항이 낮은 후면전극을 제작하는 것이 집중적으로 연구되었으나 분명한 해결책이 제시되지 못한 상태에 있다.

후면 전극을 형성하는 방법은 비교적 일함수가 큰 금속을 증착하거나, Cu를 도핑하는 방법, 그리고 P^+ 층을 형성하는 것이다. 현재 Au, Cu/Au, Te, Ni/Al, ZnTe:Cu, Cu 도핑된 graphite 등의 물질들을 후면 전극으로 사용하고 있다. 이 가운데서 높은 변환효율을 보인 것으로는 Cu를 도핑하거나 Cu 도핑된 carbon을 사용하는 것이다. 소량의 Cu 첨가로 p-형 CdTe에 P^{++} doping layer를 형성하여 오믹 접촉을 만들 수 있는데, 이러한 방법으로 몇몇 연구팀들은 초기 태양전지의 상당한 효율 향상을 보고하고 있다. Cu는 CdTe 내에서 상당히 빠른 확산 물질로 알려져 있으며, Cu 확산 메커니즘은 결정입계를 통한 확산으로 보고하고 있다. Cu^+와 Cd^{2+} 이온의 크기는 비슷하여 CdTe 내에서 Cu^+는 Cd^{2+} 자리에 쉽게 치환된다. 따라서 Cu의 확산은 CdTe의 거의 전 영역에 걸쳐 일어난다고 보고되고 있으며, 때로는 CdS/CdTe 접합 영역까지 Cu가 확산되었다는 결과도 보고하고 있다. 이러한 접합 부근에서와 CdTe 박막 내의 Cu는 재결합 중심과 병렬 경로로 작용해 태양전지의 특성 저하의 원인이라 보고되고 있다.

Meyers는 후면전극의 접촉저항을 낮추는 방안으로서 CdTe에 Cu로 도핑된 ZnTe 층을 입히는 n-i-p 구조를 제안한 바 있다. 이 구조의 특징은 CdTe/ZnTe 접합부의 가전자대에 에너지 장벽이 존재하지 않고 ZnTe가 p-형으로 용이하게 도핑되는 특성 때문에 ZnTe/금속 접합부의 전기저항이 낮으므로 전체 직렬저항은 CdTe에 직접금속을 접합했을 때보다 낮아질 것이라는 점이다. ZnTe를 사용하면 전자의 back diffusion loss를 줄여주는 등의 부수적인 효과도 기대할 수 있다.

근래에서는 Cu가 포함되지 않은 후면 전극 물질이 제안되고 있으며, 일례로 Ni:P, Sb_2Te_3, HgTe 등이 있다. 위의 전극 물질을 사용한 태양전지의 경우 상당한 안정성을 보여주고 있지만, 초기 효율은 그다지 높지 않은 것으로 보고되고 있다. Stress 가속 실험을 통해서 Cu 함유 후면 전극 물질의 경우 250 시간 정도의 수명을 보이지만, 앞서 언급한 물질들을 사용한 경우 1000 시간 이상의 수명을 갖는 것으로 보고하고 있다.

7.2.3 CdTe 박막 태양전지의 기술개발 현황

CdTe 박막 태양전지는 매우 우수한 특성을 가지고 있고 비정질 Si 전지, CIGS 박막 태양전지와 함께 가장 실용화 가능성이 있는 박막형 전지로 평가받고 있으며, 비정질 Si 전지에 비해서는 에너지 변환효율이 높고 성능의 안전성이 우수하며, CIGS 박막 태양전지에 비해서는 대량 생산에 용이하다는 장점을 갖추고 있지만 Cd가 유해물질로 이미지가 나쁘기 때문에 일본에서는 제조 판매가 허용되지 않고 있다. 과거에 Panasonic(주)가 신에너지산업기술개발기구(NEDO)의 위탁연구를 통해 CdTe 박막 태양전지를 개발한 적이 있지만 환경문제 때문에 완전히 포기하였다. 현재 일본에는 CdTe 박막 태양전지를 취급하는 회사가 하나도 없지만 해외에서는 저비용의 유망한 태양전지로 실용화되고 있으며 미국의 First Solar사는 재순환을 전제로 발전소용 제품을 제조하여 판매하고 있다.

미국 First Solar사는 CdS와 CdTe을 VTD공정으로 제막하고 있다. 그리고 표면의 금속전극은 적층구조로 되어 있다. 제조 공정은 박막의 퇴적시간이 15초 이하이고 유리기판을 투입한 후 약 2.5시간에 모듈이 완성되는 것으로 보고되고 있다. 이 공정으로 생산비용이 0.73달러/W로 감소되었으며 2014년의 생산비 목표로 0.52~0.63달러/W를 설정하고 있다. 또한 CdTe 박막 태양전지 모듈에 대해 14.4%라는 높은 에너지 변환효율을 미국 NREL로부터 인증 받았는데 이는 양산을 위한 제조장비 및 재료에 대해 인증 받은 효율이기 때문에 그 의미가 더욱 크다. 전지효율은 단일 태양전지를 대상으로 입사광의 전기에너지 변환비율로 측정되지만 전체면적의 모듈효율은 완성품의 크기와 복수의 태양전지 모듈에 대해 입사광의 전기에너지 변환비율로 측정되기 때문에 실제 상황과 유사하다.

CdTe 박막 태양전지는 에너지 변환효율이 16% 이상이다. NREL이 연구한 변환효율 16.7%의 CdTe 박막 태양전지에서는 개방전압이 0.845V이며 GaAs 계통 태양전지의 개방전압(1V 이상)과 비교하면 상당히 낮은 수준이다. 개방전압을 개선하기 위해서는 CdS, CdTe 및 CdS/CdTe 계면에서 고품질에 의한 캐리어 재결합 제어, CdTe층의 억셉터밀도 증가가 필요하다.

연 습 문 제

1. CIGS 박막태양전지의 장점과 제조 공정을 설명하여라.

2. CIGS 박막태양전지 효율향상을 위해 Ga이 구체적으로 어떤 역할을 하는지 설명하여라.

3. CIGS 박막태양전지에서 CdS 박막이 하는 역할이 무엇인지 설명하고, CdS 박막 제조 공정을 설명하여라.

4. CdTe 태양전지에서 CSS 공정과 VDT 공정을 비교하여 태양전지 구조의 효율을 높이기 위한 방법을 설명하시오.

5. CdTe 태양전지의 경우 후면전극이 오믹접합이 되어야 하는 이유와 오믹접합을 하기 위한 방법에 대하여 설명하여라.

참고문헌

[1] 이준신, 김경해, 태양전지공학, 도서출판 그린, (2007)

[2] D.Albin, Y. Yan amd M. Al-Jassim, The effect of oxygen on interface and microstructure evolution in CdTe/CdS solar cells, Prog. Photovolt. Res. Appl., 10, 309-322 (2002)

[3] U. Rau, Tunneling-enhanced recombination in Cu(In,Ga)Se2 heterojunction solar cells, J. Appl. Phys., 74 (1999)백면

[4] 岡本保"CdTe太陽電池の現状と將來展望", 「Journal of the Japan Institute of Energy(日本)」, 91(5), 2012

[5] Subba Ramaiah Kodigala, Cu(In1-xGax)Se2 Based Thin Film Solar Cells, Academic Press, (2010)

제8장

유기물/나노 태양전지

나노기술(Nano Technology; NT)은 원자나 분자 정도의 작은 크기 단위에서 물질을 합성하고, 조립, 제어하며 혹은 그 성질을 측정, 규명하는 기술을 말한다. 일반적으로는 크기가 1 내지 100 나노미터 범위인 재료나 대상에 대한 기술이 나노기술로 분류한다. 나노는 난쟁이를 뜻하는 그리스어 나노스에서 유래하였다. 1 나노초(ns)는 10억 분의 1초를 뜻한다. 1 나노미터(nm)는 10억 분의 1 m로서 사람 머리카락 굵기의 10만 분의 1, 대략 원자 3~4개의 크기에 해당한다. 이러한 나노기술은 [그림 8.1]에서 보이는 것과 같이 광학, 화학, 기계, 전기적으로 인류의 현재와 미래기술에 큰 파급을 갖게 된다.

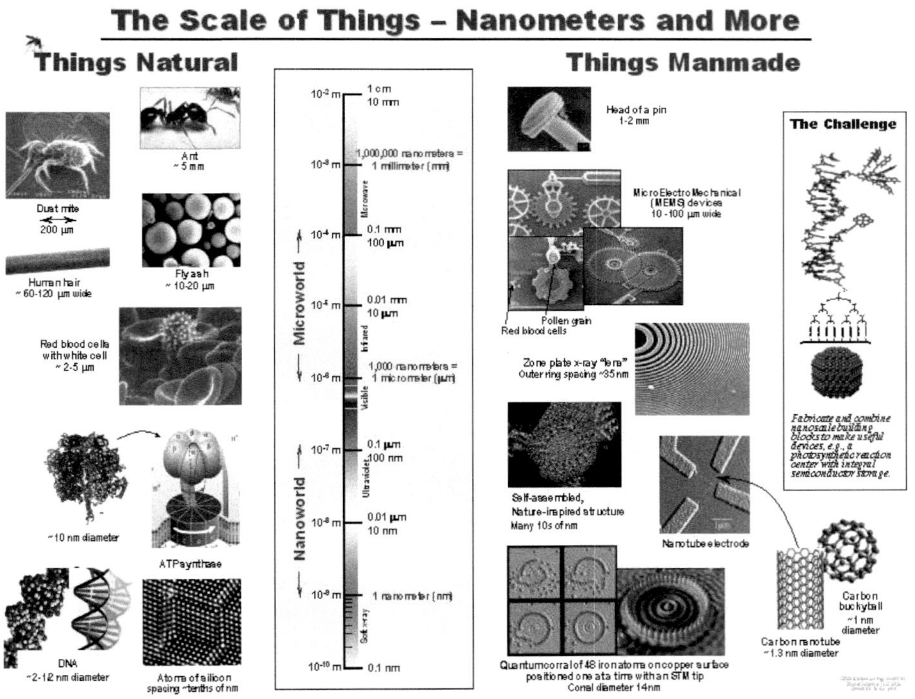

[그림 8.1] 사물의 크기에 대한 비교 (왼쪽: 자연물, 오른쪽: 인공물)

나노영역에서는 기존의 벌크 (Bulk)와는 다른 특성을 보인다. 나노크기에서 물질의 광학적인 색깔이 변하기도 한다. 금 (Au)은 벌크에서는 황금색을 띄지만, 20nm 이하가 되면 붉은색을 나타낸다. 화학적으로는 큰 덩어리에서 작은 파티클(Particles)로 크기가 작아지면, 물질전체의 표면적이 커져서 독특한 성질을 보인다. 나노크기에서의 기계적 강도는 기존 벌크보다 크게 향상될 수 있다. 또한 전자기적으로는 자성의 나노입자들을 이용하여, 한 개의 전기적 비트로 사용할 수 있을 만큼 자기성질이 증대되는 특징이 있다. 이러한 나노특성은 전기/재료/의료/환경/에너지 등의 응용분야에 적용이 가능하다 [1].

8.1 나노소재 및 구조

나노기술(Nanotechnology)은 미래기술로 분류되어 많은 연구가 다양한 분야 (나노트랜지스터, 태양전지, 가스센서, 전계방출소자, LED, 나노접점, 현미경 탐침, 의료용)에서 진행되고 있다. 나노 물질은 크기 및 형상에 따라 벌크 (Bulk) 물질과는 다른 특성을 갖는 0차원, 1차원 등의 저차원 구조로 분류된다. 나노소재 (Nanomaterials)는 나노와이어 (Nanowires), 나노튜브 (Nanotubes), 양자점 (Quantum dots) 등이 있다. 1차원 나노구조인 나노와이어와 나노튜브는 작은 직경에 비해 아주 큰 길이 값을 가지는 것이 특징인데, 직경은 수 nm-수십 nm인데 반해 길이가 수 μm-수백 μm에 이른다. 나노와이어는 구조물 안쪽이 채워져 있고, 나노튜브는 동공 (cavity)의 형태로, 외벽안에 빈공간이 있는 것이 특징이다. 0차원 구조인 양자점 (Quantum dot)은 직경이 수 nm 크기의 작은 반도체 나노사이즈의 결정을 말하며, 그 주위는 충분히 두껍고 높은 전위 장벽으로 둘러싸여 있다.

8.1.1 나노트랜지스터

인텔의 공동 설립자 고든 무어는 1965년 일렉트로닉스 잡지의 기고문에서, 컴퓨터 칩 1개에 집적되는 트랜지스터의 수는 매년 2배로 늘어날 것이라는 발표를 하였다 (무어의 법칙, Moore's law). 이는 경험적인 관찰에 바탕을 두고 있었으며, 기술주기가 2년으로 늘었다가, 18개월로 조정되기도 하였다. 삼성반도체 총괄 황창규 사장은 2002년도에 기술주기를 1년으로 주장하였으며, 이러한 '황의법칙'은 상당기간 동안 실제 기술인 반도체, 카메라, 휴대전화, 디지털 TV 등에서 효과적으로 받아 들여왔다. 정리하면 기술주기의 쟁점이 있었으나, 트랜지스터의 집적도는 매년 꾸준히 향상되어 왔다는 것이다. 그러나, 현재 한계에 다다른 기존의 반도체 공정 기술로는 더 이상 트랜지스터의 크기를 줄이는데 제한을 갖게 된다는 예측에 대해서는 이견이 없다. 대안으로, 나노크기 트랜지스터를 개발을 통한 집적도를 향상시키는 기술은 향후에 지속적인 발전을 할 수 있는 기술로 주목을 받고 있다 [2].

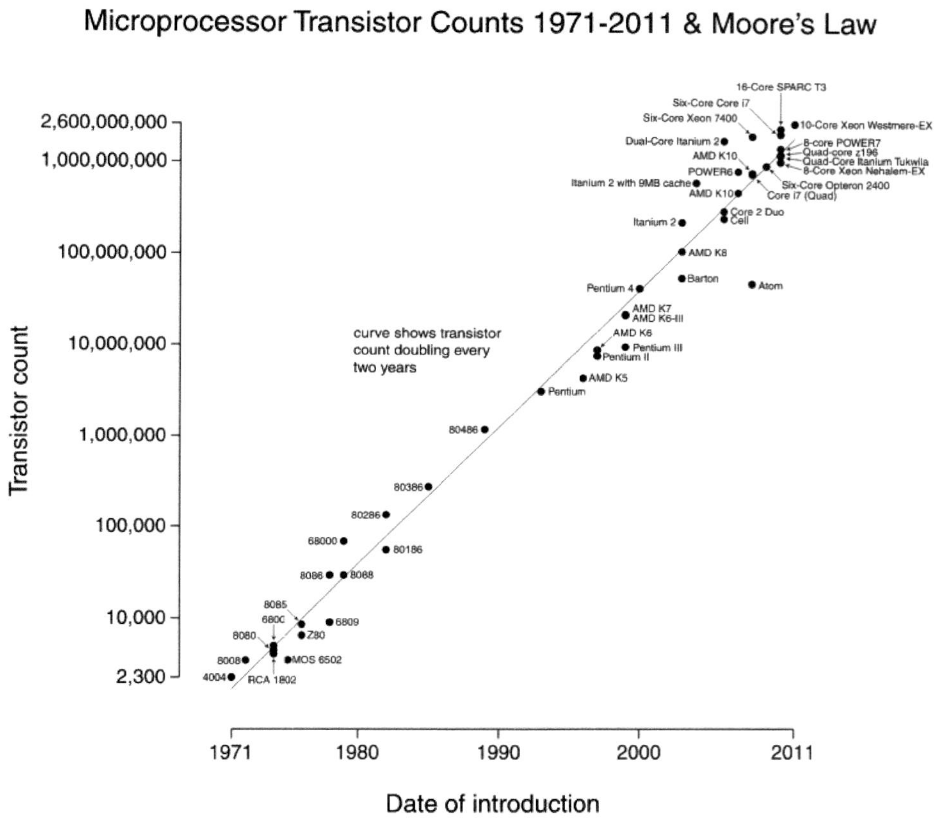

[그림 8.2] 칩의 트랜지스터 집적도 현황 자료 [3]

8.1.2 나노접점 (Nanoscale Interconnect)

고밀도 집적회로에서는 매우 높은 전류밀도가 이용된다. 기존의 구리배선(Copper wire)의 최대 전류밀도는 10^6 A/cm^2 정도이지만, 국제 반도체 로드맵(ITRS, International Technology Roadmap of Semiconductor)에서는 구리배선을 대체할 대안을 제안하였고, 현재 카본 나노튜브나 금속성 나노와이어는 구리배선의 10-100 배 이상의 전류밀도를 운용할 수 있음을 증명하여, 차세대 나노 접점으로 기대를 모으고 있다 [4-5].

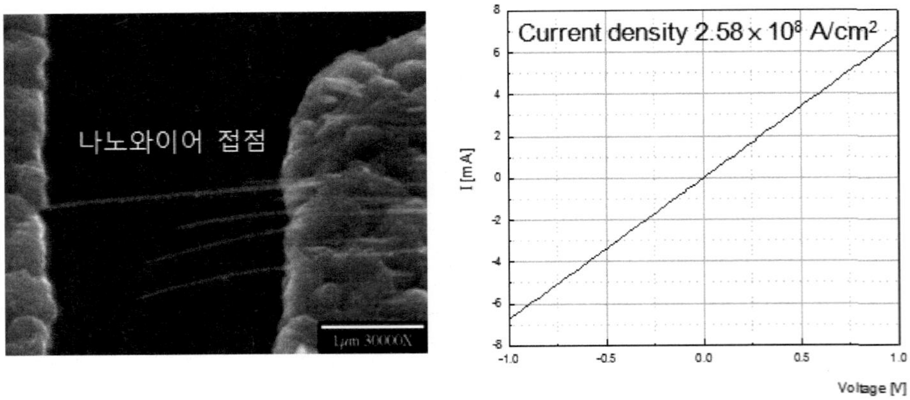

[그림 8.3] 나노와이어를 이용한 접점기술. 전도성 나노와이어는 기존 구리배선의10-100 배의 전류이송능력을 가지고 있음. 실리사이드 나노와이어의 전류밀도는 2×10^8 A/cm^2로 확인 됨 [4,5].

8.1.3 전계방출소자 (Field Emitter)

일차원 나노구조는 끝이 뾰족한 특징을 가지고 있으며, 전계 (Electric field)를 인가하면, 전자를 방출하게 된다. 이러한 방식을 이용하면, 기존의 전자-정공 이동 (Electron-hole transport)와는 달리 에너지의 손실없이 전계를 방출하게 되며, 이는 디스플레이 (Display)나 조명 (Lighting)에 새로운 접근방식을 제공할 수 있다 [6]. 삼성에서는 2002년 카본 나노튜브를 이용한 전계방출디스플레이 (Field Emission Display, FED) 시제품을 발표하였다.

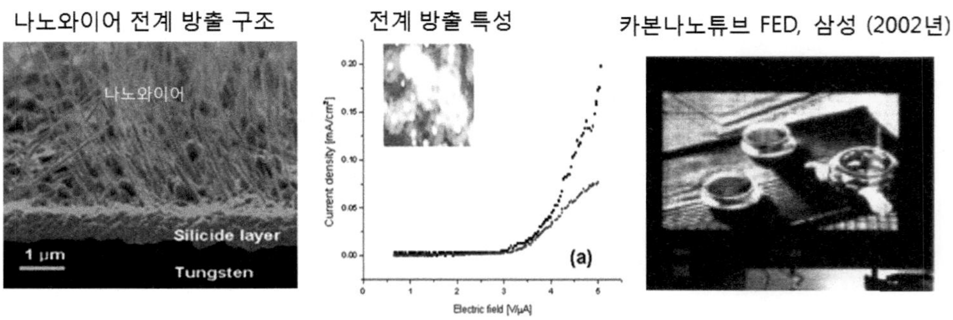

[그림 8.4] 나노와이어를 이용한 전계 방출 소자. 고전도성 실리사이드 나노와이어를 이용한 전계방출소자의 구조 및 특성 [6]. 2002년 삼성에서 발표한 카본나노튜브 FED 의 예.

8.1.4 현미경 탐침 (Microscopy Tip)

일차원 나노구조체는 미세한 크기를 가지고 있고, 이를 통해서 작은 구조체에 대한 정보를 쉽게 획득할 수 있다. 전도성 나노와이어는 외관적 정보뿐만 아니라, 전기정보도 함께 얻을 수 있다. 기존의 현미경 탐침 (Microscopy tip)은 전기정보를 얻기 위해서는 복잡하고 공정이 필요하여, 제작비용이 높았다. 그러나, 전도성 나노와이어를 이용하면, 간단한 부착방식의 공정으로 이를 해결할 수 있으며 성능 또한 우수하여 기존 기술을 대체 발전할 수 있을 것으로 기대하고 있다 [7].

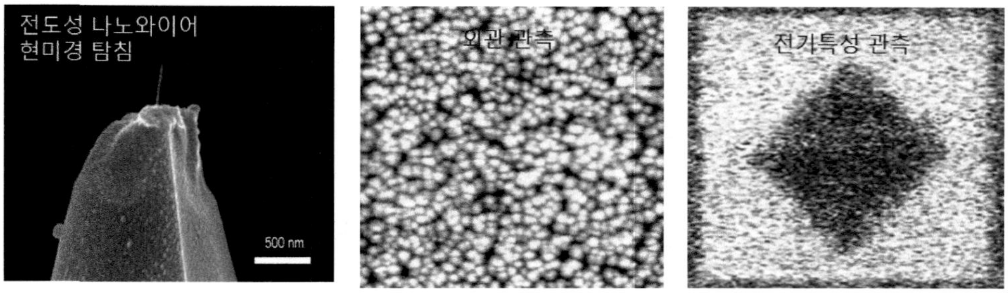

[그림 8.5] 나노와이어 현미경 탐침기술. 전도성 나노와이어를 부착하면 외관적 정보뿐 아니라, 전기특성도 함께 얻을 수 있음 [7].

8.1.5 가스센서

나노튜브는 동공의 상태로 외벽안의 공간이 비어있는 구조이며, 부피대비 표면적 (Surface area to volume)이 매우 큰 특징을 가지고 있다. 이러한 표면적의 극대화 장점은 나노튜브를 이용한 가스센서에 적합한 성능이며, 기존 벌크 물질보다 매우 뛰어난 감도특성을 보인다. 표면적을 극대화 시킬 수 있는 장점을 가지고 있으며, 가스반응에 매우 민감하게 반응한다 [8].

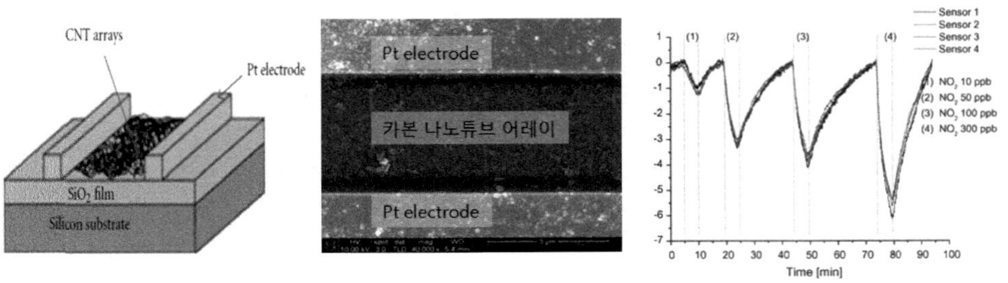

[그림 8.6] 나노튜브를 이용한 가스센서. 카본 나노튜브를 백금 (Pt) 금속사이에 배열하여 대상가스에 의해 바뀌는 저항의 변화를 이용하여 고감도 가스센서를 제작할 수 있음 [8].

8.2 나노구조 태양전지의 특징

앞서 보인 것과 같이, 나노소재는 작은 구조물의 특성으로 여러 분야에 적용이 가능하다. 또한 나노소재를 이용하면, 반응 표면적을 획기적으로 증대시킬 수 있다. 이러한 점을 이용하면, 동일한 면적에서 빛에 감응하는 면적이 넓어지는 효과를 기대할 수 있다. 예를 들어, 수박의 부피에 커피콩이나 커피가루를 채우면 표면적은 수십에서 수백 배 증가한다 [그림 8.7]. 나노소재를 이용해서는 쉽게 수백만 배 이상의 표면적 증대를 가져올 수 있다. 이러한 점을 이용하면, 단위면적당 발전량을 크게 할 수 있는 잠재력이 매우 크다.

태양전지의 성능을 향상시키는 방법은 크게 두 가지로 접근할 수 있다. 첫 번째는 입사광을 최대한 흡수할 수 있는 구조로 빛의 반사율을 낮추고 빛의 이동경로를 증대시키는 방법이고, 다른 한가지는 입사광을 흡수하는 흡수체 (Light-absorber)를 증대하는 방법이다. 실제 방법에서는 이러한 두 가지 방법은 독립적으로 않으며, 상호 긴밀한 상관관계를 가진다.

[그림 8.7] 나노물질 (Nanomaterials)을 이용한 부피 증대효과. 크기가 작을수록 동일 부피에서 표면적을 획기적으로 향상 시킴 (수박크기 부피에 대한 표면적 증대효과, 커피콩: 40배, 커피가루: 400 배, 나노물질: 수백만배 증대). (출처: Solar Today, 2012 [9])

8.2.1 개별 나노와이어 태양전지

하버드대학의 Lieber 교수는 2007년 Nature 지에 나노와이어 태양전지에 대한 보고를 하였다. 제작방식은 P-type의 나노와이어를 성장시킨 후, 진성실리콘(Intrinsic Si)을 코팅한 뒤, N-type의 실리콘층을 증착하여, 동축형태(Coaxial)의 PIN type의 실리콘 나노와이어 태양전지를 제작하였다. 선택적 에칭방식을 이용하여 전면전극과 p-Si이 접합되게 하였으며, 후면전극과 n-Si이 접합되도록 제작하였다. 두 개의 실리콘 나노와이어 태양전지를 제작하였으며, 효율은 3.4%를 나타냈다. 한 개의 태양전지 효율은 상대적으로 낮은 값을 나타내고 있는데, 이는 실리콘 나노와이어 표면에 존재하는 결점구조가 일으키는 재결합 손실에서 기인한다. 하지만, 비록 낮은 효율에도 불구하고 넓은 표면적 증대 효과는 나노와이어 태양전지의 특장점이기도 하다.

또한, 여기서 흥미로운 점은 두 개의 개별 나노와이어 태양전지가 직렬로 연결되어, 전압을 증대시키거나, 병렬로 연결하여 전류를 증대시킬 수 있다는 점이다. 이는 나노와이어 태양전지가 실제적인 태양전지의 설계에 적용될 수 있다는 것을 증명하고 있다. 또한 상대적으로 낮은 3.4%의 효율을 보였지만, 작은 크기의 태양전지 소자가 작은 면적에 촘촘히 배열될 때 발생할 수 있는 전력을 고려하면 같은 면적의 기존 태양전지의 발전량보다 상당히 크게 되는 것을 알 수 있다. 이러한 나노소재 태양전지는 몇 가지 해결해야 하는 공정상의 문제가 있다. 첫 번째로는, 작은 크기의 나노소재를 효과적으로 배열할 수 있어야 한다. 두 번째로는 전계 발생을 위해 극성을 부여하는 공정이 필요하다. 하버드 대학의 단일 나노와이어 태양전지는, 선택적 에칭과 전자빔을 이용한 전극형성 등은 실제 적용에서의 제한점이기도 하다 [10].

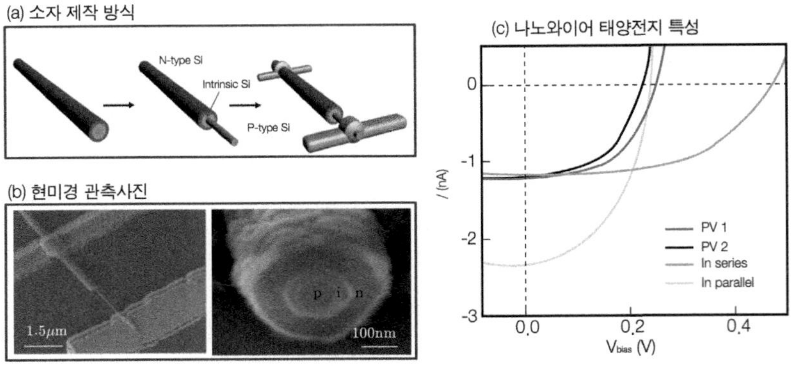

[그림 8.9] 나노와이어를 이용한 태양전지 (a) 소자제작 방식 (b) 현미경 실측사진 (c) 나노와이어 태양전지 동작 특성 [10].

8.2.2 대면적 나노와이어 태양전지

나노와이어를 이용한 태양전지 제작의 문제를 해결하기 위해, 잉크젯 프린팅 방식을 이용한 나노소재 태양전지에 관한 연구가 진행되었다. [그림 8.10]. 나노소재가 포함된 잉크를 대면적 배열방식인 잉크젯 프린팅을 이용하여 넓은 면적에 배열하였다 [11]. 또한 나노크기의 작은 구조물 때문에 제한되는 도핑공정을 대신해서 이종금속 (Hetero-metal electrodes) 접합방식을 구현하였다. 이러한 방식으로 나노소재를 이용한 이종금속 쇼트키 태양전지는 2009년 처음으로 발표되었다 [4].

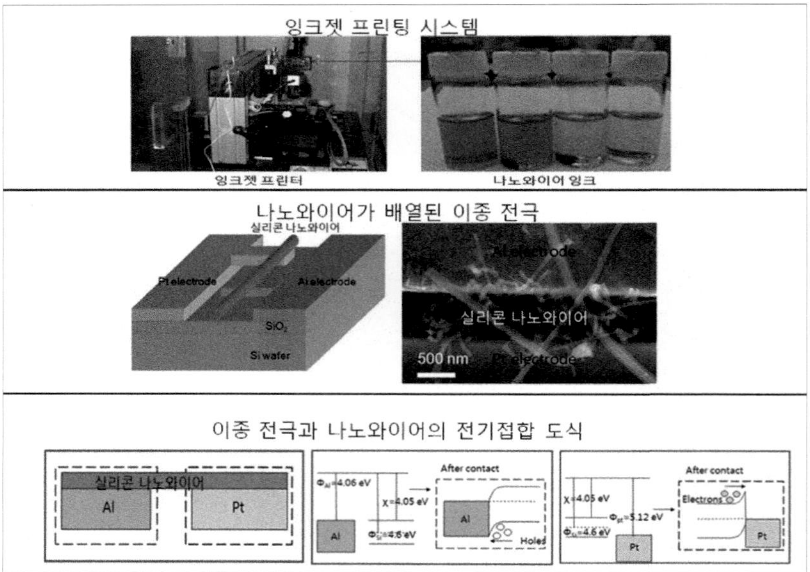

[그림 8.10] 잉크젯 프린팅 방식으로 배열된 대면적 나노와이어 쇼트키 태양전지 [11].

쇼트키 접합 (Schottky contact) 은 금속과 반도체간의 접합에 의한 전계 발생을 이용한 태양전지이다. 금속과 반도체의 접합에는 두 가지 거동이 발생된다. 흔히 오믹접합 (Ohmic contact)으로 불리는 경우에서는 저저항 특성을 이용한 경우이다. 이와는 다르게 쇼트키 접합에서는 반도체와 금속사이에 공핍층 (Depletion region)을 형성하며, 전계 (Electric field)를 발생한다 [그림 8.11]. 얇은 두께의 쇼트키 금속을 투과한 빛은 공핍층에서 전자와 정공쌍을 발생하고, 전계에 의해 전자와 정공이 분리되어 전자는 반도체 방향으로, 정공은 금속방향으로 각각 이동한다. 이때, 전자가 반도체 쪽에 축적되면, 음전하를 띄게 되며 광전압(Photogenerated voltage)을 발생시킨다 [9,12,13].

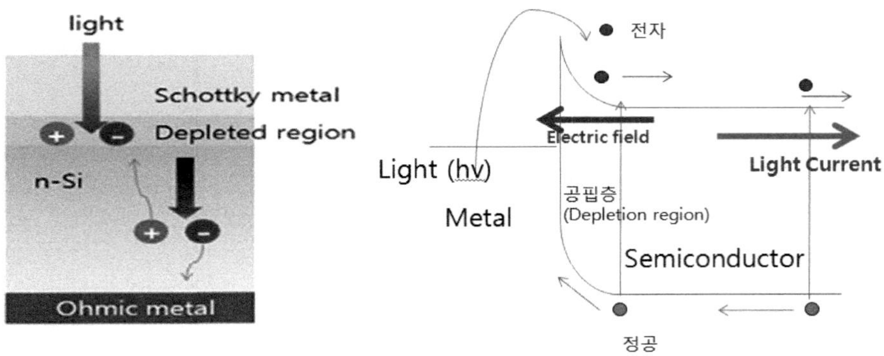

[그림 8.11] 쇼트키 태양전지 모식도 및 구동 원리 [9].

반도체 나노소재와 금속의 접합으로 쇼트키접합을 구현한 것으로, 동종금속접합(Homo-metal junction)에서 발생하는, 전계형성과 그의 상쇄현상을 해결하기 위한 것이다. 이종의 금속으로 반도체-금속 간의 전계를 양방향에서 형성하고, 전자와 정공의 흐름을 동일방향으로 일치시켜서, 캐리어 흐름을 효과적으로 제어할 수 있다.

8.3 나노입자를 이용한 염료 감응형 태양전지

염료 감응형 태양전지는 1991년 스위스의 Grätzel 연구진이 비교적 값이 싼 TiO_2 반도체와 Ru(II) 계열의 염료를 이용해서 10%의 효율로 태양빛을 전기 에너지로 바꿀 수 있다는 연구 결과를 발표한 이후 비정질 실리콘 태양전지에 버금가는 높은 에너지 변환효율과 함께 매우 저렴한 제조 단가로 인하여 학계 및 산업계에 비상한 관심을 모으고 있다. 2000년 현재 염료 태양전지의 최고 변환효율은 Florida 대학에서 발표한 15%가 최고이다.

염료 감응형 태양전지는 TiO_2를 주성분으로 하는 반도체 나노입자, 태양광 흡수용 염료 고분자, 전해질, 투명전극 등으로 구성되어 있으며, 식물의 광합성원리를 응용한 전지이다. 이 전지가 기존의 태양전지와 다른 근본적인 차이점은 기존의 태양전지에서 태양에너지의 흡수과정과 전자-정공 쌍이 분리되어 전기의 흐름을 만드는 과정이 반도체 내에서 동시에 일어나는 것에 비해, 태양 에너지의 흡수과정과 전하이동 과정이 분리되어 태양에너지 흡수는 염료가 담당하고, 전하의 이동은 전자의 형태로 반도체에서 담당한다는 것이다.

8.3.1 기본 원리

염료 감응형 태양전지의 기본 구조는 [그림 8.12]에서 보는 것과 같이 투명 유리 위에 코팅된 투명전극과 그 위에 접착되어 있는 나노 입자로 구성된 다공질 TiO_2, TiO_2 입자 위에 단분자층으로 코팅된 염료 고분자, 그리고 두 전극 사이에 있는 50~100mm 두께의 공간을 채우고 있는 산화 환원용 전해질 용액이 들어있는 형태이다. 전극은 양쪽을 모두 투명전극을 사용하기도 하지만, 일반적으로 에너지 효율을 높이기 위하여 태양광이 입사하는 반대쪽 전극은 반사도가 좋은 백금을 사용하고 있다.

태양광이 전지에 입사되면 광자(photon)는 먼저 염료 고분자에 의해 흡수된다. 염료는 태양광 흡수에 의해 여기상태로 되고, 전자를 TiO_2의 전도대로 보낸다. 전자는 전극으로 이동하여 외부 회로로 흘러가서 전기 에너지를 전달하고, 에너지를 전달한 만큼의 낮은 에너지 상태가 되어 상대 전극으로 이동한다. 염료는 TiO_2에 전달한 전자 수만큼 전해질 용액으로부터 공급받아 원래의 상태로 돌아가게 되는데, 이때 사용되는 전해질은 iodide/triodide 쌍으로써 산화 환원에 의해 상대 전극으로부터 전자를 받아 염료에 전달하는 역할을 담당한다. 전지의 개방회로 전압은 TiO_2 반도체의 페르미 에너지 준위와 전해질의 산화 환원 준위의 차이에 의해 결정된다.

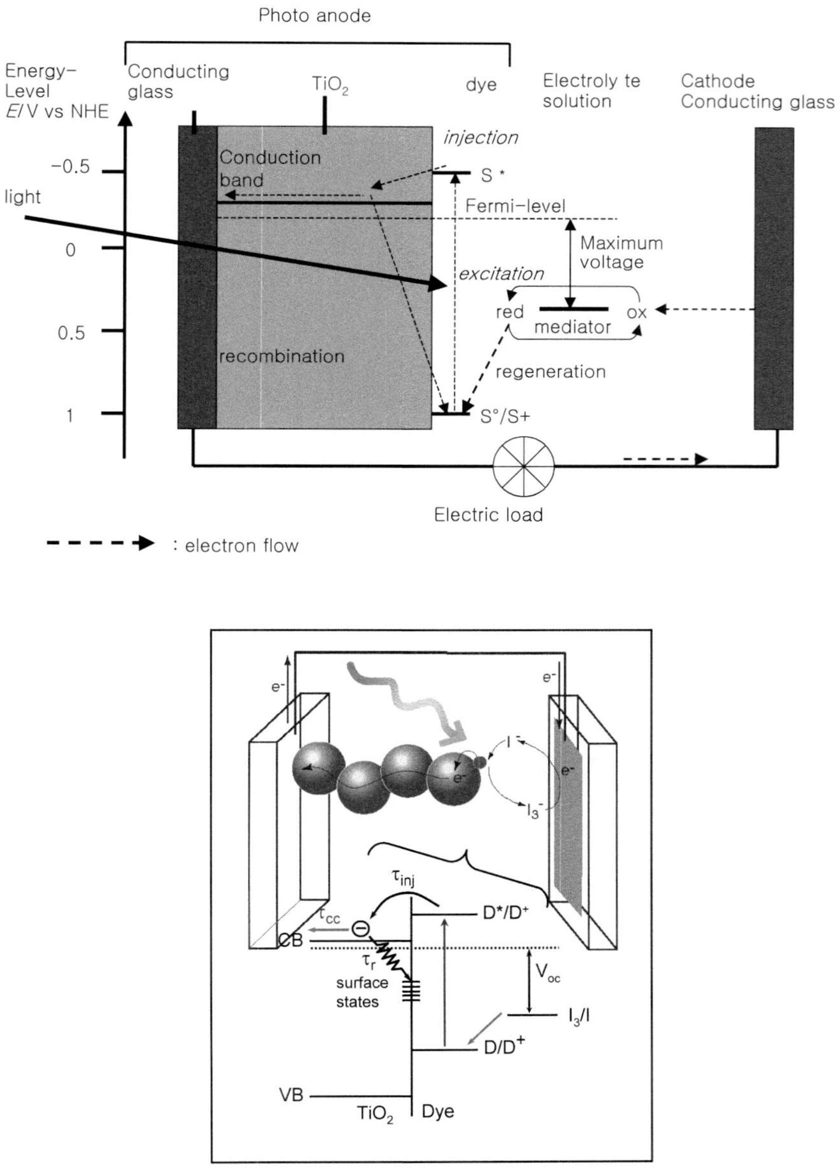

[그림 8.12] 염료 감응형 태양전지의 구조와 동작 개념도

이러한 과정에서 전지의 성능을 좌우하는 중요한 작용들은 다음과 같다.

i) 염료에 의한 여기 전자의 생성 및 TiO_2로의 전자의 투입이 소멸보다 빨리 이루어져야 한다.

ii 염료로부터 TiO_2로 전자가 투입되는 시간이 전자가 TiO_2에서 생성된 정공과 결합하는 시간보다 짧아야 한다. 일반적으로 염료에서 TiO_2로 전자가 투입되는 시간은 나노초이고, 정공이 여기 전자와 결합하기 위해 이동하는 시간은 마이크로초이므로 높은 비율로 전자-정공의 결합에 의한 손실이 일어나지는 않지만, 이러한 반응이 일어나면 전지의 효율이 나빠지게 된다.

iii) TiO_2의 전도대에 있는 전자가 산화환원 전해질과 결합하지 않아야 한다.

iv) 전자를 전달하여 산화된 염료가 전해질로부터 전자를 받아 다시 환원될 동안에 분해되지 않아야 한다. 이 반응은 전지의 수명과 큰 연관을 지니고 있다.

이러한 원리 하에서 작동되는 전지의 세부 반응을 보다 깊이 이해하기 위해서는 전지의 특성을 좌우하는 전지 내의 여러 계면에서의 반응을 이해하여야 한다.

① 반도체 입자 - 전해질 계면 반응

TiO_2 입자는 단분자의 염료 고분자로 코팅되어 있으므로, 이상적으로는 전해질과 접촉하지 않는다. 그러나 실질적으로 염료 고분자가 TiO_2의 표면을 모두 덮고 있지 못하고 많은 표면들이 전해질과 직접 접촉한다.

접촉 이전 [그림 8.13]의 반도체와 전해질의 에너지 밴드구조는, 접촉 후에 그림 우측과 같이 전하의 이동이 일어나서 페르미 에너지 준위가 동일하도록 에너지 준위가 재배열을 하게 되고, 반도체 표면의 에너지 레벨이 위로 굽혀져서 공간 전하층(space charge region)을 형성하게 된다. 이 때 반도체는 양전하를 지니게 되고, 전해질은 음전하를 지니게 되어, 태양광에 의해 전자-정공쌍이 생성하게 되면, 전자는 반도체 내로 이동하게 되고, 정공은 반도체에서 전해질로 이동하게 된다. 이러한 반도체-전해질의 직접 접촉시 태양광 발전이 일어나기 위해서는 반도체의 가전자대에 있는 전자가 전도대로 여기 되어야 하는데, 3.2eV 정도의 밴드 갭을 지닌 TiO_2의 경우 이러한 반응은 자외선 영역에서 일어난다. 또한 이 반응은 생성된 전자-정공쌍이 재결합하거나, 정공이 전해질의 전자를 빼앗는 등의 문제로 효율이 매우 낮다. 이 때문에 염료 감응형 전지에서 태양 에너지의 대부분을 차지하는 가시광 영역의 에너지를 이용하고 광전효율을 높이기 위해서는 반도체-전해질의 직접 접촉부를 가급적 줄일 필요가 있다.

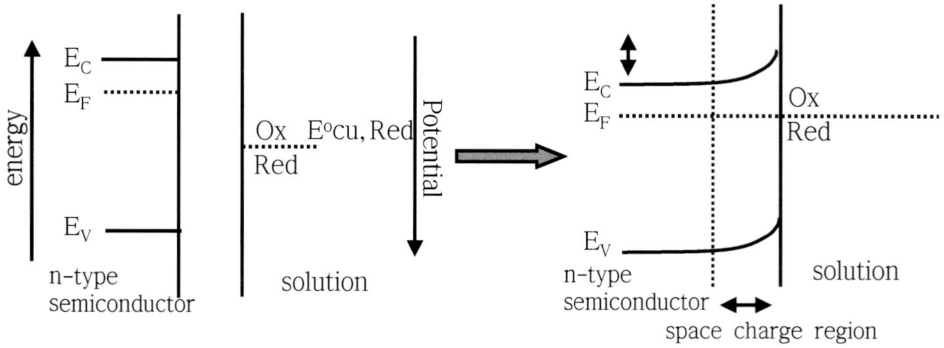

[그림 8.13] n-형 반도체-전해질 계면에서의 에너지준위의 모식도

② 반도체-염료의 계면 반응

염료 감응제는 반도체-전해질 계면을 지닌 전지의 낮은 효율성을 향상시키고, 가시광 영역의 태양광 변화를 위해서, TiO_2에 코팅되어 사용된다. [그림 8.14]의 좌측에서 보듯이, TiO_2 반도체는 염료 고분자에 비해 가전자대의 전자가 가시광에 의해 여기 되기에는 충분히 큰 밴드 갭을 지니고 있어 입사된 태양광은 주로 염료 고분자에 의해 흡수된다. 또한 염료 고분자가 태양광을 흡수함으로써 생겨난 전자가 TiO_2 반도체로 전달되기 위해서 염료 고분자의 여기 상태는 반도체의 전도대 위에 놓여있음을 알 수 있다. 이런 에너지 레벨 구조에 의해 전자-정공 쌍은 신속하게 분리되어진다. 이러한 구조 하에서 염료 분자 코팅 층의 두께는 단분자가 좋고, 2층 이상의 분자가 쌓이면 전자의 전달에 방해를 받아 광전효율이 나빠진다고 알려져 있다.

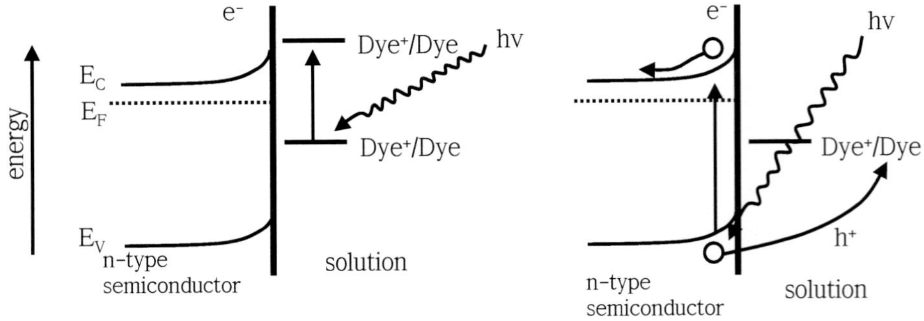

[그림 8.14] 반도체-염료 계면에서의 에너지 준위 및 전자전달

염료 고분자-반도체 계면에서 태양 에너지가 흡수되는 순서는 다음과 같다. 광자가 염료에 흡수되면 염료는 여기 상태로 변하게 되는데 이것은 천이금속을 포함한 염료 고분자 속에서 금속-리간드 전하이동(metal-to-ligand charge transfer)이 일어나기 때문이다 [그림 8.14]. 여기된 상태에서 염료 고분자의 가전자대 전자는 전도대로 투입되고, 이에 따라 염료는 산화된다. 전도대로 투입된 전자는 공간 전하층의 전자기장에 의해 반도체의 전도대로 이동된다. 이렇게 전자들이 염료에서 반도체로 이동할 때, 만약 전해질과의 산화 환원 중재 작용이 없다면 모든 염료 고분자가 산화될 때 광전 작용은 멈추게 될 것이다. 이 경우 광전 효과는 [그림 8.14]의 우측에서 보는 것처럼 단지 높은 에너지를 지닌 자외선의 흡수에 의해서만 일어나게 될 것이다. 이 때 생성된 전자-정공 쌍은 분리되어 전자는 반도체의 벌크 내로 이동해 가고, 정공은 반도체의 표면으로 이동하여 산화된 염료고분자를 환원시킨다. 이것은 염료 고분자의 분해 작용을 일으키게 되므로 이러한 반응은 전지의 수명에 나쁜 영향을 미친다. 이에 따라 이러한 반응을 억제하고 신속하게 염료고분자에 전자를 전달하는 적절한 산화 환원 전해질의 선택은 전지의 특성에 중요한 영향을 미친다.

③ 나노입자와 투명전극 계면

TiO_2 반도체가 접착되어 있는 투명전극은 효율적인 전자 전달을 위해 오믹 접촉의 특성을 지니고 있어야 한다. 이렇게 되기 위해서는 TiO_2와 투명전극의 페르미 준위 및 전도대에서의 전도 특성이 유사하여야 할 필요가 있다.

실질적으로 TiO_2를 대체하는 신소재의 개발 시, 반도체-전극의 적절한 조합이 되도록 전극을 선택하여야 높은 효율을 얻을 수 있다.

8.3.2. 핵심 기술

① 나노 입자로 만든 다공질 TiO_2

염료 감응형 태양전지의 효율을 급속히 올릴 수 있게 된 주요 원인 중의 하나는 반도체 표면적의 증가이다. 앞에서 언급한 바와 같이 염료 고분자는 단분자층일 때 효율이 높으므로, 태양광의 흡수양은 염료 고분자가 코팅된 반도체의 표면적이 넓을수록 크게 된다. 이 때문에 TiO_2의 입자가 작고, 기공도가 높을수록 전지의 효율은 향상되는데, 보통 15~30nm의 입자 크기를 가진 것이 주로 이용된다. TiO_2에는 anatase형과 rutile형의 두 종류가 있는데, 이중 anatase는 밴드 갭이 3.2eV로 높아서 고체상태 태양전지로는 부적합하나 염료 감응형에는 이러한 점이 장점으로 작용하여 rutile형보다 널리 사용되고 있다. 염료 감응형 전지에 TiO_2가 이용될 때는 2~10μm의 두께로 충진되어 사용된다. 원리적으로는 두께가 작을수록 유리하나, 태양광의 흡수량을 많게 하기 위해서는 두께가 높은 것이 좋은 상반된 효과가 있으므로, 염료의 종류에 따라 최적 두께가 결정되어진다.

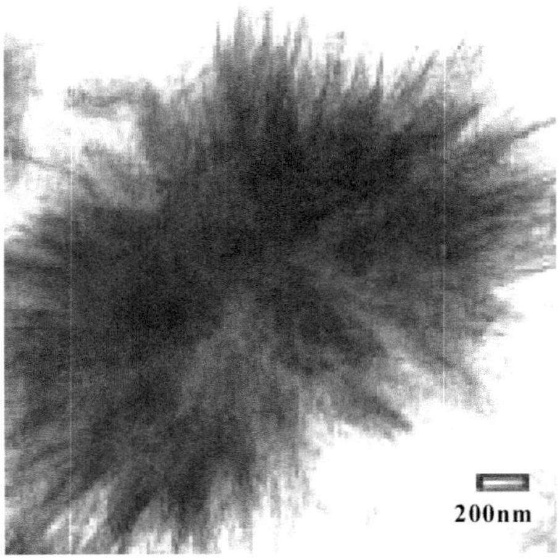

[그림 8.15] 나노 TiO_2 입자 형상

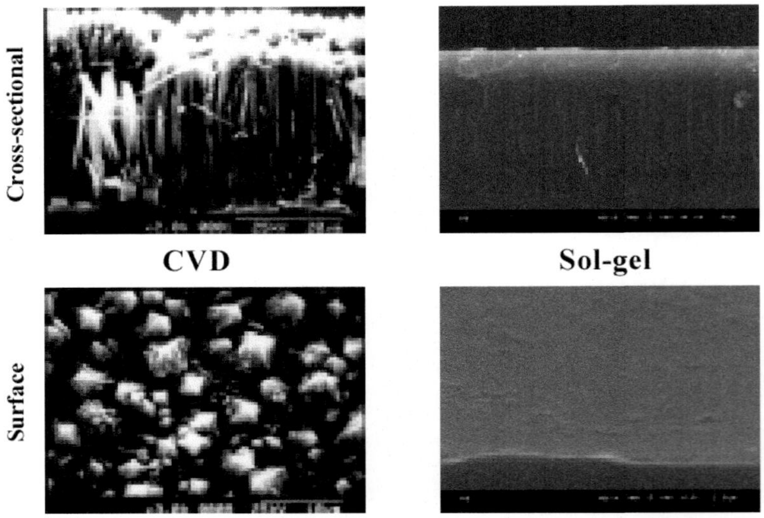

[그림 8.16] CVD와 Sol-Gel법으로 제조된TiO_2 박막

나노 크기의 TiO_2를 만드는 방법은 보통 티타늄 알콕 사이드를 산성 분위기 하에서 수화시켜 전도성 유리 위에 박막 형태로 코팅하고, 수분 동안 450℃에서 소결하는 과정이 많이 이용된다. 최근 표면적이 큰 rutile TiO_2의 제조도 가능하게 되어 anatase 못지않은 높은 효율을 지닌 전지도 만들어지고 있다. 이렇게 만든 100nm 이하의 반도체 입자들은 큰 크기의 분말과는 다른 특성을 지니고 있다. 이러한 특성으로 염료 감응 태양전지에서 관심이 있는 것으로는 양자 크기 효과(quantum sized effect), 표면부근에서의 매우 작은 전자기장 구배 등이 있다. [그림 8.15]에는 나노 TiO_2 입자의 형상과 [그림 8.16]에는 CVD와 Sol-Gel법으로 제조된 TiO_2 박막의 전자 현미경 사진을 나타내었다.

② 염료의 종류 및 기능

현재 가장 널리 사용되는 염료는 루테늄 폴리피리딜 복합체이다. Ru은 백금족에 속하는 원소로써 많은 유기금속 복합화합물을 만들 수 있는 원소이다. 광감응 염료의 개발은 약 20년간에 걸쳐 이루어졌는데, 이 동안 900개 이상의 염료들을 태양전지용으로 시험하였으나 불과 수 개만이 만족할만한 특성을 나타내었다. 그러나 지금까지 왜 유사한 구조를 가진 수많은 화합물 중에서 불과 소수만이 적합하고 나머지는 부적합한지를 규명하지 못하고 있다. 이러한 구조-물성의 상관관계 규명은 향후 우수한 태양전지의 개발의 핵심적인 열쇠 중의 하나이다. 현재 주로 사용되고 있는 태양광 감응염료에는 $[Ru(bpy)_3]^{2+}$: $8[Ru(bpy)_3]^{2+}$, $[Ru(H_2-dcbpy)_3]^{2+}$, $Ru(H_2-dcbpy)_2(OH)_2$, $[NC-Ru(bpy)_2-CN-Ru(H_2-dcbpy)_2-NC-Ru(bpy)_2-CN]^{2+}$, $Ru(H_2-dcbpy)_2(CN)_2$, $Ru(H_2-dcbpy)_2(NCS)_2$, $[Ru(H_3-tctpy)(NCS)_3]-$ 등이 있다.

③ 염료 감응형 태양전지와 기존 전지와의 비교

이상에서 염료 감응형 태양전지와 기존전지의 원리 및 특성에 대해 간략히 알아보았는데, 이들을 종합적으로 비교하면 염료 감응형 전지는 기존의 태양전지에 비해 다음과 같은 장점을 지니고 있다.

- 높은 발전효율 : 현재 효율은 10% 정도이나 실용 효율 20% 이상의 고효율 달성 가능
- 낮은 발전단가 : $0.6/W(효율 10%시)
- 20년 이상의 장수명
- 원료의 가격이 기존의 태양전지에 비해 저가여서 향후의 큰 시장 형성 가능
- Si 태양전지에서와 같은 고가 대형 장비가 필요 없이 대량 생산 가능
- 다양한 형태로 제조 가능
- 다양한 형태와 환경 하에서 사용이 가능

8.4 유기물 태양전지

전통적인 무기물 태양전지는 최근에 많은 발전을 이루고 있지만 일부 재료는 부존자원이 충분하지 않고 일부 재료는 가격이 비싸다는 단점이 있다. 태양전지 시장의 90% 이상을 점유하고 있는 실리콘 태양전지는 대량생산에 힘입어 가격이 많이 내려가고 있는 추세에 있지만 재료비가 여전히 비싸고 일부 반도체 공정이

적용되기 때문에 가격 감소 추세가 비교적 완만하게 이루어지고 있다. 결정질 실리콘 태양전지를 대체하기 위해서 박막태양전지에 대한 연구가 진행되고 있지만 변환효율이 낮아서 본격적으로 실용화되지 못하고 일부 용도로 사용되고 있다. 또한 이러한 무기물 태양전지들의 가격이 높은 대표적인 이유는 이러한 태양전지들이 고온공정이나 진공공정을 통해서 이루어지기 때문이다.이러한 무기물 태양전지들이 가지는 한계점을 극복하기 위한 하나의 대안으로 유기물 반도체를 이용한 태양전지 연구가 진행되고 있다. 유기물 태양전지는 폴리머 박막 제조 방법들을 응용하여 쉽게 제조할 수 있다는 장점이 있다. 현재에 사용되는 유기물 태양전지의 문제점인 낮은 효율이나 안정성이 극복된다면 아주 낮은 단가로 태양전지를 제조할 수 있을 것이다. 예를 들면 roll-to-roll 제조 공정을 이용하여 대량으로 태양전지를 제조하는 것도 가능할 것이다. 유기물 태양전지는 값싸게 제조될 수 있을 뿐만 아니라 가볍고 기계적으로 유연하고 반 투명하다는 것도 장점들이다 [14].

8.4.1. 유기태양전지 기본구조

유기 태양전지의 기본구조는 [그림 8.17]과 같이 금속/유기 반도체(광활성층)/금속 구조로 간단히 표시할 수 있는데, 일반적으로 높은 일함수(work function)를 가진 투명 전극인 ITO(indium-doped tin oxide)를 양극으로, 낮은 일함수를 가진 Al 또는 Ca등을 음극 소재로 사용한다 [15].

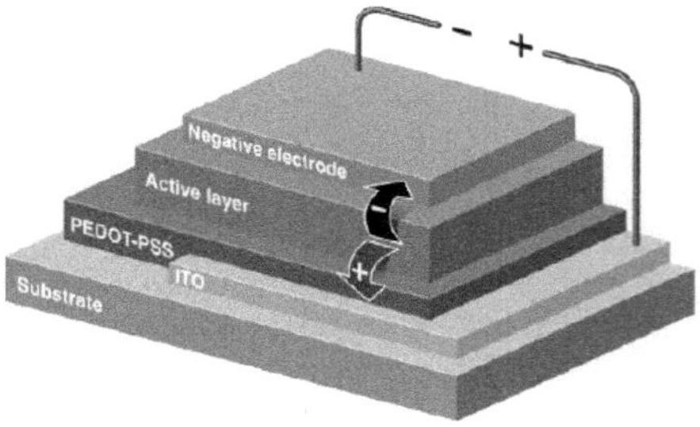

(a) Conventional structure

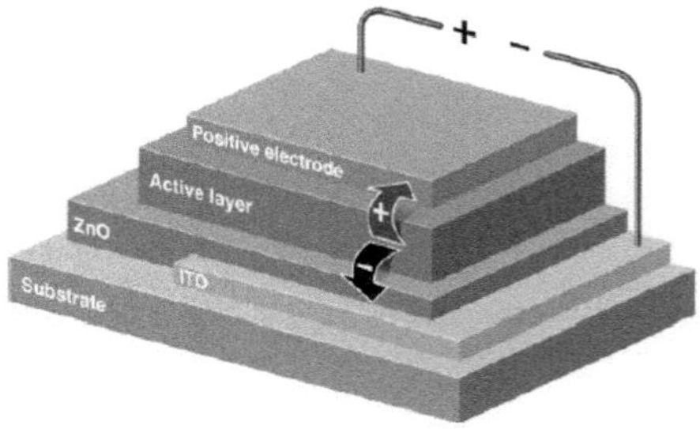

(b) Inverted structure

[그림 8.17] 유기태양전지 소자의 구조

광흡수도가 뛰어나 광활성층은 100nm 정도의 두께를 가진 전자주개 물질

(electron donor; D)과 전자받개 물질 (electron acceptor; A)의 적층구조(bi-layer structure) 또는 혼합박막구조 (blend) 구조를 가지게 되고, 다른 방법으로는 적층구조인 D/A구조의 사이에 혼합박막을 삽입해 제조하는 D/(D+A)/A의 구조를 가지기도 한다. [그림 8.18] 또한 버퍼층인 양극 ITO층과 광활성층 사이에는 정공이송층 (hole transport layer; HTL)을, 음극인 metal 층과 광활성층 사이에는 전자이송층(electron transport layer; ETL)을 도입하는 구조를 갖기도 한다. 일반적인 유기박막 태양전지 소자의 구조는 PPV-PCBM과 같은 광활성층을 중심으로, 정공이송층 (PEDOT:PSS 등), 양극으로 ITO, 음극으로 Al 금속 전극으로 구성이 된다. 광활성층으로 사용되는 유기 반도체에는 유기 단분자와 고분자가 있는데, 유기 단분자의 경우는 진공에서 가열하여 전자주개 층과 전자받개층을 연속으로 형성시키는 방법을 사용하고, 유기 고분자의 경우는 전자주개와 전자받개 소재를 함께 용융한 혼합용액을 스핀코팅, 잉크젯 프린팅, 스크린 프린팅 등의 용액공정(wet process)방법을 통해 박막을 제조한다. D/(D+A)/A구조의 혼합박막은 각각의 음극과 양극 위에 전자주개와 전자받개를 형성 한 후, 두 박막의 표면을 살짝 녹여 붙여 계면에서 (D+A)층이 얇게 형성되도록 하는 lamination 기법을 활용한다.

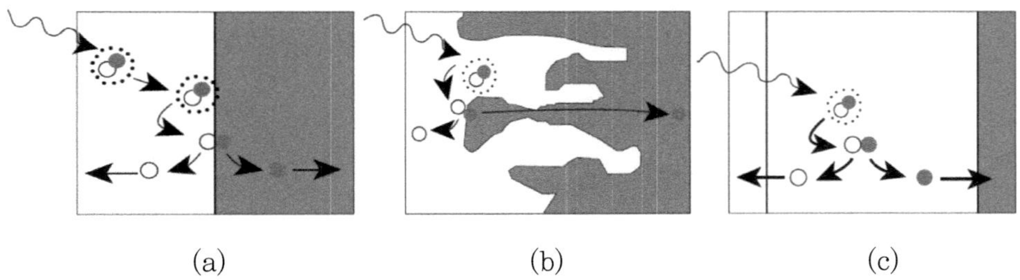

[그림 8.18] 유기박막 태양전지의 유형 및 D-A 구조에서의 광흡수, 여기자 생성 및 확산, 전하분리에 관한 모식도 (a) 적층(Bi-layer) junction, (b) Bulk heterojunction, (c) 혼합(Mixed layer) junction (Source: 화학연구원 문상진 박사).

8.4.2. 유기태양전지 작동원리

유기 태양전지의 경우도 무기반도체 태양전지 소자의 p-n 접합 구조와 같은 원리로 구동이 되지만, 유기물 소재 내에서의 전자-정공쌍인 여기자 (exciton)의 이동도가 느리고, 분리된 전자, 정공의 이동도 또한 상대적으로 느리기 때문에 소자의 작동 원리에 있어서는 차이를 보인다. 즉, 아래 그림에서 보여진 바와 같이 여기자의 이동도가 빠른 무기반도체 소재의 경우 전하분리 현상이 매우 빠르게 일어나 자유전자, 자유정공의 성격을 갖지만, 유기반도체의 경우 전하분리까지의 시간이 오래 걸려 여기자의 형태로 이동을 하는 특성을 갖는다 [그림 8.19].

일반적으로 유기박막 태양전지에 빛이 입사되면, 전자주개 물질에서 광을 흡수하고 여기자가 형성된다. 이 여기자는 임의 방향으로 확산하다가 전자받개 물질과의 계면(interface)을 만나면 전자와 정공으로 분리된다. 이때, 분리된 전자는 전자 친화도가 큰 전자받개 물질 쪽으로 이동하고 정공은 전자주개 쪽에 남아 각각의 전하 상태로 분리된다. 그리고 양쪽 전극의 일함수 차이로 형성된 내부 전기장과 전하의 농도 차에 의해 각각의 전극으로 이동하여 수집되며 최종적으로 외부 회로를 통해 전류의 형태로 흐르게 된다. 이 현상을 광기전력 효과(photovoltaic effect)라 하고, 앞서 언급한 바와 같이 [그림 8.18]의 도식과 같이 3가지 형태로 전하분리와 이동현상이 나타난다. 특히 그림에서 알 수 있는 바와 같이BHJ(bulk-heterojunction) 구조는 적층(bi-layer)구조에 비해 D/A 계면의 면적이 매우 커 전하분리의 가능성이 더 큼을 알 수 있는데, 기존 무기계 태양전지(p-n접합구조)와는 뚜렷이 구별되는 유기박막 태양전지만의 특성이라 할 수 있다.

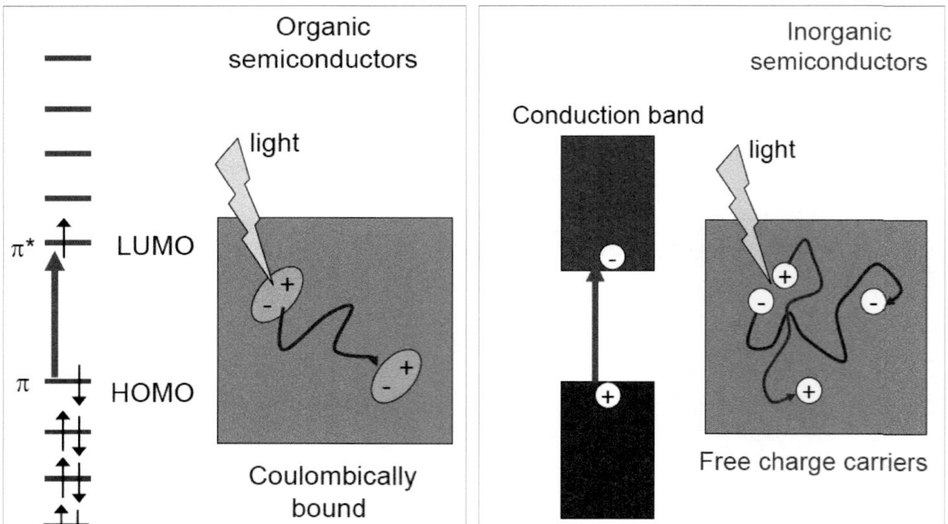

[그림 8.19] 무기 광반도체와 유기 광반도체의 광흡수 및 전기전도 특성 비교

유기박막 태양전지의 광으로부터 전기를 얻는 과정을 크게 3단계로 구분할 수 있고, 각 단계의 효율을 극대화함으로써 전체 소자의 광전 변환효율의 향상시킬 수 있다. 첫 번째 단계는 유기반도체가 태양광 흡수하는 단계로, 입사된 빛의 흡수를 통해 HOMO(highest occupied molecular orbital)의 전자가 LUMO(lowest unoccupied molecular orbital)로 전이되어 여기자를 형성하게 된다. 유기반도체 소재의 전도도에 따라 차이가 있기는 하지만 일반적으로 100nm 내외 두께의 활성층(active layer)을 사용하고 있다. 따라서 이 두께에서 충분한 양의 태양광을 흡수할 수 있어야 하므로 사용하는 고분자의 광 흡수계수(absorption coefficient)가 $10^5 cm^{-1}$ 이상 충분히 커야 한다.

두 번째 단계는 태양광을 흡수에 의해 생성된 여기자를 정공과 전자로 분리하는 단계로서, 유기박막 태양전지에서 역시 무기반도체의 p-n 결합을 이용한 무기 태양전지와 같은 원리에 의해 진행된다. 일반적으로 유기박막 태양전지에서는 전자주개(p-type) 소재로는 고분자를 사용하고 있으며, 전자받개(n-type) 물질로는 LUMO가 고분자보다 낮은 다른 종류의 고분자나 플러렌유도체, 나노 크기의 무기물들을 사용하고 있다. 즉 전자주개인 유기반도체에서 빛을 흡수하여 생성된 여기자가 전자받개 경계면까지 이동한 후, 전자받개 쪽으로 전자가 빠르게 넘어감으로써 전하 분리가 일어나게 된다. 무기 태양전지의 경우 여기자가 분리하는데 필요한 에너지가 수 meV에 불과하므로 상온에서 쉽게 분리되는데 비해, 유기박막 태양전지의 경우는 ~100meV의 에너지가 필요하다는 점에서 전하분리 속도가 느리다는 차이를 가진다.

세 번째 단계는 분리된 전자와 정공이 소실되지 않고 무사히 음극과 양극으로 이동하는 것으로, 활성층과 전극 계면에서의 손실을 최소화해야 할 뿐만 아니라 활성층 내부에서 분리된 전자와 정공이 단락 되지 않고 전극으로 이동할 수 있는 경로의 형성이 되어야 하며 이때 전자주개와 전자받개 소재 내부에서도 정공과 전자의 이동속도가 충분히 빨라야 한다.

8.4.3. 유기태양전지 소재

전자주개 소재로는 반도체 고분자의 경우, poly-phenylene vinylene(PPV) 계열의 물질과 PT(polythiophene)의 유도체들이 주로 연구되어 왔는데, 최근에는 같은 고분자 주사슬에 flourene이나 thiophene 등의 전자주개 부분과 benzothia-diazole과 같은 전자받개의 부분을 동시에 가지고 있는 공중합체(예, [그림 8.20]의 APFO-Green2, PFDTBT, PCPDTBT)들 (Push-pull 구조)을 로우 밴드갭 전자주개(low band gap donor) 물질로 많이 개발되고 있다.

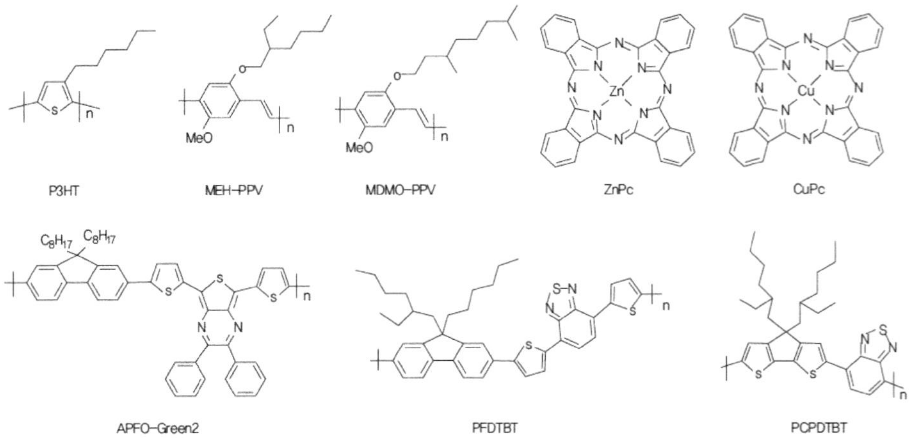

[그림 8.20] 유기박막 태양전지의 대표적인 전자주개 소재들
(Source: 태양전지 기술 동향, 문상진 박사)

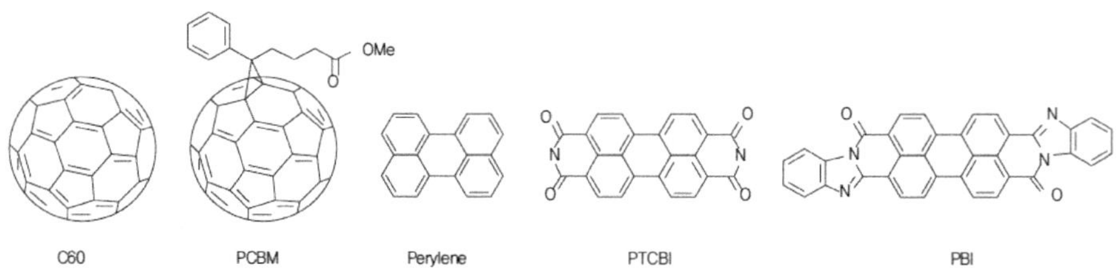

[그림 8.21] 유기박막 태양전지의 대표적인 전자받개 소재들
(Source: 태양전지 기술 동향, 문상진 박사)

유기단분자 반도체 소재의 경우에는 CuPc, ZnPc 등 phthalocyanine계 물질이 많이 이용되고 있고, 전자주개 물질들은 일차적으로 광흡수 파장 범위가 태양광 스펙트럼과 잘 맞고 매우 강한 광흡수도를 가지고 있어야 하며, 전하의 이동도 등 전기적 물성이 우수하여야 한다. 액셉터 물질로는, fullerene (C60) 자체 혹은 C60유도체로 유기 용매에 잘 녹도록 설계된 PCBM 등이 대표적으로 사용되고 있으며, 그 외 단분자로 perylene, PTCBI 등이 있다 [그림 8.21]. 이중에서 C60의 유도체들은 대체로 반도체 고분자와 복합하여 BHJ 구조재로 많이 사용되고 있으

나, C60의 경우 진공 증착법을 이용하여 적층 구조의 소자에도 자주 쓰이고 있다. Perylene, PTCBI 등 단분자 소재 역시 적층 구조에 주로 사용된다. 이때 전자받개 소재는 전자주개와 비교하여 전자 친화도가 커야 한다.

8.4.4. 유기태양전지 개발현황

유기박막 태양전지는 효율은 [그림 22]과 같이 크게 단분자 구조와 고분자 구조로 분류되는데, 최근까지 발표된 논문을 근거로 분석한 유기박막 태양전지 효율의 전반적인 추이를 살펴보면, 2000년 이전까지는 대부분 1% 미만의 낮은 효율을 보여주다가 2000년 이후 2008년까지 다양한 재료의 개발과 소자 구조에 대한 연구로 급속히 효율의 향상을 보여주고 있다. 2000년 초에 가장 먼저 단분자 유기박막 태양전지가 효율의 혁신이 이루어졌고, 뒤이어 PPV계나 PT계 도너 고분자에 PCBM을 액셉터로 적용한 태양전지로, 가장 최근에는 로우 밴드갭 고분자를 적용한 태양전지의 효율이 급속히 증대되고 있는 추세이다. 그러나 이러한 증가 추세도 2008년까지 5% 내외의 단위소자 효율을 나타내며 주춤한 성장을 보이다가, 2008년 이후에 UCBerkely 와 UC Santababara, Solarmer 등에 의해 새로운 고분자 소재가 도입됨으로써 8% 이상의 효율을 최근 보고하였고, 단분자 태양전지 역시, 최근 독일의 Heliatek에서 진공증착 방법을 통해 8.3%의 효율을 나타내었다.

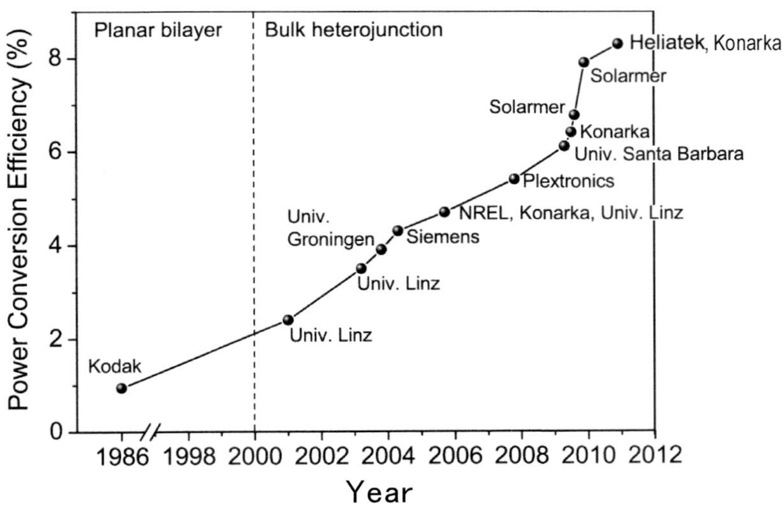

[그림 8.22] 유기박막 태양전지의 효율증가 도표 [15]

연 습 문 제

1. 나노기술이란 무엇이며, 응용 소자에 대해 조사하시오.

2. 쇼트키 태양전지의 작동원리에 대해 설명하시오.

3. 염료감응 태양전지의 작동원리에 대해 설명하시오.

4. 유기물 태양전지의 작동원리에 대해 설명하시오.

5. 하나의 나노와이어가 200nm 의 지름을 가지고 있고, 2μm 의 길이를 가지고 있다. 이러한 나노와이어 태양전지가 0.2nW 의 전력을 발생한다고 가정하자. 6인치 면적에 이러한 나노와이어 태양전지를 촘촘히 배열되었을 때, 발생할 수 있는 전력을 구하시오(단, 전극의 면적과 단위 나노와이어 태양전지의 이격거리는 무시한다).

참고문헌

[1] 위키백과, "나노기술", http://ko.wikipedia.org

[2] J. Salfi, I. G. Savelyev, M. Blumin, S. V. Nair, and H. E. Ruda, Nature Nanotechnology, 19, 737 (2010).

[3] IT WORLD, "무어의 법칙깨기: PC를 다음 단계로 이끄는 칩 제조업체", http://itworld.co.kr

[4] J. Kim and Wayne A. Anderson, Nano Letters 7, 1356 (2006).

[5] J. Kim, D. H. Shin, E.-S. Lee, and C.-S. Han, Applied Physics Letters 90, 253103 (2007).

[6] J. Kim, E.-S. Lee, C.-S. Han, Y. Kang, D. Kim, and W. A. Anderson, Microelectron. Eng. 85, 1709 (2008).

[7] J. Kim, Y.-H. Shin, J.-H. Yun, and C.-S. Han, Nanotechnology 19, 485713 (2008).

[8] J. -H. Yun, J. Kim, Y. C. Park, J.-W. Song, D.-H. Shin, and C.-S. Han, Nanotechnology 20, 055503 (2009).

[9] 김준동, Solar Today, "고효율 실현하는 차세대 태양전지 기술력 (2012).

[10] B. Tian, X. Zheng, T. J. Kempa, Y. Fang, N. Yu, G. Yu, J. Huang, and C. M. Lieber, Nature, 449, 885 (2007).

[11] J. Kim, J.-H. Yun, C.-S. Han, Y. J. Cho, J.Park, and Y. C. Park, Applied Physics Letters 95, 143112 (2009)

[12] J. Kim and W. A. Anderson, Sol. Energy Material and Solar Cells 91, 534 (2007).

[13] S.-W. Jee, S.-J.Park, J. Kim, Y. C. Park, J.-H. Choi, J.-H. Jeong, and J.-H. Lee, Applied Physics Letter 99, 053118 (2011).

[14] 한국과학기술정보연구원, "고효율 나노 태양전지", 2005년 12월

[15] 플렉서블 박막 태양전지 기술 및 시장전망, Solar and Energy, 2013년

제9장

태양광 발전 시스템

9.1 신재생에너지 발전설비 자격증 시험 종류

고용노동부는 2013년부터 태양광 에너지 분야에서 발전설비기사, 발전설비산업기사 및 발전설비 기능사 등 3개 종목의 국가기술자격 시험이 신설되었다. 이는 저탄소, 녹색성장분야 인력양성 방안의 일환으로 추진되는 것으로 향후 대체에너지로 주목받고 있는 태양광 발전 산업분야를 이끌 산업기술 인력을 체계적으로 육성하고자 한다.

9.1.1 신재생에너지 발전설비기능사(태양광)

태양광 발전설비에 필요한 제반사항을 파악해 실제 태양광 발전기의 시공에서부터 운영 및 유지보수에 대한 업무를 수행하는 직무로, 신재생에너지 중 태양광 분야와 관련된 숙련기능을 가지고, 조작·운전·보수·정비·검사 또는 작업관리 및 이에 관련되는 업무수행능력의 보유여부를 검정기준으로 한다. 응시자격은 현행 기능사등급 응시자격과 동일하다. 시험과목과 검정방법은 [표 9.1]과 같다.

[표 9.1] 신재생에너지 발전설비기능사 (태양광) 시험과목및 검정방법

구분	시험과목	검정방법
필기시험	태양광 발전설비	객관식 4지 택일 형 (60 문항, 1시간)
실기시험	태양광 발전설비 실무	필답형 (1시간 30분)

합격결정 기준은 필기시험 100점 만점 기준으로 60점 이상이고, 실기시험도 100점 만점기준 60점 이상이다.

9.1.2 신재생에너지 발전설비산업기사 (태양광)

태양광발전소나 모든 건물 및 시설 등의 태양광 발전시스템의 설계·인허가 및 시공·작동상태를 감리하고, 태양광설비의 시공, 감독 및 효율적 운영을 위한 유지보수·안전관리 업무 등에 대한 보조업무를 수행하는 직무를 담당한다. 신재생에너지 중 태양광 분야와 관련된 기술기초이론에 대한 지식 또는 숙련 기능을 바탕으로 복

합적인 기초기술 및 기능 업무수행 능력보유 여부를 검정한다. 응시자격은 현행 산업기사 등급 응시자격과 동일하다. 시험과목 및 검정방법은 [표 9-2]와 같다.

[표 9.2] 신재생에너지 발전설비산업기사 (태양광) 시험과목 및 검정방법

구분	시험과목	검정방법
필기시험	1. 태양광 발전시스템이론	객관식 4지 택일 형 (80문항, 2시간)
	2. 태양광 발전시스템시공	
	3. 태양광 발전시스템운영	
	4. 신재생에너지관련법규	
실기시험	태양광 발전설비 실무	필답형(2시간)

필기시험 합격기준은 각과목당 40점 이상이고 전 과목 평균이 60점 이상인 경우이고, 실기시험은 100점 만점 기준 60점 이상이다.

9.1.3 신재생에너지 발전설비기사 (태양광)

태양광발전소나 모든 건물 및 시설 등의 태양광 발전시스템의 설계·인허가 및 시공·작동상태를 감리하고, 태양광 발전설비의 시공·감독 및 효율적 운영을 위한 유지보수·안전관리업무 등을 수행한다. 검정기준은 신재생에너지 중 태양광 분야와 관련된 기술이론 지식을 가지고 설계·시공·유지보수·안전관리 등의 업무를 수행할 수 있는 능력 보유여부를 검정한다. 응시자격은 현행 기사 등급 응시자격과 동일하다. 시험과목 및 검정방법은 [표 9-3]과 같다.

[표 9.3] 신재생에너지 발전설비기사 (태양광) 시험과목 및 검정방법

필기시험	시험과목	검정방법
실기시험	1. 태양광 발전시스템이론	객관식 4지 택일 형 (100 문항, 2시간 30분)
	2. 태양광 발전시스템설계	
	3. 태양광 발전시스템시공	
	4. 신재생에너지관련운영	
	5. 신재생에너지관련법규	
	태양광 발전설비 실무	필답형(2시간)

필기시험 합격기준은 각 과목당 40점 이상이고, 전과목 평균이 60점 이상 이고, 실기시험은 100점 만점 기준 60점 이상이다.

9.2 태양광 발전 시스템 이론

태양광발전 시스템 이론은 크게 신재생에너지 개요, 태양광 발전 시스템 개요, 태양전지 모듈, 인버터, 관련기기 및 부품, 전기 기초이론, 전자 기초이론 등으로 나누어져 있다.

9.2.1 신재생에너지 개요

신재생에너지는 신에너지와 재생에너지를 합하여 만들어진 용어로 신에너지에는 연료전지, 석탄을 액화 또는 가스화한 에너지 및 중질잔사유를 가스화한 에너지, 수소 에너지 등이 있고, 재생에너지는 태양에너지 (태양광과 태양열), 바이오에너지, 풍력에너지, 수력에너지, 해양에너지, 폐기물에너지, 지열에너지 등이 있다. 전 세계가 지금 수준으로 화석연료를 사용하면 석유는 40년, 석탄은 200년, 천연가스는 60년 정도 사용할 수 있는 양이 남아있다. 온실가스 감축, 환경오염물질 (황화물, 질산화물, 미세먼지) 배출 감소와 화석연료를 대체할 친환경에너지인 신재생에너지는 21세기 성장동력으로 급부상하고 있다.

9.2.2 태양광 발전 시스템 개요

태양광 발전은 발전기 없이 태양전지를 이용하여 태양빛을 전기에너지로 전환하는 발전방법이다. 태양광 발전은 반도체로 만들어진 태양전지에 빛에너지를 투입하여 전자와 정공이 형성됨으로써 전자의 움직임으로 전기가 발생하는 원리를 이용한 것이다. 태양전지의 원리인 광전효과는 1839년 E. Becquerel이 처음으로 발견하였고, 1900년에 M. Planck에 의해 광양자 확인 및 A. Einstein에 의한 광전효과에 대한 이론 확립으로 발전하였다. 그 후 1954년 벨연구소에서 효율이 4%에 달하는 실리콘 태양전지 개발과 1980년대의 ARCO Solar사의 적극적인 태양광 발전소 건설을 통하여 상용화 단계에 들어갔다. 태양광 발전의 장점은 무한정, 무공해의 태양에너지를 이용하므로 연료비가 불필요하고, 대기오염이나 폐기물 발생이 없고, 필요한 장소에서 필요한 발전이 가능하고, 유지보수가 용이하며, 무인화가 가능하고, 태양전지의 수명이 길고, 운전 및 유지 관리에 따른 비용을 최소화할 수 있고, 설비의 보수가 간단하고 고장이 적으며, 발전 부위가 반도체 소자이고 제어부가 전자 부품이므로 기계적인 진동과 소음이 없는 장점을 갖고 있다. 하지만, 전력 생산량이 지역별 일사량에 의존하고, 일사량에 따른 발전량 편차가 심하므로 안정된 전력 공급을 위한 추가적인 건설비 보완이 필요하고, 에너지 밀도가 낮아 큰 설치면적이 필요하고, 설치장소가 한정적이며, 시스템 비용이 비싸며, 태양전지의 가격이 비싸 태양광 발전 시스템을 건설하기 위해서는 많은 초기 투자가 요구되므로, 상용 전력에 비해 발전 단가가 높다는 단점이 있다.

9.2.3 태양전지 모듈

태양전지 모듈은 태양전지 셀을 직렬 및 병렬로 연결하여 태양빛을 비추면 일정한 전압과 전류를 발생시키는 장치로 용도에 따라 다양한 형태로 제작되어 있다. 태양전지 모듈은 여러 개의 셀을 원상태 혹은 잘라서 직렬 및 병렬로 연결시키고, 셀의 손상을 방지하기 위해서 알루미늄 성형 안에 front cover/filler/solar cell/filler/back sheet의 형태로제작하여 케이블과 배전반을 붙여서 만들어진다.

9.2.4 인버터

태양전지에서 만들어지는 전기는 직류이고, 가장 많이 쓰이는 전압은 12V와 24V이다. 태양전지에서 만들어지는 직류전류를 직접 사용하는 것이 가장 경제적이다. 가정용 전기는 220V 교류이기 때문에 가정용으로 사용하기 위해서는 직류를 교류로 전환해주어야 하는데 이때 사용되는 것이 인버터이다. 직류-교류 인버터는 태양전지에서 만들어진 12V직류를 220V로 전환시켜주는 장치이다. 인버터의 종류로는 계통 상호 작용형 인버터, 계통 연계형 인버터, 계통 의존형 인버터, 계통 주파수 결합형 인버터, 고주파 결합형 인버터, 단독 운전 방지 인버터, 독립형 인버터, 모듈 인버터, 변압기 없는 인버터, 스트링 인버터, 전력망 상호작용형 인버터, 전류 안정형 인버터, 전류 제어형 인버터, 전압 안정형 인버터, 전압 제어형 인버터 등 다양한 인버터가 있다. 인버터의 기능은 자동운전 정지기능, 최대전력추종 제어기능, 단독운전 방지기능, 자동전압 조정기능, 직류 검출기능, 직류 지락(grounding) 검출기능 등이 있다.

9.2.5 관련기기 및 부품

(1) 바이어스 소자와 역류방지소자

1) 바이패스소자

태양전지 셀에 그늘이 지면 그 부분의 셀은 발전하지 못하고 저항이 증가한다. 이러한 셀에 직렬로 접속된 회로에 전압이 인가되어 고저항의 셀에 전류가 흐르면 발열이 된다. 셀의 온도가 계속 높아지면 그 셀과 태양전지 모듈이 파손된다. 이러한 현상을 방지하기 위해서 전류를 우회하여 흐르게 하는 것이 바이패스소자이다.

2) 역류방지소자

이 소자는 태양전지 모듈에 다른 태양전지 회로와 축전지의 전류가 흘러 들어오는 것을 방지하기 위해 사용된다. 태양전지 모듈에 그늘이 지면 이와 병렬로 연결된 태양전지 어레이 사이에 출력전압의 불균형이 발생하고, 이 불균형 전압이 일정값이상으로 되면, 다른 어레이에서 전류를 공급받아 전류가 인버터 방향이 아닌 모듈 방향으로 흐른다. 이러한 전류의 역류를 방지하기 위해 역류방지소자를 설치한다. 또한 태양전지 어레이에 축전지가 설치되어 있는 경우 발전을 하지 않는 시간에는 태양전지가 축전지의 부하로 되어 축전기에서 태양전지로 전류가 흐른다. 이러한 전력 손실을 막기 위해서도 역류방지소자를 사용한다.

(2) 접속함

접속함은 전기적으로 연결된 회로를 내부에 밀폐시키거나 보호할 수 있는 용기이다. 접속함은 하나 혹은 여러 개의 연결이 가능하도록 만들어져있다.

1) 태양전지 어레이측 개폐기

태양전지 어레이를 점검·보수하거나 일부 태양전지 모듈에 이상이 생겼을 때 이 이상 부분을 분리하기 위해서 설치한다. 이 장치는 태양전지가 보낼 수 있는 최대의 직류전류를 차단할 수 있는 것을 사용해야 한다. 일반적으로 mold circuit breaker (MCCB)를 사용한다.

2) 주개폐기

주개폐기는 태양전지 어레이의 출력을 한 군데로 모은 후 출력조절기 (power conditioner)로 가는 회로의 중간에 삽입한다. 주개폐기는 어레이의 최대사용전압과 통과전류를 만족하는 것으로 사용해야 한다.

3) 기타 피뢰소자, 단자대, 수납함 등이 있다.

(3) 교류측 기기

교류측 기기로는 분전반과 적산전력량계가 있다

(4) 축전기

축전기의 종류로는 계통연계 시스템용 축전기, 독립형 전원시스템용 축전기가 있다.

9.2.6 전기 기초이론

전기 기초이론으로는 회로이론과 전기 계측을 다루고 있다.

(1) 회로이론

회로 이론은 일반적인 전압, 전류 및 저항의 특성을 다루고 있다. 회로 해석은 키르히호프의 전류 및 전압 법칙, 전압·전류의 합성, 사다리꼴 회로, 휘스톤 브리지 회로를 다루고 있다.

(2) 전기계측

전기 측정은 일반적인 측정의 정의, 측정의 종류, 측정의 단위와 차원, 전압 측정, 전류 측정, 전력 측정, 저항 측정, 인덕턴스 및 정전 용량 측정, Q미터에 의한 측정, 주파수 및 파형의 측정 등을 다루고 있다.

9.2.7 전자 기초이론

(1) 전자공학의 기초

전자공학의 기초에서는 전자이론 개요, 전자의 방출, 진공 내의 전자 운동, 고체 내의 전자 운동, 전자 회로 소자, 발진 및 변복조 등을 다루고 있다.

(2) 디지털 논리회로

디지털 논리회로는 게이트 회로 및 불대수의 응용, 조합 논리 회로, 순서논리회로, 계수기 회로를 다루고 있다.

(3) 전자계측

전자계측은 자기측정, 증폭기에 관한 측정, 디지털 계측 및 공정 계측을 다루고 있다.

9.3 태양광 발전 시스템 설계

태양광발전 시스템 설계는 태양광 발전 시스템 기획, 태양광 발전 시스템 설계, 도면작성 등으로 나누어져 있다.

9.3.1 태양광 발전시스템 기획

(1) 부지선정과 음영 분석

부지선정 시 고려해야 할 사항은 일사량과 일조량, 부지의 접근성 및 주변환경, 인·허가 관련 각종 규제, 전력계통 인입선 위치, 부지매입 가격 및 부대공사비용 등이다.

태양광발전소 부지선정 추진 절차는 다음과 같다. 지역 설정, 사전정보 조사, 현장조사, 지자체 방문 이용 가능성 확인, 토지이용 협의 및 소유자 파악, 태양광 규모 기획, 주변지역 지가조사, 소유자 협의 및 매입 결정, 매매계약 체결의 순으로 부지선정을 추진한다.

태양에너지는 대기를 통과하면서 공기분자, 먼지, 수증기 등에 의해 감소되는데 대기 중의 어느 한 점 혹은 지표의 어느 한 점에서 받는 태양 복사를 일사라 한다. 반면 일조란 태양의 직사광선이 구름이나 안개 등에 가려지지 않고 지표면에 비추는 것을 말한다.

(2) 경제성 분석 및 사업 타당성조사

경제성 및 사업 타당성 조사하는 방법은 비용·편익 분석법, 순 현재가치 분석방법, 내부수익률법 (internal rate of return, IRR), 원가 분석방법, 공사비 산정 등을 고려해야 한다.

(3) 인·허가 사항

태양광 발전사업을 하기 위해서는 다음의 항목을 인·허가 받아야 한다. (1) 전기(발전) 사업 허가, (2) 개발 행위 허가, (3) 환경 영향 평가, (4) 산지 전용 허가 및 입목 벌채 허가, (5) 농지 전용 허가, (6) 사방지 지정의 해제, (7) 사도 개설의 허가, (8) 무연분묘의 개장허가, (9) 초지 전용의 허가, (10) 전기 사업용 전기설비의 공사계획 인가 또는 신고, (11) 문화재 지표조사, (12) 건축물 허가, (13) 공작물 축조 신고, (14) 자연공원의 점·사용 허가, (15) 군사시설 보호지역 사용에 관한 협의, (16) 송전용 전기설비 이용 신청, (17) 발전회사 등록, (18) 사업용 전기설비의 사용 전 검사 등이다.

9.3.2 태양광 발전 시스템 설계

(1) 태양광 발전 시스템 설계 개요

태양광 발전시스템 설계 시 다음 사항을 고려해야 한다. (1) 태양광 발전시스템의 계획 절차, (2) 태양광 발전시스템 설계 시 갖추어야 할 기초자료, (3) 태양광 발전시스템 설계 순서, (4) 태양광 발전시스템 설계 시 고려사항

(2) 태양전지 어레이 설계

태양전지 어레이를 설계할 때는 어레이의 방위각과 경사각, 어레이용 가대 설계, 설치 가능한 태양전지 모듈 수 산출을 해야 한다.

(3) 태양광 발전 구조물 설계

태양광 발전구조물은 용량, 설치 형태, 설치 장소에 따라 구조와 재질이 결정된다. 구조물 타입별로는 일반 건물에 설치할 때는 지붕건재형, 지붕설치형, 벽건재형, 벽설치형, 차양형, 통라이트형 등이 있고, 대지에 설치할 때는 경사고정형, 경사변동형, 단축추적형, 양축추적형 등이 있다.

(4) 태양광 발전 시스템 전기설계

공공·산업용 태양광 발전 시스템을 설치하는 경우 계통연계기술 요건의 적합성, 태양전지 어레이 구성, 인버터와 접속함의 선정, 계통연계 보호장치의 선정, 시스템간의 전기적 접속 결정법 등을 고려하여 설계해야 한다.

(5) 관제시스템 설계

태양광 발전 시스템의 안전을 확보하기 위하여 울타리, 담, 방범카메라 등을 설치하여 감시활동을 하는 방범시스템의 설계, 낙뇌서지 (lighting surge)를 방지하는 피뢰소자 설계, 강풍, 지진 등으로부터 보호하기 위한 내진 설계, 화재로부터 보호하는 방화 설계, 염분이나 공해로부터 보호하기 위한 염·공해에 대한 설계가 추가되어야 하고, 시스템의 운전상태를 실시간으로 점검할 수 있는 모니터링 시스템도 설계에 포함해야 한다.

9.3.3 도면 작성

(1) 도면 기호

전기 도면 관련 기호에 맞추어 도면을 작성해야 한다.

(2) 설계도서 작성

설계도서는 공사계약에 있어서 발주자로부터 제시된 도면 및 그 시공기준을 정한 시방서류로 설계도면, 표준명세서, 특기명세서, 현장설명서 및 현장설명에 대한 질문 회답서를 총칭하여 설계도서라 한다. 시방서는 계획된 건물, 기계, 교량 등에 관한 요구사항, 규격, 재료 등에 관한 상세한 내용으로 정의할 수 있다. 시방서의 종류는 내용상, 사용목적상, 작성방법상, 명세제한상으로 분류하고 있다.

9.4 태양광 발전 시스템 시공

태양광 발전 시스템 시공은 태양광 발전 시스템 시공, 태양광 발전 시스템 감리, 송·배전 및 변전설비 등으로 되어 있다.

9-4-1 태양광 발전 시스템 시공

(1) 태양광 발전 시스템 시공 준비

1) 태양광설비 시공기준

태양광설비 시공기준은 태양 전지판, 전기배선 및 접속함, 인버터 및 기타로 분류해서 고려한다. 태양 전지판 시공 기준은 모듈, 설치용량, 방위각, 경사각, 일사시간을 고려하여 설치한다. 전기 배선 접속함은 연결전선, 커넥터, 태양 전지판 배선, 태양전지판 직·별렬상태, 역류방지 다이오드, 접속반, 접지공사, 전압강하, 전기공사를 고려하여 준공한다. 또한 인버터는 제품, 설치상태, 설치용량, 표시사항을 고려하여 설치한다. 그 외에 명판, 가동상태, 모니터링 설비, 운전교육, 신청자 및 설계자, 역류방지 다이오드 용량, 모듈 사양 등도 고려하여 설치해야 한다.

2) 태양광 발전 시스템 시공 절차

태양광 발전 시스템의 표준 설치공사는 다음 도표와 같다.

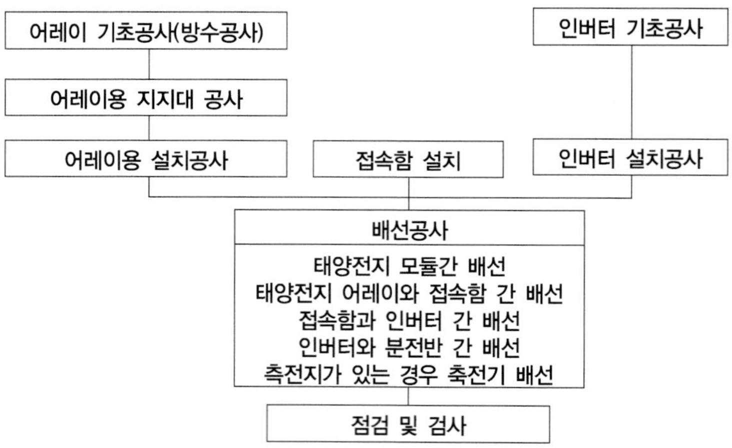

3) 태양광 발전 시스템 관련기기 반입 및 검사

공사용 자재 반입 시 기중기차를 사용하는 경우 사전에 전력회사와 협의 하에 전력 케이블 등을 보호하는 조치를 취해야 한다.

4) 태양광 발전 시스템 시공 안전대책

복장 및 추락 방지와 작업 중 감전 방지대책을 세우고 작업에 임해야 한다.

(2) 태양광 발전 시스템의 구성

1) 태양광 발전 시스템의 구성

태양광 발전 시스템의 기본 구성은 빛에너지를 전기로 전환하는 태양전지 어레이, 발전한 전기를 저장하는 축전기, 직류를 교류로 전환하는 인버터와 전력 품질 및 보호를 위한 power conditioning system이 있다.

2) 태양광 발전 시스템의 분류

태양광 발전 시스템은 상용 전력계통 연계 유무에 따라 독립형 태양광 시스템과 계통선 연계형 태양광 시스템이 있고, 어레이 설치 형태에 따라 추적식 어레이, 반고정형 어레이와 고정형 어레이가 있다.

(3) 배선 및 배관공사

1) 케이블

옥내 배선은 모듈 전용선, 구입이 쉽고 작업성이 편리하고 장기간 사용이 가능한 전선을 사용하고 옥외에는 UV 케이블을 사용한다.

2) 커넥터

태양전지 모듈 결선 시에는 접속 배선함 구멍에 맞추어 압착단자를 사용하여 견고하게 전선을 연결해야 하며 접속배선 연결부위는 방수용 커넥터를 사용한다.

3) 태양전지 모듈

태양전지 모듈을 포함한 모든 충전부분은 노출되지 않도록 배선하여야 하고, 바람에 흔들리지 않도록 130cm이내의 간격으로 단단히 고정하여 가장 많이 늘어진 부분이 모듈면에서 30cm내에 들어오도록 하고, 출력 배선은 군별 극성별로 확인할 수 있도록 표시한다. 이외에 태양전지 모듈간 직·병렬 배선, 태양전지 모듈과 인버터간 배선, 인버터와 분전반간 배선 등이 있다. 태양전지 모듈에서 인버터 입력단 간 및 인버터 출력단과 계통연계점 간의 전압강하는 각 3%를 초과하지 말아야 한다.

4) 태양전지 어레이 검사

태양전지 모듈의 배선이 끝나면 각 모듈의 극성확인, 전압확인, 단락전류 확인, 양극과의 접지여부 등을 확인한다.

5) 인버터의 설치

신재생에너지센터에서 인증한 인증제품을 설치해야하고 해당용량이 없을 경우 국제공인시험기관 (KOLAS), 제품인증기관(KAS) 또는 시험기관 등의 참고시험성적서를 받은 제품을 설치해야 한다.

6) 개폐기 및 차단기의 설치

태양전지 모듈에 접속하는 부하 측의 선로에는 그 접속함에 근접하여 개폐기와 유사한 기구를 설치해야 한다.

7) 역류방지 다이오드 설치

1대의 인버터에 연결된 태양전지 모듈의 2병렬 이상일 경우에는 역류방지 다이오드를 각 직렬군의 접속함에 설치해야 하고 이 접속함은 열을 외부로 방출할 수 있도록 환기구 혹은 방열 판을 설치해야 한다.

8) 방화구획 관통부의 처리

화재가 발생할 경우 벽, 바닥, 기둥 등을 통과하는 전선배관의 관통부분에서 다른 설비로 불이 번지는 것을 막기 위해 방화구획 관통부 처리를 난연성, 내열성 물질로 처리해야 한다.

(4) 접지공사

1) 접지공사의 종류 및 적용

태양광 발전설비는 누전에 의한 감전사고 및 화재로부터 인명과 재산을 보호하기 위해 전기설비기술 기준에 따라 지중 접지를 해야 한다.

9.4.2 태양광 발전시스템 감리

(1) 태양광 발전 시스템 감리 개요

1) 감리 개요

공사감리란 전력시설물공사에 대하여 발주자의 위탁을 받은 감리업자가 설계도서, 그 밖의 관계 서류의 내용대로 시공되는지 여부를 확인하고, 품질관리, 공사관리 및 안전관리 등에 대한 기술 지도를 하며, 관계 법령에 따라 발주자의 권한을 대행하는 것을 말한다.

2) 시방서의 종류

시방서는 시방서의 내용, 사용목적, 사용방법, 명세제한에 따라 4가지로 분류된다. 내용상의 분류로는 일반시방서, 기술시방서가 있고, 사용 목적에 따라서는 표준시방서, 특기시방서, 공사시방서, 가이드시방서, 개요시방서, 자재생산자시방서가 있고, 작성방법상으로는 서술시방서, 성능시방서, 참조규격이 있으며, 명세제한상의 분류로는 패쇄형시방서, 개방형시방서 등이 있다.

(2) 설계 감리

1) 설계 감리의 개념

설계란 전력시설물의 설치 보수 공사에 관한 계획서, 설계도면, 설계설명서, 공사비 명세서, 기술계산서 및 이와 관련된 서류를 작성하는 것이다. 설계 감리는 기본설계 또는 실시설계가 적합하게 시행되었는지 검토 확인하는 것을 말한다. 즉 설계 감리란 전력시설물의 설치 보수공사의 계획, 조사 및 설계가 전력기술기준과 관계법령에 따라 적정하게 시행되도록 관리하는 것을 말한다.

(3) 착공 감리

1) 행정업무

감리업자는 감리용역계약 즉시 상주 및 비 상주 감리원의 투입 등 감리업무 수행 준비에 대하여 발주자와 협의하여야 하며, 계약서상 착수 일에 감리용역을 착수해야 한다. 또한 업무연락처 등을 보고해야 한다.

2) 설계도서 등의 검토 및 관리

감리원은 설계도면, 설계 설명서, 공사비 산출내역서, 기술 계산서, 공사계약서의 계약내용과 해당공사의 조사 설계보고서 등의 내용을 완전히 숙지하여 새로운 방향의 공법 개선 및 예산 절감을 도모하도록 노력해야 한다. 또한 사무실 설치 및 설계도서 등의 관리, 설계도서 해석의 우선순위 등을 결정하여야 한다.

3) 공사 표지판설치

4) 착공신고서의 검토 및 보고

5) 공사관계자와 합동회의

6) 하도급 관련 사항

7) 현장 및 현지 여건조사

8) 인허가 업무 등을 준수토록 하여야 한다.

(4) 시공관리

1) 일반 행정업무

감리원은 감리업무 착수 후 빠른 시일 내에 공사의 내용, 규모, 감리원 배치인원수 등을 감안하여 각종 행정업무 중에서 최소한의 필요한 행정업무 사항을 발주자와 협의하여 결정하고, 이를 공사업자에게 통보해야한다. 이외에도 감리 기록관리, 감리 보고, 현장 정기교육, 감리원의 의견제시, 시공 기술자 교체, 제 3자의 손해방지, 공사업자에 대한 지시 및 수명사항 처리, 사진촬영 및 보관 등의 업무를 수행해야 한다.

2) 품질관리 관련 감리업무

감리원은 공사업자가 공사계약문서에서 정한 품질관리계획대로 품질에 영향을 미치는 모든 작업을 성실하게 수행하는지 검사, 확인 및 관리할 책임이 있다. 또한 중점 품질관리 방안 수립, 관리방법, 성능시험 계획, 품질관리 검사 요령, 검사성과에 관한 확인 등의 업무를 수행해야 한다.

3) 시공관리 관련 관리업무

감리원은 공사가 설계도서 및 관계 규정 등에 적합하게 시공되는지 확인하고, 시공업자가 작성하여 제출한 시공계획서, 시공 상세도 검토 확인 및 시공 단계별 검사, 현장설계변경 여건처리 등의 시공관리업무를 통해 시공목적물이 소정의 공기에 우수한 품질로 완공되도록 해야 한다. 그 이외에 금일 작업실적 및 계획서 검토 확인, 특수공법 검토, 기술검토 의견서, 주요기자재 공급원의 검토 승인, 주요 기자제 및 지급자재의 검수 및 관리, 지장물 철거확인, 현장상황 보고, 감리원의 공사 중지명령, 공상현장 정리 등의 업무를 수행해야 한다.

4) 설계변경 및 계약금액의 조정 관련 감리업무

감리원은 설계변경 및 계약금액의 조정업무 흐름을 참조하여 감리업무를 수행한다. 기타 물가변동으로 인한 계약금액의 조정, 설계변경 계약 전 기성고 및 지급자재의 지급 업무를 수행해야 한다.

5) 공정관리 관련 감리업무

감리원은 해당 공사가 정해진 공기 내에 설계 설명서, 도면 등에 따라 우수한 품질을 갖추어 완성될 수 있도록 공정관리의 계획수립, 운영, 평가에 있어서 공정진척도 관리와 기성관리가 동일한 기준으로 이루어질 수 있도록 감리해야 한다. 또한 공정관리 조직, 공사 진도 관리, 부진공정 만회대책, 수정 공정계획, 공정 보고 등의 업무를 수행해야 한다.

6) 안전관리 관련 감리업무

감리원은 공사의 안전 시공을 위해서 안전조직을 갖추도록 하고 안전조직은 현장 규모와 작업내용에 따라 구성하며 동시에 "산업안전보건법"에 명시된 업무가 수행되도록 조직을 편성하고, 안전관리 감리수행, 안전점검, 안전교육, 안전관리 결과 보고서 검토, 사고처리를 수행해야 한다.

7) 환경관리 관련 감리업무

감리원은 공사업자에게 시공으로 인한 재해를 예방하고 자연환경, 생활환경, 사회 경제 환경을 적정하게 관리, 보전함으로써 현재와 미래의 모든 국민이 건강하고 쾌적한 환경에서 생활할 수 있도록 "환경영향평가법"에 따라 환경영향평가 내용과 이에 대한 협의 내용을 충실히 이행하도록 해야 하고, 이에 따른 조직 편성,

환경관리책임자의 지정, 환경관리계획서 수립, 감리내용, 관리대장 비치, 환경영향 조사결과 통보 등의 업무를 수행해야 한다.

(5) 사용 전 검사

1) 법정검사

사용 전 검사는 전기사업법 제 61조의 규정에 의한 공사계획 인가 또는 신고를 필한 상용, 사업용 태양광 발전설비를 대상으로 한다. 사용 전 검사는 자가용 및 사업용 중 저압 배전계통 연계형 용량 200kW이하를 대상으로 하며, 200kW를 초과 시 한국전기안전공사의 "검사업무처리방법"에 의해 발전설비검사 담당부서에서 수리한다.

2) 태양광 발전설비 검사

자가용 태양광 발전설비 사용 전 검사 항목 및 세부검사, 자가용 태양광 발전설비 정기검사 항목 및 세부검사, 사업용 태양광 발전설비 사용 전 검사 항목 및 세부검사, 사업용 태양광 발전설비 정기검사 항목 및 세부검사로 구분하여 검사를 받는다.

(6) 기성부분 및 준공검사

1) 검사지침

감리원은 기성부분 검사원 또는 준공 검사원을 접수하였을 때는 신속히 검토, 확인하고, 기성부분 감리조서와 다음의 서류를 첨부하여 지체 없이 감리업자에게 제출해야 한다. 기성 및 준공검사는 계약에 소정 기일이 명시되지 않는 한 임명통지를 받은 날부터 8일 이내에 해당 공사의 검사를 완료하고 검사조서를 작성하여 검사 완료일로부터 3일 이내에 검사결과를 소속 감리업자에게 보고하여야 하며, 감리업자는 신속히 검토 후 발주자에게 지체 없이 통보하여야 한다.

2) 기성 및 준공검사

검사자는 해당 공사 검사 시에 상주 감리원 및 공사업자 또는 시공관리책임자 등을 입회하게 하여 계약서, 설계 설명서, 설계도서, 그 이외 관계 서류에 따라 검사해야 한다.

3) 불합격 공사에 대한 재시공 명령

검사자는 검사에 합격되지 아니한 부분이 있을 때에는 감리업자에게 지체 없이 그 내용을 보고하고, 감리업자의 지시에 따라 책임감리원은 즉시 공사업자에게 보완시공 또는 재시공을 하게 한 후 공사가 완료되면 다시 검사 절차에 따라 검사원을 제출하여, 감리업자는 해당 검사자에게 재검사를 하게 해야 한다.

4) 준공검사 절차

감리원은 공사 완료 후 사전 시운전이 필요한 부분에 대해서는 시운전 계획을 수립하여 시운전 30일 이내에 제출하도록 하고, 이를 검토하여 발주자에게 제출해야 한다. 감리원은 시공업자에게 시운전 절차를 준비하도록 하고, 시운전에 입회하여야 한다. 또한, 예비준공검사와 준공도면을 검토 확인한다. 감리원은 공사업자가 "전기공사업법" 제 24조에 따라 준공 표지판을 설치할 때는 보기 쉬운 곳에 영구적인 시설물로 준공 표지판을 설치하도록 조치해야 한다.

5) 시설물의 인수인계

감리원은 공사업자에게 해당 예비준공검사완료 후 14일 이내에 시설물의 인수, 인계를 위한 계획을 수립하도록 하고 이를 검토해야 하고, 해당 공사와 관련한 감리기록서류를 발주자에게 인계할 문서의 목록을 발주자와 협의하여 작성한다. 또한 감리원은 발주자 혹은 공사업자가 제출한 시설물의 유지관리지침 자료를 검토하여 유지관리 지침서를 작성하고 준공 후 14일 이내에 발주자에게 제출해야 한다.

9.4.3 송·배전 및 변전설비

(1) 송·배전설비 기초

1) 개요

송전이란 좁게는 발전소에서 변전소까지 전력을 수송하는 것을 말하고, 넓게는 발전소에서 일반 가정까지 전력수송을 말한다. 배전은 전력을 수용가에 공급하는 것을 말한다. 배전을 위해 전선, 개폐기, 보안장치 등을 설치할 때 사용되는 기구를 배선기구라 한다.

2) 지지물

지지물의 종류는 목주, CP주, 철주, 철탑 등이 있다. 지지물의 최소 길이는 저압의 경우 8m이고 고압의 경우는 10m이다.

3) 장주

장주는 높은 전압이 위로, 전용선이 위로, 원거리가 위로가게 설치한다.

4) 지선과 지주

지선의 설치는 지지물의 강도를 보강하고, 전선로의 안전성을 증대하고, 불평형 하중에 대한 평형을 이루고, 전선로가 건조물 등과 접근할 때 보안을 위해 설치한다.

5) 풍압하중의 종류 및 적용

가공 전선로에 사용하는 지지물의 강도 계산에 적용하는 풍압하중은 갑종 풍압하중, 을종 풍압하중, 병종 풍압하중 등 3가지가 있다.

6) 철탑의 설계

송전선로 건설은 굴착, 각입, 타설, 조립, 연선, 긴선 등의 순서로 설치한다.

7) 애자장치

애자의 사용은 송전선이나 전기기기의 나선부분을 절연하고 동시에 기계적으로 유지 또는 지지하기 위하여 사용되는 절연체이다. 애자의 구비조건은 절연저항이 강하고, 기계적 강도가 크고, 절연내력이 크고, 충격파에 견디고, 경제적이어야 한다.

8) 송전선로

송전선로 안정도를 증진하기 위해서는 직렬 리액턴스를 작게 하고, 전압변동을 작게 하고, 계통을 연계하고, 고압전류를 줄이고, 중간 조상방식을 채택하고, 고장 시 발전기 입출력의 불평형을 작게 한다.

9) 지중선로

지중선로의 장점은 도시의 미관에 좋고, 고장이 적고, 보안상의 위험이 적고, 재해 등에 따른 높은 신뢰도 요구에 맞고, 설비의 안정성에 유리하고, 수용밀도가 높은 지역에 대한 공급방법이다. 하지만 건설비가 비싸고 공사 및 보수가 곤란하다는 단점이 있다.

(2) 변전설비 기초

1) 변전의 의의

변전이란 발전소에서 받은 고압의 전력을 배전소에 보내기 위하여 적당한 전력으로 감압하는 것을 발한다. 변전소의 주요기능은 전압의 변성, 전력의 집중과 배분, 전기의 질 유지, 전압조정과 무효전류에 의한 손실경감, 계통설비 보호 등의 역할을 한다.

2) 변압기

변압기는 전자유도작용을 이용하여 한 권선에 공급한 교류전력을 다른 권선에 동일한 주파수의 교류전력으로 변환하는 정지 유도장치이다.

3) 부하 시 tap 절환장치

부하 시 tap 절환장치는 송전을 멈추는 일 없이 계통의 전압을 조정하는 설비로 변압기와 일체가 된 부하 시 tap 절환변압기를 사용한다.

4) 개폐장치

변전소에서는 다수의 송전선 혹은 배전선이 변압기, 조상설비와 함께 차단기, 단로기로 구성된 개폐설비를 매체로 모선에 접속되어 전력의 연계, 집중 및 배분을 행하고 있다.

5) 조상설비

조상설비는 무효전력을 조정하여 전압조정 및 전력손실의 경감을 도모하기 위한 설비이다. 현재의 송전계통은 부하의 변동에 대해 수전산 전압을 일정하게 유지하는 정전압 송전방식이 채택되고 있다.

6) 제어장치

제어장치는 변전소의 중추신경으로 운전원이 계통 및 기기상태를 감시하고 필요에 따라 기기조작 및 전압, 전류, 전력 등을 계측하며, 고장 시에는 보호계전기에 의해 자동적으로 이상을 검출하여 차단기를 동작시키고 고장부분을 회로에서 분리시키기 위한 지령을 발생시키는 배전반, 계기, 계전기, 기구, 제어케이블, 제어전선, 압축공기계 등을 말한다.

7) 보호 장치

전력 계통을 뇌해, 염해, 풍수해 등의 자연재해에 의한 고장과 계통 내부에 의한 이상전압 및 기기불량에 의한 전기적 사고로부터 미연에 방지하고, 고장발생 시 파급방지를 위해 가공지선(뇌 직격을 막기 위한 접지도체 설치), 피뢰기, 보호계전장치 등 각종의 보호 장치가 설치된다.

8) 계기용 변성기

고전압, 대전류를 직접 측정 보호할 수 없기 때문에 이를 계기용 변압기, 변류기, 전압전류변성기 등 적당한 전압과 전류로 바꾸어 측정함으로써 계통 및 설비를 보호할 수 있다.

9.5 신재생에너지 관련 운영

신재생에너지 관련 운영은 태양광 발전 시스템 운영, 태양광 발전 시스템 품질관리, 태양광 발전 시스템 유지보수, 태양광 발전설비 안전관리 등으로 구성되어 있다.

9.5.1 태양광 발전 시스템 운영

(1) 운영방법 및 사업개시

1) 태양광 발전 시스템 운영방법

이 시스템 운영 방법은 공통으로 시설용량 및 발전량이 있고, 관리로는 모듈, 인버터 및 접속함과 구조물 및 전선운영이 있다. 또한 설비가 가동되지 않을 경우 응급조치를 취해야 한다.

2) 사업허가증 발급방법

사업허가증 발급을 위해서는 사업허가 시 제출 서류와 사업계획서를 작성하여야 한다.

(2) 태양광 발전 시스템 운전

1) 태양광 발전 시스템의 구성요소

태양광 발전 시스템은 태양광 모듈, power control system (PCS), balance of system (BOS)로 크게 나누어진다. 태양광 어레이는 태양전지 모듈, 지지대, 태양전지 모듈 결선회로, 접지회로 및 출력단의 개폐회로도 이에 포함된다. 어레이는 절연저항, 내전압, 낙뢰 충격이나 접지저항 등에 대한 안정성 확보와 풍하중, 적설하중에도 견딜 수 있어야 한다. 태양전지에 그늘이 지면 그 부위가 저항으로 작용하여 모듈에 악영향을 미치는데 이를 방지하기 위하여 모듈 뒷면에 bypass diode를 사용한다. 또한 스트링와 스트링 사이에 전압 불균형이 발생하여 병렬로 연결된 어레이에 악영향을 막기 위해 blocking diode를 설치한다. 축전기에 모아둘 수 있는 전력의 용량에는 한계가 있기 때문에 충방전 컨트롤러를 사용하여 상한과 하한의 전압을 설정하여 사용해야 한다. 축전기는 납 축전기와 알칼리 축전기를 사용할 수 있다. Power control system에서 인버터는 직류전류를 교류로 전환하는데 사용이 된다. 계통 연계형인 경우 계통과 병렬운전을 하여야 하므로, 추가적으로 최고 전력점 추종, 고효율제어, 직류제어, 고조파 억제, 계통연계 및 보호기능, 단독운전 방지, 역조류 기능, 자동운전, 정지기능 등 다양한기능이 필요하다.

2) 태양광 발전 시스템 동작원리

① **계통 연계형 시스템**

계통 연계형 시스템에서 태양광 발전은 에너지를 공급하기 위해서 병렬로 한국전력 등 전력 계통에 연결된다. 각각의 시스템은 작은 발전소 역할을 하여 계통에 전력을 공급한다.

② **독립형 시스템**

독립형 시스템은 전력 계통과 연결되어 있지 않고, 생산된 전력을 생산된 장소에서 사용한다. 태양광 하에 생산된 전력은 축전기에 저장되어 태양이 뜨지 않은 상황에서도 에너지를 공급할 수 있게 한다.

③ **태양광 발전 시스템의 운전 및 관리**

태양전지 모듈이 바르게 시공되어 예상한 대로 전력이 생산되는지를 전압, 극성 측정, 단락전류의 측정, 비접지의 확인, 접지의 연속성 확인 등을 통하여 확인한다.

④ **태양광 발전 시스템 운영 점검사항**

태양광 발전 시스템은 법적으로 발전설비이고 이를 둘러싼 주위는 발전소로 취급되어 있어 자가용 전기시설물의 경우에는 법규 등에 따라서 정기적인 점검이 의무화되어 있다. 태양전지 모듈의 일상점검은 1개월 단위로, 법정점검은 설치 후 1년 및 4년 간격으로 외관, 각부 청소, 볼트배선 등의 이완, 절연저항 측정 등을 점검하는 것이 바람직하다. 인버터 및 연계보호장치도 일상점검은 1개월 법정점검은 설치 후 1년 및 4년 간격으로 점검하는 것이 바람직하다.

⑤ **태양광 발전 시스템 계측**

이 시스템의 계측기나 표시장치는 시스템의 운전상태 감시, 시스템의 발전 전력량 파악, 시스템의 성능을 평가하기 위한 데이터의 수집 및 시스템의 운전상황을 견학자에게 보여주고 시스템홍보 등의 목적으로 설치한다. 계측표시에 필요한 기기로는 검출기 (센서), 신호변환기 (트렌스듀서), 연산장치, 기억장치 등이 있다.

9.5.2 태양광 발전 시스템 품질관리

(1) 성능평가

1) 성능평가 개념

성능평가 분석은 태양광 발전 시스템 전반적인 측면의 사이트 개요, 설치 비용, 발전성능, 신뢰성 등으로 크게 분류하여 평가 분석할 필요가 있으며, 발전 성능은 시스템의 전체적 성능과 구성요소의 성능으로 분류하여 평가 분석이 필요하다.

2) 성능평가를 위한 측정요소

일반적인 성능은 시스템 성능평가 분류, 사이트 평가방법, 설치비용 평가방법, 신뢰성 평가 분석 등으로 나누어 볼 수 있다.

(2) 품질관리 기준

(1) KS 기준 규격

KS 기준 규격은 결정계 태양전지 셀 분광 감도 특성 측정방법 (KS C 8525), 결정계 태양전지 모듈 출력 측정방법 (KS C 8526), 결정계 태양전지 셀, 모듈 측정용 솔라 시뮬레이터(KS C 8527) 등 14개의 표준 측정법이 있다.

(2) IEC 기준 규격

1) 건축 전기설비 - 제 7부–712부 : 특수 설비 또는 장소에 대한 요구사항 –태양전지 전원 시스템 (KS C IEC 60364–7–712)

2) 태양전지 소자–제1부 : 태양전지 전류–전압 특성측정 (KS C IEC 60904–1)

3) 태양전지 소자–제2부 : 기준 태양전지 소자의요구사항 (KS C IEC 60904–2) 등 32부로 나누어져 있다.

9.5.3 태양광 발전 시스템 유지보수

(1) 발전설비의 유지관리

1) 점검의 종류

태양광 발전 시스템의 점검은 크게 준공시 점검과 일상점검 및 정기점검의 3 가지로 구분된다.

① **시스템 준공시의 점검 :** 태양광 발전 시스템의 공사가 완료되면 시스템을 점검해야 한다. 점검내용은 육안점검 외에 태양전지 어레이의 개방전압 측정, 각부의 절연저항 측정, 접지저항 측정을 해야 한다.

② **일상점검 :** 일상점검은 주로 육안점검에 의해서 매월 1회 정도 실시한다.

③ 정기점검: 정기점검의 주기는 법에서 정한 용량별 횟수가 정해져 있다. 100kW이상의 경우는 격월 1회로 되어 있다. 일반 가정 등에 설치되는 3kW 미만의 경우는 법으로 정기점검을 하지 않아도 된다.

2) 점검방법과 시험방법

① **외관검사 :** 태양전지 모듈의 파손이나 표면 유리 금 여부확인, 배선 케이블 점검, 접속함 인버터 점검, 축전지 및 기타 주변기기의 점검으로 나눌 수 있다.

② **운전상황의 확인 :** 소리, 진동, 냄새에 주의하여 점검을 하고 운전상황을 점검시 발전량이 평소와 크게 다르면 제작사나 전문가에게 문의해야 한다.

③ **태양전지 어레이 출력 확인 :** 태양광 발전 어레이는 다수의 태양전지 모듈을 직렬 및 병렬로 접속하여 태양전지 어레이를 구성한다. 따라서 설치된 곳에서

접속작업을 하는 곳이 있고, 이러한 접속이 바로 되었는지 정확히 확인해야 한다.

④ **절연저항의 측정 :** 태양광 발전 시스템의 각 부분의 절연상태는 발전하기 전에 충분히 확인할 필요가 있다. 운전 개시나 정기점검의 경우는 물론 사고 시에도 불량개소의 판정을 하고자 하는 경우에 실시한다.

⑤ **절연내압의 측정 :** 일반적으로 저압회로의 절연은 제작회사에서 충분한 절연유지 후에 제작되고 있다. 또한 절연저항을 측정하여 확인할 수 있는 경우가 많기 때문에 설치 장소에서의 절연내압시험은 생략되는 것이 일반적이다. 이 외에도 접지저항 측정 및 계통연계 보호 장치의 시험 등이 있다.

(2) 송변전 설비의 유지관리

1) 점검의 분류와 점검주기

점검을 위해서 제약조건이 필요하며 제약조건과 점검에 대한 사항은 다음과 같다.

	문의개폐	커버류 분류	무정전	회로정전	모선정전	차단기인출	점검주기
일상순시점검	–	–	O	–	–	–	매일
	O	–	O	–	–	–	1회/월
정기점검	O	O	–	O	–	O	1회/6개월
	O	O	–	O	O	O	1회/3년
일시점검	O	O	–	O	O	O	–

2) 보수점검 시 유의사항

점검 전에는 응급처치방법, 주변정리, 설비 및 기계의 안전을 확인하고, 회로도를 확인하며, 신속한 연락 유무 확인 및 무전압 상태와 안전조치를 취한다. 점검 후에는 접지선을 제거하고, 최종적으로 작업자위치, 점검을 위한 가설물 철거 여부, 공구 확인, 곤충, 쥐의 존재여부 및 점검 기록을 확인한다.

3) 공통 점검사항

금속 부분에 녹이 슬거나 도장이 벗겨진 부분은 보수점검 항목이며, 비상정지회로는 정기점검 시 동작확인을 반드시 하고, 배전반 부근에서 건축공사 등이 있을 때는 먼지 또는 진동에 의한 충격으로 기기에 손상이 일어나지 않도록 주의한다.

4) 일상순시 점검사항

일상순시 점검 시 배전반은 외함, 모선 및 지지물, 주회로 인입 인출부, 제어회로의 배선, 단자대, 접지 등을 점검하고, 내장기기, 부속기기는 주 회로용 차단기, 배선차단기, 누선차단기, 단로기, 변성기, 변압기 리엑터, 주회로용 퓨즈 등을 점검한다.

5) 정기점검 사항

정기점검 시는 배전반에 대해 외함, 배전반, 모선 및 지지율, 주회로 인입, 인출부, 배선, 단자대, 접지, 장치일반을 점검하고, 내장기기, 부속기기는 주회로차단기, 배선용차단기, 단로기 교류부하개폐기, 변성기, 변압기, 주회로용 퓨즈, 피뢰기, 전력용 콘덴서, 지시계기, 계전기, 조작 개폐기, 절연 개폐기, 표시등 표시기, 경보기, 시험용 단자, 제어회로용 저항기, 히터, 고압 전자 접촉기, 저압 전자 접촉기, 제어 회로용 퓨즈, 부속기기, 반외 부속기기, 예비품 등을 점검한다.

6) 처리

일상 정기점검에 의한 처리는 주기적인 청소와 볼트 조임을 해주고, 절연물을 보수해주며 부품도 필요에 따라 교체해준다.

(3) 모니터링 데이터를 이용한 유지보수 방법

1) 모니터링 설비 설치 기준

모니터링 설비의 경우 50kW 이상의 발전설비에 대해 의무적으로 설치하도록 하였다.

2) 모니터링 시스템의 설치

모니터링 시스템은 태양광 발전 시스템의 동작상태, 고장발생 유무, 시스템 종합 점검 등을 위하여 감시 및 측정할 수 있도록 소프트웨어를 구성해야 한다. 모니터링 시스템은 10kW 미만의 태양광 발전 시스템의 경우 모니터링 설비를 설치하지 않아도 된다. 전문업체들은 웹을 통해 모니터링을 한다.

9.5.4 태양광 발전설비 안전관리

(1) 태양광 발전 시스템의 위험요소 및 위험관리 방법

1) 안전관리의 개요

① **예방업무 :** 시설물 및 작업장 위험방지, 안전장치, 보호구, 소화설비 설치 점검 정비, 안전작업 관련 훈련 및 교육, 소화 및 피난 훈련

② **긴급조치 및 일상 업무 :** 사고원인 및 경위조사와 대책수립, 안전관리인원 감독, 현장안전일지 등 기록의 작성 비치, 산재 관련업무, 근로자 재해사항 업무처리, 안전관리비 실행 집행 및 관리, 기타 안전보건관리규정에서 정한 사항

2) 안전관리자 선임 및 관련 법령

태양광 발전설비는 안전관리자가 선임되어야 하고, 1000kW 미만인 것은 안전관리 업무를 대행할 수 있으며, 그 이상의 용량인 경우 상주 안전관리자를 선임해야하며, 또한 개인이 대행할 경우 250kW 미만까지만 안전관리업무의 대행을 할 수 있다. 대행 전기안전관리자의 자격은 전기안전관리업무를 전문으로 하는 자로서 자본금 및 보유하여야하는 기술인력 등 대통령령이 정하는 요건을 갖춘 자 또는 시설물관리는 전문으로 하는 자로서 분야별 기술자격을 취득한 사람을 보유하고 있는 자로 규정되어 있다.

3) 태양광 발전 시스템의 안전관리 대책

태양광 발전 시스템은 전기를 다루는 작업이 많고 무겁고 위험한 구조물을 다루는 업무를 하게 되므로 안전관리의 주요한 사항은 모듈 설치 시, 전선작업 설치 시, 구조물 설치 시 일어나는 추락사고, 접속함과 인버터 연결 시, 임시 배선 작업 시 일어나는 감전사고가 많다. 이에 대해 작업자는 자신의 안전 확보와 2차 재해 방지를 위해 작업에 적합한 복장을 갖추어야 한다. 태양전지 모듈은 종류에 따라 직류 25~35V 정도이지만 모듈을 직류에 필요한 만큼 연결하면 말단 전압은 250~450V나 450~820V까지의 고전압이 된다. 따라서 작업자는 감전 방지를 위해 안전대책을 세워야 한다.

(2) 안전관리 장비

태양광 발전 시스템의 안전관리 장비는 멀티미터, 클램프미터, 온도계, 적외선 온도측정기, 소화기, 안전모, 안전장갑, 방진 마스크, 휴대용 손전등 등이 있다.

9.6 | 태양광 발전설비 실무

태양광 발전설비 실무는 사업 인·허가, 유관기관과의 업무협의, 태양광 발전사업 추진 시 기타 검토사항, 신재생에너지 관련 법규, 태양광 발전사업 검토, 태양광 설비운영 및 유지보수로 구성되어 있다.

9.6.1 사업 인·허가

(1) 전기사업 허가

1) 정의

전기사업은 국민생활과 산업 활동에 필수적인 공공재산이고 막대한 투자와 상당기간의 건설 기간이 필요하므로, 전기사용자의 이익 보호와 건전한 전기산업 육성을 위해 적정한 자격과 능력이 있는 자만이 전기사업에 참여할 수 있도록 하기 위함이다.

2) 허가권자

- 3,000kW 초과 설비 : 산업통상자원부 장관
- 3,000kW 이하 설비 : 시·도지사

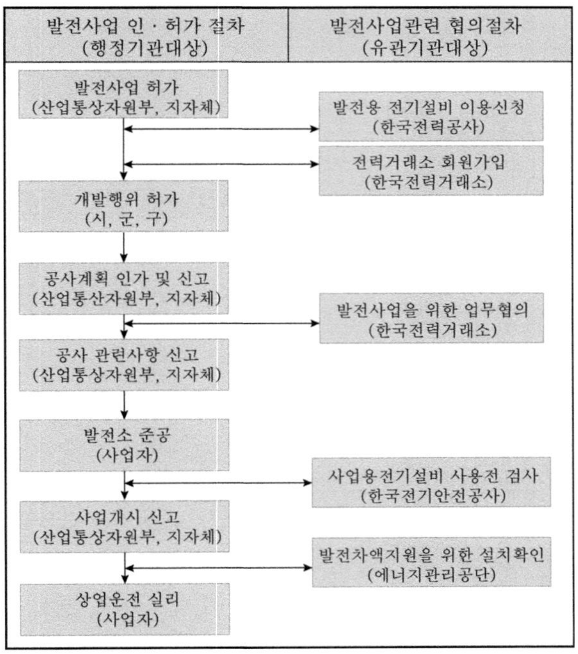

3) 관련 법령

전기사업법 제7조(사업의 허가), 제12조(사업허가의 취소)

전기사업법 제4조, 제62조

4) 허가 기준

허가 기준은 전기사업 수행에 필요한 재무능력 및 기술능력이 있고, 전기사업이 계획대로 수행될 수 있으며, 발전소가 특정지역에 편중되어 전력계통의 운영에 지장을 초래하여서는 안되고, 발전연료가 어느 하나에 편중되어 전력수급에 지장을 초래하여서도 안 된다. 허가 변경은 사업구역 또는 특정한 공급구역이 변경되는 경우, 공급전압이 변경되는 경우, 설비용량이 변경되는 경우 산업통상자원부 장관 또는 시·도지사의 변경허가를 받아야 한다. 또한 사업 준비기간 내에 전기설비의 설치 및 사업의 개시를 하지 아니한 경우 전기위원회의 심의를 거쳐 허가를 취소한다.

(2) 개발행위 허가

1) 정의

개발행위 허가제는 국토의 이용계획 및 이용에 관한 법률에 따라 개발계획의 적정성, 기반시설의 확보여부, 주변 환경과의 조화 등을 고려하여 개발행위에 대한 허가여부를 결정함으로써 난개발을 방지함을 목적으로 한다.

2) 허가권자

시장, 군수, 구청장

3) 관련 법령

국토의 계획 및 이용에 관한 법률 제56조 ~ 제65조

동법 시행령 제51조 ~ 제61조

동법 시행규칙 제9조 ~ 제10조

4) 이행 보증금제도 (국토의 계획 및 이용에 관한 법 제60조)

해당 지자체장은 개발행위 허가 시 기반시설의 설치 또는 필요한 용지 확보, 위해방지, 환경오염방지, 경관, 조경 등을 위해 필요성이 인정되는 경우 이행보증금을 예치하게 할 수 있다. 이행보증금의 예치금액은 총공사비의 20% 범위 안에서

결정하며, 구체적인 산정방법은 해당지자체 도시계획조례에 따른다.

위의 내용 이외에 사전 환경성 검토·협의, 산지전용 허가 및 입목 벌채 허가, 농지전용 허가, 사방지 지정의 해제, 시·도개설의 허가, 초지전용의 허가, 문화재 지표조사, 건축물 허가, 공작물 축조 신고, 자연공원의 점·사용 허가, 군사시설 보호지역 사용에 관한 협의 등을 거쳐야 한다.

9.6.2 유관 기관과의 업무협의

유관기관과의 업무협의 내용은 송전용 전기설비 이용신청 (한국전력공사), 발전회사 등록 (한국전력거래소), 사업용 전기설비의 사용 전 검사 (한국전기안전공사), 발전차액 지원을 위한 설치확인 (에너지관리공단) 등을 협의해야 한다.

9.6.3 태양광 발전 사업 추진 시 기타 검토사항

태양광 발전 사업추진 시 검토할 사항은 주민들과의 사전협의, 태양광 발전 환경가이드라인을 검토 확인해야 한다.

9.6.4 신재생에너지 관련법규

신재생에너지 관련법규는 다음의 법규에 해당된다.

1) 신에너지 및 재생에너지 개발·이용·보급 촉진법 제 1조 ~ 제 35조
2) 에너지법 : 제 1조 ~ 제 20조
3) 에너지이용 합리화법 : 제 1조 ~ 제 78조
4) 저탄소 녹색성장 기본법 : 제 1조 ~ 제 64조
5) 전기사업법 : 제 1조 ~ 제 108조
6) 전기공사업법 : 제 1조 ~ 제 46조

9.6.5 태양광 발전 사업 검토

태양광 발전 사업 시 검토사항은 다음과 같다.

1) 경제성 분석
2) 제도

3) 건물상부 RPS제도 활용 및 태양광 건립 시 수익분석
4) 태양광 설계의 구성도
5) 태양광 발전 시스템 분류
6) 용도 및 부하 산정
7) 태양광 발전 시스템의 종류
8) 설치장소 및 방식 선정
9) 소용량 발전시스템
10) 인버터
11) 전선의 규격 및 전압강하 검토
12) 중·대용량 발전시스템
13) 시스템구성 기기용량 선정
14) 시공 시 감리의 절차

9.6.6 태양광 설비운영 및 유지보수

(1) 사용 전 검사 시험성적서 확인방법

공인시험은 국내공인기관 (산업기술혁신축진법 시행령 17조, 전기연구원), 국내공인시험기관 (국가표준기본법 제 23조, 전기연구원, 전기안전공사), 해외공인시험기관 (운영요령 제 36조, 시험소 상호인정기구 시험소)로부터 형식 시험성적서를 발급받아 검수시험성적서 (공인시험기관), 자체시험성적서 (제작사) 및 참고 시험성적서(공인시험기관)를 발급받는다. 제품인증은 제품인증기관 (국가표준기본법 제 21조, 한국전기연구원, 전기안전공사)으로부터 V-check마크 인증서를 발급받아 인증기관으로부터 자체시험성적서 (제작사)를 발급받는다.

(2) 전기 안전공사 사용 전 검사

검사대상 범위는 신설인 경우 자가용, 사업용으로 구분하여 사용 전 검사를 받는다.

9.7 신재생에너지 관련 법규

신재생에너지 관련 법규는 신재생에너지관련법(신에너지 및 재생에너지 개발 이용 보급 촉진법, 저탄소 녹색성장 기본법), 전기관계 법규(전기사업법, 전기공사업법, 전기설비기술기준, 전기설비기술기준의 판단기준)으로 구성되어 있다.

9.7.1 신재생에너지 관련법

(1) 신에너지 및 재생에너지 개발·이용·보급 촉진법

1) 목적

신에너지 및 재생에너지 개발·이용·보급 촉진법은 신에너지 및 재생에너지의 기술개발 및 이용·보급 촉진과 신에너지 및 재생에너지 산업의 활성화를 통하여 에너지원을 다양화하고, 에너지의 안정적인 공급, 에너지 구조의 환경친화적 전환 및 온실가스 배출의 감소를 추진함으로써 환경의 보전, 국가경제의 건전하고 지속적인 발전 및 국민복지의 증진에 이바지함을 목적으로 한다.

2) 용어 정의

신에너지 및 재생에너지란 기존의 화석연료를 변환시켜 이용하거나 햇빛, 물, 지열, 강수, 생물유기체 등을 포함하는 재생 가능한 에너지를 변환시켜 이용하는 에너지를 말한다.

이외에 법령으로는, 시책과 장려, 기본계획과 연차별 실행계획, 신재생에너지 기술개발 등에 관한 계획의 사전협의, 신재생에너지 정책심의회, 사업비의 조성 및 사업의 실시, 신재생에너지 사업에의 투자권고 및 신재생에너지 이용의무화, 신재생에너지 이용 건축물에 대한 인증, 신재생에너지 공급, 신재생에너지공급 불이행에 대한 과징금, 신재생에너지 공급인증서, 공급인증기관, 신재생에너지 설비의 인증, 신재생에너지 설비 인증의 표시, 설비인증의 취소 및 성능검사기관 지정의 취소, 수수료, 발전차액의 지원 중단 및 환수, 재정 신청, 신재생에너지 기술의 국제표준화 지원, 신재생에너지 설비 및 그 부품의 공용화, 신재생에너지 설비 설치전문기업의 신고, 청문, 관련 통계의 작성, 국유재산·공유재산의 임대, 보급사업, 신재생에너지 기술의 사업화, 재정상 조치, 신재생에너지의 교육·홍보 및 전문인력 양성, 신재생에너지 센터, 권한의 위임·위탁, 벌칙 적용 시의 공무원 의제, 벌칙 등에 대해 법을 제정 시행하고 있다.

(2) 저탄소 녹색성장 기본법

1) 목적

저탄소 녹색성장 기본법은 경제와 환경의 조화로운 발전을 위하여 저탄소녹색성장에 필요한 기반을 조성하고 녹색기술과 녹색사업을 새로운 성장동력으로 활용함으로써 국민경제의 발전을 도모하며 저탄소 사회 구현을 통하여 국민의 삶의 질을 높이고 국제사회에서 책임을 다하는 성숙한 선진 일류국가로 도약하는 데 이바지함을 목적으로 한다.

2) 용어 정의

용어 정의는 저탄소, 녹색성장, 녹색기술, 녹색사업, 녹색제품, 녹색생활, 녹색경영, 지속가능 발전, 온실가스, 온실가스 배출, 지구온난화, 기후변화, 자원순환, 신재생에너지, 에너지 자립도 등에 대해 정의하고 있다.

이외에 저탄소 녹색성장 추진의 기본원칙, 저탄소 녹색성장의 실현을 위한 책무, 다른 법률과의 관계, 저탄소 녹색성장 국가 전략, 중앙행정기관의 추진계획 수립 및 시행, 지방자치단체의 추진 계획 수립 및 시행, 추진상황 점검 및 평가, 정책에 대한 의견 제시, 녹색 성장위원회, 저탄소 녹색성장의 추진, 저탄소 사회의 구현, 녹색생활 및 지속가능발전의 실현, 보칙 등을 법으로 규정하고 있다.

9.7.2 전기 관계법규

(1) 전기 사업법

전기 사업법은 총칙, 전기사업, 전력수급의 안정, 전력시장, 전력사업의 기반조성, 전기 위원회, 전기설비의 안전관리, 한국전기안전공사, 토지 등의 사용, 보칙, 벌칙 등을 법으로 규정하고 있다.

(2) 전기공사업법

전기공사업법은 총칙, 공사업의 등록, 도급 및 하도급, 시공 및 기술관리, 공사업자 단체, 감독, 보칙, 벌칙 등을 법으로 규정하고 있다.

(3) 전기설비기준

전기설비기준은 총칙, 전기공급설비 및 전기사용설비에 대해 법으로 규정하고 있다.

(4) 전기설비기술기준의 판단기준

이 장에서는 총칙, 발전소, 변전소, 개폐소 또는 이에 준하는 곳의 시설, 전선로, 전력보안 통신설비, 전기 사용 장소의 시설, 전기철도, 국제표준 도입, 지능형 전력망 등에 대해 법으로 규정, 시행하고 있다.

예제 9.1

1. 다음 중 신에너지로 볼 수 없는 것은?

1) 연료전지　　2) 석탄 액화 에너지
3) 바이오에너지　　4) 중질잔사유 가스화 에너지

2. 다음 중 정부의 신재생에너지 기반조성사업에 속하는 것은?

1) 그린홈100만호 조성을 위한 보급사업
2) 융자지원제도
3) 시범보급사업
4) 신재생에너지 의무할당제(RPS)

3. 태양광 발전 시스템의 구성으로 틀린 것은?

1) 모듈　　2) 축전기
3) 인버터　　4) 송변전설비

4. 다음 중 태양열 발전의 특징으로 가장 틀린 것은?

1) 유지보수비가 적다.
2) 밀도가 낮고, 간헐적이다.
3) 유가의 변동에 따른 영향이 적다.
4) 기존의 화석에너지에 비해 지역적 편중이 적다.

5. 다음 중 태양광 발전의 특징에 관한 설명 중 틀린 것은?

1) 필요한 장소에서 필요량 발전이 가능하다.
2) 설비의 보수가 간단하고 고장이 작다.
3) 운전 및 유지 관리에 따른 비용을 최소화할 수 있다.
4) 에너지밀도가 크므로 작은 설치면적이 필요하다.

6. 단결정 실리콘 태양전지의 특징이 아닌 것은?

1) 실리콘의 원자배열이 규칙적이다.
2) 변환효율이 낮다.
3) 배열방향이 일정하여 전자이동에 걸림이 없다.
4) 일조량이 적을 때도 비교적 발전이 양호하다.

7. 태양전지 모듈을 측정할 때 표준상태의 온도, 분광분포, 방사조도는?

1) 20°C, AM1, 1,000W/m^2
2) 25°C, AM1, 1,000W/m^2
3) 20°C, AM1.5, 1,000W/m^2
4) 25°C, AM1.5, 1,000W/m^2

8. 태양전지 모듈을 구성하는 부품이 아닌 것은?

1) 셀
2) 프레임
3) 인버터
4) 프론트 커버

9. 태양전지 모듈에 다른 태양전지 회로와 축전기의 전류가 흘러들어오는 것을 방지하기 위해 설치하는 것은?

1) 분전반
2) 주개폐기
3) 바이패스소자
4) 역류방지소자

10. Campbell bridge는 주로 무엇을 측정하기 위하여 사용되는가?

1) 고저항
2) 상호 인덕턴스
3) 정전용량
4) 컨덕턴스

정답 : 1. (3) 2. (4) 3. (4) 4. (3) 5. (4) 6. (2) 7. (4) 8. (3) 9. (4) 10. (2)

연습문제

1. 신재생에너지의 정의와 종류에 대해 쓰시오.

2. 태양열 에너지의 장단점을 쓰시오.

3. 태양광 발전의 원리를 간략히 쓰시오.

4. 태양광 발전 시스템의 구성요소를 쓰시오.

5. 신재생에너지의 기술개발 및 이용보급을 촉진하기 위한 기본계획은 누가 수립하여야 하는가?

6. 태양광 발전 시스템 설계 시 갖추어야 할 기초자료 6가지는 무엇인가?

제10장

태양전지 응용

10.1 | 국내 · 외 태양전지 보급

태양에너지를 이용한 태양광 발전의 핵심소자인 태양전지는 1839년 프랑스 과학자 Becquerel이 전해질 속에 담겨진 2개의 금속전극으로부터 발생하는 전력이 빛에 노출 시 그 세기가 증가하는 광기전력 효과를 발견한 것으로부터 그 역사가 시작되었다. 1954년 미국 Bell Lab에서 실리콘을 소재로 한 최초의 태양전지가 개발되었고, 1958년 우주선 Vanguard I호의 전원공급용으로 최초로 실용화되기에 이르렀다. 1970년대 2차례의 석유파동을 겪으면서 미국, 유럽, 일본 등에서의 체계적이고 집중적인 연구개발에 힘입어 1980년대부터 제한적이긴 하지만 지상 발전용으로 활용이 시작되었고, 이어서 에너지 환경 문제가 지구적 차원의 문제로 부각됨에 따라 최근 가장 유망한 에너지 기술의 하나로 인식되기에 이르렀다. 지난 30년 기간 미국, 일본, 독일을 중심으로 한 기술개발의 결과로 태양전지의 효율은 높아지고 생산단가는 크게 낮아져 경제성이 점점 더 좋아지고 있다.

10.1.1 태양전지의 활용

최초의 태양전지는 통신위성의 전원공급용으로 사용되었고, 전 세계의 산간 오지나 사막지역에 사는 주민들에게도 통신용이나 라디오 수신, 야간 조명용으로 최소한의 전기가 필요한데, 가장 이상적인 것이 바로 태양전지이다. 전 세계 인구 중에서 약 16억 명이 아직까지 전기의 혜택을 누리지 못하고 있는데, 태양광을 통해 이들도 최소한의 문명의 혜택을 누리고 삶의 질을 높일 수 있을 것이다. 특수한 용도로만 사용되던 태양전지는 가격이 크게 내려가면서 현재는 우리 주변에까지 널리 파급되고 있는데, 주택 및 건물용과 수 MW 급의 대규모 태양광 발전소에 사용되고 있다. 일조량은 좋지만 불모지에 가까운 사막 지대가 넓게 분포되어 있는데, 그 면적의 약 4%만 태양전지로 덮으면 전 세계가 필요로 하는 에너지를 모두 충당할 수 있다. 그리고 태양전지로 구동되는 태양광 자동차(Solar Car), 태양광 비행기 등도 주목을 받고 있다. 미래에는 지상보다 햇빛이 강한 우주에서 태양전지를 넓게 펼쳐 생산한 전기를 지구로 보내는 이른 바 우주 태양광 발전도 그 모습을 보이게 될 것이다. [표 10.1]은 태양전지의 용도를 구분한 것이다.

태양전지 시장은 [그림 10.1]과 같이 규모 면에서 크게는 지상발전용, 소규모 전자제품의 전원공급용, 그리고 우주용으로 나눌 수 있다. 지상발전용은 다시 계통연계 유무에 따라 독립형 태양광 발전시스템과 계통연계형 태양광 발전시스템으로 구분되고, 다시 독립형 태양광 발전시스템은 주민의 전원공급용과 특수 목적의 용도 (통신용, 해양, 도로교통, 환경 개선 등 다수)로 구분한다. 그리고 계통연계형시스템은 규모에 따라 소규모 분산배치형 시스템[그림 10.2,3]과 대규모 발전용 시스템[그림 10.4]으로 구분한다.

[표 10.1] 태양전지의 활용분야

분 야	용 도
통신시설	무선중계기, 방송중계국
항공보안	항공장애등, 항공보안 및 지원시설
기상 · 하천관측	각종 텔레미터, 텔레미터 중계국 하천, 댐 관리, 홍수경보
해양	등대, 등부표, 해상텔레미터, 선박 비상전원
도로 · 교통	가로등, 도로표시판, 긴급전화, 무인신호등
산업기기	산업용 전원공급
농 · 어 · 축산업	배수펌프, 배양시스템, 온실
환경 개선	오수 정화, 호수 정화, 환경 감시
재해 · 안전	지진, 화재 시 비상 전원, 산불 감시 카메라
교육 · 오락	광검출기, 완구, 조도계, 교육기기
전자 제품	시계, 라디오, 계산기, 무전기, 휴대전화, PC
주택 · 건물	주택, 건물 전원 공급
대규모 발전소	계통연계 집중식 발전시스템
자동차	태양광자동차, 전기자동차 보조전원
항공 · 우주용	인공위성, 우주발전, 탐사, 비행선, 비행기

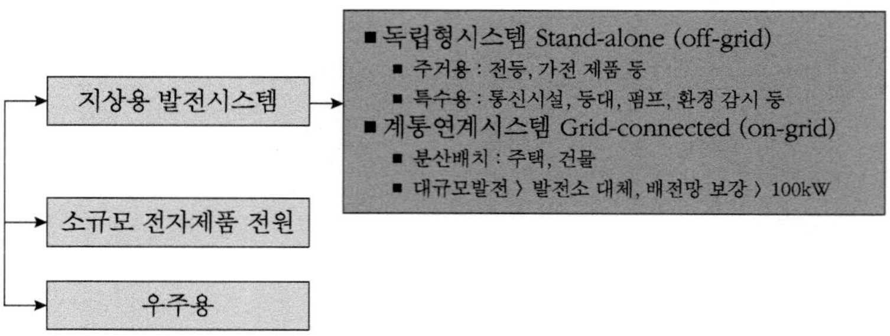

[그림 10.1] 태양전지 시장의 분류

[그림 10.2] 단독주택용 태양광 시스템

[그림 10.3] 아파트, 공동주택 태양광 시스템

[그림 10.4] MW 급 태양광 발전소

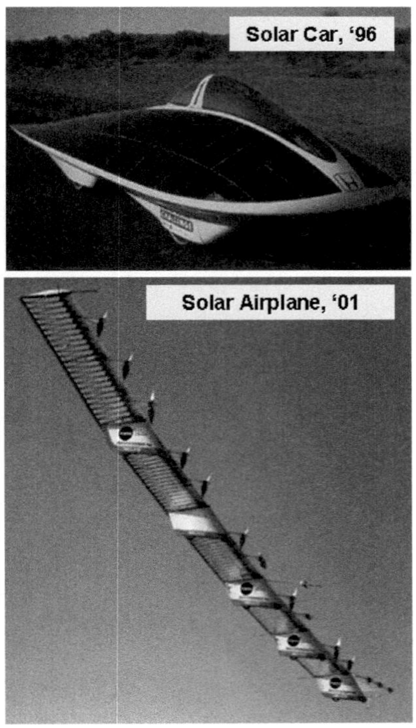

[그림 10.5] 태양광 구동 자동차 및 비행기

[그림 10.6] 태양광 구동 우주정거장 및 탐색용 로버

[그림 10.7] 소규모 (50 W 미만) 태양전지 응용제품

10.1.2 전 세계 태양전지 보급

[그림 10.8]의 지역별로 전 세계 태양전지 설치보급량(시장) 누계의 추이에 나타난 바와 같이 태양전지 시장은 매년 큰 폭으로 성장하고 있으며, 2012년에는 전 세계에서 약 31,000MW (원자력발전소 1기 용량이 1,000MW = 1GW)가 보급되어 2012년 말까지의 누적 보급량은 약 102GW에 달한다. 이는 연간 약 110TWh의 전기를 생산할 수 있는 용량으로 선진국 수준으로 약 3천만 이상 가구에 전기를 공급할 수 있는 규모이다. 2012년 시장 규모는 태양광 발전시스템 (태양전지에 주변장치를 연결한 발전시스템) 기준으로 약 800억 달러에 달하는데, 큰 규모의 새로운 에너지 산업으로 자리를 잡아 가고 있음을 확인할 수 있다.

2012년까지의 설치보급량 누계를 국가별로 살펴보면 [그림 10.9]와 같이 독일이 32.4GW로 전 세계 보급량의 31%를 점유하여 압도적으로 1위를 차지하고 있고, 이어서 이탈리아가 16.4GW, 16%로 2위, 그 다음 중국(8.3GW, 8%), 미국(7.8GW, 7%), 일본(6.9GW, 7%), 스페인 (5.2GW, 5%), 프랑스(4.0GW, 4%)의 순이다. 지역별로 비교하면 여전히 유럽이 전 세계 태양전지 시장을 선도하고 있는 것을 확인할 수 있는데, [그림 10.10]의 2012년도 국가별 설치보급량 통계에 의하면 최근에는 일본, 미국, 중국 등이 국내 시장을 큰 규모로 확대시키고 있는 것을 볼 수 있다.

유럽을 비롯한 전 세계 시장이 급격히 증대되고 있는 것은 발전된 전기를 높은 값으로 매입하는 발전차액제도(Feed-In-Tariff (FIT)) 지원 프로그램에 의한 것이 그 주요 요인이다. 용도 측면에서 시장의 급성장은 계통연계형시스템에 의한 것인데, 지상의 대규모 발전소와 함께 독일, 일본, 미국 및 기타 OECD 회원국에서 정부의 지원으로 주택 및 건물의 지붕, 외벽, 창에 태양전지를 설치한 것이 대부분이다. 특히 태양전지를 건축물과 일체화한 시스템을 BIPV (Building Integrated Photovoltaics)로 구분하는데[그림 10. 11], 앞으로도 이 부분의 시장은 지속적으로 확대될 전망이다. 지상에 설치하는 경우는 별도의 부지 비용이 소요되지만 BIPV에서는 부지 비용이 없음은 물론 태양전지 자체가 건축물의 마감재 역할을 겸하도록 되어 있어 경제성 측면에서도 크게 유리하기 때문이다.

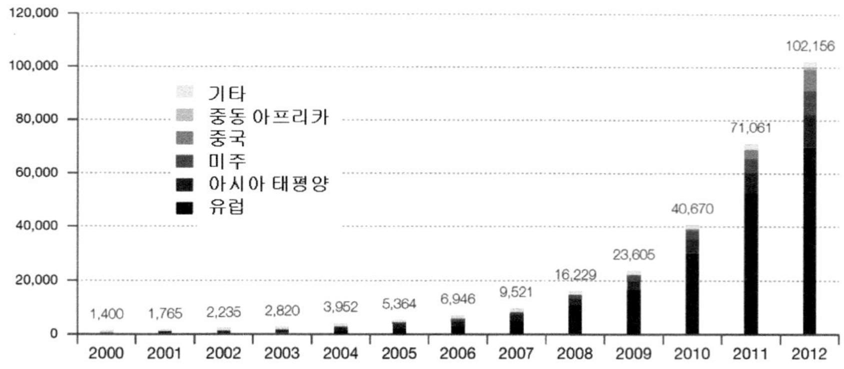

[그림 10.8] 전 세계 태양전지 설치보급량 추이

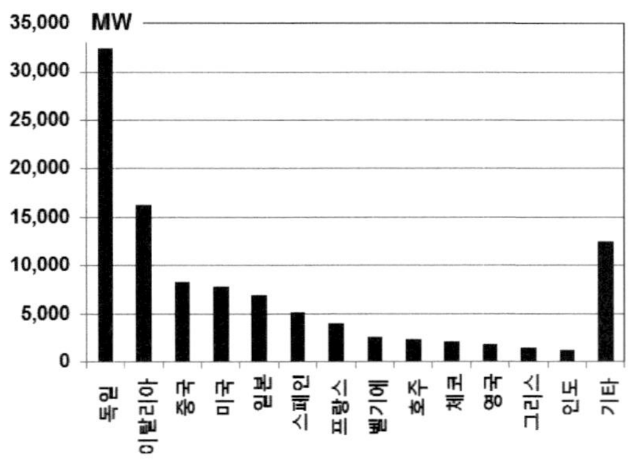

[그림 10.9] 국가별 설치보급량 (2012년 말 누계)

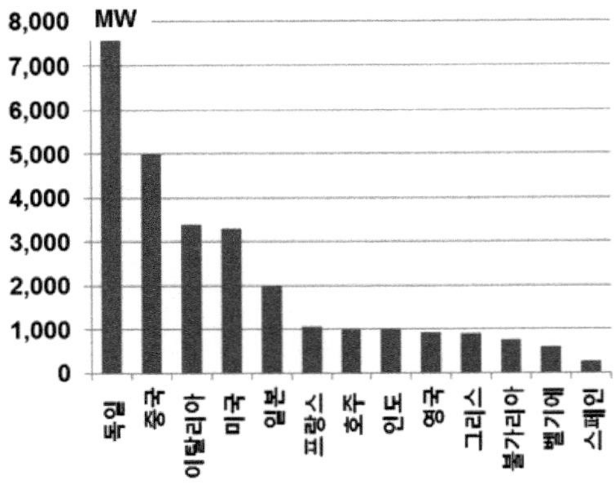

[그림 10.10] 2012년 주요 국가의 태양전지 설치보급량

[그림 10.11] BIPV 태양광 발전 시스템

10.1.3 국내 태양전지 보급 및 지원 정책

2011년에 국내에 보급된 태양전지는 약 79MW인데, 이는 전년도에 비해 오히려 줄어들었다. 2011년 말 현재 한국의 전체 태양광 보급량은 약 720MW인데, 시스템 유형별로 연도별 보급량 및 누계는 [그림 10.12, 13]과 같다. 잠정 집계에 의하면 2012년 설치량은 약 250MW 정도로, 2012년 말 현재 우리나라의 설치 보급량 누계는 약 1GW에 달할 것으로 전망된다. 어느 정도 규모가 있는 보급은 2004년 이후 부터이고 발전차액제도가 도입된 2006년부터 큰 폭의 증가가 이루어졌다. 특히 2008년 한 해에는 약 276MW가 보급되어 전 세계 4위를 기록하기도 하였으나 이후 보급량은 감소 추세로 돌아섰다. 앞에서 언급한 유럽 및 주변 국가의 시

장이 큰 폭으로 증가하고 있는 것과는 대조적인 모습이다.

국내에 태양광 발전이 처음 도입된 1980년대에는 오지 통신용 전원, 등대, 부표, 도서 지방의 전원 공급용, 가로등과 고속도로 긴급전화용 시스템, 홍수경보 시스템, 고압송전탑의 비행 경고등, 환경감시 장비(부유물, 하수 등), 산불감시 장비, 교통신호등 등 독립형 시스템이 대부분이었고, 계통과 연계한 주택용 태양광 시스템이 처음 도입된 것이 2001년이었다. 지금은 대부분의 시스템이 주택이나 건물용, 그리고 단위 규모 100kW 이상의 집중배치 발전용이 주류를 이루고 있다.

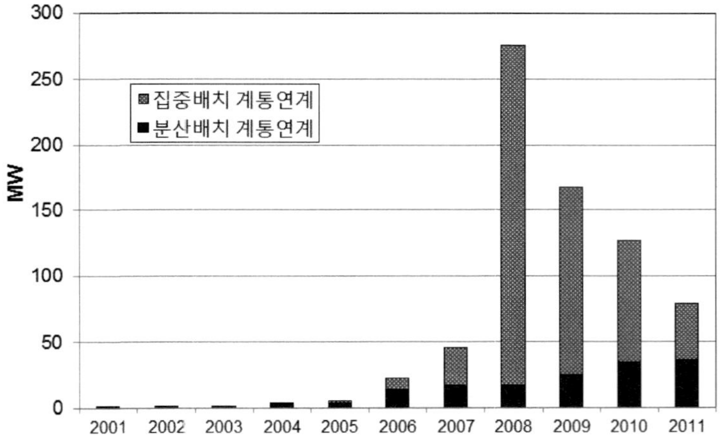

[그림 10.12] 국내 태양광 보급 추이(유형별 연도별)

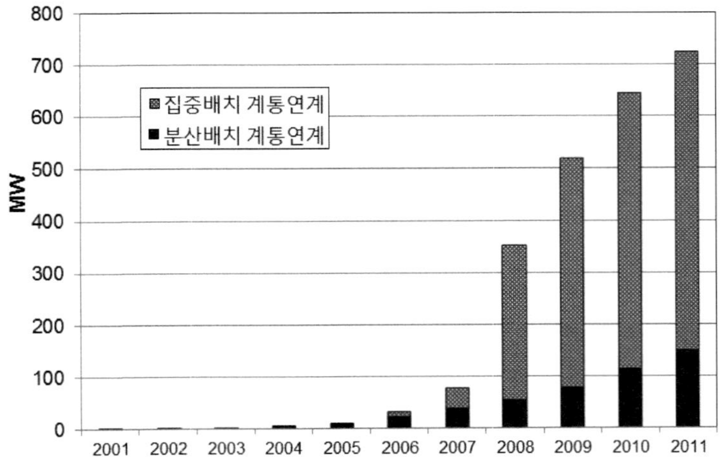

[그림 10.13] 국내 태양광 보급 추이(유형별 누계)

국가에너지계획을 토대로 2008년에 발표된 제 3차 신재생에너지 연구개발 보급 기본 계획에 의하면 2015년까지 전체 1차 에너지 공급의 4.3%를 신재생에너지로 충당토록 되어 있는데, 여기에서 태양광은 가장 우선 분야로 자리하고 있다. 이 계획에 따르면 국내 보급의 확대를 위해 2020년까지 그린홈 백만호 보급, 200 개의 그린 빌리지를 건설하도록 되어 있다. 그리고 2012년부터는 2006년 이후 시행해 온 발전차액제도(FIT)를 대신하여 RPS (Renewable Portfolio Standard) 제도를 추진토록 되어 있다. 또한 2020년까지 태양광의 grid parity를 달성한다는 목표를 담고 있고 있는데, 이들 정책의 개요는 아래와 같다.

- **그린홈 백만호 :** 2020년까지 신·재생에너지주택(Green Home) 100만호 보급을 목표로 태양광, 태양열, 지열, 소형풍력, 연료전지 등의 신·재생에너지원을 주택에 설치할 경우 설치 기준단가의 일부를 정부가 지원하는 사업으로 기존의 100,000호 지붕설치 태양광 주택을 포함한 것이다. 단독주택과 아파트를 포함하는 다가구 주택이 그 대상으로 정부는 다가구 임대 주택의 경우는 100% 설치비를 지원한다. 그린 빌리지 사업은 마을단위(10가구 이상, 아파트 등 공동주택 포함)에 신·재생에너지원을 설치하는 경우 설치비의 일부를 보조 지원하는 사업이다.

- **발전차액 제도(Feed-in-Tariff) :** 신재생에너지 투자경제성 확보를 위해 신재생에너지 발전에 의하여 공급한 전기의 전력거래 가격이 지식경제부 장관이 고시한 기준가격보다 낮은 경우, 기준가격과 전력거래와의 차액(발전차액)을 지원해주는 제도로 설치장소가 일반부지, 건축물 활용이냐에 따라 그리고 적용기간 15년 혹은 20년에 걸쳐 설치용량에 따라 차이를 두고 있다.

[표 10.2] 태양광 전원의 적용시점 및 적용기간별 기준가격

(단위 : 원/kWh)

적용시점1)		적용기간	30kW 미만	30kW 이상			
~ '08.9.30		15년	711.25	677.38			
'08.10.1 ~ '09.12.31		적용기간	30kW 이하	200kW 이하	1MW 이하	3MW 이하	3MW 초과
		15년	646.96	620.41	590.87	561.33	472.70
		20년	589.64	562.84	536.04	509.24	428.83
'10	일반 부지	15년	566.95	541.42	510.77	485.23	408.62
		20년	514.34	491.17	463.37	440.20	370.70
	건축물 활용	15년	606.64	579.32	546.52	-	-
		20년	550.34	525.55	495.81	-	-
'11	일반 부지	15년	484.52	462.69	436.50	414.68	349.20
		20년	439.56	419.76	396.00	376.20	316.80
	건축물 활용	15년	532.97	508.96	480.15	-	-
		20년	483.52	461.74	435.60	-	-

주 1) 적용시점은 발전차액지원개시일 기준/ 태양광 발전의 시설용량은 모듈정격용량

2) 1MW 초과 건축물활용 발전소는 일반부지가격을 적용함

- **일반보급보조사업 :** 신·재생에너지 설비에 대하여 설치비의 일정부분을 정부에서 무상 보조·지원함으로서, 새로이 개발된 신·재생에너지 기술의 상용화를 유도하고 상용화된 기술에 대하여는 보급활성화를 통하여 신재생에너지 시장창출과 확대를 유도하는 사업이다. 이중 일반보급사업은 상용화된 신·재생에너지 설비에 대하여 자가용으로 사용하는 경우 설치비의 일정부분을 지원하는 것이다. 그리고 새롭게 개발된 신·재생에너지기술(정부지원 R&D 활용조건)의 상용화를 위한 경우는 설치비의 최대 80% 이내를 지원한다.

- **지방보급사업 :** 지역특성에 맞는 환경친화적 신·재생에너지 보급을 통하여 에너지 수급여건 개선 및 지역경제 발전을 도모하고자 지방자치단체에서 추진하는 제반 사업을 지원하는 것으로 시설보조사업의 경우 소요자금의 50% 이내를 지원한다.

- **설치의무화사업 :** 공공기관이 신·증·개축하는 연면적 3,000㎡이상의 건축물에 대하여 예상에너지사용량의 10%이상을 신·재생에너지 설비 설치에 투자하도록 의무화하는 제도

• **신재생공급의무화제도(RPS)** : 일정규모 이상의 발전사업자에게 총 발전량 중 일정량 이상을 신재생에너지 전력으로 공급토록 의무화하는 제도로서, 설비규모(신재생에너지설비 제외) 500MW 이상의 발전사업자 및 수자원공사, 지역난방공사 한국수력원자력, 남동발전, 중부발전, 서부발전, 남부발전, 동서발전, 지역난방공사, 수자원공사, 포스코파워, K-파워, GS EPS, GS파워, MPC 율촌전력 등 13개 발전회사가 대상이다. 태양광은 산업의 집중육성 측면에서 시행초기 5년간 1.2GW를 집중 배분하고 있다.

[표 10.3] 국내 태양광 공급 의무량

연 도	2012	2013	2014	2015	2016
용량 (MW)	220	230	240	250	260

• **RPS 시범사업** : 태양광 시장의 확대 보급을 위해 RPA협약기관(한국수력원자력, 남동발전, 중부발전, 서부발전, 동서발전, 남부발전)을 대상으로 3개년('09,'10,'11)간 추진하는 사업이다.

10.2 | 국내 · 외 태양전지 생산

10.2.1 태양전지 산업의 분류

시장의 주류를 형성하고 있는 결정질실리콘 태양전지의 경우 관련 산업 체계는 [그림 10.14]와 같이 분류할 수 있다. 2012년 4월 중국에서의 추정에 의하면 모듈 가격에서 각 기술단계별 소요 비용의 비중은 [그림 10.15, 16]과 같이 실리콘 소재가 13%, 잉곳과 웨이퍼가 28%, 셀이 28%, 모듈이 33%이다. 참고로 2006년 추정 비중은 실리콘이 14%, 잉곳과 웨이퍼가 29%, 셀이 27%, 모듈이 30%로 거의 변동이 없다.

아직 전체 생산량의 11% 수준에 불과하지만 박막 태양전지의 경우는 그 체계가 완전히 다르다. 잉곳 및 웨이퍼 공정 없이 가스, 액체 또는 고체 상태의 출발원료로부터 특정 기판(유리, 플라스틱, 금속 등)위에 박막을 형성하여 직접 대면적의 모듈을 제작하게 된다. 예를 들어 실리콘을 소재로 한 박막 태양전지는 그 흐름이 [그림 10.17]과 같다. 제조 공정이 비교적 간단하고 대량생산에 적합하지만 결정질실리콘 태양전지에 비해 단위 제조장치의 규모가 크고 단위 가격도 비싸다. 현 시점에서는 대면적 박막을 고속, 고수율, 저가로 제조할 수 있는 장비가 가장 핵심이 되고 있는데, 이미 반도체 및 디스플레이 분야에서 확보한 유사 기술을 토대로 태양전지에 적합한 기술을 확보한 회사들이 시장을 선점하고 있다.

박막 태양전지 제조 단가를 항목별로 분류하면 재료비가 45-55%로 가장 많고, 장비가 20-25%, 인건비 10-15%, 그리고 에너지 비용 5-8%로 추정된다.

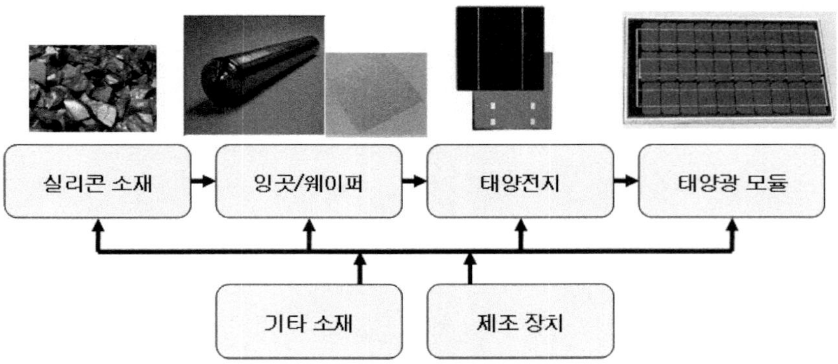

[그림 10.14] 태양전지 산업 체계 (원료 - 태양광 모듈)

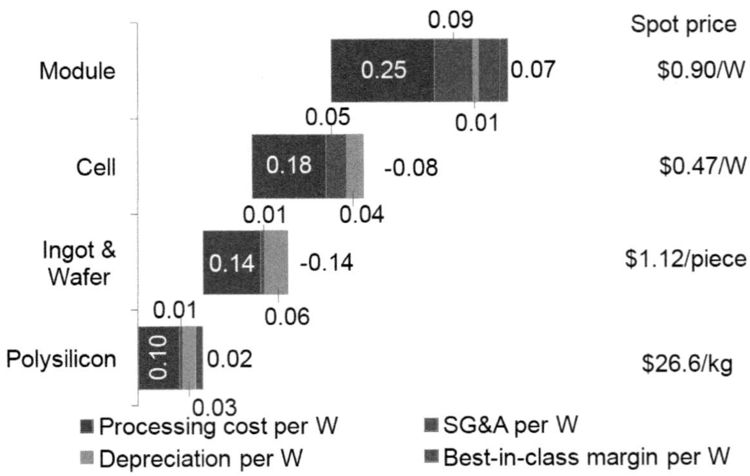

[그림 10.15] 실리콘 소재 - 태양광 모듈까지 공정 단계별 단가 구분

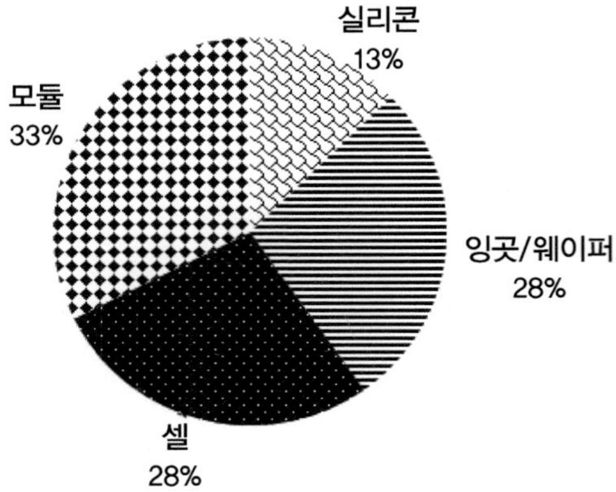

[그림 10.16] 태양광모듈까지 단계별 제조단가 구분

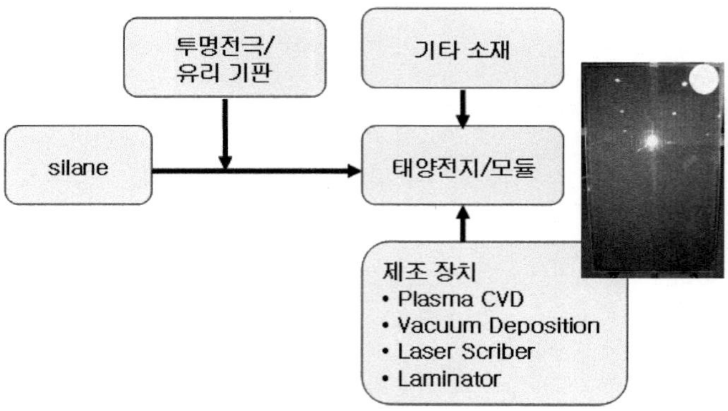

[그림 10.17] 실리콘 박막 태양광 모듈 산업 체계

10.2.2 전 세계 태양전지 생산

[그림 10.18]과 같이 태양전지 생산 규모는 매년 가파르게 증가하는 것을 볼 수 있는데, 2011년도 전 세계 태양전지 생산량은 약 37.2GW에 달한다. 2001년의 생산량이 약 0.4GW인 것을 감안하면 이는 10년 동안에 약 93배 증가한 것이 된다. 2011년까지 생산 누계는 약 97GW에 달하는데, 잠정 통계에 의하면 2012년도 생산량은 전년 대비 약간 감소한 것으로 밝혀지고 있다.

최근 태양전지 생산은 중국과 대만이 좌우하고 있는데, 2011년도의 경우 중국이 전 세계 생산량의 57%를 차지하여 압도적인 1위에 있고, 이어서 대만이 11%, 독일과 일본이 각각 6.9%를 차지하였다. 2012년에는 중국의 점유율이 셀 기준 약 63%로 증가한 것으로 알려지고 있다.

[그림 10.19]의 태양전지 제조 개별 기업으로 보면 2012년에는 중국의 Yingli Green Energy가 약 2.36GW를 생산하여 세계 1위로 올라섰고, 전년도 1위였던 Suntech이 2위에, 그리고 미국의 First Solar사가 3위에 있다. 그 뒤를 다시 중국의 Trina, Canadian Solar가 잇고 있고, 일본에서는 Sharp와 Kyocera가 이름을 올려놓고 있다. 그 외 미국의 SunPower, 한국의 Hanwha SolarOne의 이름이 보인다. 대부분의 회사가 결정질 실리콘 태양전지 생산을 위주로 하는 회사인 반면에 미국의 First Solar는 CdTe 박막 태양전지만으로 약 1.9GW의 모듈을 생산하여 3위를 차지한 것은 박막 태양전지 기술 측면에서 크게 주목해야 할 점이다.

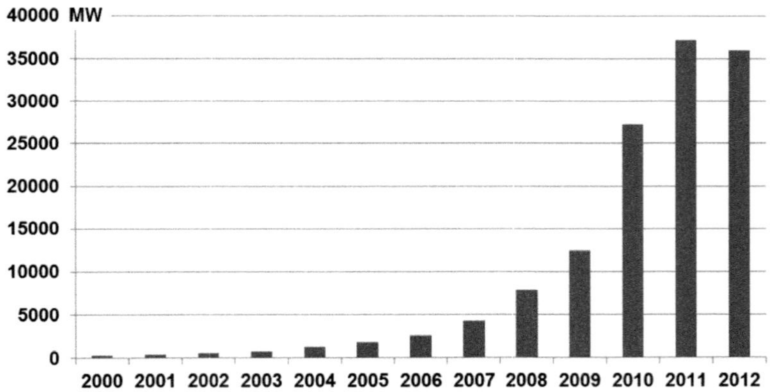

[그림 10.18] 연도별 전 세계 태양전지 생산 추이

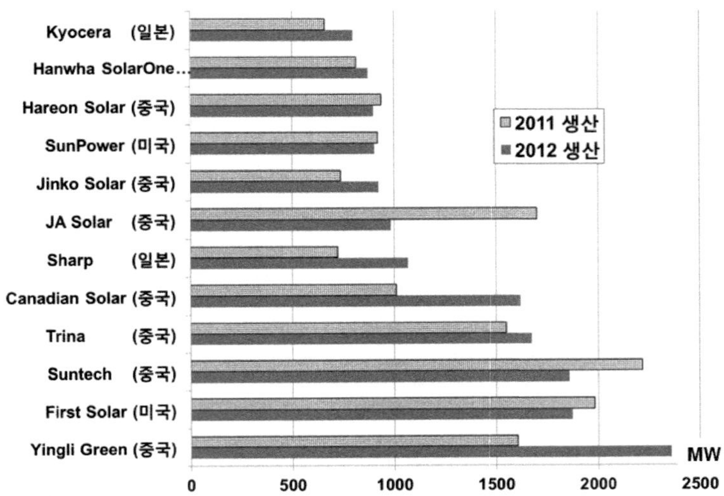

[그림 10.19] 주요 태양전지 메이커들의 생산량 (2011, 2012년)

한편 2011년말 현재 태양전지 종류별 생산 점유율은 [그림 10.20]과 같다. 단결정실리콘(sc-Si)과 다결정실리콘(mc-Si), 그리고 여기에 리본 형태의 다결정 실리콘을 포함하면 결정계가 전체의 약 80~90%를 차지하고 있다. 최근 들어 다결정실리콘의 점유율이 지속적으로 확대되고 있는 것을 볼 수 있다. 2011년도의 경우 다결정실리콘은 리본 형태를 포함할 경우 약 57.8%에 달한다.

결정계의 생산량이 늘어나면서 박막계는 2009년 정점을 돌아선 후 그 점유율이 지속적으로 하락 추세를 보이는데, 박막 전계의 생산량은 지속적으로 늘어나고 있지만 상대적으로 결정계의 생산량이 더 큰 규모로 생산되고 있기 때문이다. 2011년도의 경우 박막 태양전지는 전체 생산량의 약 11.3%로 매우 낮아졌는데, 그 중에서 CdTe가 5.5%로 가장 많고, 이어서 Si 박막이 3.4%, CIGS 박막이 2.4%를 차지하였다.

[그림 10.21]과 같이 2011년도에 박막 태양전지를 생산한 대표적인 회사는 CdTe 전문의 미국 First Solar, CIGS에서는 일본의 Frontier Solar, 독일의 Solibro, 미국의 Miasole 그리고 Si 박막에서는 일본의 Sharp와 Kaneka, 대만의 NexPower Tech, 중국의 Trony, Baoding Tianwai, QS Solar, 독일의 Inventux Tech. 등이다.

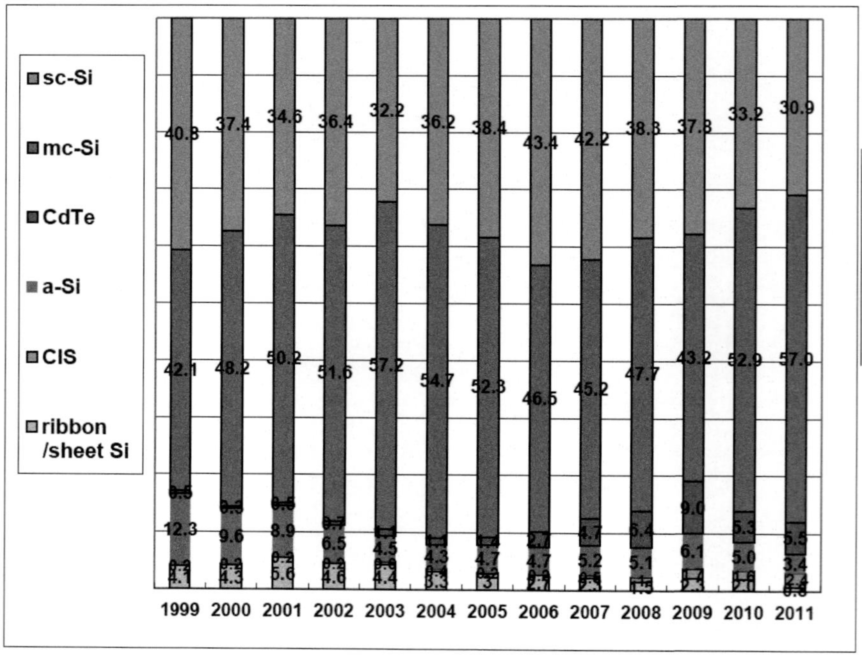

[그림 10.20] 2011년 태양전지 종류별 생산 점유율

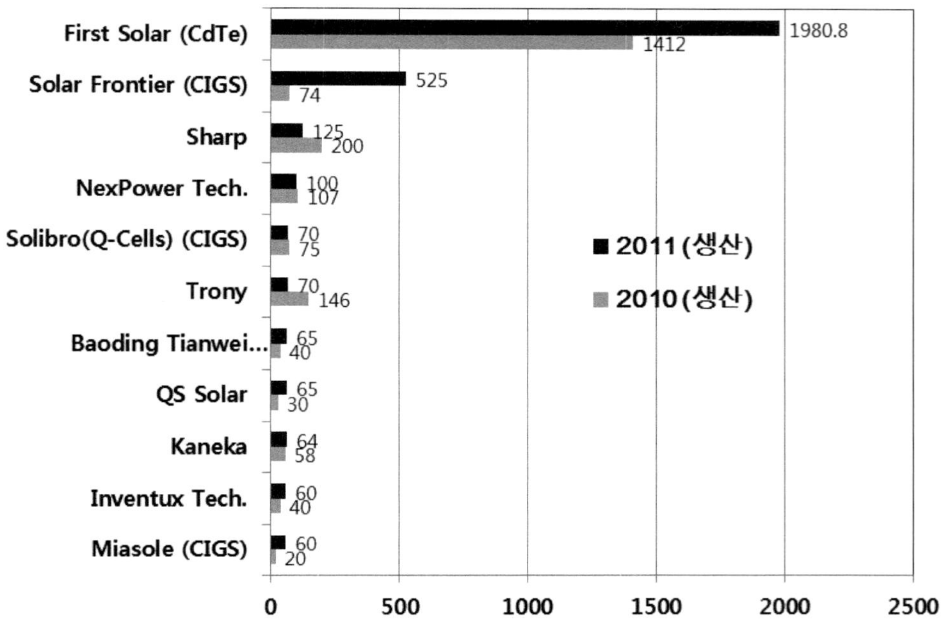

[그림 10.21] 2010년, 2011년 회사별 박막 태양전지 생산량 (MW)

10.2.3 국내 태양전지 생산

2011년 말 기준으로 국내에서 태양전지 셀 및 모듈을 생산하는 회사는 21개인데, 태양전지 셀을 생산하는 회사가 8개, 모듈을 생산하는 회사는 18개, 그리고 태양전지와 모듈을 같이 생산하는 회사가 5개였다. 생산용량은 셀이 1,830MW, 모듈이 2,700MW이었고, 실제 생산은 셀이 약 1,000MW, 모듈이 1,700MW이었다. 모듈 기준으로 국내 생산량은 전 세계 생산량의 약 4.6%에 해당한다. 생산용량 측면에서 현대중공업, LG 전자, 신성 솔라에너지가 태양전지 셀과 모듈을 생산하는 대표적인 회사이다. 2011년 기준 국내 업체는 100% 결정질실리콘 태양전지를 기반으로 하였고, 박막 태양전지는 생산 회사가 없다. 이전에 한국철강과 알티 솔라가 Si 박막 태양전지를 생산한 바 있으나 결정질실리콘 대비 가격 경쟁력의 어려움으로 생산을 중단하였다.

10.3 | 국내 · 외 태양전지 기술개발

기술적으로 태양전지가 경제성을 갖기 위해서는 현재보다 최소 3배 이상 값이 저렴하거나 효율을 높게 만들 수 있어야 한다. 일본, 미국, 유럽에서는 기존의 발전방식과 경쟁이 가능한 태양전지의 연구개발을 국가적인 차원에서 계획하고 추진하고 있는데, 개략적인 전략과 목표는 아래와 같다.

10.3.1 일본의 태양전지 기술개발

1차 석유파동에 대응하기 위하여 일본은 정부 주도로 1974년부터 “Sunshine Project”를 추진하였고, 1993년에는 그 후속 프로그램으로 “New Sunshine Project”를 추진하였다. 2001년 3월에 종료된 1단계 New Sunshine Project에 이어 태양광 분야에서는 New Energy Development Organisation (NEDO) 주관으로 Advanced PV Generation Programme이 추진되었다.

새로운 에너지원의 개발에 대한 장기적인 비전을 염두에 두고 일본은 2004년 NEDO를 중심으로 태양광 발전의 기술개발을 추진하는 데 있어 장기적인 목표를 논의하고 이를 PV2030으로 공표하였고, 2009년에는 태양광 분야의 급속한 환경 변화를 감안하여 목표년도를 2050년까지 확대한 [그림 10.22]의 PV 2030+를 발표하였다.

2030년 태양광 발전에 의한 발전단가의 목표를 7엔/kWh으로 설정하였는데, 프로그램 수립 당시인 2009년의 발전단가가 30엔/kWh인 것을 고려하면 매우 도전적인 목표로 볼 수 있다.

7엔/kWh를 달성하기 위해서는 새로운 태양전지 재료의 발굴, 개발 등을 포함하는 혁신적인 고효율화 기술의 확보를 통해, 태양전지의 제조단가를 50엔/kWh까지 낮추어야 하고, 태양전지별로 [표 10.4]에 나타낸 변환효율을 달성토록 목표를 설정해 놓고 있다. 원재료, 셀, 수명 등 모듈에 요구되는 제반 요소별로 단계별로 수행하고자 하는 내용과 목표는 아래와 같다.

- **모듈 제조가격**
  - 2017년 75엔/W, 2025년 50엔/W, 2050년 〈 50엔/W
  - 고효율화, 저가격화·고생산성 공정, 장수명화

• **모듈 고성능화 :**
- 기존 태양전지의 기술 혁신 : 초박형 결정질 Si, Wide 밴드갭 신재료, 다중접합, 이종접합 등

• **모듈 수명 연장**
- 2017년 25년, 2025년 30년, 2030년 40년
- 모듈 구조, 모듈 재료

• **원료 문제 대응기술**
- 고순도 Si 공급기술, Si 원단위 절감 (3g/W)
- Si 사용량 절감 (웨이퍼의 커프 손실 100μm)
- 희소 금속 대책

2012년 현재는 목표 기간에 따라 중장기적인 '태양광 발전시스템 차세대 고성능 기술의 개발'과 초장기적인 '혁신적 태양광 발전기술 연구개발'의 2가지 프로그램을 추진 중에 있는데 그 개요는 아래와 같다.

• **태양광 발전시스템 차세대 고성능기술의 개발**
- 결정 실리콘 태양전지
- 박막 실리콘 태양전지
- CIS·화합물계 태양전지
- 유기 박막 태양전지
- 공통 기반기술 : 발전량 평가, 신뢰성 및 수명 평가, 리싸이클·재사용 기술, 공통 재료·부품·기기 및 시스템 관련 기술 개발
- 표준화 지원 사업 및 IEA 국제협력사업

• **혁신적 태양광 발전기술 연구개발'**
- Post 실리콘 초고효율 태양전지의 연구개발
- 고도 질서 구조를 가진 박막 다접합 태양전지의 연구개발

- 저배율 집광형 박막 full spectrum 태양전지의 연구개발
- 혁신적인 태양전지 평가기술의 연구개발 : 집광형 다접합, 박막 다접합
- EU와의 태양광 에너지 기술협력

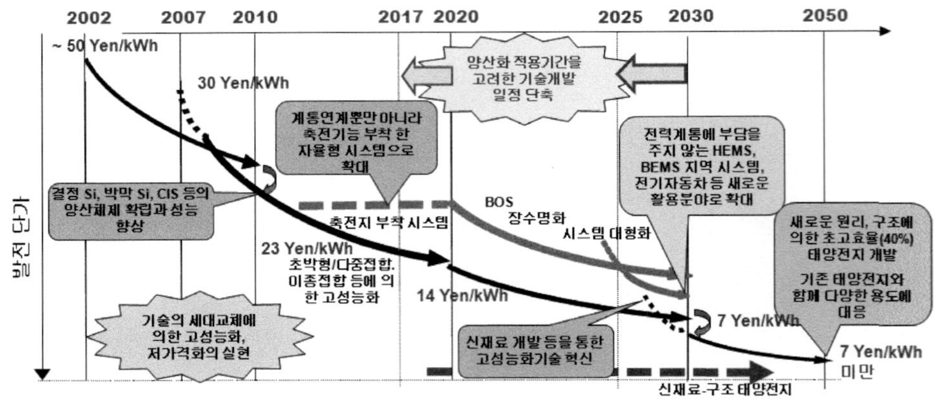

실현시기(개방 완료)	2010 ~ 2020 년	2020 (2017)	2030 (2025)	2050
발전 단가	가정용전력 대응 (23엔/kWh)	상업용전력 대응 (14엔/kWh)	범용전원 대응 (7엔/kWh)	범용전원 미만 (7엔/kWh 미만)
모듈 변환효율 (연구 수준)	실용 모듈 16% (연구용 셀 20%)	실용 모듈 20% (연구용 셀 25%)	실용 모듈 25 (연구용 셀 30%)	초고효율 모듈 40%
국내시장 생산량 (GW/연)	0.5 ~ 1	2 ~ 3	6 ~ 12	25 ~ 35
해외 시장 수출 (GW/연)	~ 1	~ 3	30 ~ 35	~ 300
주요 용도	단독주택, 공공시설	주택(단독, 집합) 공공시설, 사무실	주택(단독, 집합) 공공시설, 민생업무용 전기자동차 충전	민생 용도 전반 산업용, 운수용 농업, 독립전원

[그림 10.22] 일본의 태양광 발전 개발 로드맵 PV 2030+

[표 10.4] 일본 PV 2030+에서의 태양전지 셀과 모듈의 변환효율 목표

태양전지	2010년		2017년		2025년				2050년
	모듈 (%)	셀 (%)	모듈 (%)	셀 (%)	모듈 (%)	셀 (%)	제조가 (엔/W)	수명 (연)	모듈 (%)
결정질 Si	16	20	20	25	25	(30)	50	30(40)	40% 초고효율 태양전지 (추가 개발)
박막 Si	12	15	14	18	18	20	40	30(40)	
CIS 계	15	20	18	25	25	30	50	30(40)	
초고효율 (III-V)	28	40	35	45	40	50	50	30(40)	
염료 감응	8	12	10	15	15	18	<40		
유기 계		7	10	12	15	15	<40		

10.3.2 미국의 태양전지 기술개발

미국은 에너지부(Department of Energy : DOE)주도로 산학연이 참여하는 SunShot Initiative 프로그램을 추진하고 있다. [표 10.5]와 같이 2011년 2월에 착수한 이 프로그램에서는 2020년까지 대규모 발전용의 태양광 발전 설치 단가를 현재보다 75% 낮은 $1/W (상업용 roof-top $1.25/W, 주택용 roof-top은 $ 1.5/W)수준으로 줄이겠다는 목표를 가지고 있다. 태양광 발전의 발전단가가 $0.06/kWh가 되면 여타 기존의 발전방식과 경쟁이 가능할 것으로 판단하고, 이것이 실현될 경우 현재 0.5% 수준에 불과한 태양광 발전의 전체 전력 공급 기여도가 2030년까지는 11%(태양열 집광 3%), 2050년까지는 18%(태양열 집광 9%까지 올라갈 수 있을 것으로 기대하고 있다. 이 프로그램은 태양광과 함께 집광 태양열발전을 포함하고 있다. 이와 함께 태양광 보급은 2030년까지 302GW, 2050년까지 633GW를 목표로 하고, 인력 고용도 2030년에 280,000, 2050년에 363,000명을 겨냥하고 있다.

목표에서 시스템 설치비용 중 가장 큰 비중을 차지하는 모듈의 단가는 $0.5/W로 잡고 있는데, 2010년 $1.7/W에서 모듈의 효율 향상을 통해 $0.8/W, 제조단가의 절감을 통해 $0.4/W 합계 $1.2/W 줄일 계획이다.

태양광 연구개발 측면에서는 아래 5가지 태양전지 기술에 대해 중점을 두고 있는데, 각 기술별 단기 목표는 [표 10.6]과 같다.

- 결정 실리콘 태양전지
- 박막 태양전지
- 다중접합 (III-V) 태양전지
- 유기 태양전지
- 염료감응 태양전지

[표 10.5] 미국의 SunShot Initiative 목표

구 분	2010 년	2020 년	2030 년	2050년
발전용시스템 설치단가 ($/W)	4.0	1		
상업용 roof-top 시스템 설 치 단 가 ($/W)	5.0	1.25		
주택용 roof-top 시스템 설 치 단 가 ($/W)	6.0	1.5		
누적보급량(GW)			302	632
전체 전력공급 기여율 (%)	0.5		11	18
고용 (명)	46,000		280,000	363,000

[표 10.6] 미국 SunShot Initiative 태양전지 연구개발 단기 목표

항 목	현 재	2015년 목표
CIGS/CZTS 박막 태양전지		
- 실험실 최고효율	20.3%	23%
- 상업용 모듈 효율	11~13%	13~16%
- 모듈 제조가	〈 $1.50/W	〈 $0.7/W
- 신뢰성	연간 0.5~5% 저하	연간 1% 이하 저하
CdTe 박막 태양전지		
- 실험실 최고효율	17.3%	19~20%
- 상업용 모듈 효율	11~12%	14.%
- 모듈 제조가	$0.75~0.80/W	$0.6/W
	연간 0.6~1.2% 저하	연간 0.5~1.0% 저하
웨이퍼 Si		
- 실험실 최고효율	25%	27%
- 상업용 모듈 효율	14~20%	16~23%
- 모듈 제조가	$1/W	$0.6/W
박막 Si		
- 실험실 최고효율	12.7%	15%
- 상업용 모듈 효율	7~11%	12%
- 모듈 제조가	$0.7~1.5/W	$0.6/W
특징	a-Si/μc-Si 탠덤, 3-J	c-Si 박막의 조기 상업화
III-V		
- 다중접합 셀 효율	41.6% (실험실) 40%(상업용)	41.6% (실험실) 40%(상업용)
- 모듈 효율	28%	30~36%
- 단가	〉 30센트/kWh	〈 7센트/kWh
유기 태양전지		
- 셀 효율	10.6%	13.5%
- 모듈 효율	5.2%	10%, 100cm^2
- 단가	?	〈 $1/W
- 신뢰성	10,000시간 이상 안정	30,000시간 이상 안정

10.3.3 유럽의 태양전지 기술개발

회원국의 연구개발, 시장 활성화 대책 외에 유럽연합 차원에서 1980년부터 JOULE 프로그램 및 Framework 프로그램의 일환으로 다양한 연구개발을 추진해 왔다.

현재 태양광 분야의 중장기 연구개발 목표는 2011년 9월 수정 보완된 것으로 포괄적인 중장기 목표는 [표 10.7]과 같고, 태양전지 기술별로 정량적인 효율 및 가격 목표는 [표 10.8]과 같다.

양자점, 양자선, 양자 우물, host 반도체에 나노입자 삽입, MEG(multi exciton generation) 등의 새로운 개념의 광흡수층에 대한 연구개발 내용도 포함되어 있으나 소재 발굴, 소자의 개념 정립 등에 초점을 두고 2025년까지 효율 30% 이상을 달성하고 그 이후에 0.3€/W 이하의 제조 기술 개발을 목표로 하고 있다. 그리고 up-down converter, photonic structure 구현과 관련하여 2025년까지 기존 소자 대비 10% 이상 성능 개선을 목표로 두고 있다.

[표 10.7] 유럽의 태양광 연구개발 목표

구 분	현재 (2011년)	2020 년	2030 년	장기전망
설치단가 (100kW 시스템) (2011€/W, 부가세 제외)	2.5	1.5	1	0.5
평균 발전단가 (남부 유럽) (2011€/kWh)	0.19	0.10	0.06	0.03
평균 에너지 회수 기간 (남부 유럽) (년)	0.5-1.5	〈 0.5	〈 0.5	0.25

[표 10.8] 유럽의 태양전지 개발 목표

소재 및 태양전지	항 목	2011~2016	2016~2025	2025~2035 이후
결정질 Si 소재	다결정 Si 소비 단가 두께	5g/W 15-25€/kg 〈150 μm	〈3g/W 10-20€/kg 〈100 μm (kerfless 〈75 μm)	〈2g/W 〈10€/kg 〈50 μm (kerfless 〈〈50 μm)
결정질 Si 태양 전지	모듈 효율 에너지회수 모듈 수명	단결정 〉19% 다결정 〉17% 30년	단결정 〉21% 다결정 〉19% 〉 35년	〉25% 〈 6개월
Si 박막	생산 실증 모듈 실증 신개념 안정화 셀	≤ 0.75€/W (200 MW, 유리기판, 효율〉11%) 〈0.6€/W (200MW, 유연기판, 효율〉10%) 효율 〉12% 효율 〉13% 효율 〉15%	≤ 0.5€/W (500MW, 유리기판, 효율〉14%) 〈0.4€/W (500MW, 유연기판, 효율〉13%) 고속, 저가 증착 효율 〉15% 신개념 효율 〉17%	≤ 0.3€/W (1 GW, 효율〉16%)

CIGS 박막	생산 실증 다중접합	〈0.7€/W (〉200MW, 효율〉15%)	〈0.57€/W, 효율 16-17%	〈0.357€/W 효율 18-21% 효율〉30%
CdTe 박막	생산 실증 기초연구	〈0.6€/W, 효율 14%	〈0.4€/W, 효율 16% 신개념 CdTe	〈0.35€/W full spectrum II-VI 셀
염료감응태양전지	모듈 생산	효율 5% 〈1€/W 소규모 제품, 옥외	효율 10% 0.5€/W 옥외 레저, BIPV	효율 〉10% 0.31€/W BIPV, 대규모 발전
유기태양전지	모듈 생산	효율 5% 〈1€/W 소규모 제품, 옥외	효율 10% 0.5€/W 소규모 제품, 옥외	효율 5% 0.3€/W 소규모 제품, 옥외
집광형	Si 효율 III-V 효율 단가	22% (10-30배) 26% (100-300배) 45% (〉500배) 〈0.15€/W (213년)	〉45% (〉1,000 배) 〈0.1€/W	4-6중 접합 개념

10.3.4 국내의 태양전지 기술개발

국내에서는 1980년대 초 일부 출연연구소에서 태양전지에 대한 연구가 처음으로 시작되었고, 이후 1987년 12월에 제정된 「대체에너지 기술개발 촉진법」을 근거로 1988년부터 대체에너지 기술개발 기본계획이 수립됨으로써 체계적으로 추진되기 시작하였다.

현재는 정부의 지원으로 산학연이 참여하는 기술개발이 태양광 가치사슬 전 분야에 걸쳐 추진이 되고 있다. 특히 대기업이 주도하고, 중소기업과 대학, 연구소로 구성된 대규모 사업단 중심으로 전략적인 기술개발이 추진되면서 기술 선진국과의 기술격차도 크게 해소되어 가고 있다.

우리나라도 태양광 기술개발에 대한 로드맵을 수립하고 여기에 맞추어 중장기적인 기술개발을 이끌어가고 있는데, 태양전지 기술별로 [표 10.9]와 같은 목표를 담고 있다.

[표 10.9] 우리니라의 태양전지 개발 목표

소재 및 태양전지	2015	2030
결정질 Si 태양전지	단결정 효율 23%, $1/W 효율 20% (웨이퍼 〈50 μm)	효율 30%
Si 박막	유리기판 8G, 효율 13% 유연기판 5G, 효율 9% $0.5/W	효율 15% $0.3/W
CIGS 박막	유리기판 5G, 효율 16% 유연기판 효율 13% $0.7/W	8G, 20% $0.5/W 비진공 증착 개발
염료감응 태양전지	효율 12% ($200cm^2$) $0.7/W, 수명 15년	효율 18% $0.5/W, 수명 30년
유기 태양전지	효율 6% ($100cm^2$)	효율 15% $0.3/W, 수명 5년
집광형	200W (Si/III-V 다중접합) 효율 18/28%, $0.7/W	효율 28/38% $0.5/W

10.4 향후 전망

2020년까지 전 세계 10억 이상(전기의 혜택을 입지 못하는 인구가 약 16억 명)의 사람에게 전기의 혜택과, 200만 명에게 일자리라는 야심찬 목표로 그린피스와 유럽태양광산업협회(EPIA)의 보고서 최근판인 “Solar Generation VI-2010”에 의하면 [표 10.10]과 같이 각국이 적극적인 정책을 동원하는 Paradigm Shift 시나리오에서는 2030년에 태양광 보급이 1,845GW, 2050년에는 약 4,700GW(2011년 말 현재 전 세계 발전용량 약 5,000GW)가 될 것으로 추정하고 있다. 이는 2030년 전 세계 전력 수요의 9%에, 2050년 수요의 21%에 해당한다.

그리고 2040년 이후부터는 매년 태양광 시장이 약 250GW에 달하여, 이에 따른 시장 규모도 연간 약 1,600억€(단가 : 약 645€/kW)에 달하고, 이를 통한 고용효과도 2030년에 약 4.6백만명에 이를 것으로 전망하고 있다. 한편 태양광 발전에 따른 CO_2 절감 효과도 2050년까지는 매년 40억 톤에 달할 것으로 예상하고 있다.

이와 유사한 시나리오로 2003년 독일의 기후변화에 관한 자문위원회가 작성한 장기 시나리오에 의하면 [그림 10.23]과 같이 태양에너지에 의한 발전기술이 에너지 공급에 가장 큰 몫을 담당할 것으로 전망하고 있다.

[표 10.10] 전 세계 태양광 누적 보급량 시나리오 (Green Peace + EPIA)

구 분	2010	2020	2030	2050
실제 보급량	39			
Reference scenario	30	77	156	377
Accelerated scenario	35	345	1,081	2,988
Paradigm shift scenario	37	737	1,845	4,699

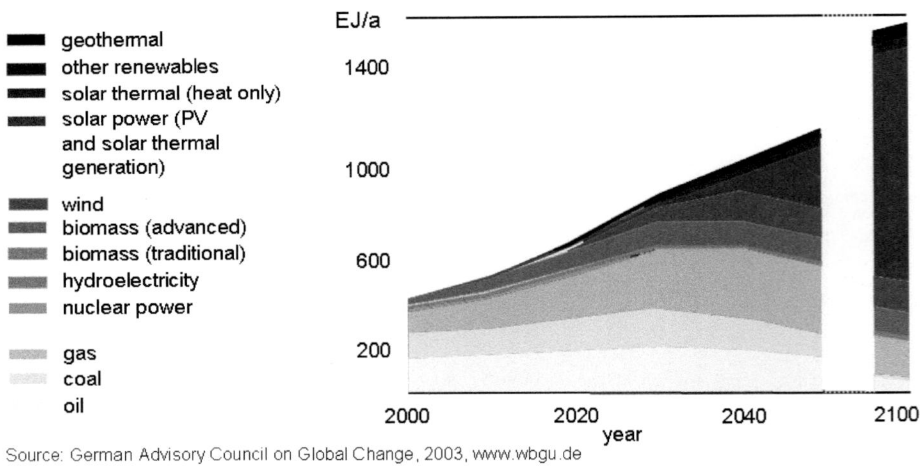

[그림 10.23] 전 세계 장기 에너지 공급 전망

참고문헌

[1] Photon International, March 2012

[2] Global Market Outlook : For PV 2013-2017, EPIA, May 2013

[3] IEA/PVPS Task 1, "Trends in Photovoltaic Applications : Survey reports of selected IEA countries between 1992 and 2011", Report IEA-PVPS T1-21:2012, Aug. 2012

[4] Kyung-Hoon Yoon, "national Survey Report of PV Power Applications in Korea in 2011, June 2012

[5] 신재생에너지 보급통계, 에너지관리공단 신재생에너지센터, 2012년 12월

[6] Solar Generation 6 : Solar Photovoltaic Electricity Empowering the World, VI-2010, EPIA-Green Peace, 2011

[7] M. Bazilian et al, "Re-considering the Economics of Photovoltaic Power", April 2012, Bloomberg New Energy Finance

[8] 일본 태양광 발전 로드맵 PV 2030+, 2009

[9] http://www.nedo.go.jp/activities/FF_00020.html

[10] https://www1.eere.energy.gov/solar/sunshot/index.html

[11] W. Sinke, EU PV Technology Platform, General Assembly, Spain, June 2010.

[12] EU-A Strategic Research Agenda for Photovoltaic Solar Energy Technology, Sep. 2011

[13] 한국에너지기술평가원 그린에너지 로드맵, 2011년 6월

[14] German Advisory Council on Global Change, 2003 www.wbgu.de

[15] EPIA FACT SHEET : SUSTAINABILITY OF PHOTOVOLTAIC SYSTEMS Job Creation, 24th September 2012

[16] http://cleantechnica.com/2013/05/11/solar-module-manufacturing-trends-in-2012/

색 인

저/자/소/개

❖ 이준신 성균관대학교 전자전기공학부 교수

❖ 강광선 경일대학교 신재생에너지학과 교수

❖ 김도영 울산과학대학교 전기전자공학부 교수

❖ 김준동 인천대학교 전기공학과 교수

❖ 윤경훈 한국에너지기술연구원 태양에너지연구단

❖ 이충훈 원광대학교 반도체디스플레이학부 교수

❖ 이해석 고려대학교 신소재공학부 교수

❖ 임동건 한국교통대학교 전자공학과 교수

도서출판 그린

태양전지공학 개론

인 쇄 일 ▶ 2013년 11월 22일
발 행 일 ▶ 2013년 11월 28일
저 자 ▶ 이준신, 강광선, 김도영, 김준동, 윤경훈, 이충훈, 이해석, 임동건
발 행 인 ▶ 윤 덕 우
발 행 처 ▶ 도서출판 그린

출판등록 ▶ 제8-161호(1995. 5. 3.)
주 소 ▶ 서울시 서대문구 연희동 219-20 (우)120-828
전 화 ▶ 02)333-2574, 2575
Fax ▶ 02)333-2561
E-mail ▶ greenpress@greenpress.co.kr
Homepage ▶ http://www.greenpress.co.kr

Green Pub.

정가 : 18,000원

ISBN : 978-89-5727-197-1 (93560)